U0425300

天基探测与应用前沿技术丛书

主编 杨元喜

低低跟踪卫星重力测量原理

Low-Low Satellite-to-Satellite Tracking
Gravimetry Theory

肖 云 潘宗鹏 刘晓刚 王丽兵 著

国防工业出版社
·北京·

内容简介

本书系统介绍了低低跟踪卫星重力测量技术基础原理、卫星重力数据处理技术等，主要涵盖低低跟踪卫星重力测量原理、载荷数据预处理技术、卫星载荷定标方法、重力场反演理论方法、时变重力场滤波方法和卫星重力应用等方面内容。重点从基础物理模型和数学模型角度论述卫星重力测量系统的原理、误差、数据处理等理论，揭示低低跟踪卫星重力测量机理，挖掘低低跟踪卫星重力测量数据科学应用潜力，促进卫星重力测量系统应用拓展和数据处理技术持续发展。

本书可作为从事大地测量、地球物理勘探等领域科研或生产的工程技术人员的参考书，也可作为高等院校大地测量学、地球物理学、水文海洋学等相关专业高年级本科生和研究生的拓展学习教材。

图书在版编目（CIP）数据

低低跟踪卫星重力测量原理 / 肖云等著. -- 北京 : 国防工业出版社, 2024.7. -- (天基探测与应用前沿技术丛书 / 杨元喜主编). -- ISBN 978-7-118-13394-3

Ⅰ. P312.1

中国国家版本馆 CIP 数据核字第 2024JW7322 号

※

国防工業出版社 出版发行

（北京市海淀区紫竹院南路 23 号　邮政编码 100048）

雅迪云印（天津）科技有限公司印刷

新华书店经售

*

开本 710×1000　1/16　**插页** 11　**印张** 17¼　**字数** 319 千字

2024 年 7 月第 1 版第 1 次印刷　**印数** 1—1500 册　**定价** 128.00 元

国防书店：（010）88540777　　书店传真：（010）88540776

发行业务：（010）88540717　　发行传真：（010）88540762

天基探测与应用前沿技术丛书
编审委员会

丛书序

天高地阔、水宽山远、浩瀚无垠、目不能及，这就是我们要探测的空间，也是我们赖以生存的空间。从古人眼中的天圆地方到大航海时代的环球航行，再到日心学说的确立，人类从未停止过对生存空间的探测、描绘与利用。

摄影测量是探测与描绘地理空间的重要手段，发展已有近 200 年的历史。从 1839 年法国发表第一张航空像片起，人们把探测世界的手段聚焦到了航空领域，在飞机上搭载航摄仪对地面连续摄取像片，然后通过控制测量、调绘和测图等步骤绘制成地形图。航空遥感测绘技术手段曾在 120 多年的时间长河中成为地表测绘的主流技术。进入 20 世纪，航天技术蓬勃发展，而同时期全球地表无缝探测的需求越来越迫切，再加上信息化和智能化重大需求，“天基探测”势在必行。

天基探测是人类获取地表全域空间信息的最重要手段。相比传统航空探测，天基探测不仅可以实现全球地表感知（包括陆地和海洋），而且可以实现全天时、全域感知，同时可以极大地减少野外探测的工作量，显著地提高地表探测效能，在国民经济和国防建设中发挥着无可替代的重要作用。

我国的天基探测领域经过几十年的发展，从返回式卫星摄影发展到传输型全要素探测，已初步建立了航天对地观测体系。测绘类卫星影像地面分辨率达到亚米级，时间分辨率和光谱分辨率也不断提高，从 1∶250000 地形图测制发展到 1∶5000 地形图测制；遥感类卫星分辨率已逼近分米级，而且多物理原理的对地感知手段也日趋完善，从光学卫星发展到干涉雷达卫星、激光测高卫星、重力感知卫星、磁力感知卫星、海洋环境感知卫星等；卫星探测应用技术范围也不断扩展，从有地面控制点探测与定位，发展到无需地面控制点支持的探测与定位，从常规几何探测发展到地物属性类探测；从专门针对地形测量，发展到动目标探测、地球重力场探测、磁力场探测，甚至大气风场探测和海洋环境探测；卫星探测载荷功能日臻完善，从单一的全色影像发展到多光谱、高光谱影像，实现“图谱合一”的对地观测。当前，天基探测卫星已经在国土测绘、城乡建设、农业、林业、气象、海洋等领域发挥着重要作用，取得了系列理论和应用成果。

任何一种天基探测手段都有其鲜明的技术特征，现有天基探测大致包括几何场探测和物理场探测两种，其中诞生最早的当属天基光学几何探测。天基光学探测理论源自航空摄影测量经典理论，在实现光学天基探测的过程中，前人攻克了一系列技术难关，《光学卫星摄影测量原理》一书从航天系统工程角度出发，系统介绍了航天光学摄影测量定位的理论和方法，既注重天基几何探测基础理论，又兼顾工程性与实用性，尤其是低频误差自补偿、基于严格传感器模型的光束法平差等理论和技术路径，展现了当前天基光学探测卫星理论和体系设计的最前沿成果。在一系列天基光学探测工程中，高分七号卫星是应用较为广泛的典型代表，《高精度卫星测绘技术与工程实践》一书对高分七号卫星工程和应用系统关键技术进行了总结，直观展现了我国 1:10000 光学探测卫星的前沿技术。在光学探测领域中，利用多光谱、高光谱影像特性对地物进行探测、识别、分析已经取得系统性成果，《高光谱遥感影像智能处理》一书全面梳理了高光谱遥感技术体系，系统阐述了光谱复原、解混、分类与探测技术，并介绍了高光谱视频目标跟踪、高光谱热红外探测、高光谱深空探测等前沿技术。

天基光学探测的核心弱点是穿透云层能力差，夜间和雨天探测能力弱，而且地表植被遮挡也会影响光学探测效能，无法实现全天候、全时域天基探测。利用合成孔径雷达（SAR）技术进行探测可以弥补光学探测的系列短板。《合成孔径雷达卫星图像应用技术》一书从天基微波探测基本原理出发，系统总结了我国 SAR 卫星图像应用技术研究的成果，并结合案例介绍了近年来高速发展的高分辨率 SAR 卫星及其应用进展。与传统光学探测一样，天基微波探测技术也在不断迭代升级，干涉合成孔径雷达（InSAR）是一般 SAR 功能的延伸和拓展，利用多个雷达接收天线观测得到的回波数据进行干涉处理。《InSAR 卫星编队对地观测技术》一书系统梳理了 InSAR 卫星编队对地观测系列关键问题，不仅全面介绍了 InSAR 卫星编队对地观测的原理、系统设计与数据处理技术，而且介绍了双星“变基线”干涉测量方法，呈现了当前国内最前沿的微波天基探测技术及其应用。

随着天基探测平台的不断成熟，天基探测已经广泛用于动目标探测、地球重力场探测、磁力场探测，甚至大气风场探测和海洋环境探测。重力场作为一种物理场源，一直是地球物理领域的重要研究内容，《低低跟踪卫星重力测量原理》一书从基础物理模型和数学模型角度出发，系统阐述了低低跟踪卫星重力测量理论和数据处理技术，同时对低低跟踪重力测量卫星设计的核心技术以及重力卫星反演地面重力场的理论和方法进行了全面总结。海洋卫星测高在研究地球形状和大小、海平面、海洋重力场等领域有着重要作用，《双星跟飞海洋测高原理及应用》一书紧跟国际卫星测高技术的最新发展，描述了双星跟飞卫星测高原理，并结合工程对双星跟飞海洋测高数据处理理论和方法进行了全面梳理。

天基探测技术离不开信息处理理论与技术，数据处理是影响后期天基探测产品成果质量的关键。《地球静止轨道高分辨率光学卫星遥感影像处理理论与技术》一书结合高分四号卫星可见光、多光谱和红外成像能力和探测数据，侧重梳理了静止轨道高分辨率卫星影像处理理论、技术、算法与应用，总结了算法研究成果和系统研制经验。《高分辨率光学遥感卫星影像精细三维重建模型与算法》一书以高分辨率遥感影像三维重建最新技术和算法为主线展开，对三维重建相关基础理论、模型算法进行了系统性梳理。两书共同呈现了当前天基探测信息处理技术的最新进展。

本丛书成体系地总结了我国天基探测的主要进展和成果，包含光学卫星摄影测量、微波测量以及重力测量等，不仅包括各类天基探测的基本物理原理和几何原理，也包括了各类天基探测数据处理理论、方法及其应用方面的研究进展。丛书旨在总结近年来天基探测理论和技术的研究成果，为后续发展起到推动作用。

期待更多有识之士阅读本丛书，并加入到天基探测的研究大军中。让我们携手共绘航天探测领域新蓝图。

杨元喜

2024 年 2 月

序

地球有太多未知之谜，吸引人们的好奇和追问，引发科学界的思考和探索。地球的运行规律一直是天文学家研究的主题之一，而地球内部变化及各圈层的相互作用一直是地球科学探索的主题之一。探索地球各圈层作用通常采用几何感知和物理感知手段，几何形态感知与分析常用于地表变化反演及其作用机制解释，而物理场感知常用于地球内部物质迁移分析与相互作用揭示。重力场测量技术用于地球物理场感知，由地面重力测量技术发展到海洋重力测量技术、航空重力测量技术，再到21世纪初的卫星重力测量技术，形成了地球重力场立体感知技术体系，逐步形成了多频段全球重力场测量能力。我国大地测量界深耕重力测量技术领域，先后突破了航空重力测量技术、卫星重力测量技术，形成了重力测量数据处理、仪器定标、重力场反演及应用等技术体系，发展了弹性自适应、并行快速、一体化估计、基线法等算法体系，研制了自主数据处理软件系统，在重力场时间序列分析、内部物质迁移反演等方面取得了丰硕的研究成果，积累了丰富的实践经验。特别是经过二十余载研究，我国掌握了卫星重力测量关键技术，研制了我国首组高精度专用重力卫星，成功绘制了自主全球重力场模型。

本书是“天基探测与应用前沿技术丛书”之一，主要描述我国卫星重力测量理论与技术进步。作者多年从事卫星重力测量技术研究和系统设计论证工作，主持系统地面演示验证、研制、数据处理研究等工作，获得了一手实践经验，总结了最新研究成果和工程建设实践经验。著作重点阐述了重力卫星四点三线模型、星地一体质心定标技术、基线法反演重力场技术、时变重力场新滤波技术等独到的研究成果，对于卫星重力测量技术发展将起到推进作用。本书内容新颖，除了描述我国首组高精度重力卫星测量原理、卫星载荷技术进步点外，还描述了我国重力卫星数据处理和数据反演相关成果，并对卫星重力测量数据应用和未来发展进行了展望。希望本书能为我国卫星重力测量理论与技术发展提供借鉴，为大地测量和地球物理专业研究提供参考，为卫星重力数据的广泛应用提供支持。

杨元喜

2024 年 2 月

前　言

重力场作为一种物理场源，伴随着我们左右，决定着我们的生活方式、运动方式、思考方式，甚至生命方式，如同空气一样，爱护我们，承担生命之源的重任，但却常常被忽视。重力场之重要性，如何强调都不为过；其实用性，如同无限宝藏可待挖掘；其发展性，如日初升、霞光万丈。重力场时空特征独一无二、奥妙无限，构成元宇宙基本元素。以拉普拉斯方程始，辅之以边界条件，对称自由简洁表达为球谐函数组合，再考虑时间变量因素，构成了四维空间信息元。大地水准面是重力场的面相，垂线偏差是重力场的身姿，引力是重力场的絮叨和牵挂。君不见，山川大地是美丽的纱，遮掩气势磅礴、深沉而伟大的重力等位面，飞奔的江河、浪花层叠的海水是镜子，倒映着重力场的卓越风姿。了解她，认识她，描述她，唯有不断获得重力数据，日积月累，琢磨分析，由轮廓到细节，从概貌至纹理，由远及近，笔笔刻画，呵护备至。描绘重力场数据从哪里来？地面重力、航空重力、船测重力、卫星重力均可为之。不同手段获得别样重力场细节，其中卫星重力以揭示轮廓而出现，以全面覆盖而出彩，以快速更新而出色。因为重力场之重要而著述，因为热爱和责任而表达，因为元宇宙新概念萌发而添砖加瓦。

中国重力卫星发射成功，标志着我国在卫星重力领域有了一席之地，实现了全球重力测量关键技术自主可控，推动了我国大地测量水平提升，推进了我国航天微米级精密测量技术发展和我国超静、超稳卫星平台技术演化。二十载关键技术探索攻关，多年艰辛研制，积累了一些经验，既有成功经验，更有失败的教训，滴滴化作文字，凝聚在黑白格子间。国外重力卫星接续发射，获得丰富重力观测数据，为描述重力场概貌作出了贡献。我国卫星重力领域科研工作者不畏困难，聚力发展，独立自主突破各项关键技术，跨越了高低跟踪重力卫星阶段，实现了低低跟踪重力测量卫星的独立研制。

本书主要特点有三个：一是系统性，本书成体系研究了低低跟踪卫星重力测量基本原理，包括系统抽象模型构建、数据预处理技术、载荷定标技术，形成了完整的重力卫星数据处理理论与方法体系；二是创新性，聚合了团队20多年的研究成果，将基线法、质心定标方法、时变重力场EMD滤波方法等创新成果提炼纳入本书，带给读者新的重力卫星数据处理知识；三是实用性，本书编撰者都是重力卫星研制一线研究人员，紧贴重力卫星工程，融入了工程建设中对于系统基础原理的深刻理解，具备很强的实践性，对于开展重力卫星工程实践有重要的指导作用。

全书共分7章：第1章主要介绍低低跟踪卫星重力测量技术历史沿革和技术现状；第2章主要论述卫星重力测量技术基础理论；第3章阐述载荷数据预处理技术；第4章重点描述系统载荷定标技术；第5章推演了地球重力场反演方法，包括主流反演方法动力学法、短弧法等，给出算例，分析了反演重力场精度；第6章详细论述时变重力场滤波方法；第7章描述低低跟踪卫星重力测量数据应用方向。全书由肖云统稿，第1章主要由王丽兵撰写，第2章、第5章主要由肖云撰写，第3章、第6章主要由潘宗鹏撰写，第4章、第7章主要由刘晓刚撰写，潘宗鹏和刘晓刚校对了全书。

本书部分内容的研究得到了国家重点研发计划（2021YFB3900604）资助。本书源于团队的工程实践，源于几代人赓续接力、持续积累的知识经验，挂一漏万，不再一一指出贡献者，笔者在此一并表示感谢。

由于笔者水平有限，书中错误和不足之处在所难免，恳请读者给予批评指正。

肖　云

2024年1月

目　录

第1章　绪　论

本章主要介绍与低低跟踪卫星重力场测量技术相关的地球重力场概念，从重力场与惯性制导关系、重力场与航天器定轨关系等方面阐述了卫星重力测量技术意义；总结了卫星重力测量技术现状，包括重力测量卫星现状、数据预处理现状、重力场反演技术和时变重力场滤波技术现状，为后续章节提供必要背景信息。

1.1　地球重力场

1.1.1　地球重力场概念

地球重力场是地球的一个基本物理场，是世界形态基本结构底层决定性因素，是万物运动状态基础性关键参量，其地位等同于自然界空气和水，甚至更高、更基础。地球重力场及其时变反映了地球表层形状及其内部物质的密度分布和其运动转换状态，确定了大地水准面的起伏和变化，并提供了一个等位面、一簇方向矢量、一张多维空间重力扰动图谱组成的天然坐标框架和标志。地球重力场蕴含若干固有特性，已成为现代导航、大地测量、地球物理、地球动力学、地震、海洋学、冰川学、水文学等众多地球科学研究与分析的重要物理量之一。

地球重力场作为一项战略性基础数据资源，研究确定其精细结构及其时间变化不仅是现代大地测量的主要科学目标之一，也将为现代地球科学解决人类面临的资源、环境、灾害等问题提供重要的基础信息。地球重力场也是决定近地空间飞行器轨道主要因素，在卫星、导弹、航天飞机和星际宇宙探测器等的发射、制导、跟踪、遥控以及返回过程中均需要精密的全球重力场模型和发射区地面点的精确重力参数保障。不同科学及应用目标对重力场精度和分辨率的要求见表 1.1[1-3]。

表 1.1 不同科学及应用目标对重力场精度和分辨率要求

应用对象		精度		空间分辨率/km（半波长）	时间分辨率/月
		大地水准面/cm	重力异常/mGal		
固体地球物理	岩石圈、上地幔密度结构	—	1~2	100	—
	沉积物盆地	—	1~2	50~100	—
	断层	—	1~2	20~100	—
	地壳运动	—	1~2	100~500	1~6
	地震分析	—	1	100~1000	1~6
	海底岩石圈及其与软流圈相互作用	—	0.5~1	100~200	12
海洋物理	短尺度	1~2	—	100	—
		0.2	—	200	—
	中尺度	0~0.1	—	1000	1
地质灾害	短尺度	2	—	100	1
	中尺度	0~0.1	—	1000	6
冰盖	岩床	—	1~5	50~100	—
	冰盖垂直运动	2	—	100~1000	2~6
大地测量	GPS/水准面	1	—	100~1000	—
	高程基准统一	1	—	100~2000	—
	测高径向轨道（误差<1cm）	—	1~3	100~1000	—
水资源变化	地表水	—	0.5~1	100~500	1~6
	地下水	—	0.5~1	200~500	1~6
海平面变化		对重力场精度与时空分辨率的需求依据研究目标而定			

注：$1\mathrm{mGal}=10^{-5}\mathrm{m/s^2}$。

地球重力场的研究最早开始于 16 世纪，牛顿在假设地球物质是流体基础上，根据万有引力和地球自转运动，得出地球应该是近似于两极稍扁、赤道略鼓的旋转椭球。现在我们已清楚地知道，这一形状对应于地球重力场球谐函数展开式的 J_2 项。1690 年，惠更斯在假定地球质量集中在地心的情况下推出了地球扁率值为 1/578。1743 年，法国科学家克莱罗（Clairaut）在《地球形状理论》中，导出了重力值与地球扁率之间的关系，即克莱罗定理。这些科学家开启了重力场研究的大门，但真正为之打下数理基础的还是 1785 年勒让德在《论椭球体引力》中引入了“位函数”的概念，经英国科学家格林、德国数学家狄利克雷、纽曼和其他数学家的研究，获得了很大的发展和完善，逐步形成了位势理论基础，使人们能够从严密的数学推理基础上来研究地球重力场。所谓地球重力场模型，即拉普拉斯（Laplace）方程在球坐标下的级数解析解。1840年，斯托克斯进一步发展了克莱罗定理，提出了著名的斯托克斯（Stokes）定理，把物体的外水准面和它面上的重力联系起来，并同时解决了这个定理的逆定理，推导出斯托克斯公式。这个公式使采用重力资料计算地球形状成为可能。但为了求得唯一解，要求水准面外不能有物质存在。由于地球外水准面（约在珠穆朗玛峰以上）没有实际意义，实际应用中通常采用大地水准面作为近似水准面，这也给斯托克斯理论带来了应用上的困难。为了解决这个问题，1945年苏联科学家莫洛津斯基（Molodensky）提出了直接用地面观测值研究地球形状的理论，从而回避了长期无法解决的重力归算问题。莫洛津斯基理论是严密的，但数值实现相当麻烦且存在粗糙化问题，为此比亚哈马（Bjerhammer）、莫里茨（Moritz）等科学家对该理论作了发展和完善[1]。

在地球重力场描述理论和方法中，最具代表性的是斯托克斯理论和莫洛津斯基理论，两者构筑了近代重力学研究理论基础，但这两种边值理论对于重力观测资料提出全球覆盖、高分辨率的要求，给地球重力场理论的实际应用带来了巨大的困难。受限于政治、经济和技术条件，用经典地面测量方法获取全球重力资料难以实现，20世纪中叶以后，现代导航技术、高精度传感器技术、航空技术、卫星技术、通信技术迅速进步和发展，给地球重力场的研究、重力场数据获取和应用带来了新的前景，催生航空重力测量、卫星雷达测高、卫星跟踪卫星和卫星重力梯度等一批新的重力测量技术，使得重力场数据获取能力得到迅猛发展，成为当代地球重力场研究中的热点。在众多的地球重力场测量技术研究热点当中，卫星重力测量技术以全天候、高效率、全球性和不受地缘政治及地理环境影响的技术特点成为获取全球重力场中、长波分量的最有效手段，受到地球重力场研究等领域广泛重视。

地球重力场是一种可叠加的位场，由多种不同波长信号叠加组成。通常将地球重力场分成长波、中波、短波和超短波四种波长成分，也相应地称为低频、中频、高频和甚高频。波长、频率和空间分辨率的关系由奈奎斯特频率所定义。地球各圈层的物质分布变化与地球重力场的频谱有很好的对应关系（表1.2）[1]。

表 1.2　地球各圈层与波长、频段对应关系

波段	长波	中波	短波	甚短波
频段	低频	中频	高频	甚高频
地球圈层	地核、地幔	地幔	地壳	—

关于地球重力场信号波长的划分有两种方案，一种方案是按照地球重力场模型阶数划分，通常的方案是将地球重力场信息分为四个频率域：长波（低频 f_l:2≤l≤36）、中波（f_l:37≤l≤360）、短波（f_l:361≤l≤3600）和甚短波（f_l:3601≤l≤36000），划分波长对应为长波 500～10000km、中波 50～500km、短波 5～50km 和甚短波 0.5～5km；另外一种方案如表 1.3 所列。

表 1.3　重力场信息波长的划分

参数	长波	中波	短波	甚短波
波长/km	>8000	>1000	>200	<200
阶数 n	<5	<36	<200	>200
弧度 s/(°)	>10	>5	>1	<1

重力场不同波段对重力场的贡献[4]如表 1.4 所列，可见中波和长波成分占总重力值的 65%，占大地水准面的 99%以上，而短波和超短波成分占总重力值的 35%。中长波重力场是全频重力场的基础，即使采用各种经典技术将短波重力场测量得十分精确，但如果没有精确的中长波重力场信息，那么全频重力场仍然不可靠，从而使短波重力场也失去控制基础。由此可见，利用卫星重力测量技术精确测定全球中长波重力场在地球重力场研究中具有十分重要的地位和作用。

表 1.4　重力场不同波段对重力场的贡献

波段	长波	中波	短波	甚短波
球谐阶次	2～36	37～360	361～3600	>3600
空间分辨率/km	550～10000	55～550	5.5～55	<5.5
对重力场贡献率	22.8%	41.8%	32%	2.9%
对大地水准面贡献率	99.5%	0.48%	0.02%	—
有效测量技术	卫星重力测量、重力梯度测量		海洋、航空重力测量	地面重力测量

1.1.2　地球重力场在国民经济建设和科学研究中的意义

地球重力场是研究地球科学的重要信息源，用于分析地球内部物质分布、密度变化等，能为地球内部物质的质量分布、平衡与运动提供重要的研究依据，是研究固体地球结构的基本信息。地球重力场决定的大地水准面是地面地形的参考面，用于反映陆地、海底的起伏以及区分陆海边界，特别在描述地表高程的微小变化，如监测海平面变化、海洋环流、冰川融化时，对大地水准面的精度与分辨率有较高的要求。

地球重力场为研究地球内部结构和动力学过程提供基础信息。精细的重力异常分布和大地水准面起伏对于研究当前岩石圈和地幔动力学中的一系列问题具有很重要的作用，对于地学相关学科研究同样具有重要的意义。

物理大地测量的一项基本任务是全球和区域性地球重力场建模并精化参数，需要联合卫星重力数据、海洋测高、陆地表面重力、海洋重力等数据确定高精度高分辨率的地球重力场模型参数。高精度的重力场信息既可用于建立全球统一的高程基准、区域性统一的测绘垂直基准，也可用于远距离高程控制以及陆海、海洋与岛屿的高精度高程基准传递。建立厘米级大地水准面是 21 世纪大地测量领域一项极重要任务。确定高精度高分辨率的大地水准面，也可以实现空间测量手段代替传统繁重的水准测量。

高精度的地球重力场及其时变信息不仅对于地球动力学和地球内部物理的研究具有重要意义，也是稳态海洋环流、洋流探测的重要信息。海面动力地形的量测以大地水准面作为起算面，因此，建立准确的海洋动力模型更需要精密的大地水准面支持。

现代地学相关学科的发展均迫切需要更加精细的地球重力场及其时变信息。传统重力测量技术获取全球高精度重力场信息的能力受到限制，因此迫切需要新的技术突破。卫星跟踪卫星（Satellite-to-Satellite Tracking，SST）技术和卫星重力梯度（Satellite Gravity Gradiometry，SGG）技术被认为是 21 世纪初最有价值和应用前景的重力测量技术，其主要科学目标除了测定地球重力场的精细结构及其时变以外，还包括以全球尺度精密测定大气层、电离层及电磁场。这两项技术的成功实施无疑对现代地球科学研究地球岩石圈、水圈和大气圈及其相互作用具有重大贡献。鉴于其所具有的重要科学和现实意义，两项技术已成为当今物理大地测量领域研究的前沿和热点问题。

1.1.3 地球重力场与惯性制导的关系

地球重力场模型可用于改进惯性导航系统中重力加速度扰动，提高惯性导航系统精度。利用高精度的重力场模型可计算高精度的扰动引力和垂线偏差，用于飞行器惯性测量校正，大大减少飞行器惯性加速度的测量扰动误差，从而大幅度改善惯导系统的性能，提高导航精度[5-6]。

惯性制导采用惯性导航系统，测量惯性加速度和角速度，结合初始位置和速度条件积分得到载体运动轨迹上的速度和位置。惯性导航系统中重要部件之一是加速度计，不仅测量惯性加速度，而且测量重力变化信息，输出的是两项加速度之和，并不能区分各自分量数值。加速度计感知的重力变化部分对惯性系统来说是一项扰动，叠加到积分信号，产生速度和位置误差。因此，惯性导航系统需要输入地球重力场模型，或者通过在线重力测量提供重力数据，校正加速度计测量数据中重力扰动项，得到准确的惯性加速度，输入到积分器，获得载体速度和位置状态向量。因此，地球重力场信息对于惯性制导而言是一项必须校正的误差项。

地球重力场测量采用航空重力测量技术、船载重力测量技术等动基座测量方式，无论航空重力测量还是船载重力测量均需要惯性测量单元（Inertial Measure Unit，IMU），实际上就是惯性制导设备，因此地球重力场测量与惯性制导设备息息相关。动基座重力测量模式综合利用全球卫星导航系统（GNSS）导航定位接收机和惯性测量单元获得运动载体的运动加速度和比力，通过两种数据求差导出重力扰动。这种方法可理解为加速度域的求差方法，具有较好的收敛性。另外一种方法是卡尔曼滤波方法，将重力扰动矢量作为随机参数扩展到状态矢量，惯性测量单元测量信息构建状态方程，而GNSS接收机测量信息作为外部观测信息构建观测方程，总体形成状态方程，然后实施滤波，估计出重力扰动量。此种方法实际上是位置域的积分方法，具有较好的高频误差控制特性。

实际上，即使是卫星重力测量系统、地面重力测量系统等均与惯性测量密切相关，也需要用到惯性测量单元中的加速度计或者弹簧部件、惯性姿态测量设备或者调平机构（提供垂直指向），广义看同样需要构建惯性测量系统。卫星重力测量系统搭载了静电悬浮加速度计和星敏感器，前者用于非保守力测量，后者用于平台与惯性空间姿态测量，共同构建了空间惯性测量单元，精确测量卫星在空间受的非保守力。结合空间定位测距系统测量获得的总加速度，差分计算后得到重力扰动。仔细推敲，卫星重力测量与航空重力测量相似度很高，两者较为明显的差别是敏感质量体不同，前者的“敏感质量体”是卫星，而后者的“敏感质量体”是惯性测量单元中的检验质量。地面重力测量（例如相对重力仪）采用弹簧悬挂检验质量方式测量重力变化，类比为惯性测量单元的加速度计；调平装置提供了垂直指向，类似于惯性测量单元的陀螺，构成了加速度方法基本测量要素，实际等同于一维静态的惯性测量单元。分析各类重力测量系统的基本原理构架，均为惯性测量单元模型，因此地球重力场测量离不开惯性测量单元。

进一步分析重力加速度与惯性测量单元观测和GNSS测量的函数关系，在惯性坐标系下两者关系基本表达式为

$$\boldsymbol{g}=\ddot{\boldsymbol{x}}-\boldsymbol{a} \tag{1.1}$$

式中：$\boldsymbol{g}$ 为引力加速度（惯性坐标系下空间点受力为地球引力）；$\ddot{\boldsymbol{x}}$ 为载体运动加速度；$\boldsymbol{a}$ 为加速度计测量比力或者非保守力。由式（1.1）可见，重力加速度、载体运动加速度、惯性测量加速度构成闭合关系，形成稳定三角关系，已知其中两者则可导出另外一项。已知重力加速度和惯性测量值则可以积分获得运动载体速度和位置，构成惯性导航机理；已知运动载体加速度和惯性测量值可滤波得到重力加速度，代表了动基座重力测量原理；已知运动载体加速度和重力加速度可求差得到惯性加速度，支持惯性测量单元参数估计和标校。重力场信息与惯性测量单元、运动载体加速度关系极其密切，围绕载体运动状态和受力关系衍生出惯性导航、重力测量等任务，应用动力学机理在不同域之间相互转换，支撑大地测量、导航等多领域发展。

1.1.4 地球重力场与航天器定轨的关系

航天器在地球重力场作用下在空间绕地球运动，主要受到地球引力、日月等星体引力、大气阻力、太阳光压、地球反照压等作用，其中地球引力是量级最大的作用力源，因此航天器精密定轨必须知道精确的地球重力场参数。对于成像卫星、微波卫星、导航卫星等而言，定轨精度及精确的姿态参数将直接影响其对地观测的精度和提供服务能力。高精度的地球重力场模型对于精密确定航天器轨道具有极其重要作用[7-8]，特别是低轨航天器，应用重力场模型可估计非球形引力摄动分量，为建立精确的航天器轨道非引力摄动模型提供必要条件。

地球重力场与航天器轨道关系密切，地球重力场几乎是航天器的主要作

用力，中心引力假设为1，扁率项量级则为万分之一，重力扰动项为百万分之一，而其他作用力为千万分之一、亿分之一，甚至更小。如果剥离其他作用力，甚至可理解为两者是同一事物的两个面，一体两面关系。为方便问题理解和模型简化，暂时不考虑大气阻力、太阳光压、地球反照压等非保守力以及点火推力、三体引力，那么航天器轨道形态决定于地球重力场特征分布；反之，其形状弯曲信息可用于估计地球重力场。航天器定轨离不开地球重力场信息，其动力学方程中包含地球重力场信息，轨道求解结果来源于地球重力场作用力及其他作用力的时间二次积分，一定程度上航天器轨迹主要取决于地球重力场。

航天器、卫星等定轨及轨道预报均需要地球重力场数据，不可或缺，而且定轨误差部分来源于地球重力场模型误差。航天器的轨道积分方程为

$$\boldsymbol{x} = \boldsymbol{x}_0 + \dot{\boldsymbol{x}}_0(t - t_0) + \iint(\boldsymbol{a} + \boldsymbol{g})\,\mathrm{d}t\mathrm{d}t \tag{1.2}$$

式中：$\boldsymbol{x}$、$\dot{\boldsymbol{x}}$分别为航天器的位置、速度矢量（右下角标“0”表示初始时刻对应的状态矢量）；t、t_0分别为时间和参考时间；$\boldsymbol{a}$、$\boldsymbol{g}$分别为航天器受力的非地球引力项和地球引力项。其中重力项通常由地球重力场模型计算得到，该项参数误差取决于地球重力场模型误差，包括模型截断误差和系数误差。截断误差主要与模型最高阶数有关，原则上模型阶数越高，截断误差越小，描述重力参数越准确。但是，目前由于地球重力场模型高阶项误差较大，取高阶地球重力场模型系数会带来较大的模型误差，引起较大的重力参数误差。实际应用中需要综合顾及模型系数误差和截断误差分布特征，选择较合适的截断阶数。选择模型阶数另外需要考虑到航天器高度，航天器通常距离地球越远，选择模型阶数可以越低。再者，考虑到定轨精度需求和计算效率需求，精度要求高则需要选择较高地球重力场模型阶数，计算效率高需控制模型阶数。

航天器测定轨数据是地球重力场确定的重要数据。航天器可以理解为广义概念，代表近地运行的人造或者自然质量体，包括高轨卫星、中低轨卫星、月亮等。卫星可以当作地球重力场的探测器或传感器，对卫星观测并获取与地球重力场有关的观测数据，进而反演得到地球重力场。卫星重力测量技术主要包括卫星轨道摄动技术、卫星跟踪卫星技术和卫星重力梯度测量技术，逐步形成了卫星重力学。

卫星轨道摄动技术原理是将在空间绕地球运动的人造卫星看作一个重力场敏感器，卫星绕地球运动时，由于地球重力场的变化引起了轨道对于严格

椭圆轨道的偏离，这一偏离在卫星轨道学中称为地球非球形引力摄动，通过地面跟踪站对卫星的观测，利用最优估计理论计算包括重力场在内的各类动力学参数和其他非动力学参数。地面跟踪观测系统分为测距系统和方向测量系统，前者主要是激光测距系统和微波测距系统，后者主要是卫星摄影技术。但是由于地面跟踪站的有限性，地面对卫星的观测受到限制，而且由于重力卫星的轨道更低，卫星的运行速度更快，地面跟踪更加困难，这些因素限制了低轨卫星在确定重力场中的作用。因此，卫星轨道摄动技术只能用于低阶重力场模型的确定。鉴于此，卫星测量技术出现了新的发展方向，从地面跟踪卫星向卫星跟踪卫星发展。从地面观测发展到空间观测，成功解决了测量观测不能很好覆盖的问题。20 世纪 60 年代 Baker 提出了高轨卫星跟踪低轨卫星（简称高低跟踪卫星）技术之后，美国国家航空航天局（NASA）陆续做了一些卫星跟踪试验，验证了技术可行性，21 世纪初重力卫星成功发射，卫星跟踪卫星技术得以实现。高低跟踪卫星技术是低轨卫星搭载 GNSS 接收机，测量低轨卫星与高轨导航卫星间伪距或相位，连续、精密确定卫星轨道，进一步利用轨道数据反演地球重力场。低轨卫星跟踪低轨卫星（简称低低跟踪卫星）技术是采用微波测距或者激光测距技术实现两颗低轨卫星间距离和距离变率测量，进一步反演地球重力场。

可以预见，随着地球重力场模型不断精化，航天器运动状态方程逐步改善，其定轨和轨道预报精度将会得到显著提升，由米级达到厘米级，甚至更高。另一方面，低轨航天器的轨道或者航天器相对轨道测量精度不断提高，则促使反演地球重力场精度逐步提高。地球重力场估计和航天器定轨相互迭代，循环发展，极大拓展航天器科学研究能力和实践应用范围。

1.2　重力测量卫星现状

自 20 世纪 60 年代 Baker 首次提出卫星跟踪卫星技术确定地球重力场以来，国际大地测量学界的许多学者都积极投身于地球重力场恢复的方法与算法的理论研究和数值计算中。经过国际大地测量学界众多科研工作者 40 多年孜孜不倦的探索，终于将卫星跟踪卫星测量地球重力场计划和重力梯度测量卫星计划推向实用阶段。21 世纪迎来了卫星重力测量时代，国外先后成功实施了 CHAMP（Challenging Minisatellite Payload）、GRACE（Gravity Recovery and Climate Experiment）、GRACE-FO（Gravity Recovery and Climate Experiment-

Follow - On）和 GOCE（Gravity Field and Steady - State Ocean Circulation Explorer）卫星计划。我国也于 2021 年发射了中国重力卫星，各项重力卫星计划为全球重力场测量开辟了崭新途径，为探究地球重力场精细结构及其时变提供了重要的技术支撑和信息源[9-10]。随着利用卫星跟踪卫星和卫星重力梯度测量来确定地球重力场的技术日渐成熟，卫星重力测量逐渐成为全球重力场及其时变研究的主要技术。

CHAMP、GRACE 和 GOCE 卫星等重力观测任务先后实施，分别实践了高轨卫星跟踪低轨卫星（High Orbital Satellite to Low Orbital Satellite Tracking，HL-SST）、低轨卫星跟踪低轨卫星（Low Orbital Satellite to Low Orbital Satellite Tracking，LL-SST）和重力梯度测量卫星（Satellite Gravity Gradiometry，SGG）测量技术，提供了丰富的重力观测信息，极大改善了地球重力场中、长波分量的准确度，但仍然不能够满足地球物理、地震、地质等相关地学学科对地球重力场精度和分辨率的需求[11]。NASA 研制了用于中长波地球重力场精密探测的下一代卫星重力计划 GRACE-FO，替代已经结束的 GRACE 卫星任务。GRACE-FO 卫星任务采用近圆、近极和低轨道设计，轨道初始高度约 490km，利用搭载的微波测距仪和激光干涉测距仪精确测量两颗低轨卫星间的星间距离（约 220km），并导出星间速度和星间加速度，基于高轨 GNSS 卫星确定低轨卫星位置和速度，通过星载加速度计测量作用于卫星的大气阻力、太阳光压、地球辐射压、轨道高度维持和姿态控制力等非保守力，以及姿态补偿系统非平衡残余非保守力等。其首要目标是延续 GRACE 卫星任务，获取高分辨率月时变重力场模型，主要载荷仍采用 GRACE 卫星的 K/Ka 波段微波测距仪、GPS 接收机、加速度计等，并搭载激光测距干涉计（LRI）测试激光测距仪性能和改进全球重力场的效果，该卫星是第一个携带几十纳米级激光干涉计的卫星计划，同时继续 GRACE 无线电掩星测量，提供垂直温度变化和水汽剖面等信息，为天气预报服务。

我国历经二十载自主研制成功国产重力卫星，其中一个重要贡献就是研制了一体化设计的重力卫星和新型超静、超稳、超精的“三超卫星平台”。我国重力卫星，采用低轨卫星跟踪低轨卫星模式，实现一体化设计，将平台和载荷融合为重力敏感器，并实现超静、超稳、超精“三超”设计，为精细重力场测量提供振动超小、温度超稳、指向超精、结构零形变的测量环境，保证精密星间测距系统、静电加速度计等载荷在轨工作，实现全球重力场测量功能[10]。

鉴于低轨卫星跟踪低轨卫星类型的卫星重力测量计划对大地测量学、地球物理学、海洋学、水文学、冰川学等相关学科的卓越贡献，并综合考虑卫星轨道高度无法降低、载荷精度无法跨量级提高、对于法向重力分量不敏感等固有局限性，国内外学者开展下一代重力卫星计划的设计及论证分析，提出了新的发展计划[11-12]：一是继续发展星间激光测距系统，持续提高星间距离及其速度测量精度，从而改善重力场测量精度；二是发展倾斜轨道重力卫星，弥补目前极轨卫星对于东西向重力信号不敏感的缺陷，克服时变重力场条带问题；三是发展重力卫星星座[13]，获取更高时间分辨率和空间分辨率的全球重力场数据，提高反演精度和反演时间分辨率；四是发展冷原子重力卫星，搭载高精度原子钟和冷原子梯度仪，通过测量不同轨道高度卫星原子钟频率差测量重力位差或者测量重力梯度，进而克服现有测量手段精度受限问题，提高全球重力场测量精度和分辨率。综合考虑卫星轨道高度、卫星分布、星座构成、载荷能力、数据处理算法等因素，改进重力卫星测量能力，实现高精度地球重力场测量和时变信号反演，支持地球物理、海洋、地质、物探等领域发展。

1.2.1 高低跟踪重力测量卫星

20世纪60年代Baker教授首先提出高低跟踪卫星技术，开启了高低跟踪卫星重力测量技术研究之页。在理论研究基础上，NASA陆续做了一些高轨卫星跟踪低轨卫星技术试验，取得丰富研究成果。美国于1974年5月30日发射了地球同步通信卫星ATS-6，之后在中太平洋进行了首次高轨卫星跟踪低轨卫星的试验。试验中，高轨卫星是地球同步卫星ATS-6，低轨卫星是高度840km的GEOS-3卫星，星间跟踪设备由ATS-6卫星搭载的9m定向天线和GEOS-3卫星搭载的应答器构成。试验结果表明高轨卫星和低轨卫星间距离变率的测量精度可达0.3 mm/s。之后又做了ATS-6跟踪低轨卫星Nimbus-6的试验，试验结果获得了同地面跟踪精度相当的定轨精度。在阿波罗计划中也用ATS-6卫星对登月探测器进行了高低跟踪，其跟踪数据不仅用于定轨，而且用于估计重力场模型。马什将ATS-6对卫星GEOS-3跟踪数据用于太平洋重力场的确定，卡恩等人将这一数据用于改进非洲和印度洋地区的平均重力异常，ATS-6对阿波罗的跟踪数据也被用于大西洋和印度洋地区重力异常的确定。20世纪60年代早期约翰霍普金斯应用研究所研制了美国海军子午导航系统TRANSIT，利用多普勒原理实现了地面接收机的定位，之后在1973年开始了 GPS（The NAVSTAR GPS）计划，80 年代 GPS 建成后，地面定位的技术得到很大的发展，与此同时开始了星载 GPS 技术研究，1992 年的 Topex/Poseidon 卫星第一次试验性搭载了 GPS 接收机，实现了厘米级定轨精度，标志着基于 GPS 卫星高低跟踪卫星技术得以验证，后续很多低轨卫星都搭载了 GPS 接收机。

21 世纪初，高低跟踪重力测量卫星才真正得以实现，标志性的是德国波茨坦地学研究中心（GFZ）和德国航空航天中心（DLR）合作发展的世界上首颗低轨试验型专用重力探测卫星 CHAMP，成功验证了利用高轨卫星跟踪测量低轨卫星的技术可行性和探测全球重力场能力。CHAMP 卫星主要科学任务是高精度确定全球静态重力场中波、长波特性参数以及重力场低频信号随时间的变化，测量地球磁场，探测大气层密度等。CHAMP 卫星采用高低跟踪卫星模式，搭载了双频高精度 GPS 接收机、空间三轴加速度计（STAR）、激光后向反射器（LRR）等载荷，利用 GPS 接收机与高轨 GPS 导航卫星建立跟踪链路，以厘米级定位精度获取该卫星的轨道位置和速度数据，以精度优于$\pm3\times10^{-9}m/s^2$的加速度计量测卫星受到的非保守力，并利用两台星敏感器测量卫星姿态，链接加速度计测量矢量方向与惯性坐标系的空间指向。激光后向反射器与地面激光跟踪站配合获取测距精度 2cm 的数据：一方面与 GPS 接收机数据共同用于精确定轨；另一方面用于验证 GNSS 精密定轨精度；再者用于低阶地球重力场模型参数 J_2项估计。此外，卫星搭载了磁强计、磁矢量仪、恒星敏感器等组成的磁场测量系统，用于测量地球及地壳磁场特征参数及其随时间、空间的变化，对地球磁场建模。搭载的掩星接收机探测近地大气层和电离层，为导航校准、气象预报、全球气候变化研究等提供数据服务。该卫星于 2000 年发射，于 2010 年 9 月 19 日再入大气层烧毁，在轨工作 10 年，超期服役 5 年。

1.2.2 低低跟踪重力测量卫星

Wolff 在 1969 年提出低低跟踪卫星概念，即在近地相同轨道上运行的相距数百千米两颗卫星相互之间进行连续跟踪[14]。概念提出后，美国陆续提出了多个低低跟踪卫星的计划验证该项技术。1975 年 7 月 NASA 做了低低跟踪卫星试验，试验卫星为 APOLLO 和 SOYUZ，其轨道高度约为 225km，采用多普勒方法测量两颗卫星的距离变化率，共采集 108 圈的低低跟踪测量数据，试验数据分析测速精度约 0.5mm/s，在低低跟踪卫星模式试验的同时，还以

ATS-6 作为高轨卫星进行高低跟踪卫星试验。这次试验属于原理性试验，结果分析表明恢复重力异常精度达到 5～10mGal，分辨率为 5°×5°。之后，美国的 GRAVSAT 计划和欧洲的 SLAMLOM 计划都准备试验低低跟踪卫星，但是由于资金的原因这两个计划都未实施。20 世纪 80 年代，美国国家航天局提出地球重力场研究计划（GRM），欧空局提出了 POPSAT 和 BRIDGE 计划，其中美国的 GRM 任务属于低轨卫星跟踪低轨卫星测量计划，两个同轨的低轨道卫星高度为 160km，间距为 100km 到 600km 可调，其速度变化通过 42kHz 和 91kHz 的双向链路实施测量，速度变化率测定精度设计为 1mm/s。

德国航空航天中心与 NASA 在“挑战性小卫星有效载荷”卫星（CHAMP 卫星）积累的经验和技术基础上开展国际合作，发展了“重力和气候实验”专用重力探测卫星项目（GRACE 卫星），其科学目标是以前所未有的高精度测定全球静态重力场中波、长波特性以及重力场随时间的变化；研究海洋表面洋流、海洋热传递、海床质量和压力变化、冰原与冰河质量平衡、陆地水与雪存量变化，并提供较好的全球大气模型。“重力和气候实验”双星于 2002 年发射，在轨运行 15 年，于 2017 年 9 月结束观测任务。

“重力和气候实验”卫星采用低低跟踪卫星和高低跟踪卫星组合模式，“重力和气候实验”双星相当于 2 颗完全相同不带磁强计的升级版“挑战性小卫星有效载荷”卫星。每颗卫星搭载双频高精度 GPS 接收机、K/Ka 频段测距系统（K-Band Ranging System，KBR）、超级空间三轴加速度计（SuperSTAR）、激光后向反射器等载荷。除 K/Ka 频段测距系统外，其他 GPS 接收机、加速度计、激光后向反射器和星相机装置均继承来自 CHAMP 卫星的相应有效载荷，并加以改进。“重力和气候实验”卫星星间距离控制在 170～270km 之间，利用各自卫星上 GPS 接收机与高轨 GPS 导航卫星建立跟踪链路，构成与 CHAMP 卫星类似的高低跟踪卫星模式，以厘米级精度获取“重力和气候实验”双星的轨道位置和速度数据。“重力和气候实验”双星利用 K/Ka 频段测距系统建立精密星间测距链路，构成低低跟踪卫星模式，以 1μm 的星间测距精度测量因地球局部重力异常所引起的星间相对距离变化和距离变化率。K/Ka 频段测距系统为双频设备，工作在 24GHz 的 K 频段和 32GHz 的 Ka 频段。双频设计的主要原因是消除测距信号在电离层传播中的延迟和干扰，并利用分辨率优于 $\pm 3\times10^{-10}\ \mathrm{m/s^2}$ 的静电悬浮加速度计（其分辨率比 CHAMP 卫星的加速度计提高 1 个数量级）测量卫星受到的非保守力，激光后向反射器获取测距精度 1～2cm 的数据。此外，为了配合卫星完成重力测量任务，“重力和气候实验”卫星还携带了2台星敏感器设备，安装在超级三轴加速度计上，提供超级三轴加速度计测量所需的高精度姿态。

NASA于2018年5月23日发射了GRACE-FO卫星，替代已经结束使命的GRACE卫星任务。GRACE-FO双星重力任务与GRACE任务基本一致，其较大区别是搭载星间激光测量系统，验证纳米级精度的低轨卫星间距离测量。

我国自主发展低低跟踪重力测量卫星，历经二十载研制成功，使得我国具备全球重力场测量能力。国产重力卫星采用低轨卫星跟踪低轨卫星模式，提出超静、超稳、超精“三超”设计，实现全球重力场测量能力。

1.2.3 重力梯度卫星

20世纪70年代开始，各国学者开始了卫星重力梯度测量研究，80年代欧洲空间局提出了Aristoteles计划，NASA提出超导重力梯度测量任务（SG-GM），前者的目标是获得100km的空间分辨率、1mGal精度的重力异常和3cm精度的大地水准面，后者的目标是50km的空间分辨率、2~3mGal的精度确定360阶重力场。

“重力场与稳态洋流探测器”卫星（GOCE卫星）是欧洲航天局独立发展的地球动力学和大地测量卫星，是世界上首颗采用卫星重力梯度测量模式的专用重力探测卫星，也是全球首颗用于探测地核结构的卫星。该卫星于2009年发射，其主要科学目标是高精度、高分辨率地测量全球静态重力场（中波）和大地水准面模型，已于2013年11月11日坠入大气层，结束观测任务。

“重力场与稳态洋流探测器”卫星采用卫星重力梯度测量和高低跟踪卫星组合模式，搭载了卫星-卫星跟踪设备（SSTI）、静电重力梯度仪（EGG）和激光后向反射器（LRR）等载荷。该卫星利用搭载的GPS接收机实现与高轨GPS导航卫星建立跟踪链路，构成与“挑战性小卫星有效载荷”卫星类似的高低跟踪卫星模式，卫星-卫星跟踪设备为双频高精度GPS接收机，以厘米级精度获取GOCE卫星的轨道位置和速度数据。另外，该卫星利用静电重力梯度仪构成卫星重力梯度测量模式，由3对静电悬浮加速度计组成，以卫星质心为中心，分别对称安装在3个正交的测量坐标轴上，构成全张量差分重力梯度仪。每对加速度计测量基线为50cm，每对加速度计以“差分”方式测量卫星所在位置的地球重力梯度张量。静电重力梯度仪一方面用于测量重力梯度张量，另一方面将作为无阻力姿态控制系统的主敏感器。激光后向反射器配合地面激光跟踪站完成星地距离测量，用于精确轨道确定和地球重力场 J_2 项估计。

1.2.4 原子重力卫星

原子重力仪是近二十年发展起来的基于冷原子物质波干涉的一种新型重力仪，它既可以做绝对重力测量，也可以作为相对重力仪使用。原子重力仪是在真空中下落或者上抛一团冷原子，利用拉曼激光与冷原子波相互作用形成原子波的干涉，通过原子干涉条纹提取重力加速度信息，这种重力仪精度可以到微伽量级[15]。由于原子重力仪具有稳定性高、精度高、重复率高等特点，一出现便引起了人们的广泛关注[16]，人们开始设计可用于一些太空使命的原子重力仪，如原子干涉重力梯度仪。

重力梯度卫星 GOCE 通过搭载静电式重力梯度仪，将全球静态重力场恢复至 200 阶以上。目前 GOCE 卫星已结束寿命，亟须发展下一代更高分辨率的卫星重力梯度测量来完善 200~360 阶的全球静态重力场模型。原子干涉型的重力梯度测量在空间微重力环境下可获得较长的干涉时间，因此具有很高的星载测量精度，是下一代卫星重力梯度测量的候选技术之一。

原子干涉重力梯度测量概念由美国喷气推进实验室提出，由于在空间微重力环境下，原子失重接近自由悬浮状态，测量方法和测量结果与地面存在较大差异，为此 NASA 与欧洲空间局先后开展了星载便携式原子干涉重力梯度仪的设计、研制及相关落塔、机载飞行试验，根据测试结果预计原子干涉重力梯度仪对地球重力场的恢复精度比 GOCE 卫星（静电式重力梯度仪）至少高 1~2 个数量级。

1.3 数据预处理技术发展现状

重力测量卫星是一个复杂的观测系统，各类精密仪器不可避免地存在观测噪声和系统误差。研究各类载荷测量误差量级对重力场反演精度的影响，是重力场解算的一个关键问题[17]。CHAMP、GRACE、GOCE 卫星计划成功实施以来，国内外学者不断改善数据预处理的策略与方法，使得卫星载荷观测数据的精度大幅度提升。

GRACE/GRACE-FO 重力卫星是重力场测量中一次具有革命性的进步，

它首次提供了高精度、全天候、全球中长波空间尺度的月分辨率时变重力场信息，这除了得益于卫星科学的编队设计、高精度的载荷、高稳定性的平台之外，还依赖于其地面数据处理技术几十年的积累与发展。以 GRACE 卫星为例，GRACE 卫星提供的观测数据主要包括 K/Ka 频段单程载波相位观测值、星载 GPS 接收机的双频伪距和载波相位观测数据、三轴加速度计的线性加速度和角加速度数据以及恒星敏感器的卫星姿态数据。GRACE 卫星数据采用分级管理方式，分为 Level-0、Level-1A、Level-1B、Level-2 和 Level-3 数据。其中：Level-0 为原始观测数据；Level-1A 为对 Level-0 数据进行非破坏性处理的结果，主要包括科学单位转换、添加时间标记和质量控制标识等；Level-1B 为对 Level-1A 数据进行误差改正、时标修正、滤波、重采样等一系列不可逆的处理结果，是重力场反演的输入数据；Level-2 和 Level-3 是高级数据产品，包括重力场模型、格网等效水高等产品。其中 Level-0 到 Level-1B 数据的处理称为原始数据预处理，是后续所有数据产品处理的关键[18]。

GRACE 卫星的科学数据产品中面向最终用户的产品是 Level-1B、Level-2 和 Level-3 数据，未对外发布 Level-0 和 Level-1A 数据。而从 Level-0 和 Level-1A 数据到 Level-1B 数据的处理是 GRACE 载荷观测数据处理的核心技术，国外对于相关处理算法的细节也介绍得非常少。国内由于缺乏 Level-0 和 Level-1A 数据，对 GRACE 卫星有效载荷原始数据的预处理技术研究相对较少，更多关注对 Level-1B 数据的应用。GRACE-FO 卫星虽然公布了 Level-1A 数据产品，但对部分原始数据预处理的技术细节介绍得非常少，相关数据预处理的文献仍然很少。

国内学者对重力卫星数据预处理方法的研究主要集中于 Level-1B 数据的处理，比如基于 CHAMP 和 GRACE 卫星观测数据分析不同校准因子组合对简化动力学定轨和动力学定轨的影响；利用 CHAMP 和 GRACE 数据对加速度计尺度因子进行研究；基于 Level-1B 数据对 GRACE 各观测数据误差的载荷相关性进行分析，研究实测数据的轨道拼接、粗差探测、线性内插、重新标定、坐标转换、误差分析等有效处理方法。而对 Level-1A 数据的预处理，主要基于仿真分析的方法进行 KBR 数据模拟和模拟数据预处理研究[18]。

1.3.1 星间测距数据处理技术现状

GRACE 卫星的极大成功与其主要有效载荷息息相关。GRACE 卫星携带了重力场测量的三大有效载荷。K/Ka 波段微波测距系统用于精密测量星间距离及距离变化率，其星间距离测量精度优于 10μm，距离变化率测量精度可达到 1μm/s，足以测出地球表面重力场异常所引起的卫星间距变化，是最核心的有效载荷，代表目前国际星间微波测距的最高水平。Black Jack 型双频 GPS 接收机用于确定轨道和提供时间同步服务，其轨道精度优于 5cm，时间同步精度优于 150ps。高精度 Super STAR 静电悬浮加速度计用于测量非保守力，其对 y 轴方向非保守力的测量精度达到 10^{-9}m/s^2，对 x 轴和 z 轴方向非保守力的测量精度达到 10^{-10}m/s^2。

我国在“十五”期间就已经开展了星间测距系统、加速度计等载荷技术的研究，取得了很大进展，而对于 K 波段微波测距系统的研制则起步较晚，直到“十一五”期间才开展预先研究工作。对于微米级精度的星间距离和距离变化率测量，采用激光方式测量一般是首选，但激光测量装置组成复杂、体积和功耗较大、成本较高，并且需要扫描和对准，技术难度非常大，相对于我国目前的技术水平和条件而言，采用微波测量方式更符合实际。经过前期的研究论证，我国重力场测量卫星的星间精密测距系统确定采用微波测距系统。

卫星重力测量中的星间精密测距是一个复杂的系统工程，为了达到微米级的测量精度，GRACE 卫星的 KBR 系统采用双向单程测距（Dual One-Way Ranging，DOWR）技术来实现星间精密测距，其中需要突破的相关技术主要包括信号处理技术、时间同步技术和观测数据处理技术。要最终得到精密的星间距离和距离变化率等测量结果，必须对观测数据进行一系列的误差校正处理。由于 KBR 系统存在复杂的误差源，并且误差源的特性各不相同，如何处理观测数据以有效校正各项主要误差也是亟待解决的一个难点问题。

在 GRACE 卫星的论证和研制过程中，为了评估地球重力场测量任务的可实现性，JPL 和得克萨斯大学（University of Texas）的学者均对 KBR 系统的测距误差模型进行了深入研究。分析了 KBR 系统包含的主要误差源，并首次建立了较完整的测距误差模型，该模型涵盖了热噪声、电离层效应、整周模糊度、时钟相位噪声和时标偏差等主要误差源。在此基础上，讨论了 KBR 系统中多径误差的影响，得到了测距误差与天线指向偏差之间的量值关系，并进一步讨论了各个主要误差源对于地球重力场测量精度的影响。国内学者也高度重视对 DOWR 测距误差模型的研究，紧密跟踪星间精密测距技术的前沿，分析了 KBR 系统的主要误差源，研究了 KBR 系统中所涉及的关键技术，并对相关关键技术提出适合我国当前技术水平和基础软硬件条件的建议[17-18,20]。

1.3.2 星载加速度计数据处理技术现状

高精度静电悬浮加速度计是地球重力卫星的关键载荷之一，其灵敏度参数直接关系到非保守力的精确测量，最终将影响地球重力场反演精度。GRACE 卫星未对外公布加速度计的原始测量数据及其预处理算法细节，有国外学者针对 GRACE 卫星寿命末期 B 星因电池老化原因加速度计关闭导致数据缺失的情况，开展了加速度计移植算法研究[21]。GRACE-FO 卫星在轨运行初期，发现 D 星加速度计测量的噪声升高，导致加速度计数据质量系统性退化，D 星数据需要被合成数据取代，即所谓的移植数据。GRACE-FO 官方进行了加速度计数据移植算法研究[22]；国内关于加速计数据处理的研究则更多集中于加速度计偏差和尺度因子标定。

在卫星重力探测系统中，从卫星所受合力中精确扣除非保守摄动力（如大气阻力、太阳光压、地球辐射压、姿态控制力等），历来是精密定轨和高精度重力场反演的热点问题和关键技术。卫星运行轨迹除了受引力变化影响外，同时受大气阻力、太阳光照、地球辐射、卫星姿态调整等非引力变化的影响，新一代重力卫星中无论是跟踪型重力卫星，还是梯度型重力卫星，均搭载有高精度星载加速度计，用以精确获取作用于卫星上的非保守力。静电悬浮加速度计适合测量慢变的微弱加速度，可用于大气阻力等引起的准稳态加速度测量以及推进器推力测量，已成功应用于多项航天任务中。加速度计是低低跟踪重力场探测卫星的关键载荷之一，用以精确测量由于卫星轨道处的热层大气密度、水平中性风以及太阳和地球的辐射压力对卫星的拖曳，即非重力的贡献，是精确分离保守力与非保守力的重要载荷，其测量精度可达 $3\times10^{-10}\mathrm{m/s^2}$，为开展低轨卫星精密定轨、静态与时变地球重力场反演等研究提供了关键数据。

星载高精度加速度计是相对测量仪器，存在仪器偏差、标度因数及漂移误差等参数，使得输出的非保守力与真实的非保守力存在偏差。卫星运行过程中，受空间环境辐射、元器件老化等影响，设备物理特性总会随环境及时间变化，与设计值有一定偏差。因此，加速度计观测值中不可避免地存在一定的偏差和漂移，需对其进行校准。星载加速度计的原始输出数据必须经标定后才可使用。

加速度计参数按标校时机不同可分为地面、在轨和外部标校 3 个过程。地面标校为加速度计在未装载到卫星上之前，利用地面设备进行参数标校，常用方法可分为绝对校准法和比较法，但由于受到地面重力加速度的限制，仅能给出粗略检验值，需要进一步在轨标校和外部标校。在轨标校是卫星在轨利用外部输入非保守力进行标校，主要包括推进器推力标校方法、旋转卫星标校法和引力标校法3种。外部标校也称事后标校，常用方法包括以下5种。①直接法：利用加速度计在轨测量非保守力数据与标准的模型计算的非保守力进行比对来标校参数。②能量法：计算出卫星一段时间内的耗散能，用以估计加速度计参数。③交叉点法：基于卫星升降轨交叉点处受力环境一致，实现加速度计参数估计。④动力学法：基于GNSS实测轨道数据、加速度计数据、重力场模型等同时进行定轨和加速度计参数校准。⑤整体法：将重力场模型参数、加速度计参数一起估计。国内外学者针对重力卫星加速度计标校开展了大量研究，且主要集中于在轨和事后标校，并取得了大量的研究成果[23]。

1.3.3 星敏数据处理技术现状

重力卫星搭载星敏感器，提供卫星的精密姿态信息。其中，GRACE卫星搭载了两台星敏感器，GRACE-FO卫星搭载了三台星敏感器，主要用于实现加速度计测量非保守力从卫星本体坐标系到惯性坐标系的转换。我国重力卫星搭载了三台国产小型化星敏感器，其既是卫星系统的姿控部件，又是姿态测量载荷。

精确了解卫星姿态是实现星间测距的基本要求，不仅是实现星间精确在轨指向的关键，而且是恢复精确时变重力场模型的关键。尽管GRACE卫星解算重力场精度在过去几年有所提高，但目前的重力场解算精度水平仍与GRACE基线精度（即发射前模拟的预测精度）仍存在一定的偏差。双星星间指向变化是误差的潜在因素之一，与姿态确定误差息息相关。Level-1B数据产品中的姿态未建模误差与姿态校准相关，也对恢复重力场解有影响。因此，深入理解姿态数据可能的误差源，并加以改进对于后续任务质量持续提升至关重要。

Nate Harvey开展了GRACE卫星星敏感器测量噪声分析[24]，Pedro Inácio等开展了GRACE卫星星敏数据误差对时变重力场反演精度的影响分析[25]，Ung-Dai Ko等通过调整滤波器参数、引入阶跃剔除算法对太阳和月亮等直接干扰引起的星敏感器观测不连续性处理等来改善地球重力场[26]。Sujata Goswami等开展了星敏和加速度计角加速度数据融合处理研究[27]，重点是利用加速度计提供的额外姿态信息——角加速度，将加速度计角加速度和星敏感器数据采用最小二乘法的方法进行组合，通过方差分量估计实现卫星姿态改进。研究利用融合后姿态信息对天线相位中心进行重新估计，提高相位中心确定精度，验证了姿态融合处理效果。GRACE 卫星姿态数据集有两种，一是美国喷气实验室（JPL）提供的标准的 SCA1B RL02 数据集，另一种是奥地利格拉茨技术大学（Graz University of Technology）计算的融合姿态数据集（基于 ACC1B 角加速度和 SCA1B 四元数融合）。为研究姿态误差对 GRACE 星间测距的影响分析，格拉茨技术大学分别采用两种姿态数据集估计星间测距数据残差，分析了姿态数据集对星间距离测量的影响，结果表明融合姿态信息可显著减小星间距残差并改善重力场估计精度。此外，对星敏感器测量结果采用更严格的低通滤波，将截止频率由 0.1Hz 设为 0.025Hz，增加星敏数据周跳剔除算法，消除由太阳、月亮引起的不连续干扰。再者，可通过比较 KBR 天线相位中心标定过程中星敏感器和加速度计同时检测到的大姿态变化，确定星敏感器的安装误差角。经姿态融合改进方法重新处理，获得了新地球重力场模型，分析表明星敏感器的误差校准对新地球重力场模型的估计精度改进有重要影响。此外，国内学者梁磊等开展了基于卡尔曼滤波的 GRACE-FO 姿态数据重构研究[28]，进行了多星敏感融合及星敏与陀螺数据的融合处理，一定程度上提高了姿态数据精度。郭泽华等开展了联合星象仪四元数的卫星重力梯度测量角速度重建方法研究[29]。

1.3.4 GNSS 数据预处理技术现状

低轨卫星在各类对地观测任务的顺利完成中发挥了重要作用，其搭载的 GNSS 接收机进行连续、全天候的精密轨道确定是卫星完成各项任务的基础。基于星载 GNSS 的低轨卫星精密定轨是目前大地测量领域的研究热点，也是解决我国对地观测卫星精密轨道确定最有效的手段[30]。基于星载 GNSS 精密定轨的研究相对成熟，国内外学者开展了大量研究，主要定轨方法包括运动学定轨、动力学定轨和简化动力学定轨。运动学定轨是仅利用星载 GNSS 观测数据进行数据处理，没有力学模型的加入，得到卫星的几何位置。该方法类似地面站定位，但由于低轨卫星位于太空，星载观测数据粗差、周跳较地面复杂，不同低轨卫星数据缺失情况不同，得到的卫星轨道时常不连续，受观测数据质量的影响较大，不易得到连续稳定的卫星轨道，更无法进行轨道预报工作。动力学定轨在利用星载 GNSS 观测的同时引入卫星所受力学模型来解算卫星轨道。这种方法受力学模型误差的影响较大，比如重力场、太阳光压模型、大气阻力模型、未模型化误差等。动力学定轨可以得到连续的轨道，精度也较高，但对于轨道较低的低轨卫星，已模型化和未模型化误差影响较大。简化动力学定轨方法是基于星载观测数据和动力学模型信息，通过伪随机脉冲参数来吸收力学模型误差，同时调和几何观测和动力学模型的权重。简化动力学定轨以其灵活有效的方式，成为一直以来应用最广泛、精度最高的星载 GNSS 低轨卫星定轨方法。目前，大多数低轨卫星都仅搭载了 GNSS 接收机，定轨精度可达厘米级。作为第一批重力编队卫星，GRACE、GRACE-FO 自发星以来，就有许多关于星载 GPS 观测数据的精密定轨研究，定轨策略已趋于成熟且轨道精度稳定在厘米量级。高精度的重力卫星轨道不仅可以用来改进 KBR 数据反演的地球重力场精度，还可以用来反映定轨过程中所使用的动力学模型精确程度。随着 GPS、BDS、GLONASS 等卫星导航系统的广泛使用，以及多模多频星载 GNSS 接收机的搭载，有关多导航系统一致性、多系统联合定轨等逐渐成为低轨卫星星载 GNSS 数据处理的主要热点问题。

此外，对于编队卫星系统而言，时标统一是各个成员卫星之间协同完成任务的一个基本条件。编队卫星的时标统一可以分为绝对时标统一和相对时标统一两种情况，绝对时标统一要求将各成员星的时标溯源到相同的参考时间系统，而相对时标统一则只要求将各成员星的时标统一到同一个成员星即可。对于低低跟踪重力场测量卫星这样的编队卫星系统，则要求实现双星的绝对时标统一，不仅如此，为了实现全球重力场的均匀测量，还必须保证双星时标统一的全球范围覆盖。

为了满足星间精密测距对于双星时标统一的需求，GRACE 卫星携带高性能的 Black Jack 型双频 GPS 接收机，获取双频载波相位和伪距测量值，并利用 IGS 地面站网得到双差观测量，同时结合 IGS 的精密星历，经过事后处理使得重力卫星间的时标溯源精度达到 100ps 的水平。随着定轨定时技术的不断发展，从 2009 年 5 月 1 日起，GRACE 卫星的时间同步使用单 GPS 接收机的模糊度校正方法，不再使用双差模糊度校正，并且精密定轨也是两颗星独立完成。基于单频伪距测量的 GRACE 卫星相对定时与定位技术得到发展。

国内也有诸多学者紧密跟踪基于 GNSS 的低轨编队卫星星间相对定时、定位以及精密定轨技术，为我国卫星重力测量提供参考和支持，如研究了 GRACE 卫星精确定轨的随机模型精化、GRACE 双星的相对轨道精确确定、基于星载双频 GNSS 的卫星编队高精度星间相对定位和相对状态测量，研究了

GNSS 相对定时和定位在重力卫星 KBR 系统微米级测距中的作用。在载波相位改善相对定位精度、快速确定相位模糊度及周跳检测问题等方面取得了较多成果。

1.4 重力场反演技术发展现状

重力卫星的主要科学任务是测量高精度、高分辨率的地球重力场及其随时间变化。国外三颗重力卫星 CHAMP、GRACE 和 GOCE 分别采用高轨卫星跟踪低轨卫星模式（高低跟踪卫星模式）、高轨卫星跟踪低轨卫星与低轨卫星跟踪低轨卫星混合模式（低低跟踪卫星模式）、高轨卫星跟踪低轨卫星与重力梯度测量模式（Satellite Gravity Gradient, SGG）获取地球重力场数据。我国重力卫星跨越高轨卫星跟踪低轨卫星模式阶段，发展了更高阶段的高低跟踪卫星和低低跟踪卫星混合模式，独立自主研制重力卫星，建立了一套完整的卫星全球重力场测量及数据处理系统。

经过几十年的发展，高低跟踪重力卫星、低低跟踪卫星重力测量观测数据反演地球重力场的方法种类丰富，大类上可划分为时域法和空域法。时域法主要包含 Kaula 线性摄动法、动力学法、天体力学法、基线法、能量法、加速度法和短弧边值法等，它适合于 CHAMP、GRACE 卫星和中国重力卫星等跟踪类卫星数据反演和解算；空域法主要适用于 GOCE 卫星等数据解算地球重力场。各类方法具有各自的特征和优缺点。时域法在轨道力学理论框架内建立绝对或相对轨道观测数据与地球重力场函数关系，利用沿轨道逐点观测数据估计地球重力场参数，采用了最小二乘、序贯平差、卡尔曼滤波等时域特征估计方法，反演出含误差特征的模型系数估计值。空域法以经典引力位边值问题为理论基础，假设地球外部无质量，拉普拉斯方程成立，以轨道面重力梯度、重力异常等观测数据为边界条件积分地球重力位系数，得到模型系数积分值，不含误差估计特征[31-32]。

国际地球重力场模型中心（International Centre for Global Earth Gravity Field Models，ICGEM）发布了采用不同算法反演解算的一系列地球重力时变场和地球重力静态场模型，可以公开下载使用（http://icgem.gfz-potsdam.de/home）。采用动力学解算的地球重力场模型主要包括德国地学研究中心（GFZ）的 EIGEN 系列模型、美国空间中心（CSR）的 GGM 系列模型、美国 JPL 的系列模型、法国的 CNES/GRGS 系列模型、波恩大学天文研究所的

AIUB-GRACE 模型、中国科学院精密测量科学与技术创新研究院的 IGG 模型、武汉大学的 SGG-UGM 模型、华中科技大学的 HUST 模型、西安测绘研究所 XISM 模型、西南交通大学 SWJTU 等。主要采用短弧边值法解算的地球重力场模型包括奥地利格拉茨技术大学利用短弧边值法解算的 ITSG 系列、同济大学研制的 Tongji 系列模型。丹麦工程大学采用平均加速度法解算的 DTM 系列模型，以及伯尔尼大学天文学研究所利用天体力学法解算的 AIUB 系列模型。在时变重力场模型方面，除法国 CNES/GRGS 模型的时间分辨率为 10 天外，其他模型的时间分辨率均为 1 个月。德国慕尼黑工业大学天文和物理大地测量研究所联合波恩大学、格拉茨技术大学、奥地利科学院和伯尔尼大学融合多个地球重力场模型和地面重力数据研制出高精度 GOCO 模型和 XGM 模型，XGM2019e 最高阶次达到 5399。

1.4.1　动力学法反演技术现状

动力学法利用卫星初始位置与速度向量和先验力模型积分得到卫星参考轨道，以参考轨道为初值对星间测距和 GNSS 观测方程进行线性化，基于最小二乘方法构建法方程，进而估计卫星轨道初值、地球重力场模型系数等参数及其误差值。基于动力学法可以整体解算卫星轨道和重力场模型，因此卫星轨道和重力场模型的自洽性好，解算精度比较高。ICGEM 公布的大多数重力场模型采用动力学法求得。但该方法需要先验重力场模型，为了控制线性化误差往往需要迭代计算，并需要通过变分方程数值积分计算系数矩阵，因此计算工作量比较大。如果先进行重力卫星几何定轨，再利用其几何轨道和低低跟踪卫星数据解算重力场模型的两步解算法，只要顾及几何轨道的方差-协方差阵，其重力场模型的解算结果理论上与整体解算是等价的。因此除 GFZ、CSR 和 JPL 等机构外，大量研究成果是基于两步法解算得到的。为了避免线性化误差随轨道长度增加而积累，直接利用几何轨道进行线性化，并将几何轨道的改正量表示成初始状态和力模型参数的积分，涉及四重积分，因此其计算量非常大。天体力学法与动力学法一样需要先验重力场模型，计算初值和解算变分方程，由于采用了不同的参数化方法，明显提高了解算效率[32-35]。

短弧法以轨道弧段两个端点的位置向量为初值，利用先验力模型内插解算出整个弧段参考轨道相对于几何轨道的改正量。其本质上与动力学法等价，这样求得的参考轨道与几何轨道非常接近，由于解算边值参数的法方程系数阵条件数较小，因此短弧边值法的解算结果稳定，精度较高。然而，由于改正量的数目随弧段增长而迅速增加，且改正量解算方程的稳定性也迅速变差，因此短弧边值法的弧段不能太长，通常采用2~3h。解算ITG-CHAMP01模型时，直接用几何轨道计算重力场参数的系数矩阵，其本质是忽略几何轨道误差对系数矩阵影响的一种线性化方案，优点是不需要先验重力场模型，缺点是系数矩阵误差将被观测误差吸收，影响模型的解算精度。因此，对几何轨道进行梯度改正，减小其误差对系数矩阵影响后，才用于GRACE高精度的低低跟踪卫星数据的解算。有学者将线性化方法推广到短弧边值法，不需要梯度改正就能用GRACE低低跟踪卫星数据解算重力场模型[36-38]。采用短弧边值法解算的具有代表性的模型包括ITG-GRACE2010S模型、ITSG-GRACE2014S模型和Tongji-GRACE01S模型。此外，ITG-GOCE02S模型和JYY-CQCE04S模型也均选用短弧积分法获取GOCE轨道信息。

1.4.2 加速度法反演技术现状

加速度法主要是指利用牛顿插值公式的数值微分方法，将相邻3个历元的卫星位置和星间距离观测值进行二阶差分求得卫星加速度和星间相对加速度，并表示成3个历元对应弧段参考轨道加权平均加速度的线性摄动量，该方法非常直观、简单，但利用该方法的一个关键环节是如何以所要求的精度由卫星星历数据内插卫星的加速度。由于数值微分过程会放大高频误差，加速度法的核心任务之一是设计滤波器，减小有色噪声的影响。将卫星轨道弧段上相邻三点的位置二阶差分表示成该弧段卫星加速度的加权平均值，这种加速度法与Cowell积分公式建立的三点位置与加速度的关系式类似。用加速度法建立观测方程时，直接用几何轨道计算系数矩阵，陈秋杰和沈云中等考虑了几何轨道的观测误差改正数后成功地用轨道数据解算了重力场模型[37]；作了一定近似后，将方法推广到低低跟踪卫星数据，但所求的地球重力场模型精度仍然不如动力学法与短弧边值法。另一种思想是计算多点相邻位置的二阶中心差分作为中心点的卫星加速度，建立观测方程，并用于CHAMP实际数据的重力场模型解算。由于多点差分放大观测误差，且存在中心代表误差，该方法解算的重力场模型精度相对较低。为抑制加速度法的观测误差，提高重力场模型的解算精度，国内外学者提出采用去相关滤波、低通滤波，加权平均加速度也可以理解为一种低通滤波器[39-41]。

1.4.3　能量法反演技术现状

能量守恒法从能量角度描述卫星运动状态与地球重力场的关系，基于能量守恒原理建立用卫星运行速度描述动能和重力位描述势能转换关系，由精确观测的卫星速度导出的“动能观测值”推演卫星势能，进一步由势能与重力位函数关系反演出地球重力场模型。本质上可以理解为在能量域建立卫星运动状态与地球重力场间函数关系，卫星运动状态几乎可连续精密观测，输入函数关系描述系统，估计出地球重力场模型系数[42-43]。重力卫星位置和速度观测数据来源于星载GNSS接收机和两颗低轨星间距离测量系统，前者提供三维位置和速度估计（精度厘米级），后者仅提供两星间视线方向的一维距离和速度估计（精度微米级），融合形成三维状态矢量。能量域中速度矢量代表动能项，位置矢量代表势能项。速度矢量以平方量级作用于动能项，因此动能对于速度敏感；而位置矢量以$1/r$作用于势能项，因此势能对于位置相对不敏感，因此能量法对于卫星速度矢量测量能力提出较高要求。

基于能量守恒原理恢复地球重力场的研究可追溯到19世纪30年代，最早于1836年由数学家C. G. J. Jacobi提出一个用于限制三体问题的运动积分，即对于质量可以忽略的小星体，例如彗星或人造卫星，在一对点质量形成的引力场中绕它们共同的质量中心（例如太阳或大行星）以椭圆轨道旋转，这就是所谓的Jacobi积分，此积分方法广泛应用于天文学。Jacobi积分最早应用于大地测量学是1957年JOHN A. O′Keefe提出利用重力位与动能之间的平衡关系，通过测定卫星的速度确定地球重力场的引力位，O′Keefe利用改进的Jacobi积分，首次建立了卫星速度与重力位间的近似关系，忽略了潮汐摄动和大气阻力等非保守力影响而使得此方法的计算结果仅对重力场球谐展开零次项敏感。1967年，Bjerhammar提出基于能量守恒原理利用卫星轨道数据分析地球重力场，并用于恢复高于15阶次的球谐展开系数，首次考虑了日月引力摄动、大气阻力和太阳辐射压力的影响，同时给出了详细的公式推导，并进行了数值模拟计算。1969年，Hotine和Morrison以Bjerhammar的思想作为理论基础，并对Bjerhammar思想进行了扩充，他们将一对旋转的点质量认为是一种特殊的旋转刚体，对应于这个力学系统的哈密顿函数，如果不考虑非保守力的影响，则哈密顿函数为一常量，基于此研究了卫星运动的积分特性，分别推导了可用于地固系和惯性系的能量积分公式。首次将能量守恒原理用于低低跟踪卫星是Wolff于1969年提出的通过对两颗低轨卫星进行能量补偿，由两颗低低卫星间的距离变率来确定两颗卫星的位差。最为详细的数值计算是 Reigber 于 1969 年利用模拟的卫星轨道数据对 Jacobi 积分恢复重力场的可行性进行研究，但由于当时的精密定轨技术和方法未能达到所需精度要求，因此得到的模拟计算结果并不理想，致使该方法未在当时被广泛展开应用研究。但是，随后的一段时间里，仍不断有数值模拟计算和理论上的进一步研究。

尽管基于能量守恒原理恢复重力场的理论框架逐渐成熟，但是由于缺乏连续的、高精度的观测数据，该方法使用受到限制。第一颗低轨重力卫星 CHAMP 发射成功，首次提供了近乎连续的高轨卫星跟踪低轨卫星观测数据，并且实现高精度非保守力测量，为能量法进一步发展提供了基本数据条件，这一研究领域再次活跃起来。Gerlach、Sneeuw、Howe、Tscherning、Švehla 和 Han-Shum 等学者深入研究了能量反演法，分别利用由德国地学研究中心（GFZ）等机构提供的 CHAMP 卫星的快速科学轨道数据、简化动力学轨道数据和动力学轨道数据，基于能量守恒原理恢复重力场解算了多个重力场模型，并进行了精度比较和分析。Gruber 甚至基于能量守恒原理利用 CHAMP 卫星轨道数据监测地球重力场时间变化，分析了此方法用于研究地球重力场随时间变化的能力和优缺点。

1.5 时变重力场滤波方法发展现状

地球系统的质量及其分布是随时间不断变化的，地球重力场及其时变效应反映了地球物质质量的空间分布及其迁移变化。当前，全球性环境问题如海平面上升、冰川消融以及干旱等都与地球表层质量迁移紧密相关，研究地球质量变化迁移对监测全球环境和气候变化具有重要意义。GRACE 卫星于 2002 年 3 月成功发射，开创了高精度全球重力场观测与气候变化试验的新纪元，为连续监测地球表层质量迁移和重新分布提供了直接观测手段，目前已广泛应用于陆地水储量变化、冰川消融、海水质量变化以及地震同震等领域。

球谐系数方法分析地表质量变化原理简单、编程实现容易，在重力卫星时变重力场研究中应用最为广泛。但是由于重力卫星载荷的仪器测量误差、混频误差以及卫星轨道等因素的影响，直接采用 Level-2 时变重力场模型数据反演地表的质量变化的结果存在着反演结果时空分辨率低、南北条带噪声显著、信号泄漏等缺陷。因此，需要采用滤波方法削弱包括条带误差在内的各类误差的影响。

时变重力场模型滤波处理技术可以在时间域、空间域或频率域进行，即时域滤波法、空域滤波法和频域滤波法。时域滤波法是对时变重力场时间序列建模，提取连续规律变化信号，削弱扰动误差。空域滤波法是基于先验地理信息，在空间上对时变重力场数据进行约束，得到高精度的地表质量变化结果。频域滤波着眼于由球谐系数构建的频率域，对反演的球谐系数直接进行滤波操作，力求去除各个球谐系数之间的相关性，达到减小误差并优化结果的效果[44]。

1.5.1 时域滤波法

时域滤波法是指在时域上将原始信号进行数学处理分解成相互正交的各组信号以及噪声，从而达到分离各种信号和噪声的目的。从数学上考虑，可以近似认为各种不同的地球物理信号与噪声不相关，于是可以将原始时间序列数据进行相关数学分析分离成若干分量，这些分量本身不相关，分离后的特征值的大小显示了这些新的时间序列数据的重要性。常用的时间域滤波方法包括经验正交函数（Empirical Orthogonal Funtion，EOF）、奇异谱分析（Singular Spectrum Analysis，SSA）、最小二乘法（The Least Square Filter，LSF）、随机滤波器（The Stochastic Filter，SF）。

1）经验正交函数滤波

经验正交函数滤波分析是从一组原始时间序列数据中计算协方差或相关矩阵的特征向量和特征值。提取一组原始时间序列数据之间的相干变化，利用原始时间序列数据和特征向量生成一组新的时间序列数据。这些新的时间序列数据在统计上互不相关。EOF 将混合在原始时间序列数据组中的相干变化分离成若干分量，这些分量本身不相关，特征值的大小显示了这些新的时间序列数据的重要性。

EOF 技术起源于社会科学，可以追溯到 Pearson 和 Hotelling，后者引入了主成分分析（Principal Component Analysis，PCA），这是 EOF 分析更常用的名称[45-46]。EOF 技术在时变重力场分析中有着较为广泛的应用。Schrama 和 Wouters 在 2007 年利用 EOF 方法分离 GRACE 卫星从 2003 年 1 月至 2006 年 9 月共计 43 个月的 RL04 数据中信号和噪声[47]，得到的结论是 EOF 的效果取决于平滑半径的最佳选择和代表 GRACE 信号的 EOF 模式的数量，他们的实验表明半径为 6.25° 和 3 个 EOF 模式能够描述 73.5% 的方差。Iran Pour 和

Sneeuw 将 EOF 过程转化为一个滤波器方程，即明确地描述了滤波器的传递，强调基于 EOF 的滤波器的特性。他们认为 EOF 分析具有很强的去条带化能力，经白噪声实验测试使用较小的平滑半径高斯滤波器的 EOF 分析得到的滤波效果与仅使用高斯平滑滤波器平滑但具有较大半径的映射相当。Chao 和 Liau 应用 EOF 分析方法检索了 GRACE 时变重力场中 2002—2017 年 7 次大地震引起的时空相干信号，结果证实可以监测到 Mw8. 3 以上的地震[48]。Munagapati 在喜马拉雅地区利用格兰杰因果关系算法探讨了气候变量与 EOF 分解信号之间的关系，结果表明重力卫星反演的总降水量与总储水量之间存在因果关系[49]。

2）奇异谱分析滤波

奇异谱分析（Sigular Spectrum Aanlysis，SSA）滤波作为 EOF 方法的一种扩展形式，主要用于单一时间序列的分析，它从时间序列的动力重构出发，不受正弦波假定的约束，无须先验信息，具有稳定识别和强化周期信号的优点，特别适合于分析有周期振荡的时间序列数据。多通道奇异谱分析（Multi-Channel Sigular Spectrum Aanlysis，MSSA）是 SSA 在多维时间序列上应用的延伸，MSSA 相对于 SSA 的主要特点是它顾及了不同通道之间的相干性，能提取出多维时间序列的谱性质，识别出场的传播性振荡。

Guo Jinyun 等结合高斯滤波和 GRACE 多通道奇异谱分析提取新疆陆地储水量变化[50]，结果表明 MSSA 能够有效地对 GRACE 高阶球谐系数进行去噪和去相关，减少时变重力场的南北条带化，然而，这种方法也不可避免地会去除一些目标信号。汪浩等采用奇异谱分析（SSA）提取 GPS 与 GRACE 垂向位移的周年信号，振幅相差较小，各自对应的奇异谱方差贡献率分别为 21. 60%、34. 48%，表明 GRACE 垂向位移的周年成分居多[51]。Yankai Bian 等利用 SSA 结合 GRACE 和 GPS 分析格陵兰地表垂直形变的季节变化及其影响，在提取季节信号时，SSA 方法能有效提取季节信号的时变部分，提取效果优于 LSF 方法[52]。

3）最小二乘滤波

该方法基于 GRACE 模型球谐系数相关误差与时间趋势的联合参数化模型，使用最小二乘法同时拟合相关误差和统计时间趋势。Crowley 和 Huang 针对 GRACE 卫星和 GRACE 后续（GRACE-FO）卫星任务数据，提出了一种新的最小二乘法估计和去除相关误差方法[53]。结果表明该方法明显改进了 Swenson 和 Wahr 的去相关方法，新方法与 CSR Mascon 和 JPL Mascon 解决方案的比较表明，新方法处理得到的全球质量变化趋势比 CSR RL05 Mascon 产品信号更显著，与 JPL RL06 Mascon 解决方案给出的信号幅度相当。

4）随机滤波器

与经验去除条纹污染的标准去条纹过程不同，随机方法同时估计重力信号和相关噪声，依赖于反映空间谱特征和它们之间时间相关性的协方差信息。该技术的一个主要优点是，通过在贝叶斯框架中估计条纹噪声，能够考虑球谐模型传播统计上严格的协方差，即纳入去条纹对球谐模型不确定性的影响。Wang 等开发了一种随机滤波器，用于统计上严格分离 GRACE 月球谐系数解估计中的地球物理信号和相关“条纹”噪声[54]。该技术的一个主要优点表现为在对信号和条纹噪声进行随机建模时，能够在贝叶斯框架中实现去条纹化，从而利用传播统计上严格的后验协方差矩阵，该矩阵反映了相关噪声和去条纹化对球谐模型不确定性的影响。因此不再需要高斯平滑滤波，因为贝叶斯方法产生了反映相关噪声上的统计信息的地球物理信号的自然分辨率，将随机滤波器应用于 GRACE RL05 月重力场，得出的地表质量估计在空间分辨率和信号幅度方面与高斯滤波和去条带处理后的解决方案相当；在流域尺度，随机滤波器估计的长期幅度与 Mascon 方案的结果相当。

1.5.2　空域滤波法

空域滤波法是指在时域上占用相同频带的几个信号叠加在一起时，利用来自不同方向的信号所具有的空域分离性来实现信号空域处理的一种技术。重力场 Level-2 产品的条带误差主要由于卫星观测值的各向异性导致，根源在于重力卫星低低跟踪技术对南北方向信号变化的敏感度高于东西方向，再叠加卫星传感器误差影响，使得条带噪声加剧。

从空间域考虑，地球的地形地貌不是同质均一，条带误差的影响必然随空间地形的变化而改变。空域滤波的思想在于考虑全球不同空间区域会产生不同程度的误差，滤波操作必须依赖于特殊的空间地理信息。因此，在空域滤波中，一般需要输入先验地形格网，以地形数据驱动重力场滤波达到削弱条带误差和高频误差的影响，提高重力场反演的精度，得到更准确的地球质量分布的目的。常用的空域后处理方法有简化 Mascon 算法、Slepian 函数法、正演建模（Forward Modeling）算法等。

1）简化 Mascon 算法

20 世纪，美、苏两国在多项月球航天任务中发现轨道的观测数据与模型预测数据存在较大差异（扰动）。在排除其他误差源后，最后将航天器的较大轨道扰动归结于月球表面重大质量异常。1968 年，Muller 和 Sjogren 在模拟月球静态重力场的研究过程针对于这些质量异常中引入专业术语“点质量”(Mass concentration，Mascon)。2005 年，NASA 的戈达德太空飞行中心（GSFC）根据 GRACE 重力卫星的星间测距系统数据首次解算出 GSFC Mascon 产品[55]。随后，JPL 和 CSR 也相继研制出 JPL Mascon[56] 和 CSR Mascon 产品[57]。此外，澳大利亚国立大学（Australian National University，ANU）也解算了 ANU Mascon 模型解[58]。

按照不同的构建模型方法，对 Mascon 进行三种划分：

（1）具有重力势的解析表达式和梯度显式偏导数的 Mascon；

（2）有限级数的球面调和函数和链式法则推导出偏导数计算的 Mascon；

（3）作为一种后处理方案，Mascon 可以将球谐系数解转换为区域质量变化。

简化 Mascon 方法是一种（3）定义的时变重力场后处理方法，主要是根据 Level-2 球谐系数解转化为区域质量变化。

近年来，我国科学家大量投身于卫星重力的研究热潮中，主要聚焦于 Level-2 数据产品的解算（即时变重力场模型），对于 Level-3 的 Mascon 模型产品研究也处于蓬勃发展的阶段。郭飞霄等采用径向 Mascon 模型法反演了中国大陆及周边地区水储量变化，认为结果优于球谐系数法计算结果[59]。苏勇等根据反演观测方程建立方式的不同，发展了三维加速度点质量方法，其联系参数分别为扰动位、径向加速度（重力扰动）以及三维加速度[60]。魏伟和苏勇等分别利用附有空间约束的径向 Mascon 模型法反演了亚马孙流域、全球和华北平原水储量变化，对比分析了不同空间约束的效果，表明采用的各类空间约束均能提高反演结果精度，其中线性形式的空间约束效果最好[61]。邹贤才等采用的局部 Mascon 算法以 Level-1B（卫星实际观测值）开始解算，取得了较大进展[62]。

2）Slepian 函数法

局部 Slepian 函数法是将局部区域内的地球物理信号转化为空间谱的一种方法，其可以保证在球面上局部范围内获得最优谱平滑解，非常适用于局部范围地球物理信号的研究。

Slepian 首次提出了 Slepian 方法，用于解决一维信号处理中的时频集中问题[63]，Albertella 等把 Slepian 方法拓展到了球面，应用在大地测量学领域[64]；

Simons 等将 Slepian 方法应用在了球面上的任意区域，并首次利用 Slepian 方法从 GRACE 重力卫星数据中提取到格陵兰冰盖质量的时空变化[65]。国内学者利用 Slepian 函数法做了大量的研究工作，Han、孙学梅等使用 Slepian 方法对月球的局部重力场进行建模[66-67]，陈石等应用 Slepian 方法对中国大陆的局部重力场进行建模[68]，韩建成等使用 Slepian 方法以及结合地面重力观测数据，进一步对我国华北地区的局部重力场进行了优化[69]。

3）正演建模

正演建模（Forward Modeling）算法主要是针对卫星重力数据处理中，由于采用滤波方法造成的信号衰减和泄漏效应，提出的恢复初始信号、增强被湮没信号以及减小泄漏误差的方法。通过迭代更新卫星重力观测数据的计算模型（经过球谐分析截断到 n 阶和高斯平滑后计算的等效水高）与通过 Forward Modeling 算法正演得到的预测模型之间的估计偏差，来改正球谐系数截断和滤波时引起的泄漏误差，进而降低模型误差和提高反演分辨率，解算地球质量变化。

Chen 等在 2013 年首次提出 Forward Modeling 方法[70]，为了恢复 GRACE 卫星的全球泄漏误差，对全球进行掩膜。随后，Chen 等又在 2015 年全面系统地介绍了 Forward Modeling 方法，并以南极洲为例，进行了模拟实验，以验证该方法减小泄漏误差的有效性[71]。接下来，国内外学者对该方法进行了大量的挖掘和应用研究，还将其从卫星重力领域进一步引入到其他领域，例如水文学等。目前，Forward Modeling 方法已经被成功应用到格陵兰岛周围海洋区域的质量损失信号的泄漏[72]，恢复冰川质量变化等[73]。

1.5.3 频域滤波法

频域滤波法是指在频率域上进行一定数据处理以降低噪声的一类方法。由于重力卫星载荷不可避免存在多类型误差，并且轨道设计为南北向轨道，造成对东西向的重力异常信号不敏感，导致解算出的时变重力场模型在南北方向上存在明显的条带状误差。Swenson 等首次发现了奇、偶项系数间的相关性主要来源于南北条带状误差。同时，球谐系数的高阶项包含了时变重力场的细节信息，但时变重力场的误差主要来源于高阶项系数，且误差随阶数的增加而迅速增大。常用的频域后处理方法有高斯平滑滤波及改进滤波方法、Swenson 滤波、多项式滤波、DDK 滤波，改进的多通道谱 SSAS 滤波等。

1）平滑滤波

Jekeli 在 1981 年首次提出了空间平滑函数[74]，通过对某点范围附近的所有点进行加权平均并积分到该点上，提高该点的密度变化精度。Wahr 等在 1998 年首次将空间平滑函数引入到了 GRACE 的数据处理中成为了高斯滤波[75]。

高斯滤波也称为各向同性高斯滤波，其相同阶数的滤波权重大小是相同的。由于 GRACE 重力卫星观测结果中的噪声条纹具有南北向结构，Han 等在 2005 年提出了非各向同性的高斯平滑滤波，称为 Han 滤波[76]。由于该滤波的计算公式较为复杂并且有高阶项出现负值而无法应用的情况，Zhang 等在 2009 将其滤波核简化为阶和次相应权重因子对等的扇形滤波（Fan 滤波）[77]，使得滤波公式大为简化，只需要同时对球谐系数的阶数 l 和次数 m 进行高斯滤波。

2）Swenson 滤波

Swenson 和 Wahr 在 2006 年首次发现了奇、偶项系数间的相关性主要由南北条带状误差引起[78]，提出了对奇、偶项系数分别进行移动窗口多项式拟合，并从原系数中扣除相应的拟合值，以此降低系数之间的相关性。由于系数序列两端 1/2 窗口长度的系数无法参与多项式窗口拟合，所以对于高阶项系数，还需要结合高斯滤波或者扇形滤波进行权重上的压制。

Duan 等在 Swenson 滤波的基础上提出了一种自适应窗口滑动多项式拟合法，其可根据位系数先验误差自行决定滑动窗口大小[79]。詹金刚等改进了 Swenson 去条带方法[80]，研究中对系数序列的两侧进行了反向延拓，补充了两端的数据，可对两端 1/2 窗口长度的系数进行移动窗口多项式拟合。

3）多项式滤波

Chambers 在 2006 年利用 GRACE 数据计算海水质量变化时，没有使用 Swenson 滤波中的滑动窗口，而是提出保持前 m 阶系数不变，采用对大于等于 m 阶的同一次的奇、偶项系数分别进行 n 次多项式拟合，并从原系数中扣除相应的拟合值，以此降低系数之间的相关性，该方法记为 PnMm 滤波法[81]。

Chen 等 2007 年在计算苏门答腊地震引起的重力变化时，采用了 P3M6 方法[82]；在研究极地冰川变化、陆地冰川变化和陆地水变化时，Chen 等采用了 P4M6 方法[83]。

4）DDK 滤波

Kusche 在 2007 年提出了 DDK 滤波[84]，该滤波核函数与阶和次皆有关。该方法也是一种各向异性滤波方法，但与高斯滤波不同的是，该方法构建的滤波核函数来源于 GRACE 卫星数据解算的每月重力场模型时得到的信号协方

差矩阵 $\boldsymbol{S}$ 与误差协方差矩阵 $\boldsymbol{E}$。Kusche 等在 2009 年关于最初的 DDK 去相关和平滑方法，开发了一种简化（阶次卷积）方法[85]。这种简化的方法可以实现更高的分辨率，也可以生成计算的 GRACE 观测值，并且需要存储的系数少得多。

5）SSAS 滤波

Yi 和 Sneeuw 在 2022 年基于多通道奇异谱分析（Multi-channel Singular Spectrum Analysis，MSSA）技术提出了一种新的空间滤波器，可以有效地去除南北条带噪声，同时保持与物理信号正交特性。这种新方法与 MSSA 有许多相似之处，但在空间域实现而不是时域，所以被命名为 SSAS。SSAS 克服了 Swenson 和 Wahr 以前提出的方法的局限性，即信号失真大和高阶系数不可校正的问题[86]。

参考文献

[1] 王庆宾．动力法反演地球重力场模型研究［D］．郑州：中国人民解放军信息工程大学，2009.

[2] 张育林，王兆奎．地球重力场天基测量理论及其内编队实现方法［M］．北京：科学出版社，2018.

[3] 周旭华．卫星重力及其应用研究［D］．武汉：中国科学院测量与地球物理研究所，2005.

[4] 罗佳．利用卫星跟踪卫星确定地球重力场的理论和方法［D］．武汉：武汉大学，2003.

[5] 李姗姗．水下重力辅助惯性导航的理论和方法研究［D］．郑州：中国人民解放军信息工程大学，2010.

[6] 晁定波．论高精度卫星重力场模型和厘米级区域大地水准面的确定及水文学时变重力效应［J］．测绘科学，2011，31(6)：16-19.

[7] 张为华．战场环境概论［M］．北京：科学出版社．2012.

[8] 王留朋，郭燕平，冯炜．GOCE 重力卫星在军事上的应用前景分析［J］．地理空间信息，2011，9(1)：11-15.

[9] 宁津生．国际新一代卫星重力探测计划研究现状与进展［J］．武汉大学学报（信息科学版），2016，41(1)：1-8.

[10] 肖云，杨元喜，潘宗鹏，等．中国卫星跟踪卫星重力测量系统性能与应用［J］．科

学通报，2023，20(68)：2655-2664.

[11] 徐冰．国外重力探测卫星的发展［J］．国际太空，2015，8：53-62.

[12] 朱广彬，常晓涛，邹斌，等．重力卫星串联编队仿真分析［J］．同济大学学报（自然科学版），2019，47(3)：421-427.

[13] 冉将军，闫政文，吴云龙，等．下一代重力卫星任务研究概述与未来展望［J］．武汉大学学报（信息科学版），2023，48(6)：841-857.

[14] WOLFF M. Direct measurements of the Earth's gravitational potential using a sateuite pair [J]. Journal of Geophysical Research，1969，74(22)：5295-5300.

[15] 吴彬．高精度冷原子重力仪噪声与系统误差研究［D］．杭州：浙江大学，2014.

[16] GEHLER M，CACCIAPUOTI L，HESKE A，et al. The ESA STE-QUEST mission study-space mission design to test einstein's equivalence principle [C]//AIAA SPACE 2013 Conference and Exposition，2013.

[17] 邓丽贤．重力场反演双星微米级测距误差特性研究［D］．成都：电子科技大学，2012.

[18] 闫易浩．GRACE/GRACE-FO 重力卫星星间测距系统数据处理关键技术研究［D］．武汉：华中科技大学，2021.

[19] 康开轩，李辉，邹正波，等．精密星间微波测距系统观测数据模拟与预处理技术［J］．大地测量与地球动力学，2011，31(2)：71-75.

[20] XU PENG，QIANG LI'E，etc. A preliminary study of level 1A data processing of a low-low satellite to satellite tracking mission [J]. Geodesy and Geodynamics，2015，5(5)：222-343.

[21] BANDIKOVA T，MCCULLOUGH C，KRUIZINGA G L，et al. GRACE accelerometer data transplant [J]. Advances in Space Research，2019，64(3)：623-644.

[22] BEHZADPOUR S，MAYER-GÜRR T，KRAUSS S. GRACE follow-on accelerometer data recovery [J]. Journal of Geophysical Research：Solid Earth，2021，126(5)：1-17.

[23] 李瑞锋．卫星重力加速度计标校方法研究［J］．遥感学报，2018，22(增刊)：114-119.

[24] HARVEY N. GRACE star camera noise [J]. Advances in Space Research，2016，58(3)：408-414.

[25] INÁCIO P，DITMAR P，KLEES R，et al. Analysis of star camera errors in GRACE data and their impact on monthly gravity field models [J]. Journal of Geodesy，2015，89(6)：551-571.

[26] KO U D，WANG F，EANES R J. Improvement of earth gravity field maps after pre-processing upgrade of the GRACE satellite's star trackers [J]. Korean Journal of Remote Sensing，2015，31(4)：353-360.

[27] GOSWAMI S, KLINGER B, WEIGELT M, et al. Analysis of attitude errors in GRACE range-rate residuals: a comparison between sca1b and the fused attitude product (SCA1B+ACC1B) [J]. IEEE Sensors Letters, 2018, 2(2): 1-4.

[28] 梁磊，闫易浩，王长青，等. 基于卡尔曼滤波重构 GRACE-FO 姿态数据 [J]. 地球物理学报，2022，65(12)：4602-4615.

[29] 郭泽华，吴云龙，肖云，等. 联合星象仪四元数的卫星重力梯度测量角速度重建方法 [J]. 武汉大学学报（信息科学版），2021，46(9)：1336-1344.

[30] 刘明明. 星载 BDS/GPS 低轨卫星精密定轨及其增强导航卫星 DCB 和天线 PCV 研究 [D]. 武汉：中国科学院精密测量科学与技术创新研究院，2021.

[31] 肖云. 基于卫星跟踪卫星数据恢复地球重力场的研究 [D]. 郑州：中国人民解放军信息工程大学，2006.

[32] 郭向. 利用卫星跟踪卫星数据反演地球重力场理论和方法研究 [D]. 武汉：武汉大学，2017.

[33] 罗志才，周浩，李琼，等. 基于 GRACE KBRR 数据的动力积分法反演时变重力场模型 [J]. 地球物理学报，2016，59(6)：1994-2005.

[34] 肖云，夏哲仁，孙中苗，等. 基线法在卫星重力数据处理中的应用 [J]. 武汉大学学报（信息科学版），2011，36(3)：280-284.

[35] 肖云，夏哲仁，王兴涛. 用 GRACE 星间速度恢复地球重力场 [J]. 测绘学报，2007，36(1)：19-25.

[36] 陈秋杰，沈云中，张兴福，等. 基于 GRACE 卫星数据的高精度全球静态重力场模型 [J]. 测绘学报，2016，45(4)：396-403.

[37] 陈秋杰. 基于改进短弧积分法的 GRACE 重力反演理论、方法及应用 [D]. 上海：同济大学，2016.

[38] CHEN Q, SHEN Y, CHEN W, et al. An optimized short-arc approach: methodology and application to develop refined time series of Tongji-Grace2018 GRACE monthly solutions [J]. Journal of Geophysical Research: Solid Earth, 2019, 124(6): 6010-6038.

[39] Liu X. Global gravity field recovery from satellite-to-satellite tracking data with the acceleration approach [D]. Delft: Delft University of Technology, 2008.

[40] 钟波，汪海洪，罗志才，等. ARMA 滤波在加速度法反演地球重力场中的应用 [J]. 武汉大学学报（信息科学版），2011，36(12)：1495-1499.

[41] 吴汤婷. 卫星跟踪卫星技术反演地球重力场的加速度法研究 [D]. 武汉：武汉大学，2019.

[42] HAN S C. Staticand temporal gravity field recovery using GRACE potential difference observables [J]. Advances in Geosciences, 2003, 1(1): 19-26.

[43] 邹贤才，李建成，徐新禹，等. 利用能量法由沿轨扰动位数据恢复位系数精度分析

[J]. 武汉大学学报（信息科学版），2006，31(11)：1011-1014.

[44] 郭飞霄，孙中苗，汪菲菲，等. GRACE 卫星时变重力场滤波方法研究进展 [J]. 地球物理学进展，2018，33(5)：1783-1788.

[45] KARL PEARSON. LIII. On lines and planes of closest fit to systems of points in space [J]. Philosophical Magazine，1901，2(11)：559-572.

[46] HOTELLING，H. Analysis of a complex of statistical variables into principal components [J]. Journal of Educational Psychology，1933，24(7)：498-520.

[47] SCHRAMA E J O，WOUTERS B，LAVALLÉE D A. Signal and noise in gravity recovery and climate experiment (GRACE) observed surface mass variations [J]. Journal of Geophysical Research：Solid Earth，2007，112(B8)：1-10.

[48] CHAO B F，LIAU J R. Gravity changes due to large earthquakes detected in GRACE satellite data via empirical orthogonal function analysis [J]. Journal of Geophysical Research：Solid Earth，2019，124(3)：3024-3035.

[49] MUNAGAPATI H，TIWARI V M. Spatio-temporal patterns of mass changes in himalayan glaciated region from EOF analyses of GRACE Data [J]. Remote Sensing，2021，13(2)：265.

[50] GUO J，LI W，CHANG X，et al. Terrestrial water storage changes over Xinjiang extracted by combining Gaussian filter and multichannel singular spectrum analysis from GRACE [J]. Geophysical Journal International，2018，213(1)：397-407.

[51] 汪浩，岳建平，向云飞. 利用 GPS 和 GRACE 研究澳大利亚地壳垂向季节性变化 [J]. 武汉大学学报（信息科学版），2022，47(2)：197-207.

[52] BIAN Y，LI Z，HUANG Z，et al. Combined GRACE and GPS to analyze the seasonal variation of surface vertical deformation in Greenland and its influence [J]. Remote Sensing，2023，15(2)：511.

[53] CROWLEY J W，HUANG J. A least-squares method for estimating the correlated error of GRACE models [J]. Geophysical Journal International，2020，221(3)：1736-1749.

[54] WANG L，DAVIS J L，HILL E M，et al. Stochastic filtering for determining gravity variations for decade-long time series of GRACE gravity [J]. Journal of Geophysical Research：Solid Earth，2016，121(4)：2915-2931.

[55] LOOMIS B D，LUTHCKE S B，SABAKA T J. Regularization and error characterization of GRACE mascons [J]. Journal of Geodesy，2019，93(9)：1381-1398.

[56] WATKINS M M，WIESE D N，YUAN D N，et al. Improved methods for observing Earth's time variable mass distribution with GRACE using spherical cap mascons [J]. Journal of Geophysical Research：Solid Earth，2015，120(4)：2648-2671.

[57] SAVE H，BETTADPUR S，TAPLEY B D. High-resolution CSR GRACE RL05 mascons [J]. Journal of Geophysical Research：Solid Earth，2016，121(10)：7547-7569.

[58] TREGONING P, MCGIRR R, PFEFFER J, et al. ANU GRACE data analysis: characteristics and benefits of using irregularly shaped Mascons [J]. Journal of Geophysical Research: Solid Earth, 2022, 127(2): 1-18.

[59] 郭飞霄，孙中苗，任飞龙，等. 不同 Mascon 模型解比较分析 [J]. 大地测量与地球动力学，2019，39(10)：1022-1026.

[60] 苏勇，于冰，游为，等. 基于重力卫星数据监测地表质量变化的三维点质量模型法 [J]. 地球物理学报，2017，60(1)：50-60.

[61] 魏伟，苏勇，郑文磊，等. 利用三维加速度点质量模型法解算华北地区陆地水储量变化 [J]. 武汉大学学报（信息科学版），2022，47(4)：551-560.

[62] 邹贤才，金涛勇，朱广彬. 卫星跟踪卫星技术反演局部地表物质迁移的 MASCON 方法研究 [J]. 地球物理学报，2016，59(12)：4623-4632.

[63] SLEPIAN D. Prolate spheroidal wave functions, Fourier analysis and uncertainty-IV: extensions to many dimensions; generalized prolate spheroidal functions [J]. Bell System Technical Journal, 1964, 43(6): 3009-3057.

[64] ALBERTELLA A, SANSO F, SNEEUW N. Band limited functions on a bounded spherical domain: the Slepian problem on the sphere [J]. Journal of Geodesy, 1999, 73(9): 436-447.

[65] HARIG C, SIMONS F J. Mapping Greenland's mass loss in space and time [J]. Proceedings of the National Academy of Sciences, 2012, 109(49): 19934-19937.

[66] HAN S C. Improved regional gravity fields on the Moon from Lunar prospector tracking data by means of localized spherical harmonic functions [J]. Journal of Geophysical Research: Planets, 2008, 113(11): 1-15.

[67] 孙雪梅，李斐，鄢建国，等. Slepian 函数在月球局部重力场分析中的适用性分析 [J]. 测绘学报，2015，44(3)：264-273.

[68] 陈石，徐伟民，王谦身. 应用 Slepian 局部谱方法解算中国大陆重力场球谐模型 [J]. 测绘学报，2017，46(8)：952-960.

[69] 韩建成，陈石，卢红艳，等. 基于 Slepian 方法和地面重力观测确定时变重力场模型：以 2011—2013 年华北地区数据为例 [J]. 地球物理学报，2021，64(5)：1542-1557.

[70] CHEN J L, WILSON C R, TAPLEY B D. Contribution of ice sheet and mountain glacier melt to recent sea level rise [J]. Nature Geoscience, 2013, 6(7): 549-552.

[71] CHEN J L, WILSON C R, LI J, et al. Reducing leakage error in GRACE-observed long-term ice mass change: a case study in West Antarctica [J]. Journal of Geodesy, 2015, 89: 925-940.

[72] ZOU F, TENZER R, FOK H S, et al. Mass balance of the Greenland ice sheet from

GRACE and surface mass balance modelling [J]. Water, 2020, 12(7): 1847.

[73] JIAO J, PAN Y, BILKER-KOIVULA M, et al. Basin mass changes in Finland from GRACE: validation and explanation [J]. Journal of Geophysical Research: Solid Earth, 2022, 127(6): 1-24.

[74] JEKELI C. Alternative methods to smooth the Earth's gravity field: NASA-CR-168758 [P]. 1981-12-01.

[75] WAHR J, MOLENAAR M, BRYAN F. Time variability of the Earth's gravity field: hydrological and oceanic effects and their possible detection using GRACE [J]. Journal of Geophysical Research: Solid Earth, 1998, 103(12): 30205-30229.

[76] HAN S, SHUM C K, JEKELI C, et al. Non-isotropic filtering of GRACE temporal gravity for geophysical signal enhancement [J]. Geophysical Journal International, 2005, 163(1): 18-25.

[77] ZHANG Z, CHAO B F, LU Y, et al. An effective filtering for GRACE time-variable gravity: Fan filter [J]. Geophysical Research Letters, 2009, 36(17): 1.

[78] SWENSON S, WAHR J. Post-processing removal of correlated errors in GRACE data [J]. Geophysical Research Letters, 2006, 33(8): 1-4.

[79] DUAN X J, GUO J Y, SHUM C K, et al. On the postprocessing removal of correlated errors in GRACE temporal gravity field solutions [J]. Journal of Geodesy, 2009, 83(11): 1095-1106.

[80] 詹金刚, 王勇, 郝晓光. GRACE时变重力位系数误差的改进去相关算法 [J]. 测绘学报, 2011, 40(4): 442-446, 453.

[81] CHAMBERS D P. Evaluation of new GRACE time-variable gravity data over the ocean [J]. Geophysical Research Letters, 2006, 33(17): 1-5.

[82] CHEN J L, WILSON C R, TAPLEY B D, et al. GRACE detects coseismic and postseismic deformation from the Sumatra-Andaman earthquake [J]. Geophysical Research Letters, 2007, 34(13): 1-5.

[83] CHEN J L, WILSON C R, BLANKENSHIP D, et al. Accelerated Antarctic ice loss from satellite gravity measurements [J]. Nature Geoscience, 2009, 2(12): 859-862.

[84] KUSCHE, J. Approximate decorrelation and non-isotropic smoothing of time-variable GRACE-type gravity field models [J]. Journal of Geodesy, 2007, 81(11): 733-749.

[85] KUSCHE J, SCHMIDT R, PETROVIC S, et al. Decorrelated GRACE time-variable gravity solutions by GFZ, and their validation using a hydrological model [J]. Journal of Geodesy, 2009, 83(10): 903-913.

[86] YI S, SNEEUW N. A novel spatial filter to reduce north-south striping noise in GRACE spherical harmonic coefficients [J]. Journal of Geodesy, 2022, 96(4): 23.

第2章　理论模型基础

低低跟踪卫星重力测量理论基础是牛顿第二运动定律。重力卫星作为一个近似刚性质体，在包括地球引力场在内的各种力综合作用下，按照牛顿运动定律在空间运行，可被视为近地空间遵循运动定律运行的质体。如式（1.1）所表示，若重力卫星的运动总加速度和遭受的非保守力可测量，则地球引力参数可解。简述之，星载GNSS和星间测距系统观测数据导出卫星总加速度，星载加速度计测量非保守力，两者测量值求差，则得到卫星受到的地球引力，进一步再由海量地球引力测量数据估计出地球重力场模型系数。本章重点论述卫星重力测量基础原理，2.1节中从经典力学牛顿第二运动定律和广义相对论理论两方面阐述低低跟踪卫星重力测量理论基础，推演了由轨道“绝对”和“相对”观测数据反演地球重力场数学模型，并论述反演方法原理；2.2节重点阐述提出的重力卫星“四点三线理论模型”，基于该理论描述了卫星重力关键技术、误差传递关系等，揭示了卫星重力复杂空间关系之间影响规律；2.3节分析卫星重力测量技术中重要的受力模型，构成适合牛顿第二运动定律的力学体系；2.4节描述卫星总加速度、非保守力等测量所需要的核心载荷，介绍其功能和作用，搭建从理论到工程的过渡桥梁；2.5节重点介绍实现测量过程中主要误差源。本章论述了低低跟踪卫星重力场测量技术的理论基础和概貌，为后续数据预处理、定标、重力场反演章节提供理论基础。

2.1　卫星重力测量原理

前已述及，跟踪型卫星重力测量理论基础是牛顿第二运动定律，即从经典力学框架考察，任何一颗运行在地球空间卫星均可以视为遵循牛顿运动定律的运动物体，时时刻刻、处处受地球引力作用，如若暂且忽略地球引力以外的其他作用力，其运行轨迹与地球引力大小和方向函数相关。据此，可由卫星空间运动状态反演出地球引力模型系数。重力卫星须经专门设计适应于感知地球引力的形状，早期设计为圆球体（例如 LAGOS 卫星），后续逐步设计为截面梯形的四棱台体（如 CHAMP 卫星），设计形状尽量接近一个质量分布均匀、稳定、受扰小的“质体”，以构建一个更好感知地球引力场作用的空间质量体。重力卫星设计为简洁形状质量体，实现更小的大气阻力等作用，意味着更少姿态控制，按照牛顿第二运动定律，更有利于精确分离出地球引力信息。从原理上讲，所有近地空间卫星均可以作为敏感地球重力场的“探测器”，特别是搭载了 GNSS 接收机的卫星更适合作为探测器，因为卫星运动状态数据更为完整，可以更好反演地球重力场。实际上，在专用重力卫星发射前，地球重力场研究科学界也综合多颗卫星反演地球重力场信息，产出了 EGM96 等高质量的地球重力场模型。相对于非专门测量重力的卫星，重力卫星更适合测量全球重力场。在认识卫星重力测量原理的过程中，始终把握住空间运动的质点符合牛顿第二运动定律规律这一基本理论，从式（1.1）出发推演反演模型。

从广义相对论观察，卫星绕地球运行是一种质体遵循时空弯曲规律运动现象。地球是一个巨大质量体，根据广义相对论原理其必然引起近地空间范围内空间弯曲，不同形状与不同质量分布形成不同空间曲率。假设地球为标准均质椭球体，则空间弯曲呈现为地球位于焦点处的椭圆形体；实际上地球形体更接近不规则梨形，且密度分布不均匀，引起空间弯曲非常复杂的曲率变化。近地卫星速度大于第一宇宙速度，且小于第二宇宙速度，会沿着弯曲空间运动，不断绕地运行，其运行的轨迹刻画出地球引起的时空弯曲的曲率。不断累积卫星轨迹数据，可以逐步且全面描述出地球质量引起的时空弯曲特征，数据越多，刻画时空弯曲纹理越详尽，越能更精确反演出地球引力场空间分布。这一理论也就很好地解释了在重力卫星工程实践中，通常需要积累一个月数据，甚至更多数据反演地球引力场。一个月数据可以反演出 40~60 阶重力场模型；累积几年数据，可以反演 120~180 阶模型。地球质量引起的空间弯曲细节特征对应于地球重力场模型高阶项，空间弯曲的粗大特征相应于地球重力场的低阶项信息。

卫星轨道状态对于反演地球引力场极为重要，通常卫星轨道状态用两种形式表达：一种是卫星位置和速度及时间组成状态矢量，表示为（t，$\boldsymbol{X}$，

$\dot{X}$)；另一种表示为轨道根数形式（t，a，e，i，Ω，ω，M），其中元素依次为时间、轨道长半轴、轨道偏心率、轨道倾角、轨道升交点赤经、轨道近地点幅角、卫星在轨道面上的平近点角。轨道状态两种表达方式是等价的，通常两种表示方法可以相互转换，根据需要选择合适表达方式。状态矢量形式在数值计算中应用方便，而轨道根数形式在解析分析和轨道摄动理论分析使用更直观。

轨道摄动跟踪型卫星重力测量起步于轨道摄动理论[1]，建立了轨道根数与地球重力场模型系数之间的解析关系式，可估计出低阶重力场模型系数，但是对于高于二阶以上公式过于复杂，需借助计算机辅助软件推导数学模型，由于计算量大且舍入误差影响，难以满足高阶计算需求。数值解法是基于卫星轨道状态与地球重力场关系建立以轨道状态为观测量和以地球重力场模型系数为待估量观测模型，利用最优估计理论计算包括重力位系数等各类参数[2-5]。数值解法更适合高阶模型系数估计，但是需要控制模型计算误差和提升计算效率，相对解析解而言该方法用于轨道共振等理论分析较为困难。本节重点阐述数值解法，从数据解方法出发解析基础重力场反演理论。

根据轨道摄动的测量方式，卫星重力测量可分为高低跟踪卫星重力测量、低低跟踪卫星重力测量两种模式[6-7]。高低跟踪卫星重力测量是高轨道卫星和低轨道卫星间构成的星间距离、速度、多普勒频率等测量，测量值中蕴含低轨卫星轨道摄动信息，因此可用于地球重力场反演。高轨卫星通常是全球定位导航系统卫星，轨道高度 2 万多千米，主要受到地球重力场低阶项作用，对于重力场模型中高阶项并不敏感，其轨道摄动基于地面跟踪站测定，目前轨道确定精度水平在亚厘米级，甚至毫米级。低轨卫星通常是专用重力测量卫星或者其他适合重力场测量卫星，轨道高度通常低于 500km，受到地球重力场中低阶模型影响，对于高阶模型敏感性较低，其轨道摄动量基于高轨卫星与低轨卫星之间的测距数据确定，其精度水平在厘米级[8]。当低轨重力测量卫星在地球重力场空间运行时，受地球中心引力和非球星引力等作用，加之日、月、行星等三体引力、地球固体潮、海潮、大气潮引力等保守力作用，同时受到大气阻力、太阳光压、地球反照压等非保守力的作用，因此轨道受综合力影响产生摄动。低轨卫星通常搭载多模导航接收机，实时获取多源全球卫星导航系统播发的数据，输出高低卫星跟踪卫星精密测量数据。利用高低跟踪卫星数据精确确定重力测量卫星的轨道，进一步可以计算重力测量卫星总轨道摄动量；利用固体潮模型、海潮模型、大气潮汐模型计算潮汐摄动部分力，利用 N 体引力模型计算 N 体引力摄动部分，并从总轨道摄动中扣除；再利用加速度计测量非保守力，积分得到非保守力引起的轨道摄动部分，同样从总轨道摄动中扣除；在扣除了除重力之外的保守力和实测的非保守力后，便可得到由地球重力场引起的轨道摄动量，基于这些重力摄动来反演地球重力场。

低低跟踪卫星重力测量卫星由两颗形状、结构、功能和载荷均相同的低轨卫星构成，通常轨道高度400～500km，两颗卫星间距离几十到几百千米。两颗卫星相互跟飞，形成卫星编队。低低跟踪卫星模式的工作原理区别于高低跟踪卫星模式，其基于轨道相对摄动原理，依靠高精度星间测距系统实现星间距离及距离变率精密测量，测量精确实现微米级甚至纳米级，获得了包含两颗卫星轨道摄动信息的基础观测量。进一步由两颗低轨卫星间的距离或距离变化率导出两颗重力卫星的总的相对轨道摄动量，再扣除三体引力、潮汐引力、非保守力等引起的两颗卫星相对轨道摄动量，则获得地球重力场引起的相对轨道摄动量。基于这一相对轨道摄动量与地球重力场模型间函数关系，建立相对轨道摄动的观测方程，迭代求解出地球重力场模型系数，实现地球重力场的精确确定。低低卫星跟踪卫星重力测量系统主要载荷包括导航定位接收机、精密星间测距系统、加速度计、星敏感器等[9-11]。导航定位接收机主要是测量卫星的时空位置，精密星间测距系统用于两颗低轨卫星间距离测量，加速度计完成卫星受到非保守力测量任务，星敏感器回答星体在惯性空间姿态特征问题。四大载荷测量数据准确表达了低轨卫星在惯性空间位置与时间、相对距离、受力（非保守力）、姿态信息，构建了牛顿运动定律的必要量，并满足了空间弯曲率描述的需求。低低跟踪重力场测量技术通常和高低跟踪重力场测量技术联合使用，不仅给出空间位置和速度，而且给出相对距离变化量，实现低轨重力卫星空间运动状态绝对量和相对量联合精确测定，更好反演地球重力场。如果不特殊说明，著作中低低跟踪重力场测量技术隐含了高低跟踪重力测量技术。

2.1.1　重力场反演数学模型

卫星重力测量数据反演地球重力场数学模型包括观测模型和动力学模型两类模型，其中观测模型用于描述卫星瞬时轨道、双星星间距离等观测量与瞬时状态矢量间函数关系，动力学模型描述了基于牛顿第二运动定律建立的卫星瞬时状态二次导数与卫星受力之间函数关系，两类模型联合用于反演地球重力场模型系数。

1）观测模型

已知在惯性坐标系下卫星的轨道或星间测距观测值，它同重力位系数和轨道初值的关系用一个函数式表示为[8]

$$\boldsymbol{x}=F(t,\boldsymbol{P}) \tag{2.1}$$

式中：$\boldsymbol{x}$ 为轨道观测值或者星间距离观测值，包括轨道位置和速度、星间距离、星间距离变化率等测量值；t 为轨道观测值对应的时间；$\boldsymbol{P}$ 为需要估计的参数，通常包括轨道初值 6 个参数 $\boldsymbol{x}(t_0)$、加速度计偏差 $\boldsymbol{b}_0$、重力位系数 $\bar{C}_{nm}$、$\bar{S}_{nm}$ 等。参数 $\boldsymbol{P}$ 可分为两种：一种是与弧段相关参数，即局部变量，例如卫星初始状态矢量；另一种是与弧段无关，即全局变量，例如地球重力场参数。将式（2.1）线性化，按照泰勒级数展开，略去高阶项，仅保留一阶项，可得观测模型的线性表达式为

$$\boldsymbol{x} \doteq F(t,\boldsymbol{P}_R)+\frac{\partial F}{\partial \boldsymbol{P}^{\mathrm{T}}}\Delta \boldsymbol{P} \tag{2.2}$$

式中：$\boldsymbol{P}_R$ 为 $\boldsymbol{P}$ 的近似值；$\partial F/\partial \boldsymbol{P}^{\mathrm{T}}$ 为轨道或者星间测距等观测值相对估计参数的偏导数；$\Delta \boldsymbol{P}$ 为待估参数的改正量。等式右端第一项是计算量，如果给定了轨道初值、重力位系数的近似值等初始参数，则可以通过轨道积分得到。此观测模型构成了基础求解模型，描述了轨道、星间测距等测量数据与地球重力场模型系数、加速度计特征参数等待估量之间近似线性关系。更详细的观测模型进一步在第 5 章中推导分析。

2）动力学模型

根据牛顿第二运动定律，将卫星视为单位质量体，则卫星动力学模型表示为

$$\ddot{\boldsymbol{x}}=f(\boldsymbol{x},\dot{\boldsymbol{x}},\boldsymbol{P}) \tag{2.3}$$

式中：$\boldsymbol{x}$、$\dot{\boldsymbol{x}}$、$\ddot{\boldsymbol{x}}$ 分别代表卫星的位置、速度和加速度矢量；$\boldsymbol{P}$ 为卫星初始轨道参数、加速度计参数、地球引力场模型参数等。模型描述了卫星运动加速度与卫星受到外部作用力之间的函数关系，同时表达了运动加速度与决定外部作用力的参数间函数关系。决定卫星受到外部力的参数主要包括卫星瞬时状态参数、地球重力场模型系数、大气阻力系数、太阳光压系数、卫星形体特征参数等，详细力模型在 2.3 节中具体给出。动力学模型建立了地球引力场与卫星运动状态导数之间函数关系，经积分运算形成地球引力场与卫星运动状态函数关系，再与观测模型式（2.1）和式（2.2）联合，构成地球引力场

参数估计基础模型。

进一步，根据式（2.3）导出式（2.2）中的偏导数$\partial F/\partial \boldsymbol{P}^{\mathrm{T}}$计算式。将式（2.3）对参数$\boldsymbol{P}$求偏导数，可得

$$\frac{\partial \ddot{\boldsymbol{x}}}{\partial \boldsymbol{P}^{\mathrm{T}}}=\frac{\partial f}{\partial \boldsymbol{x}^{\mathrm{T}}}\left(\frac{\partial \boldsymbol{x}}{\partial \boldsymbol{P}^{\mathrm{T}}}\right)+\frac{\partial f}{\partial \dot{\boldsymbol{x}}^{\mathrm{T}}}\left(\frac{\partial \dot{\boldsymbol{x}}}{\partial \boldsymbol{P}^{\mathrm{T}}}\right)+\frac{\partial f}{\partial \boldsymbol{P}} \tag{2.4}$$

交换时间导数和参数导数的微分次序可得

$$\frac{\mathrm{d}^2}{\mathrm{d}t^2}\left(\frac{\partial \boldsymbol{x}}{\partial \boldsymbol{P}^{\mathrm{T}}}\right)=\frac{\partial f}{\partial \boldsymbol{x}^{\mathrm{T}}}\left(\frac{\partial \boldsymbol{x}}{\partial \boldsymbol{P}^{\mathrm{T}}}\right)+\frac{\partial f}{\partial \dot{\boldsymbol{x}}^{\mathrm{T}}}\frac{\mathrm{d}}{\mathrm{d}t}\left(\frac{\partial \boldsymbol{x}}{\partial \boldsymbol{P}^{\mathrm{T}}}\right)+\frac{\partial f}{\partial \boldsymbol{P}} \tag{2.5}$$

式（2.5）可以表示为

$$\ddot{\boldsymbol{\Phi}}=\boldsymbol{A}\boldsymbol{\Phi}+\boldsymbol{B}\dot{\boldsymbol{\Phi}}+\boldsymbol{C} \tag{2.6}$$

式中：$\boldsymbol{A}=\partial f/\partial \boldsymbol{x}^{\mathrm{T}}$；$\boldsymbol{B}=\partial f/\partial \dot{\boldsymbol{x}}^{\mathrm{T}}$；$\boldsymbol{C}=\partial f/\partial \boldsymbol{P}$；$\boldsymbol{\Phi}=\dfrac{\partial \boldsymbol{x}}{\partial \boldsymbol{P}^{\mathrm{T}}}$，即式（2.2）中$\partial F/\partial \boldsymbol{P}^{\mathrm{T}}$。式（2.6）即为状态参数偏导数的变分方程，给定初值可以用数值积分的方法确定每一时刻的卫星位置对各类参数的偏导数$\boldsymbol{\Phi}$、卫星速度对参数的偏导数$\dot{\boldsymbol{\Phi}}$等。

3）误差方程及解算

将偏导数$\boldsymbol{\Phi}$代入式（2.2），则可得轨道摄动的线性误差方程为

$$\boldsymbol{V}_x=\boldsymbol{\Phi}\cdot\Delta\boldsymbol{P}-\Delta\boldsymbol{x} \tag{2.7}$$

式中：$\boldsymbol{V}_x$表示卫星位置、速度、星间距离等观测数据的观测误差矢量；$\Delta\boldsymbol{x}$表示观测值与计算值之间的残差，具体表示为$\Delta\boldsymbol{x}=\boldsymbol{x}(t,\boldsymbol{P})-\boldsymbol{x}(t,\boldsymbol{P}_R)$。

若存在多类或者多组观测数据，则式（2.7）写成扩展形式为

$$\boldsymbol{V}_i=\boldsymbol{A}_i\cdot\Delta\boldsymbol{P}-\boldsymbol{L}_i\quad(i=1,2,\cdots,m) \tag{2.8}$$

式中：$\boldsymbol{V}_i=[\boldsymbol{V}_x(1)^{\mathrm{T}}\quad\cdots\quad\boldsymbol{V}_x(m)^{\mathrm{T}}]^{\mathrm{T}}$；$\boldsymbol{A}_i=[\boldsymbol{\Phi}(1)^{\mathrm{T}}\quad\cdots\quad\boldsymbol{\Phi}(m)^{\mathrm{T}}]^{\mathrm{T}}$；$\boldsymbol{L}_i=[\Delta\boldsymbol{x}_i]$；下标$i$表示是一个观测历元，一共有$m$个观测历元。在最小二乘的意义下，待估参数的解为

$$\Delta\hat{\boldsymbol{P}}=(\boldsymbol{A}^{\mathrm{T}}\boldsymbol{W}\boldsymbol{A})^{-1}\boldsymbol{A}^{\mathrm{T}}\boldsymbol{W}\boldsymbol{L}=\boldsymbol{N}^{-1}\boldsymbol{b} \tag{2.9}$$

式中：$\boldsymbol{A}$为设计矩阵；$\boldsymbol{W}$为权矩阵；$\boldsymbol{L}$为观测值矢量；$\boldsymbol{N}=\boldsymbol{A}^{\mathrm{T}}\boldsymbol{W}\boldsymbol{A}$；$\boldsymbol{b}=\boldsymbol{A}^{\mathrm{T}}\boldsymbol{W}\boldsymbol{L}$。

估计值的协方差矩阵为

$$\boldsymbol{C}=\hat{\sigma}_0^2\boldsymbol{Q}=\hat{\sigma}_0^2\boldsymbol{N}^{-1} \tag{2.10}$$

式中：$\boldsymbol{Q}$为权因素矩阵。

验后单位权方差的表达式为

$$\hat{\sigma}_0^2=\hat{\boldsymbol{V}}^{\mathrm{T}}\boldsymbol{W}\hat{\boldsymbol{V}}/(m-n) \tag{2.11}$$

式中：$\hat{\boldsymbol{V}}=\boldsymbol{A}\Delta\hat{\boldsymbol{P}}-\boldsymbol{L}$；$m$ 为观测个数；n 为待估计参数个数。上述系列算式可以完成一个弧段中相关参数轨道初值和重力位系数的解算。若有多个弧段观测数据，仅需要叠加式（2.9）中法方程，即可完成多弧段数据联合处理，获得地球重力场模型参数估计值，更详细描述见 5.1.4 节。

2.1.2 反演方法理论解释

卫星重力测量基本原理是牛顿第二运动定律和广义相对论，测量模型包括轨道状态模型和相对测量模型等，动力学模型经积分后进入了速度域模型和位置域模型，因此多类型组合后派生出很多的地球重力场模型反演方法。本节论述了卫星重力测量技术主要反演算法，给出基本概念，分析其特征，从理论层面对于各种反演方法进行解释，总结其规律性。通常卫星重力测量数据恢复地球重力场模型的主要方法概括起来可分为两类：空域法和时域法，详细如图 2.1 所示。

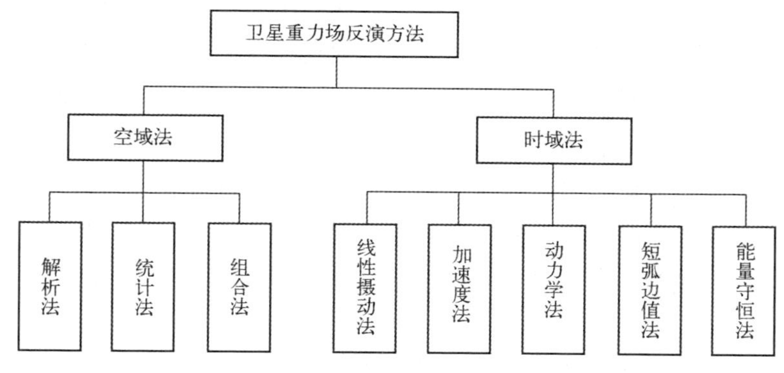

图 2.1 卫星重力测量技术的主要反演方法

1）空域法

该方法是选择一个平均轨道球面作为边界面，将卫星重力观测数据（如卫星运动状态参数、SST 时变几何参数、距离和距离变化率等）按照相应的动力学模型反演为重力场参数，或者将卫星上直接得到的观测量（如重力梯度测量数据）沿径向向下延拓到该边界球面上，然后利用插值方法将球面上的观测数据格网化，得到格网点值或平均值，最后采用调和分析法或最小二乘配置法解算位系数。空域法构建了以空间测量面为边界面的边值问题，根据经典边值问题[12-13]解法可解算出重力位系数。空域法遵循广义相对论理论，其边界面测量数据贴合于空间边界面，反映了空间弯曲的曲率特征，可用于空间弯曲度量，即可以反演地球形状及质量分布。另外，从物理大地测量边值理论理解，空域法构成了一个满足边值理论边界条件，结合位模型理论可以估计地球外空间引力位分布特征。

空域法需要球面上分布有足够密度的测量数据，两极空白和数据间断问题可以通过数据内插或者已知模型正演计算来解决，并且顾及了球面规则格网和正交函数系两个特性，可将引力位系数的阶和次很好地分离，从而使大型法方程的解算转化为分块对角阵的求逆问题，解决了其他方法无法避免的大型线性系统求解问题，大大提高了计算效率。空域法直接建立在地球重力场边值问题的基础上，因此在卫星重力场方案优化、性能分析和精度估算中发挥重要作用。按照具体解算方法，空域法又可以分为三类：解析法、统计法和组合法。

（1）解析法。解析法也称为调和分析法，该方法可直接利用数值积分或快速傅里叶变换技术求解位系数。积分法在理论上较为严密，可以避免最小二乘解法中存在的频率混叠现象。但是，该方法要求边界面全球分布，具有连续分布的观测值，但这一要求实际上达到较为困难，特别是南北极有将近1°的空白区，无卫星重力测量数据。因此，需要在两极空白地区填充观测数据。再者，调和分析方法在计算时需要对于测量数据进行离散化，这必然会带来离散化误差，从而引起地球重力场反演误差。此外，在求解过程中，该方法无法考虑观测误差的影响，无法对于观测误差进行控制，特别是系统性误差引起较大估计误差。这一方法边界数据误差控制是一个需要处理好的问题。

（2）统计法。统计法主要是指最小二乘配置法，该方法以统计理论和分析方法为基础，采用类似经典最小二乘平差的统计模型来逼近估计重力场系数。它的优点是可同时处理多种类型的观测数据，但是该方法存在一些假设条件，将地球引力扰动场视为随机信号场，并且为各向同性和均匀的；另外，还要求有已知观测值的先验协方差和互协方差信息，经验给出的方差和互协方差并能很好描述观测值之间关系。

（3）组合法。又称组合型方法，是介于解析法和统计法之间的方法，主要是指最小二乘谱组合法。该方法从重力场元之间的解析关系出发，又充分考虑观测值的误差信息，在谱域内利用最小二乘法求解参数的最优估计，并对解算结果做出精度估计。虽然该方法不是从解算超定边值问题出发，但实际是处理该问题的一种“最小二乘平差法”。

2）时域法

时域法将观测值看作沿卫星轨道的时间序列，在卫星轨道处建立各种观测数据与地球重力场模型位系数的线性关系（如果不是线性关系，还需要做线性化处理），然后基于某个最优准则（较为经典的是最小二乘准则）来估计重力场位系数。时域法遵循牛顿第二运动定律，建立了卫星运动状态和卫星受力模型之间函数关系，形成二阶动力学微分方程，经积分运算得到卫星位置、速度与地球重力场模型系数的函数，再代入观测数据，估计出地球重力场模型系数等参数。考虑到求解过程中是否采用近似，又可将其分为严密方法和近似方法。严密方法就是对观测方程的法方程直接求逆，因此其计算速度较慢，而且对计算机的性能要求很高，但其可以获得精确的结果，并提供所求解参数完整的方差-协方差矩阵；近似方法是为了加快求解速度而引入了一些近似条件，如预条件共轭梯度法等，但该方法需要不断迭代来逼近真实解，并且无法提供所求解参数的精度信息。

时域法的优点是可以综合利用各种卫星观测数据估计重力场模型。根据所构建观测值与重力场模型系数关系的不同方法，时域法又可分为 Kaula 线性摄动法、加速度法、动力学法、短弧边值法、能量守恒法等。

（1）Kaula 线性摄动法。Kaula 线性摄动法通过求解拉格朗日行星运动方程，给出线性表达式，通过轨道摄动量观测数据求解地球重力场模型参数。线性摄动方法建立了 6 个轨道根数（轨道长半径 a、偏心率 e、轨道面倾角 i、近地点角距 ω、平近点角 M、升交点赤经 Ω）的摄动量与重力场位系数的关系，在轨道测量可知的情况下可得到轨道的摄动值，以此作为观测值利用线性估计理论计算出引力位系数的改正数，对初始的引力位系数进行改正便得到了新的引力位系数[1]。Kaula 线性摄动法以分析法直接给出星间观测摄动量或轨道摄动量与重力场模型位系数的关系，在敏感性分析上应用很方便，但它毕竟是一个一阶近似解，因此无法回避近似误差。如果取到二阶或者更高阶，公式推导将非常复杂，在应用上带来很多困难，实际处理中必须做大量的简化和近似。

（2）加速度法。加速度法基于牛顿第二运动定律在轨道处建立“加速度观测值”与地球重力场模型参数函数关系，采用最优估计方法解算地球重力场模型系数，迭代反演得到最优解。“加速度观测值”并不是直接测量值，而是由轨道位置、速度、星间测距等观测量导出的观测值。通常采用数值微分法对卫星轨道数据、星间测距数据进行微分，得到单颗卫星加速度或者两颗卫星相对加速度，再经过低通滤波抑制高频误差，获得重力卫星加速度。该方法基于牛顿第二运动定律建立引力位系数与卫星加速度的关系，避免了长时间轨道积分算法引起的误差积累，分离历元间误差污染，有利于粗差影响控制，其关键环节是如何以所要求的精度利用卫星星历、星间距离测量数据经微分得到卫星加速度、相对加速度数据。由于在导出加速度观测值过程中数值微分运算会放大高频噪声，并且即使认为卫星的轨道误差为白噪声，由其导出的加速度误差也是一种有色噪声，对于低采样率的数据，其高频噪声可能会高出信号好几个量级，因此，高精度加速度观测数据的获取及其有色噪声的滤波（或定权）处理将是该方法能否应用成功的关键环节[14-16]。

（3）动力学法。动力学方法基于牛顿第二运动定律，在给定轨道初值、地球重力场模型参数等条件下，采用数值积分方法求解卫星参考轨道，并得到观测模型式（2.2）中偏导数项，再采用最优估计原则解算观测模型，得到包括全球重力场模型参数、轨道初值等参数改正数，迭代更新模型参数，获得最优解及其误差估计值。动力学方法受到轨道积分误差、力学模型误差、测量误差、解算误差等影响，须谨慎处理各类误差，特别是系统误差或者近似系统误差会随着积分过程而累积放大，对于重力场模型反演结果影响较大，因此抑制各项误差影响是动力学方法核心问题。动力学方法通过积分变分方程得到状态转移矩阵和敏感矩阵（前者描述了轨道初始点参数与轨道瞬时测量点状态参数之间传递关系，后者描述了地球重力场模型参数等与轨道瞬时测量点状态参数之间传递关系），从而建立卫星轨道瞬时状态参数与地球重力场模型参数之间的关系，状态转移矩阵、敏感矩阵的初值选择是一个重要问题，另外，力学模型完备性和准确性极为重要。这是一种经典的方法，其解算精度较高，在卫星重力学领域很早就得到使用，但它需要求解变分方程，而且涉及了大量的未知参数（包括弧段的初始状态等多余参数）[17-19]，运算量巨大。再者，由于观测模型线性化后往往需要多次迭代求解，因此该方法对计算资源要求较高并且计算非常耗时。

（4）短弧边值法。短弧边值法是在卫星各观测弧段边值为已知的条件下，基于牛顿第二运动定律，通过 Fredholm 积分方程计算出弧段内每个观测点上引力的积分值，从而根据地球引力与其积分值的关系来求解地球重力场位系数[20-21]。短弧边值法实际上是动力学法的一种演化，增加了积分弧段终点的卫星位置状态量，将其视为边值条件，与轨道积分弧段起点的卫星位置状态量构成6个基本参数，替代动力学方法中初始轨道积分起点的位置、速度构成的6个状态量，形成两端点位置参数控制条件下边值问题。该方法建立了卫星星历观测值同引力位系数的关系，适用于重力卫星等搭载GNSS接收机的卫星，显著优点是积分弧段较短（通常为0.5~2h），在边值条件控制下减小了积分误差，得到参考轨道、状态转移矩阵、敏感矩阵误差较小，并且由于积分弧段不长，对卫星摄动力计算的精度要求不是十分苛刻，然而重力场反演仍需谨慎处理力模型误差。

（5）能量守恒法。能量法是基于能量守恒定律建立的一种方法。如果暂时不考虑大气阻力等非保守力作用，重力卫星总能量保持守恒，动能和势能之和为常量，构建了基本能量观测方程。考虑卫星动能项主要与卫星速度有关，卫星势能项主要与卫星空间位置和地球引力有关，相关量带入能量方程，则形成了以卫星速度为观测量、以地球引力场模型系数改正量为估计参数的测量方程。还须考虑大气阻力等非保守力的作用形成的耗散能量，观测方程中需要加入此项扰动。耗散能量项需要通过加速度计测量非保守力积分获得。能量法是一种简单、有效的重力场反演方法，它将卫星的状态矢量与卫星的受力（非保守力等）同地球引力位系数联系起来，建立了能量守恒方程来解算地球引力场模型位系数参数。但是，动能项计算误差对于卫星的速度误差非常敏感，因此对卫星速度观测精度的要求很高。目前卫星速度测量达到几毫米精度水平、相对速度测量达到微米精度水平，但是定轨精度水平在厘米级，在一定程度上无法很好地满足能量法的要求，从而影响了其精度潜力的发挥[22-25]。另外，由于建立的能量守恒方程为标量方程，因此又损失了卫星状态矢量的方向信息。

上述着重介绍了线性摄动法、加速度法、动力学法、短弧边值法和能量法的基本原理，并分析了各自的优缺点。基于前面的分析，表2.1给出各种方法的特点比较。

表2.1 卫星重力测量反演重力场方法特点

方法	优点	缺点
线性摄动法	线性摄动理论分析方法也称为解析法，其建立了轨道摄动量或星间距离、速度摄动量与重力场模型系数及其他摄动力的函数关系，给出函数解析表达式，适用于敏感性分析、系统指标论证等	由线性摄动理论建立的解析表达式是微分方程，很难将其积分，给出严格的解析表达式，Kaula推导了一阶近似解，也有学者推导了二阶解，但均无法回避近似误差。而且取到二阶或更高阶，公式推导非常复杂，给应用带来较大的困难

续表

方法	优点	缺点
动力学法	可综合处理各种卫星空间观测值，提高重力场恢复精度和可靠性；依据各种观测值误差确定观测数据权，充分发挥各种观测量作用	动力学方法对于力学模型精度有较高要求，构建的法方程维数巨大，存储计算资源要求高，解算耗时。数值积分误差、模型误差等综合影响反演结果，分离各项误差影响较为困难
能量法	能量法是在能量域中讨论问题的，通过能量守恒方程将地球引力位系数同卫星状态矢量和卫星受力联系到一起，相对其他方法来说有其独特的一面，并且反演较方便易行	能量法对于卫星速度误差非常敏感，因此对速度精度要求很高，目前的定轨精度一定程度上无法很好满足它的要求，限制了它的精度潜力。耗散能力精确扣除也非常困难
加速度法	加速度法基于牛顿第二运动定律在加速度域建立了地球引力场模型位系数同卫星加速度观测值的关系，从而用加速度观测量估计引力位系数，思路易于理解	导出加速度观测过程中，由于微分运算会放大高频误差，所以需要较高精度的轨道观测值和性能良好的低通滤波器，目前轨道精度约为 3 ~ 5cm，需要认真处理微分过程，控制误差
短弧边值法	短弧边值法在位置域建立了引力位系数同轨道观测值的关系，其优点是积分弧段短，边值对于积分误差进行控制，减小了积分误差影响	短弧边值法由于积分弧段短，相较长弧段积分重力场信息，在弧段积分中累积影响较小，相对而言该方法不利于恢复低阶引力位系数

2.2 重力卫星四点三线抽象模型

2.2.1 概念提出

“四点三线”中“四点”是指卫星质量中心（简称质心）、加速度计检验质量中心（简称 A 心）、K 波段星间测距系统天线相位中心（简称 K 心）和 GNSS 天线相位中心（简称 G 心）。卫星质心的运动轨迹代表了卫星的整体运行轨迹，一定意义上代表着整个卫星的抽象点。在空间运行期间，由于卫星质量减少、局部质量移动、星体形变，卫星质量重新分布，卫星质心发生改变，所以质心相对星体坐标系是一变量。KBR 天线相位中心是指 KBR 天线上的信号点，它代表了星间距离测量的瞬时起始点和结束点，即 KBR 实施距离测量的真实测量点。由于天线温度变化、信号入射角度变化、仪器老化等，KBR 天线相位中心相对星体坐标系而言也是一个动点。GNSS 天线相位中心是指 GNSS 天线上的信号点，需要利用姿态数据精确归算到卫星质心处。与 KBR 天线类似，GNSS 天线相位中心相对星体坐标系而言也是一个动点。低低跟踪卫星重力测量系统的“四点”如图 2.2 所示。

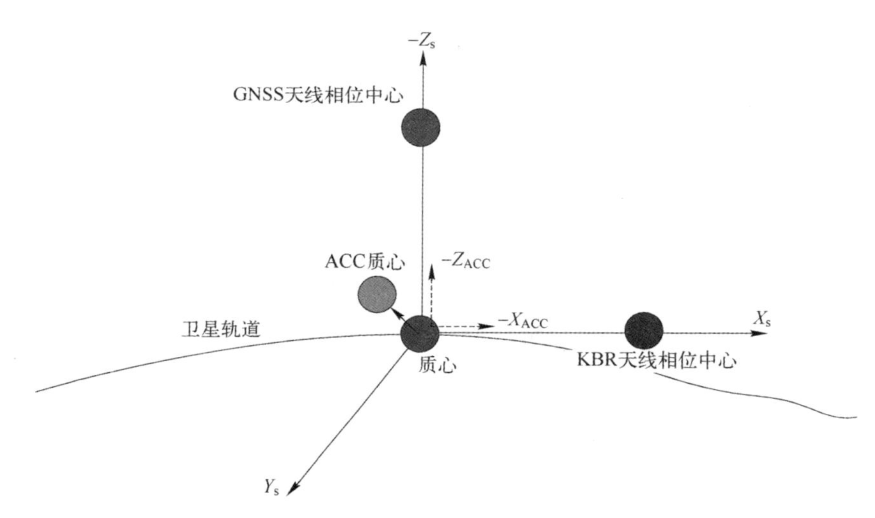

图 2.2　低低跟踪卫星重力测量系统的“四点”（见彩图）

“四点三线”中“三线”是指基准线、测量线和惯性线。基准线是前后两颗跟踪卫星的质心连线，其距离及其速度变化反映了前后卫星受到不同摄动力的差值累积效应。测量线是前后两颗星 KBR 天线相位中心的连线，是空间距离及速度的观测线，两颗卫星相位中心的变化、传播介质变化引起了测量线的变化。惯性线是指卫星质心与 KBR 天线相位中心之间连线，方向指向星体外，它是科学坐标系的一个轴（X 轴）。由于质心和 KBR 天线相位中心的变化，惯性线相对星体坐标系会发生变化，显然其具有动态特性。事实上除了上述三条极为重要的线外，还有另外两条线：一是卫星质心与 GNSS 接收机天线相位中心之间连线，方向指向天顶，是科学坐标系的另一个坐标轴（Z 轴），称为归化线；另一条是卫星质心与加速度计检验质量中心的连线，称为距离线，由于可分别采用归化和质心调节技术实现与质心的统一，故不在本书重点论述之列。低低跟踪卫星重力测量系统的“三线”如图 2.3 所示。

2.2.2　“四点三线”的关系

“四点三线”是低低跟踪卫星重力测量系统的一个抽象模型，代表了系统的关键的点和线。

卫星质心是卫星星体抽象点，其空间运动轨迹就是卫星轨道。质心的轨迹实质是地球重力场函数，由质心运动轨迹则可以确定地球重力场，因此卫星重力测量的关键问题是精确测量卫星质心在空间中的位置或者位置改变量。卫星质心是“四点”中的核心点。

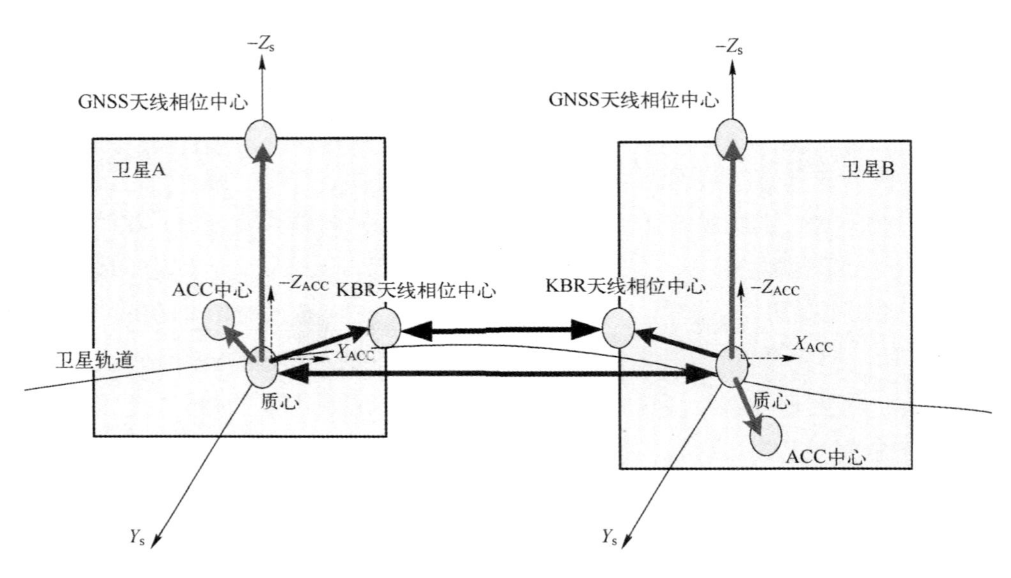

图 2.3　低低跟踪卫星重力测量系统的“三线”（见彩图）

由于卫星质心的变化特性和封装于平台内，其在空间的位置难以精确确定。通常会考虑采用新的空间定位技术间接实现质心精确测量。首先会考虑在重力卫星上安装一台星载 GNSS 接收机，通过导航卫星对重力卫星实施跟踪，实现 GNSS 相位中心空间位置确定，进一步利用质心与 GNSS 天线相位中心空间几何关系完成卫星质心跟踪。再者可以考虑在卫星上安装激光反射器，采用地面激光观测方法确定角反射器空间位置，进一步导出质心空间位置。另外一种别出心裁的方法是在卫星上安装高精度星间测距系统，实现与另外一颗卫星相互高精度测距，得到天线相位中心的相对空间位置，进一步依据固定的空间坐标关系，导出两颗卫星质心间的相对空间位置。拓展思路，可以将 GNSS 天线相位中心、激光反射器中心、KBR 天线相位中心理解为重力卫星质心的延伸与替代，用于完成质心空间位置精确确定。所以，“K 心”“G 心”及“角反射器中心”与质心实质是“一点”，具有统一的关系。

质心的轨迹不仅遵循地球重力场函数作用规律，而且受到地球以外其他星体引力、大气阻力、太阳光压、地球反照压等力源的摄动，由质心轨迹导出重力场是一个复杂问题。当我们仅关心地球重力场的时候，则认为其他力都是干扰力，需要采用模型化或者测量方法对干扰力实施确定，进而将干扰力由“未知”转化为“已知”，实施干扰力分离，获得我们感兴趣的重力场。目前，在跟踪型重力卫星中，采用模型化方法分离了除重力场外的保守力，采用加速度计测量方法分离非保守力。另外，要实施高精度非保守力测量，需要将加速度计检验质量中心与卫星质心尽量重合，最大程度避免卫星旋转引起的额外加速度，实现非保守力准确测量。所以，加速度计检验质量中心与卫星质心实质也具有统一关系。

基准线代表了卫星重力测量目标线，其随空间、时间的变化量是反演地球重力场的基本量。由于难以严格在两颗卫星质心处安置精密距离测量仪器，无法实施精确的基准线测量。退而求其次，可在测量线上实施精确的距离及其变率的测量，一定程度上，可代表基准线上的距离测量。基准线和测量线的差即为惯性线。基准线矢量可以表示为测量线矢量和惯性线矢量之和。如忽略惯性线，则“基准线”和“测量线”统一为一条线。

综上所述，“四点”统一于“质心”，却有别于“质心”，“三线”统一于“基准线”，但也不完全一致。

2.2.3 “四点三线”与关键技术关系

重力卫星“四点三线”密切关系的保持对整个测量系统设计提出了若干个关键技术要求，反之也可以理解为重力卫星若干关键技术是为了保证“四点三线”的严格空间关系。

1）质心检测与调整技术

为实施精确非保守力测量，需要将星载加速度计质量块精确或至少在一定范围内安装于卫星质心，以保证卫星旋转引起的离心力不影响非保守力测量。在地面安装时可以尽量实现“两心”重合（质心和加速度计检验质量中心），但是仍不能保证在轨“两心”重合，其原因是材料出放气、结构形变、振动等会引起质心移动，而且后续燃料消耗也会引起质心改变，因此卫星必须具有质心检测与调整功能。

质心检测与调整是迫不得已而为之。针对质心检测与调整还需要提出几个原则：一是平台尽量维持质心不变，二是将质心周期变化控制在容许范围之内；三是测定调整动作时间尽量短；四是质心测调频率尽量低。

2）超稳平台控制技术

为实现两颗低轨卫星星间距离高精度测量，要求两颗卫星的“测量线”和“基准线”严格重合，以保证两颗卫星星间距离达到微米级测量精度，如图 2.4 所示。两颗卫星的精确对准需要平台具有超稳姿态控制能力，不仅要对得准，而且要变化幅度足够小，从而减小天线相位中心变化、测量基线在两颗卫星质心连线方向上投影变化、减小多路径变化，提高星间距离测量精度。

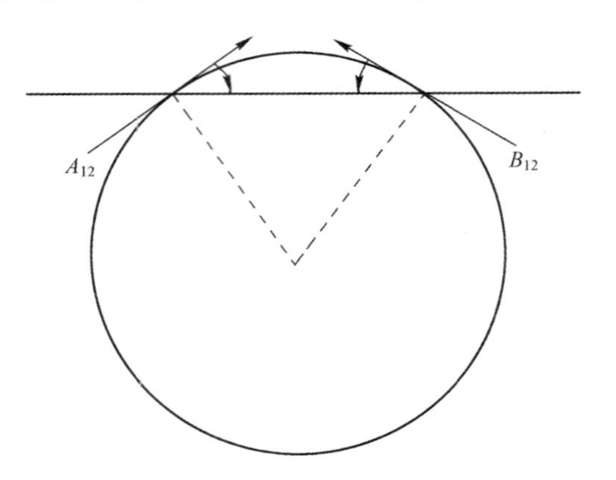

图 2.4　两颗卫星测量基准线关系图

3）结构零形变技术

为实现两颗低轨卫星星间距离高精度测量，不仅要求两颗卫星的“测量线、基准线”严格重合，而且要求测量结构形变足够小，从而减小结构伸缩引起的星间距离改正误差，提高星间距离测量精度。毫无疑问，卫星上代表“测量线”的结构一定会有伸缩，其伸缩会引起星间距离测量改正误差，需要将其控制在规定范围内。测量基准的结构伸缩通常由温度变化、结构形变、结构振动引起，在平台设计中则需要综合考虑这些因素，实现“零形变”结构设计，减小伸缩误差。另外，测量结构的形变与温度因素有关，“零形变”的结构设计要求温度变化要小，对平台温度控制提出了严格要求。

为实现两颗低轨卫星星间距离高精度测量，还需要考虑天线相位中心变化问题。无疑，天线相位中心变化也会引起距离改正误差。天线相位中心变化通常与信号入射方向、温度变化等因素有关，信号入射方向依赖高精度相对指向来保证，温度变化因素则对平台温度控制提出了严格要求。

4）超静控制技术

为了不干扰加速度计对于非保守力的观测，平台需要实现“超静”功能。平台“超静”功能定义为平台本体振动加速度在加速度计测量频段内小于加速度计的分辨率。为实现超静目标，平台尽量不采用具有“运动”特性的部件，例如飞轮、陀螺等，而是采用不产生动量的姿态控制部件，例如磁控制技术。

5）高精度温度控制技术

温度变化引起“G 心”“K 心”的变化，也引起“测量线”的变化，因此需要实现高精度温度控制，将其引起的距离及其变率测量误差控制在容许的范围内。加速度计和星间测距系统提出温度变化小于 0.1℃/轨，因此高精度温度控制也是平台的一个关键技术。

6）高稳定度结构及其保持技术

"三点"的惯性空间位置关系需要精确确定，从而实现从相位中心空间位置跟踪到质心空间位置跟踪转化。"三点"空间位置关系中包含两层关系：一层是指卫星本体坐标系中三个点间的位置关系；另一层是指本体坐标系与惯性坐标系间的转换关系。在卫星本体系中位置关系需要高稳定度的结构来实现，稳定结构保证了固定的位置关系，尽可能减小变化幅度。卫星本体坐标系与惯性坐标系的关系通过恒星敏感器维持，为满足高精度转化需求，一则要求星敏感器有较高测量精度，另一则要求星敏感器与三点具有稳定几何关系，这项要求对于平台载荷的精密安装能力提出了很高要求。

2.2.4 "四点三线"与各项误差的关系

由"四点三线"模型可知，低低跟踪卫星重力测量系统的误差由"基准线"的长度及其变率误差和质心非保守力测量误差组成，基准线误差又分解为测量线误差和惯性线误差，质心非保守力误差可进一步分解为加速度计测量误差和距离线误差，逐步分解，可得到重力卫星系统的误差谱系，图 2.5 给出了系统误差关系图。

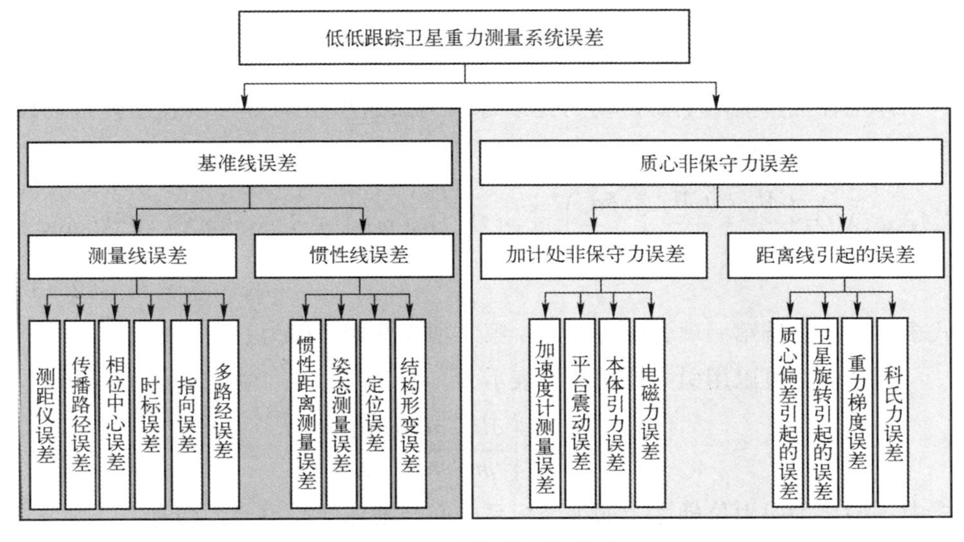

图 2.5　系统误差关系图

2.2.5 “四点三线”模型总结

（1）“四点三线”模型是低低跟踪重力测量系统的抽象模型。

（2）“四点”统一于“质心”，“三线”统一于“基准线”，但也不完全一致。

（3）重力卫星“四点三线”密切关系的保持对于整个测量系统提出了若干个关键技术要求，反之也可以理解为重力卫星若干关键技术是为了保证“四点三线”的严格空间关系。

（4）由重力卫星“四点三线”模型建立了系统误差图谱。

2.3 重力卫星受力模型分析

2.3.1 保守力模型

卫星所受的保守力如下式所示：

$$\boldsymbol{a}_{\mathrm{g}}=\boldsymbol{f}_{\mathrm{geo}}+\boldsymbol{f}_{\mathrm{nb}}+\boldsymbol{f}_{\mathrm{rel}}+\boldsymbol{f}_{\mathrm{et}}+\boldsymbol{f}_{\mathrm{ot}}+\boldsymbol{f}_{\mathrm{at}}+\boldsymbol{f}_{\mathrm{pt}}+\boldsymbol{f}_{\mathrm{rot}} \tag{2.12}$$

式中：等号右端项为卫星所受的各项保守力，依次为地球引力、N体摄动力、相对论效应、地球固体潮引起的摄动力、海潮摄动力、大气潮摄动力、极潮汐摄动力和地球旋转形变附加力。

1）地球引力

作用在卫星上的主要摄动力是地球引力，这项摄动力可以表达为摄动位的梯度。地球的引力场球坐标表达式如下：

$$U_{\mathrm{s}}(r,\varphi,\lambda)=\frac{GM_{\mathrm{e}}}{r}+\frac{GM_{\mathrm{e}}}{r}\sum_{n=1}^{\infty}\left(\frac{a_{\mathrm{e}}}{r}\right)^{n}\sum_{m=0}^{n}(\bar{C}_{nm}\cos(m\lambda)+\bar{S}_{nm}\sin(m\lambda))\bar{P}_{nm}(\sin\varphi) \tag{2.13}$$

式中：等式右端第一项为中心引力；第二项为非球形引力。

地球引力可以用引力位的梯度表示为

$$\boldsymbol{f}_{\mathrm{geo}}=\Delta\boldsymbol{U}_{\mathrm{e}}=\left[\frac{\partial U_{\mathrm{e}}}{\partial r},\frac{\partial U_{\mathrm{e}}}{\partial\varphi},\frac{\partial U_{\mathrm{e}}}{\partial\lambda}\right]^{\mathrm{T}} \tag{2.14}$$

式中：$\Delta\boldsymbol{U}_{\mathrm{e}}$ 为引力位梯度。如果坐标系中心与地球质心重合，则有

$$\bar{C}_{10}=\bar{C}_{11}=\bar{S}_{11}=0 \tag{2.15}$$

另外根据 IERS2010 标准，有

$$\overline{C}_{21}=-0.187\times10^{-9},\quad \overline{S}_{21}=1.195\times10^{-9} \tag{2.16}$$

从引力位的表达式可见，随着卫星轨道高度的增加，引力位在衰减，而且阶数越高，衰减越快。因此为了探测高阶地球重力场，重力卫星应尽量低，通常轨道高度约 450km，图 2.6 给出了两颗 GRACE 卫星在 RTN 坐标系下所受的非球形引力，它们的差值表示在图 2.7 中。

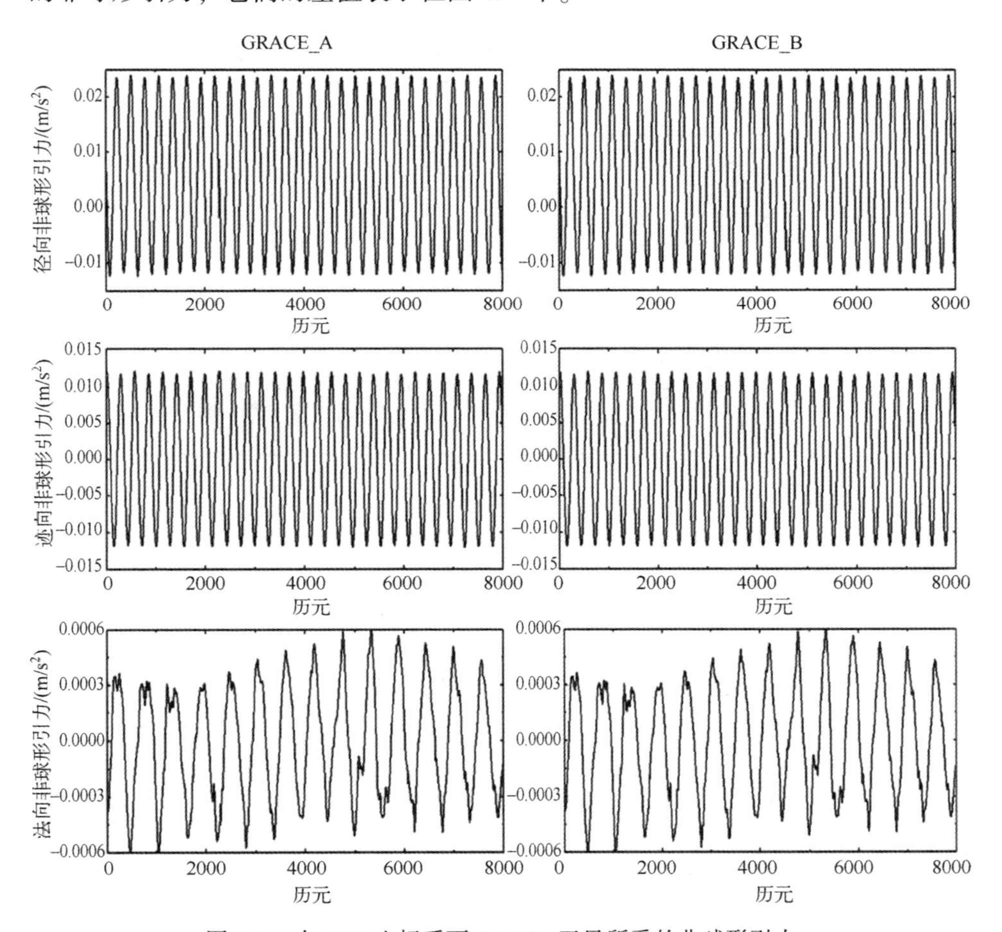

图 2.6　在 RTN 坐标系下 GRACE 卫星所受的非球形引力

从图 2.6 中可见，GRACE_A 卫星和 GRACE_B 卫星所受地球非球形引力表现为周期变化，在径向和迹向的量级较大，最大处达到了 10^{-2}m/s^2 的量级，法向的量级是 10^{-4}m/s^2；从图 2.7 中可见，GRACE_A 卫星和 GRACE_B 卫星所受地球引力差值也呈现周期变化，在径向最大处约为 10^{-3}m/s^2，标准差为 $8.1\times10^{-4}\text{m/s}^2$，迹向要小一些，标准差为 $5.4\times10^{-4}\text{m/s}^2$，法向的差值量级要小两个数量级。RTN 方向的加速度的不同会影响卫星轨道的变化，从而影响星间距离和速度，我们比较径向和迹向的差值，可以看出径向比迹向差值要大，由此可见径向的变化更能反映地球非球形部分的重力场信息。

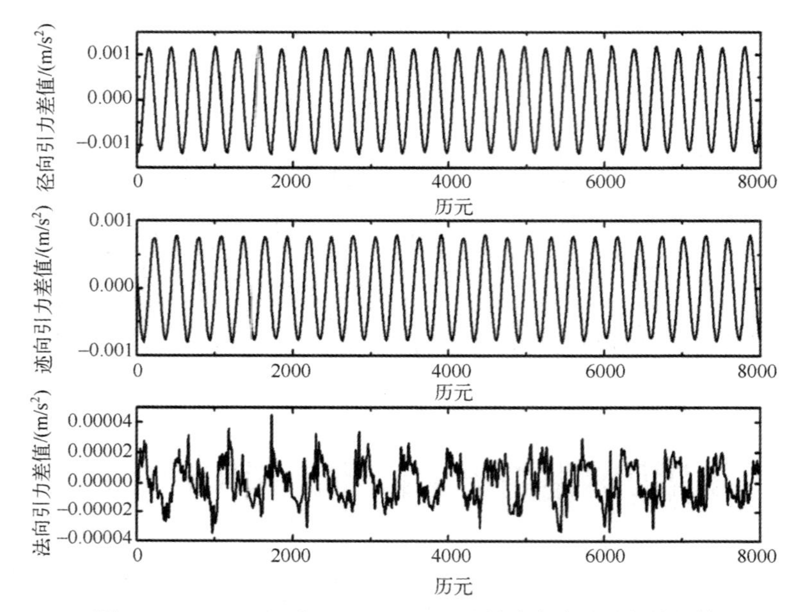

图 2.7　GRACE_A 和 GRACE_B 卫星所受非球形引力的差值

2）N 体摄动力

根据万有引力定律，太阳、月亮及其他行星对于在轨卫星有吸引力，同时对地球也有吸引力，这就构成了三体问题。在质点假设的条件下，N 体摄动可以表示为[26]

$$\boldsymbol{f}_{\text{nb}} = \sum_i GM_i\left(\frac{\boldsymbol{r}_i}{r_i^3} - \frac{\boldsymbol{\Delta}_i}{\Delta_i^3}\right) \tag{2.17}$$

式中：M_i、$\boldsymbol{r}_i$ 分别为第 i 个摄动体的质量和地心矢量；$\boldsymbol{\Delta}_i$ 为第 i 个摄动体相对卫星的矢量，可以从美国喷气实验室（JPL）的星历获得。

3）相对论加速度

根据广义相对论理论，卫星所受的相对论加速度为

$$\boldsymbol{f}_{\text{rel}} = -\frac{GM_{\text{e}}}{c^2r^3} \cdot \left[\left(\frac{4GM_{\text{e}}}{r} - \dot{\boldsymbol{r}} \cdot \dot{\boldsymbol{r}}\right) \cdot \boldsymbol{r} + 4(\dot{\boldsymbol{r}} \cdot \boldsymbol{r}) \cdot \dot{\boldsymbol{r}}\right] \tag{2.18}$$

式中：$\boldsymbol{r}$、$\dot{\boldsymbol{r}}$ 分别为卫星在地心坐标系的位置矢量和速度矢量；c 为光速。

4）地球固体潮摄动

地球不是一个严格刚体，而是一个黏滞体，在日月或其他星体的作用

下，会发生形变，从而引起了质量重新分布，作为地球质量分布表征量的地球引力位也随之改变，这一部分改变量描述为地球固体潮摄动。固体潮摄动项也可以表示为附加位，附加位又可以表示为位系数的改正量。固体潮通常分成两步计算，第一步使用与频率无关的 Love 数计算常量改正部分，计算公式为

$$\Delta\bar{C}_{nm} - \mathrm{i}\Delta\bar{S}_{nm} = \frac{K_{nm}}{2n+1}\sum_{j=2}^{3}\frac{GM_j}{GM_e}\left(\frac{r_e}{r_j}\right)^{n+1}\bar{P}_{nm}(\sin\phi_j)\cdot \mathrm{e}^{-\mathrm{i}m\lambda_j} \tag{2.19}$$

式中：GM_j 分别表示引力常数与月亮（$j=2$）或太阳（$j=3$）质量的乘积；r_j 为地球质心到月球质心（$j=2$）或太阳（$j=3$）质心的距离；K_{nm} 为 Love 数，K_{nm} 的取值和采用的描述地球的模型有关，具体参见 IERS 标准；ϕ_j、λ_j 为地球惯性坐标系中月球（$j=2$）或太阳（$j=3$）的地心纬度和经度，这里 n 只取 2 和 3。在第一步中需要考虑的还有 2 阶潮引起的第 4 阶位系数的改变，如下式：

$$\Delta\bar{C}_{4m} - \mathrm{i}\Delta\bar{S}_{4m} = \frac{K_{2m}^{+}}{5}\sum_{j=2}^{3}\frac{GM_j}{GM_e}\left(\frac{r_e}{r_j}\right)^{3}\bar{P}_{nm}(\sin\phi_j)\cdot \mathrm{e}^{-\mathrm{i}m\lambda_j} \tag{2.20}$$

除了与频率无关的部分外，还有与频率有关的部分，在第二步中计算各个分潮波引起的改正量。不同频率的长期潮引起 $\Delta\bar{C}_{20}$ 的表达式为

$$\mathrm{Re}\sum_{f(2,0)}(A_0\delta K_f H_f \mathrm{e}^{\mathrm{i}\theta_f}) = \sum_{f(2,0)}(A_0 H_f(\delta k_f^{\mathrm{R}}\cos(\theta_f) - \delta k_f^{\mathrm{I}}\sin(\theta_f))) \tag{2.21}$$

式中：上标 R、I 表示实部和虚部。日潮引起的$(\Delta\bar{C}_{21}-\mathrm{i}\Delta\bar{S}_{21})$和半日潮引起的$(\Delta\bar{C}_{22}-\mathrm{i}\Delta\bar{S}_{22})$的表达式如下：

$$(\Delta\bar{C}_{2m} - \mathrm{i}\Delta\bar{S}_{2m}) = \eta_m\sum_{f(2,m)}(A_m\delta k_f H_f)\mathrm{e}^{\mathrm{i}\theta_f} \tag{2.22}$$

$$A_0 = \frac{1}{r_e\sqrt{4\pi}} = 4.4228\times10^{-8}m^{-1} \tag{2.23}$$

$$A_m = \frac{(-1)^m}{r_e\sqrt{8\pi}} = (-1)^m(3.1274\times10^{-8})m^{-1},\quad m\neq0 \tag{2.24}$$

$$\eta_1 = -\mathrm{i},\quad \eta_2 = 1 \tag{2.25}$$

式中：δk_f 为频率 f 的 Love 数与其标称值的差；H_f、θ_f 为频率 f 对应的幅度和相位，并且 $\theta_f=\boldsymbol{n}\cdot\boldsymbol{\beta}$ 或者 $\theta_f=m(\theta_g+180)-\boldsymbol{N}\cdot\boldsymbol{F}$，其中 $\boldsymbol{\beta}$ 为 Doodson 基本参数矢量，$\boldsymbol{n}$ 为其乘数矢量，$\boldsymbol{F}$ 为在章动理论中使用的 Delaunay 基本参数矢量，有 5 个元素，$\boldsymbol{N}$ 为其乘数矢量，θ_g 为格林尼治平恒星时（GMST），单位是度(°)。基本参数是时间的函数，给定一个时间对应一组基本参数，乘数与频率

有关，不同的潮频率有不同的乘数。

5）永久潮汐

2 阶带谐潮有一个非零的均值，这个永久潮引起了地球的永久形变，叠加在了地球静态形状上，不随时间改变，在很多重力场模型的$\bar{C}_{20}$包含了这一永久潮汐信息，因此应该从固体潮项中减掉零频率项。零频率项的表达式如下：

$$\langle \Delta \bar{C}_{20} \rangle = A_0 H_0 k_{20} \tag{2.26}$$

在弹性地球条件下，$k_{20}=0.29525$，$\langle \Delta \bar{C}_{20} \rangle = -4.108\times10^{-9}$；在黏滞地球假设下，$\langle \Delta \bar{C}_{20} \rangle = -4.201\times10^{-9}$。

6）极潮

极移的存在引起了离心力的改变，从而引起了位的改变，称为固体地球极潮。极潮引起的位改变的表达式为

$$\Delta V = -(\Omega^2 r_e^2/2)\sin(2\theta)(x_p\cos\lambda - y_p\sin\lambda) \tag{2.27}$$

式中：Ω、r_e 分别为地球平均自转角速度和地球半径；θ、λ 为地面点的余纬和经度；x_p、y_p 为两个极移分量。极潮引起的摄动可以写为 $k_2\Delta V$，等价于位系数 C_{21}、S_{21}的改变，对于黏滞地球模型而言，这项改正为

$$\begin{cases} \Delta \bar{C}_{21} = -1.348\times10^{-9}(x_p + 0.0112 y_p) \\ \Delta \bar{S}_{21} = 1.348\times10^{-9}(y_p - 0.0112 x_p) \end{cases} \tag{2.28}$$

7）海潮摄动

由于日、月和行星引力的吸引，海洋中海水质量重新分布，这种质量的迁移引起的附加位称为海潮摄动位，这一摄动位也可以表示为球谐函数中位系数的改变，其函数形式为

$$(\Delta \bar{C}_{2m} - \mathrm{i}\Delta \bar{S}_{2m}) = F_{nm} \sum_{s(n,m)} \sum_{+}^{-} (C_{snm}^{\pm} \mp \mathrm{i}S_{snm}^{\pm}) \mathrm{e}^{\pm \mathrm{i}\theta_f} \tag{2.29}$$

式中：$C_{snm}^{\pm}$、$S_{snm}^{\pm}$为海潮系数；θ_f 为某一分潮波的相位角度。

$$F_{nm} = \frac{4\pi G\rho_w}{g}\sqrt{\frac{(n+m)!}{(n-m)!\,(2n+1)(2-\delta_{0m})}}\left(\frac{1+k_n'}{2n+1}\right) \tag{2.30}$$

式中：$g=9.780327\mathrm{m/s^2}$为地球赤道平均重力加速度；海水密度 $\rho_w = 1025\mathrm{kg/m^3}$；$k_n'$为负荷形变系数，对于每一个分潮波的系数可以从海潮模型中取得。

8）大气潮摄动

大气潮由两种原因造成，一是月球和太阳引力摄动引起的引力潮，二是太阳的热源效应，而后者是大气潮汐主要成因。大气潮也可用地球引力位系数的变化来描述。大气潮的计算公式与海潮计算式相同，但通常只需考虑 S_2

阶潮波项，其大气潮系数值约为 $C_{22}^{+}=-0.537, S_{22}^{+}=0.321$，大气潮的影响约比海潮小一个量级。

9）地球旋转形变附加力

地球是一个黏滞体，在各类引潮力位作用下发生形变，从而引起地球内部质量分布随时间变化，使得地球外部引力场也随之变化。这部分引起的作用力构成地球旋转形变附加力。

2.3.2 非保守力模型

卫星所受的非保守力如下式所示：

$$\boldsymbol{a}_{\mathrm{ng}}=\boldsymbol{a}_{\mathrm{drg}}+\boldsymbol{a}_{\mathrm{slar}}+\boldsymbol{a}_{\mathrm{elb}}+\boldsymbol{a}_{\mathrm{thr}} \tag{2.31}$$

式中：等号右端项为卫星所受的各项非保守力，依次为大气阻力、太阳辐射压力、地球反照压和推进器推力。以下分别讨论各种力的数学模型。

1）大气阻力

我们知道卫星在大气中运动，大气分子对卫星产生升力和阻力，阻力远远大于升力，阻力的计算公式为

$$\boldsymbol{a}_{\mathrm{drag}}=-\frac{1}{2}\rho\left(\frac{C_{\mathrm{d}}A}{m}\right)v_{\mathrm{r}}\boldsymbol{v}_{\mathrm{r}} \tag{2.32}$$

式中：C_{d} 为大气阻力系数；m 为卫星质量；A 为卫星垂直于速度方向的截面积；ρ 为卫星处的大气密度；$\boldsymbol{v}_{\mathrm{r}}$ 为卫星相对于大气的速度矢量。计算 A 时需要知道面板同速度矢量的夹角，这一夹角的计算方法是，将面板在星体坐标系中的单位矢量用姿态数据旋转到惯性坐标系下，然后与惯性系下的卫星速度单位矢量做点乘，得到了夹角的余弦函数，从而可以确定夹角。当各个面板与速度矢量的夹角确定下来后，可以用下式计算总的迎风面积：

$$A=\sum_{i=1}^{6}A_i\sin(\theta_i) \tag{2.33}$$

式中：A_i 为卫星的第 i 个表面面板面积。

2）太阳辐射压力

太阳辐射引起的摄动力可用下式计算：

$$\boldsymbol{a}_{\mathrm{slar}}=-v\left\{p_{\mathrm{s}}(1+\eta)\frac{A}{m}(\mathrm{AU})^2\frac{\boldsymbol{r}-\boldsymbol{r}_{\mathrm{s}}}{(\boldsymbol{r}-\boldsymbol{r}_{\mathrm{s}})^3}\right\} \tag{2.34}$$

式中：v 为卫星的蚀因子，卫星在地影中 $v=0$，卫星在阳光中 $v=1$，卫星在半地影中 $0<v<1$；p_{s} 为距太阳一个天文单位处的太阳辐射压强，$p_{\mathrm{s}}\approx 4.5605\times 10^{-6}\mathrm{N/m^2}$；$\eta$ 为卫星的反射系数，与卫星表面材料有关；A 为卫星垂直于太阳

辐射方向的截面积；m 为卫星质量；AU 为天文单位；$\boldsymbol{r}$、$\boldsymbol{r}_s$分别为卫星、太阳的位置矢量。卫星蚀因子 v 的计算通常有两个模型，一个是圆柱模型，另一个是圆锥模型。前者尽管简单，但是它描述的蚀因子不是连续的，非 1 则 0，这样就引起了力的不连续；后者模型略复杂，但是蚀因子的变化连续，计算力也是连续的，但是积分步长需要足够小，以便在半地影中采样。一般来说积分步长等于卫星周期的百分之一，对于重力卫星步长要小于 56s，通常取 10s 步长是可以满足要求的。

3）地球反照压

地球表面和大气反射部分来自太阳的辐射，照到卫星上产生压力，称为地球反照压，它的计算式为

$$\boldsymbol{a}_{\text{elb}} = (1 + \boldsymbol{\eta}_{\text{e}})A' \frac{A}{mc}\sum_{j=1}^{N}[(\tau_j a_j E_{\text{s}}\cos(\theta_{\text{s}}) + e_j M_{\text{b}})\boldsymbol{e}_j]_j \tag{2.35}$$

式中：$\boldsymbol{\eta}_{\text{e}}$ 为卫星对于地球辐射的反射系数；A'为地球表面面元的投影面积；τ_j 为地球面元的光照因子；a_j、e_j 分别为面元的反射和散射系数；E_{s} 为距太阳一个天文单位处的太阳辐射压强；M_{b} 为地球的散射强度；$\boldsymbol{e}_j$ 为第 j 个面元到卫星的单位矢量。地球反照压约为太阳辐射的 1.6%。地球反辐射所产生的摄动加速度较小，其数学模型中的参数与太阳辐射压的参数强相关。因此，地球反辐射所产生的摄动大部分可被太阳辐射压摄动模型吸收。

4）推进器推力

卫星在保持姿态或变轨的时候需要推进器点火，产生推力以便改变卫星姿态或改变卫星轨道，在姿态改变过程中由于推进器的偏差或控制误差会对卫星产生一个附加力，从而影响了卫星的轨道，在变轨的过程中就是用推力改变轨道，推力描述函数为

$$\boldsymbol{a}_{\text{thr}} = \frac{|\dot{m}|}{m}\boldsymbol{v}_{\text{e}} \tag{2.36}$$

式中：$|\dot{m}|$为质量改变量；m 为卫星质量；$\boldsymbol{v}_{\text{e}}$ 为卫星的地心速度矢量。推力可以用速度增量来表示：

$$\boldsymbol{a}_{\text{thr}}(t) = \frac{|\dot{m}|}{m(t)} \frac{1}{-\ln\left(1-\dfrac{|\dot{m}|\Delta t}{m_0}\right)}\Delta\boldsymbol{v}_{\text{e}}(t) \tag{2.37}$$

重力卫星是用推进器辅助磁力矩器来调整姿态，由于推进器安装有微小的偏离，引起一个微小的线性加速度，因此需要顾及这项摄动力的影响。

5）加速度计测定的非保守力

重力测量卫星均安装了高精度的加速度计，可以测定卫星受到的所有非保守力。但是卫星在轨道上时加速度计的偏差和尺度是无法准确确定的，因此需要对加速度计参数进行标定。加速度计在星体坐标系中的观测方程为[27]

$$a_{acci}=k_{0i}a_{obsi}+b_{0i},\quad i=1,2,3 \tag{2.38}$$

式中：k_{0i}、b_{0i}分别为第 i 个轴的尺度和偏差值；a_{obsi}为加速度计观测值。

2.3.3　经验力模型

在对卫星受力进行模型化的过程中，有些力没有模型化，也有些力即使模型化，但是模型也存在误差，因此建立的力模型只是近似模型。在实际应用中经常采用经验力模型来补偿力模型误差。最常用的经验模型是 RTN 摄动模型，它的表达式如下：

$$\begin{bmatrix} a_R \\ a_T \\ a_N \end{bmatrix}=\begin{bmatrix} K_R+C_R\cos u+S_R\sin u \\ K_T+C_T\cos u+S_T\sin u \\ K_N+C_N\cos u+S_N\sin u \end{bmatrix} \tag{2.39}$$

式中：K、C 和 S 为经验摄动力参数；下标表示参数属于的坐标轴方向；u 为卫星的经度。用这一模型可以一定程度上补偿力模型误差，对于定轨是很适用的，但是如果用于重力场恢复，要慎重使用经验力模型。

2.4　重力卫星核心载荷

低低跟踪重力测量卫星系统由两颗卫星组成，采用低低跟踪模式对地球重力场进行测量。两颗卫星运行在初始高度 500km、倾角约 89°的近圆极轨轨道上，两星之间的标称星间距离平均为 220km，允许变化范围为 170～270km。双星各有效载荷全天时不间断工作，生成连续、全球覆盖的重力场观测数据。重力卫星系统在轨运行示意如图 2.8 所示。

卫星由有效载荷和卫星平台组成，有效载荷主要包括 KBR-GNSS 分系统（含 K 波段星间测距仪和双频 GNSS 接收机）、静电悬浮加速度计、星敏感器、质心调节设备、激光后向反射器等。卫星平台主要包括姿轨控、星务、测控、电源、总体电路、结构机构、热控和天线等八个分系统，如图 2.9 所示。

两颗卫星采用完全相同的设计，除星地测控/载荷数据链路频点和扩频码

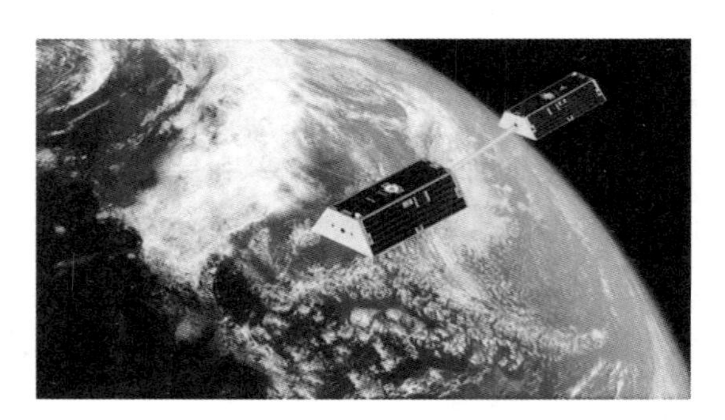

图 2.8　重力卫星系统在轨飞行示意

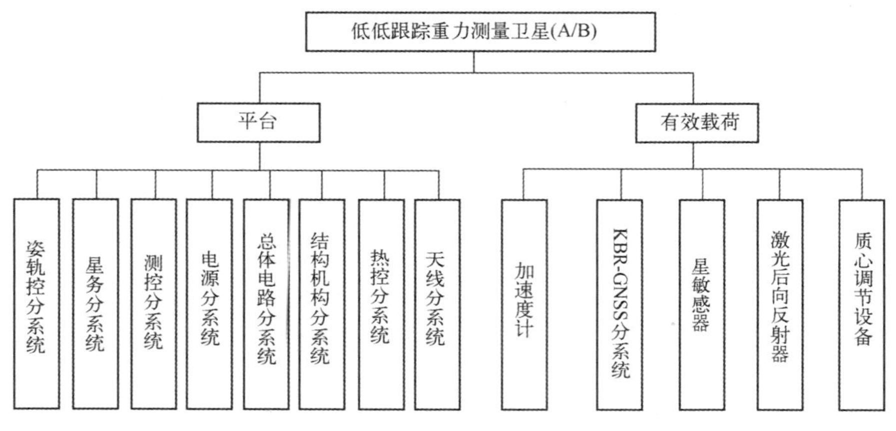

图 2.9　重力卫星系统组成

组、星间测距链路 K/Ka 载波频点不同之外，两颗星其他方面的特征一致。

KBR-GNSS 分系统含 K 波段星间测距仪和双频 GNSS 接收机。KBR 采用 K/Ka 双频、双单向的微波测距技术体制，实现微米级星间距离变化测量。GNSS 采用双频、GPS 和 BDS 双模体制，用于卫星精密定轨。为实现高精度同步双星 K 波段载波相位测量，GNSS 接收机与 KBR 载波相位的采样和测量设备高度集成，融为一体，确保星间微米级距离变化测量精度的任务指标。加速度计用于实现非保守力（如大气阻力、太阳辐射压力等）测量。有效载荷全天时不间断工作，生成连续、全球覆盖的重力场观测数据。星务数据存储模块实现载荷观测数据的全天时记录，并在卫星过境时和扩频测控一体机一起配合完成载荷观测数据的下传任务。质心调节机构通过质量块的移动，对卫星质心进行精密调节，实现卫星质心与加速度计中心的重合。激光后向反射器和地面激光观测站一起实现卫星的星地激光测距，用于外部检核卫星精密轨道，也可与 GNSS 一起用于地面精密定轨。

卫星采用截面为梯形的细长体构型，箱板式主承力结构，通过高强度、高稳定度的碳纤维复合材料夹层结构板将各有效载荷固联为一体，并实施高稳定热控。卫星采用超静姿态与轨道控制技术。3 星敏感器联合高精度定姿，12 个 10mN 冷气姿控推力器，辅以 3 个磁力矩器联合姿控，实现三轴稳定、双星星间指向或对地定向姿态控制。卫星配置 2 个 40mN 冷气轨控推力器，装有高压氮气推进剂。扩频测控一体机与星务、地面测控系统共同完成卫星常规遥测、遥控、跟踪测轨任务，以及载荷数据下传任务，满足测控与数传一体化的任务要求。卫星采用 S 波段非相干扩频测控，辅以 GNSS 定轨。

2.4.1　KBR-GNSS 分系统

KBR-GNSS 分系统采用双单向、K 和 Ka 频段双频微波测距体制，用于高精度测量星间距离变化量。两颗卫星 KBR-GNSS 分系统硬件设备配置完全相同，仅 K/Ka 链路频点不同。KBR-GNSS 分系统组成框图如 2.10 所示。

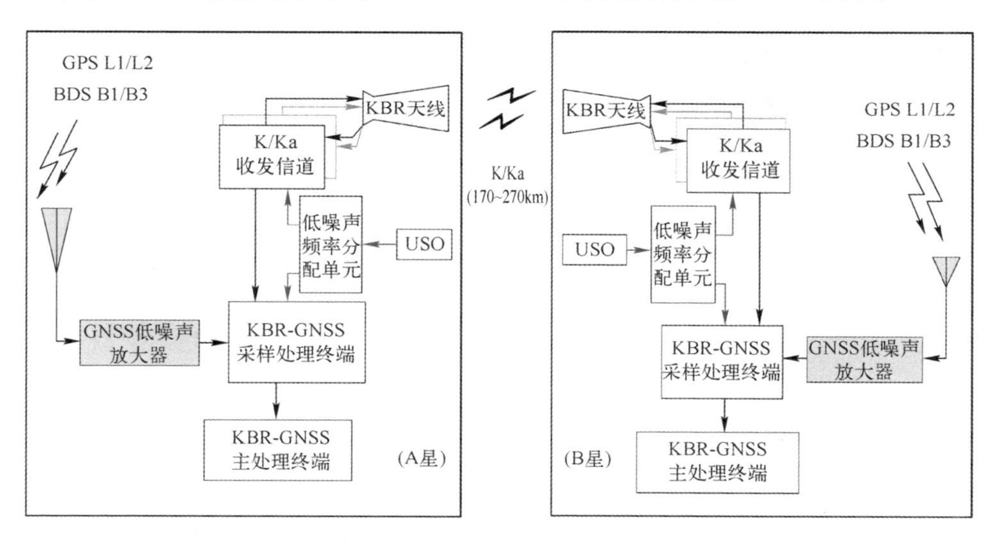

图 2.10　KBR-GNSS 分系统组成

为高精度同步双星 K 波段载波相位测量，采用双频双模 GNSS 接收机（GPS、BDS）与 K/Ka 波段载波相位测量设备高度集成、一体化设计，确保星间微米级距离变化测量精度的任务指标。超稳晶振（USO）是 KBR 和 GNSS 的时间和频率基准，频率稳定度指标要达到 10^{-13} 量级（秒稳）。

卫星入轨前，需要精确安装并精密测定 KBR 天线及 KBR 天线相位中心在卫星坐标系下的位置，精测 KBR 天线视轴与卫星坐标系 X 轴的夹角。通过结构的稳定性设计，严格约束 KBR 天线相位中心以及天线视轴在卫星坐标系下的位置因火箭发射段振动、入轨重力释放而引入的偏移，确保天线相位中心、天线视轴与卫星坐标系的约束关系，满足后续 KBR 天线相位中心在轨标定以及天线相位中心改正量的精度。

2.4.2 加速度计

加速度计采用静电悬浮测量体制，由加速度计传感器盒和加速度计线路盒组成。传感器盒用于实现卫星受到非保守力（如大气阻力、太阳辐射压力、地球辐射/反照力等）的感应与测量。线路盒提供二次电源，接收传感器盒观测量数据，提供与其他分系统的接口，如图 2.11 所示。

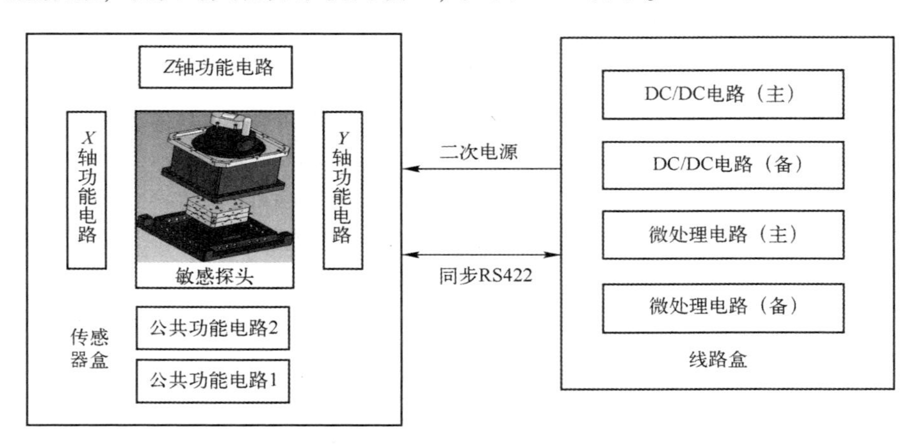

图 2.11 加速度计组成

2.4.3 星敏感器

在重力卫星任务中，星敏感器具有双重身份。一方面作为控制分系统的姿态敏感器之一，实时测量卫星姿态，为卫星姿态控制提供输入；另一方面，还是重力场观测有效载荷之一，与加速度计集成为一体，实时高精度确定加速度计 3 个测量轴在惯性空间中的指向，以确定加速度计测得的非保守力在惯性空间中的方向，是地面反演地球重力场不可缺少的重要载荷数据之一。

为确保寿命期内的任意时刻，至少要有 2 台星敏感器能够高精度定姿（即不见太阳、地球、星体物），优选 3 台星敏感器。星敏感器与加速度计传感器盒一起高精度、高稳定集成在星敏-加速度计基座上，为加速度计传感器盒三轴惯性姿态指向提供测量值，如图 2. 12 所示。

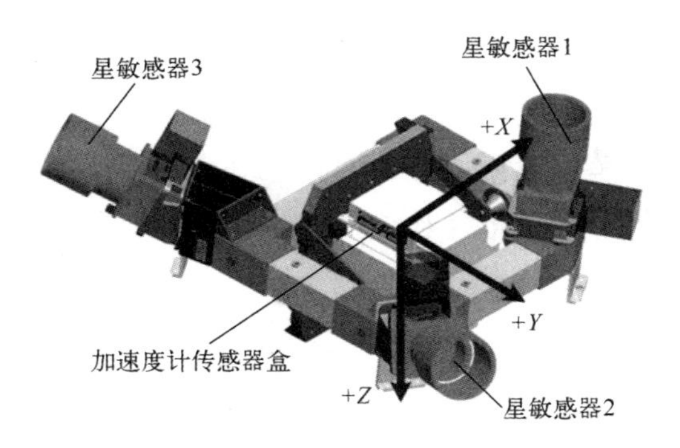

图 2. 12　星敏感器一体化集成

2. 4. 4　质心调节设备

质心调节设备用于高精度调整卫星质心位置，包括 1 台质心调节线路盒、6 台质心调节机构（X 方向、Y 方向、Z 方向各 2 台），如图 2. 13 所示。

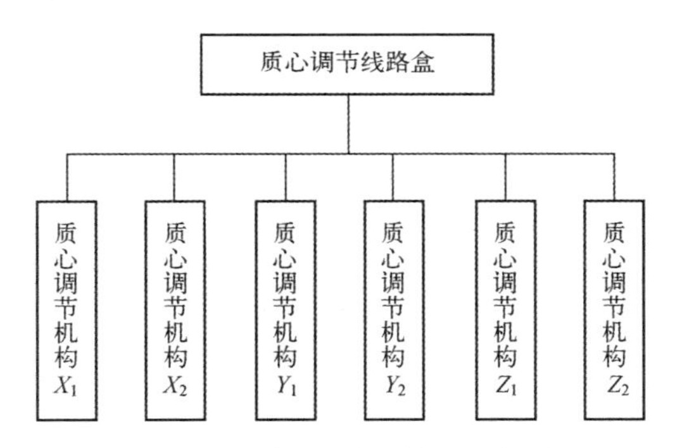

图 2. 13　质心调节设备组成框图

质心调节线路盒用于对机构进行控制，主要由电源板、电机板、控制板、光编板组成。质心调节机构设计示意如图 2. 14 所示，6 台机构分别沿着卫星 X、Y、Z 三个轴向安装，通过质量块的移动实现整星质心在三个轴方向上微米级的精确调节。

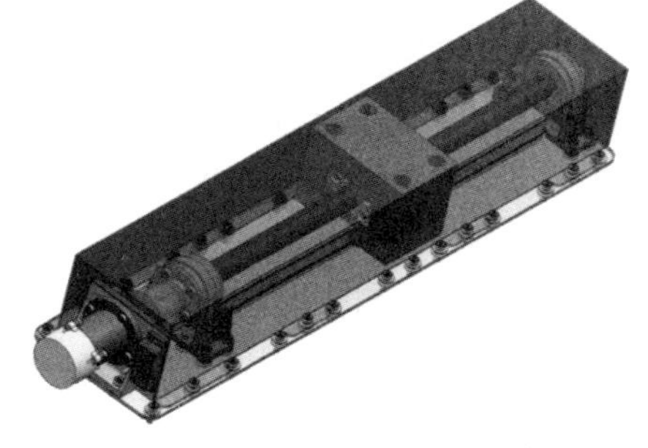

图 2. 14　质心调节机构示意

2.4.5 激光后向反射器

激光后向反射器用于将地面激光观测站发射到卫星的激光脉冲反射回地面，实现对卫星距离的精确测量。激光后向反射器由 4 个角反射器、套筒及基座组成。其中单个角反射器是由 3 个相互垂直的反射面和一个透射面构成的四面体，出射光线与入射光线平行、方向相反，如图 2.15 所示。

图 2.15　激光后向反射器排布示意图

2.5 载荷误差源分析

2.5.1 星间测距精度分析

1）双频双单向的星间测距原理模型

K 波段星间距离系统采用同步的双频双-单向对比测距技术，每颗卫星发射 K/Ka 频段连续微波信号，被另一卫星接收，并测量相位的变化，测量结果传输到地面进行综合处理，从而测量两颗星之间的星间距离及其变化率。

K 波段星间距离测量原理如图 2.16 所示。

每颗卫星的输出是单向相位测量值，在指定时刻 t，两颗卫星接收到的单频载波相位测量值可表示为

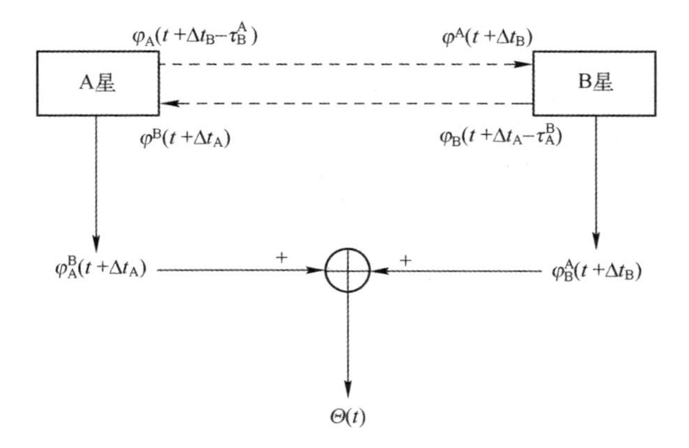

τ_B^A—信号从卫星 A 到卫星 B 的飞行时间；τ_A^B—信号从卫星 B 到卫星 A 的飞行时间。

图 2.16　KBR 系统测量原理图

$$\varphi_A^B(t+\Delta t_A)=\varphi_A(t+\Delta_A)-\varphi^B(t+\Delta t_A)+N_A^B+I_A^B+d_A^B+\varepsilon_A^B \tag{2.40}$$

$$\varphi_B^A(t+\Delta t_B)=\varphi_B(t+\Delta t_B)-\varphi^A(t+\Delta t_B)+N_B^A+I_B^A+d_B^A+\varepsilon_B^A \tag{2.41}$$

式中：$\varphi_A^B(t+\Delta_A)$ 和 $\varphi_B^A(t+\Delta t_B)$ 为卫星 A、B 接收的 KBR 系统差分相位信号；$\varphi_A(t+\Delta_A)$ 和 $\varphi_B(t+\Delta t_B)$ 为卫星 A、B 的参考相位；$\varphi^B(t+\Delta_A)$ 为卫星 A 从卫星 B 接收的相位信号；$\varphi^A(t+\Delta t_B)$ 为卫星 B 从卫星 A 接收到的信号相位；Δt_A、Δt_B 为时标误差；N_A^B、N_B^A 为接收信号的整周模糊度；I_A^B、I_B^A 为电离层引起的相位变化；d_A^B、d_B^A 为由卫星质心偏移、KBR 系统相位中心偏移导致的相移影响；ε_A^B、ε_B^A 主要包括系统误差 ε_{system}、天线多径传播误差 $\varepsilon_{mutipath}$ 和随机测量噪声影响。

组合两个双-单向相位测量值，获得星间距离，表达式如下：

$$\begin{aligned}R(t)&=\frac{c\Theta(t)}{f_A+f_B}\\&=\rho(t)-\Delta\rho_{TOF}(t)+c\frac{\delta f_A+\delta f_B}{f_A+f_B}\tau+c\frac{(f_A-f_B)(\Delta_A-\Delta t_B)}{f_A+f_B}+\\&\quad c\frac{N_A^B+N_B^A}{f_A+f_B}+c\frac{I_B^A+I_A^B}{f_A+f_B}+c\frac{d_A^B+d_B^A}{f_A+f_B}+c\frac{\varepsilon_A^B+\varepsilon_B^A}{f_A+f_B}\\&=\rho(t)-\Delta\rho_{TOF}(t)+\rho_{oscillator}(t)+\rho_{time}(t)+N'+I'+d'+\varepsilon'\end{aligned} \tag{2.42}$$

式中：$\rho(t)$ 为双星 KBR 系统相位中心的真实距离；$\Delta\rho_{TOF}(t)$ 为光时校正项；$\rho_{oscillator}(t)$ 为超稳振荡器噪声引起的误差项；$\rho_{time}(t)$ 为时标误差校正项；N' 为整周模糊度项；I' 为电离层校正项；d' 为卫星质心到 KBR 系统相位中心的距

离；ε'为系统噪声、天线多径传播误差和测量噪声项。

由 K 波段测距仪的测量数学关系可见，KBR 系统测距的误差源主要包括光时校正误差 $\Delta\rho_{\mathrm{TOF}}(t)$，超稳振荡器噪声误差 $\rho_{\mathrm{oscillator}}(t)$，时标误差 $\rho_{\mathrm{time}}(t)$，电离层校正误差 I'，卫星质心与 KBR 系统相位中心间距离偏移误差 d'，KBR 系统误差 $\varepsilon'_{\mathrm{system}}$和 KBR 系统天线的多径传播误差 $\varepsilon'_{\mathrm{multipath}}$。

使用 K/Ka 双频段的距离测量，可以消除电离层延迟的一阶项。消除电离层观测组合表达式可写为

$$R=\frac{\bar{f}_{\mathrm{Ka}}^2 R_{\mathrm{Ka}}-\bar{f}_{\mathrm{K}}^2 R_{\mathrm{K}}}{\bar{f}_{\mathrm{Ka}}^2-\bar{f}_{\mathrm{K}}^2} \tag{2.43}$$

式中：R 为电离层干扰改正后的有偏距离（相对于绝对距离有 R_{t0}的偏差）；R_{Ka}和 R_{K} 分别为 Ka 频段和 K 频段测量出的星间距离；$\bar{f}_{\mathrm{Ka}}$和$\bar{f}_{\mathrm{K}}$ 为 Ka 和 K 频段的等效频率（电离层影响下 f_{A} 和 f_{B} 的等效频率$\bar{f}=\sqrt{f_{\mathrm{A}} f_{\mathrm{B}}}$）。

2）KBR 固有噪声引起的误差

（1）振荡器相位噪声误差。超稳振荡器 USO 的瞬时相位可表示为

$$\phi(t)=2\pi f_0 t+\delta\phi(t) \tag{2.44}$$

式中：f_0 为 USO 的标称频率；$\delta\phi(t)$为相位误差。

USO 中的非确定性噪声主要包括频率白噪声、相位闪烁噪声、相位白噪声，相应的噪声频域模型为 3 种频率谱模型：

$$S_{\mathrm{y}}(f)=N_0+N_1\frac{1}{f}+N_2\frac{1}{f^2},\quad 0<f<f_{\mathrm{h}} \tag{2.45}$$

式中：f_{h} 为晶振输出的频率上限；$S_{\mathrm{y}}(f)$为频率偏差的谱密度；N_0 为频率白噪声项；N_1 为频率闪烁项；N_2 为频率白噪声随机游走项。

当 USO 稳定度的艾伦方差为 2×10^{-13}（1s）时，其测距误差功率谱密度如图 2.17 所示，可以看出，由于 USO 信号本身包含了很强的低频信号，因此 USO 对于测距误差的影响也主要是由低频噪声引起的。

KBR 系统中单向测距及双-单向测距误差及功率谱密度如图 2.18 所示，显然经双-单向组合后测距误差得到了极大改善。由于星间距离序列周期为 5600s，因此双-单向测距误差功率谱的主频率为 1.8×10^{-4}Hz。由图 2.18 可见，当频率小于主频率时，误差值较高；当频率大于主频率时，误差值迅速降低，其误差值接近 $1\mu\mathrm{m/Hz}^{1/2}$，相当于系统噪声。双-单向的距离变化确定误差为 3.975μm（在测量带宽 $10^{-4}\sim10^{-1}$Hz 范围）。

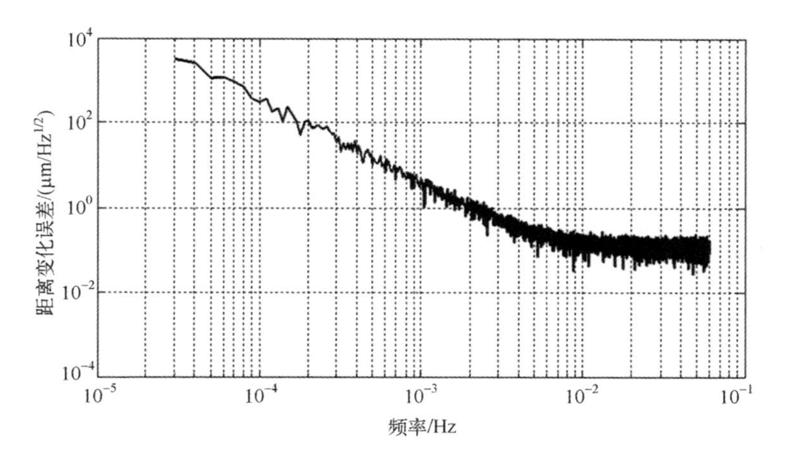

图 2.17 USO 噪声引起的测距误差频谱特性

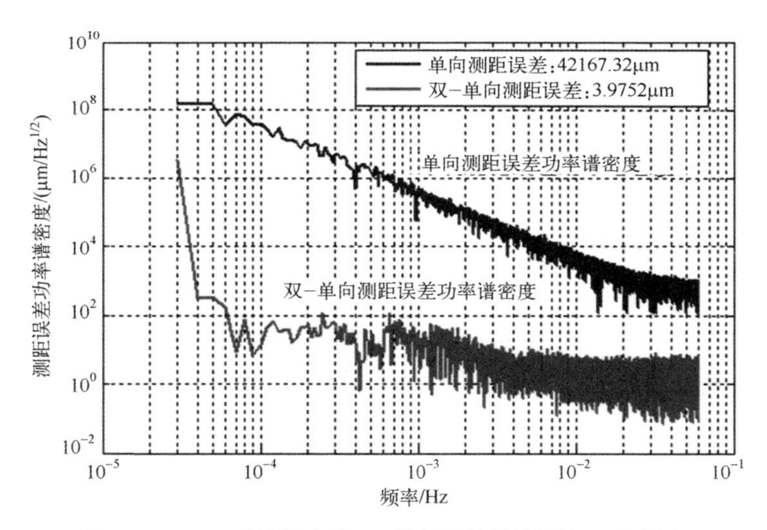

图 2.18 KBR 系统输出的双-单向测距误差特性（见彩图）

（2）系统噪声误差。对 KBR 系统而言，另一类重要的误差源是系统噪声。系统噪声产生于接收机的噪声。对测距而言，系统噪声可近似地认为是白噪声。系统噪声的幅度与星间距离及信噪比（SNR）有关。由系统噪声引起的相位测量误差可由下式计算：

$$\varepsilon'_{\text{system}}=\frac{\lambda}{2\pi}\sqrt{\frac{B_{\text{n}}}{C/N_0}\left(1+\frac{1}{2TC/N_0}\right)} \tag{2.46}$$

式中：B_{n} 为 PLL 环路噪声带宽；λ 为载波波长；T 为环路预检测积分时间；C/N_0 为 KBR 系统接收机载噪比。参数为 $B_{\text{n}}=1\text{Hz}$，$T=20\text{ms}$，$C/N_0=65\text{dB}$。

系统噪声与距离成线性关系，在双星星间距离为 119km、238km 和 596km 时，系统噪声引起的距离误差分别为 $0.5\mu m/Hz^{1/2}$、$1\mu m/Hz^{1/2}$、$2\mu m/Hz^{1/2}$。而距离变化率误差则随频率提高而增加，在 0.1Hz 处不超过 $0.9\ (\mu m/s)/Hz^{1/2}$，在 0.01Hz 处不超过 $0.08\ (\mu m/s)/Hz^{1/2}$。图 2.19 给出了 238km 处系统噪声引起的误差图，在全频段的距离和距离变化率误差分别为 0.33μm 和 0.04μm/s。

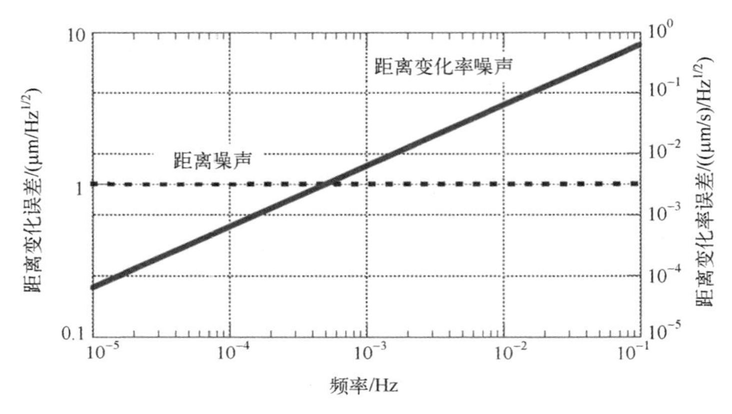

图 2.19　双星星间距离为 238km 时 KBR 系统噪声误差图（见彩图）

3）地面处理引起的误差

（1）时标校正误差。由时标引起的相位误差有两类，一类是 USO 时标，另一类是 GNSS 时标。由于 USO 时标误差包含在振荡器相位噪声误差中，因此可只分析 GNSS 时标。时标误差可近似表示为

$$\begin{aligned}\Delta\phi_e &= [(f_1+\delta f_1)-(f_2+\delta f_2)](\Delta t_1-\Delta t_2)\\ &= (f_1-f_2)(\Delta t_1-\Delta t_2)+(\delta f_1-\delta f_2)(\Delta t_1-\Delta t_2)\end{aligned} \tag{2.47}$$

式中：f_2、f_1 为两颗卫星相对应的 K/Ka 波段频率值；δf_2、δf_1 为频率误差值；Δt_1、Δt_2 为双星绝对时间误差。等式右边第一项代表时标误差，第二项代表振荡器相位误差和时标误差的耦合项。由于频率变化值远小于频率值，第二项远小于第一项，可以忽略，则时标误差对测距误差的影响近似呈线性关系，与绝对时标误差无关。相位误差与时标误差关系如下：

$$\Delta\phi_e = f_{bp}\times\Delta t_e \tag{2.48}$$

式中：$\Delta\phi_e$ 为相位误差；f_{bp} 为差频标称频率；Δt_e 为时标校正误差。

时标误差对测距的影响如图 2.20 所示。当 f_{bp} 为 500～700kHz 时，为使测相精度达到 10^{-4} 周，时标校正误差 $\Delta t_e \leqslant \Delta\Phi_e/f_{bp} = 10^{-4}/(7\times10^5) \approx 0.15$ns。

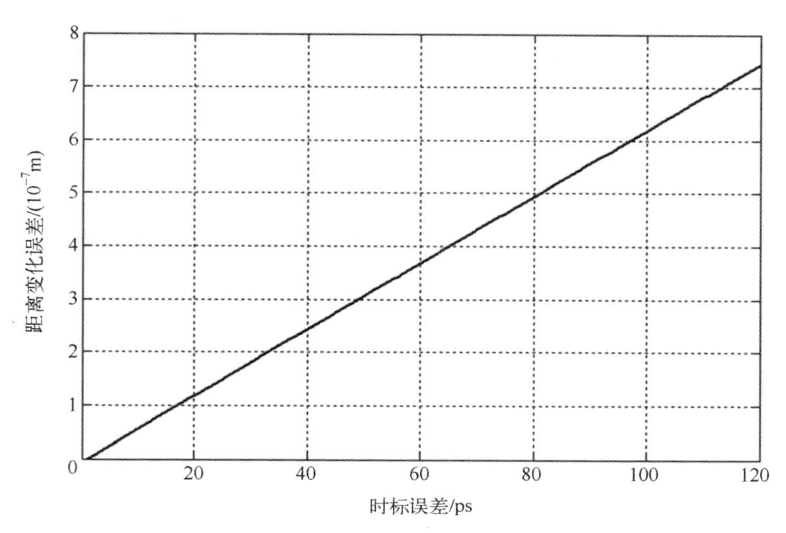

图 2.20　相对时标误差对测距精度的影响

地面经校正后的时标剩余误差引起的星间测距误差功率谱密度如图 2.21 所示，由时标校正误差引起的误差在 $10^{-4}\sim10^{-1}$Hz 的有效频带内非常平坦，几乎为白噪声，在 $1\times10^{-4}\sim1.8$Hz 处出现的峰值是由时标误差引起的光时修正误差造成的。

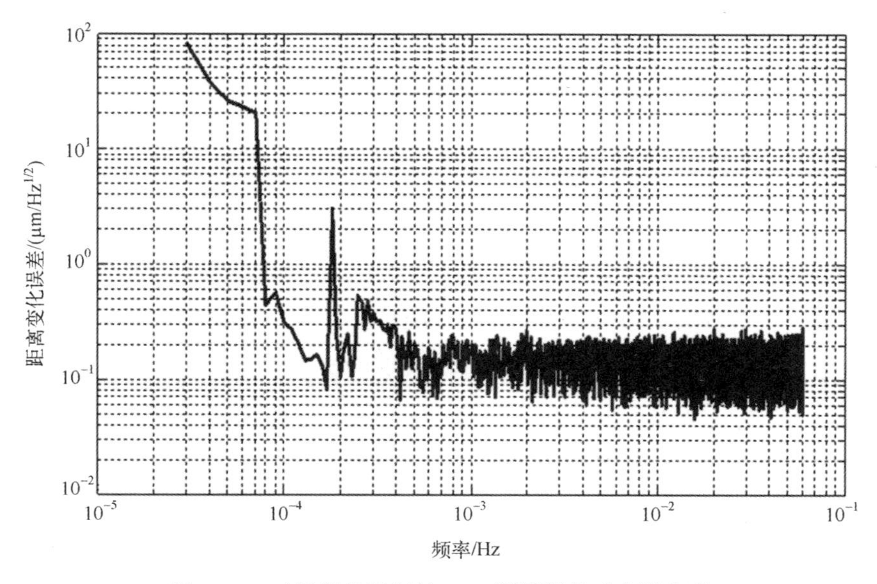

图 2.21　时标误差引起的 KBR 测距误差功率谱密度

上述分析表明，为获得 10^{-4} 周的测相精度（即时标误差控制在 1μm 之内），时标误差校正要求地面对 GNSS 接收机数据处理后提供小于 0.1ns 的双星时间同步精度。

（2）光时校正误差。由于在 KBR 系统双-单向测距过程中卫星间具有相对速度，接收时刻卫星 A 测距得到的星间距离 R_{BA} 与同一时刻卫星 B 测距得到的星间距离 R_{AB} 两者并不相同，且两者中的任意一个都不是接收时刻的星间距离，即双-单向测距在卫星间有相对运动时测得的距离并不是同一段距离，也不是接收时刻的星间距离。所以在进行双-单向测量比对的时候，需要进行光时校正。

光时校正示意图如图 2.22 所示。

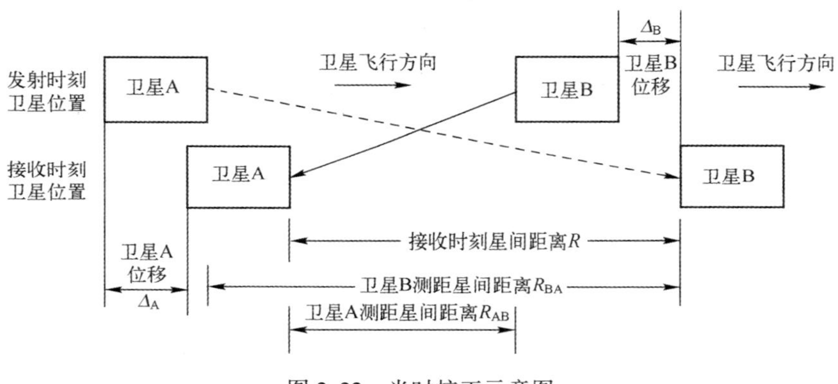

图 2.22　光时校正示意图

光时校正项 ρ_{TOF} 可表示为

$$\rho_{TOF}=\frac{f_1}{f_1+f_2}\dot{\rho}\tau_2^1-\frac{f_2}{f_1+f_2}\eta_2\Delta\tau+\frac{f_1-f_2}{f_1+f_2}\eta_2\tau_1^2 \tag{2.49}$$

式中：$\eta_2=\dot{\boldsymbol{r}}_2\hat{\boldsymbol{e}}_{12}$ 为卫星 B 在视线方向上速度，$\hat{\boldsymbol{e}}_{12}=(\boldsymbol{r}_1-\boldsymbol{r}_2)/|\boldsymbol{r}_1-\boldsymbol{r}_2|$ 为视线方向的单位矢量；$\dot{\boldsymbol{r}}_2$ 为卫星 B 在惯性坐标系下的速度矢量；f_1 和 f_2 分别为两颗星的载波频率；$\dot{\rho}$ 为双星间的距离变化率；τ_2^1 为 KBR 信号从卫星 A 传输到卫星 B 的时间；τ_1^2 为 KBR 信号从卫星 B 传输到卫星 A 的时间；$\Delta\tau=\tau_2^1-\tau_1^2$ 为传输时间的差值。

考虑如下相关参数的测量精度：

① GNSS 接收机基线测量精度小于 2cm；GNSS 接收机基线速度 $\dot{\rho}$ 测量精度小于 0.1mm/s；

② 传播时延偏差小于 0.05μs（假设卫星最大运行速度为 7500m/s，星间最大距离为 300km）；

③ 传播时延偏差估计精度小于 1×10^{-13}s，卫星速度测量精度小于 1cm/s。

光时修正的双星间距离如图 2.23 所示，由图中可以看出光时修正值表现为周期约为 5600s、最大振幅小于 1mm。

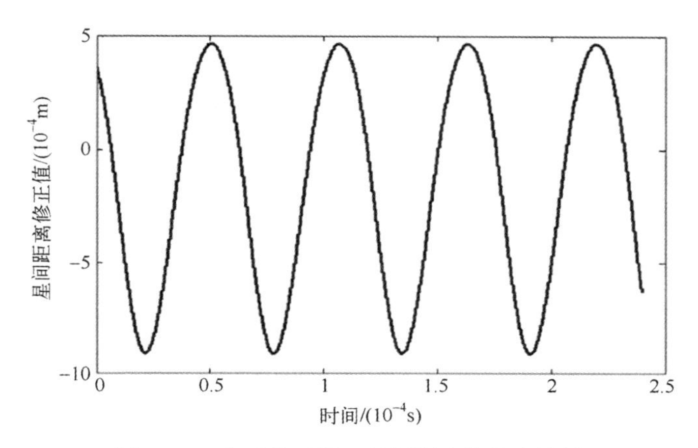

图 2.23　光时校正的双星间距离值仿真结果

在达到上述修正精度的情况下，经计算光时改正误差小于 0.45μm。

（3）双频电离层校正误差。由于卫星高度在 300~500km，处于地球电离层范围。在此范围内，在空间 170~270km 传播距离上电离层引起的测距误差将高达 1~10cm。为了削弱电离层的干扰，采用了 K/Ka 双频段的距离测量系统。经过电离层修正之后为

$$R=\frac{\bar{f}_{\mathrm{Ka}}^2 R_{\mathrm{Ka}}-\bar{f}_{\mathrm{K}}^2 R_{\mathrm{K}}}{\bar{f}_{\mathrm{Ka}}^2-\bar{f}_{\mathrm{K}}^2} \tag{2.50}$$

式中：$\bar{f}$为 K/Ka 波段的等效频率，计算公式为

$$\bar{f}=\sqrt{f_{\mathrm{K}} f_{\mathrm{Ka}}} \tag{2.51}$$

经电离层双频改正，消除了电离层一阶小量对 KBR 测量值的影响。

在星间距离 200km 的距离上，一阶修正后电离层引起的距离误差在 K/Ka 为 5~10μm。在太阳活动高年，电离层的电子密度可成倍增加，电离层的折射误差也会成倍增加，受二阶项的影响，在两个频段的误差估计为 10~23μm。由于 KBR 测量的是星间距离变化（有偏距离）及其变化率，引起测距误差的是电离层的延迟变化，传播误差可控制在 1μm 内。

4）KBR 指向偏差引起的测距误差

（1）多路径误差。KBR 系统相位中心附近间接发射的信号会影响载波相位的测量精度，即多路径效应，主要与卫星姿态相对指向精度、两星天线方向特性有关。

多径误差计算公式为

$$\Delta\rho = \sqrt{2}\,\varepsilon y\theta \tag{2.52}$$

式中：ε 为多径幅度衰减因子；y 为反射或折射距离（即发射点与相位中心的距离）；θ 为星间视线（Line of Sight，LOS）矢量与 K 波段视轴（K-band Boresight，KBB）（天线相位中心与卫星质心的连线矢量）之间的夹角，如图 2.24 所示。

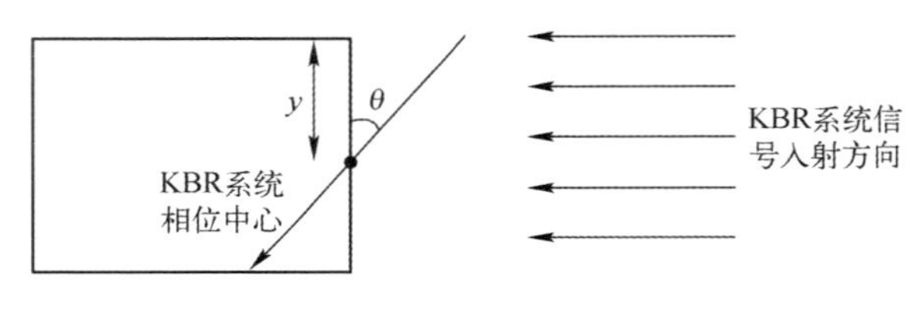

图 2.24　多径效应示意图

根据卫星的初步构型取发射点与相位中心的距离 $y=70$cm，多径幅度衰减因子 $\varepsilon=-50$dB 时，立体角 θ 由卫星姿态偏差进行计算，由多径传播导致的卫星测距误差如图 2.25 所示，1mrad 的天线指向精度导致的多路径传播对 KBR 测距误差可控制在 3μm。

其功率谱密度如图 2.26 所示，多路径噪声对 KBR 测距的影响主要集中在低频。相比于 USO 相位噪声误差和系统噪声，多路径噪声的量级是最小的，在低频部分，多路径噪声低于 USO 稳定度噪声，而在高频部分，多路径噪声要低于系统噪声。

因此，为使多径误差控制在 3μm 之内，KBR 星间天线的指向控制精度需小于 1mrad，并尽量从星体表面材质选择等方面减少多径的发生。

（2）几何校正误差。KBR 系统视线坐标系如图 2.27 所示，原点为卫星的质心，X 方向为 KBR 系统天线的指向方向，Z 方向为卫星质心径向向下，Y 轴与 Z 轴、X 轴构成右手直角坐标系。θ_{ir} 为 KBR 系统相位中心与天线指向方向的夹角。

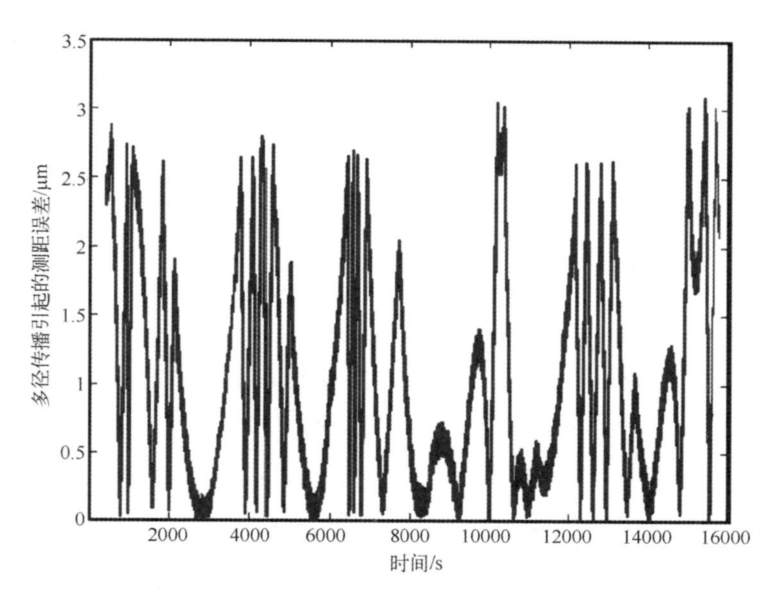

图 2.25　多径传播引起的测距误差

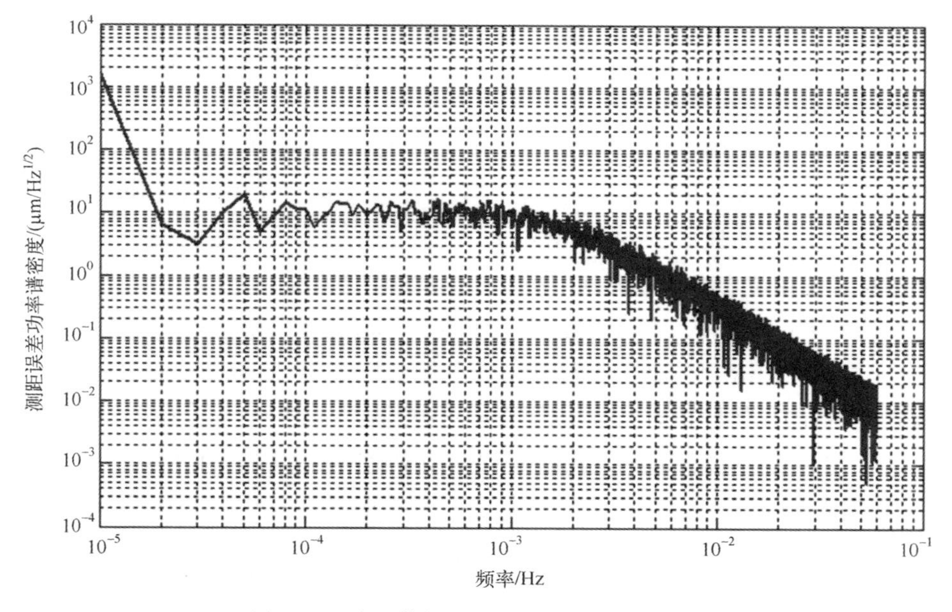

图 2.26　多径传播导致测距误差功率谱密度

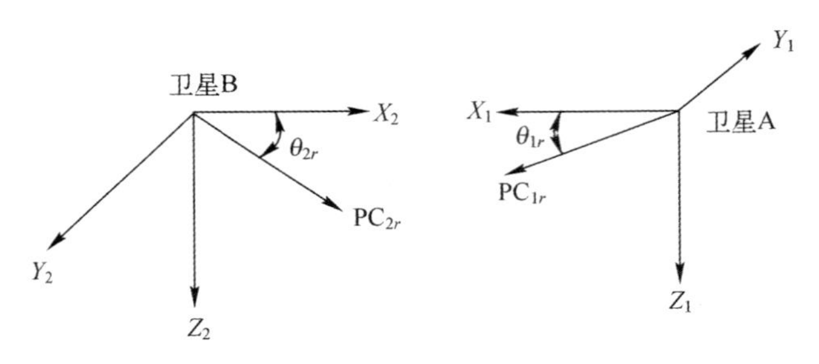

图 2.27　KBR 系统视线坐标系

$\boldsymbol{d}_{\mathrm{PC}_1}$、$\boldsymbol{d}_{\mathrm{PC}_2}$为 KBR 相位中心在卫星本体坐标系中的坐标，$b$ 为两颗卫星质心之间的距离。因此两颗卫星天线相位中心之间的距离为

$$r=|\boldsymbol{d}_{\mathrm{PC}_2}-\boldsymbol{d}_{\mathrm{PC}_1}|\approx b+x_{\mathrm{L,PC}_1}-x_{\mathrm{L,PC}_2} \tag{2.53}$$

式中：$x_{\mathrm{L,PC}_1}$和 $x_{\mathrm{L,PC}_2}$为 $\boldsymbol{d}_{\mathrm{PC}_2}$和 $\boldsymbol{d}_{\mathrm{PC}_1}$在 X 轴上的分量。

KBR 系统几何校正的修正值为

$$\begin{aligned} d' &= -\boldsymbol{X}_1 \cdot \boldsymbol{d}_{\mathrm{PC}_1}+\boldsymbol{X}_2 \cdot \boldsymbol{d}_{\mathrm{PC}_2} \\ &= -L_1\cos(\theta_{1r})+L_2\cos(\theta_{2r}) \end{aligned} \tag{2.54}$$

式中：L_1 和 L_2 为相位中心矢量 $\boldsymbol{d}_{\mathrm{PC}_1}$和 $\boldsymbol{d}_{\mathrm{PC}_2}$的幅值；$\theta_{1r}$为 $\boldsymbol{X}_1$ 和 $\boldsymbol{d}_{\mathrm{PC}_1}$间的夹角；$\theta_{2r}$为 $\boldsymbol{X}_2$ 和 $\boldsymbol{d}_{\mathrm{PC}_2}$间的夹角。

可以看出，KBR 天线指向精度（或者为卫星姿态测量误差）、KBR 系统相位中心及卫星质心的位置发生漂移均会使卫星质心到 KBR 系统相位中心矢量发生改变，使得质心–相心矢量和星间视线矢量之间有一定的夹角，进而影响 KBR 系统相位中心间距离到卫星质心间距离的转换。

设 A 卫星 $L_1=|\boldsymbol{d}_{\mathrm{PC}_1}|=1.4\mathrm{m}$，B 卫星 $L_2=|\boldsymbol{d}_{\mathrm{PC}_2}|=1.4\mathrm{m}$，根据卫星三轴姿态变化情况，KBR 系统的几何校正值误差图如图 2.28 所示，1mrad 的姿态控制精度导致的几何校正对 KBR 测距误差可控制在 1μm。

由三轴姿态误差导致的几何校正误差功率谱密度如图 2.29 所示。

（3）相位中心标定精度引起的误差。针对 KBR 相位中心的在轨标定误差进行了分析，不考虑姿态角误差和质心偏移，设估计值 d_{ePC_i}与偏移值 d_{PC_i}之间的夹角为

$$\theta_{ier}=\arccos\left(\frac{d_{\mathrm{ePC}_i}\cdot d_{\mathrm{PC}_i}}{|d_{\mathrm{ePC}_i}||d_{\mathrm{PC}_i}|}\right)$$

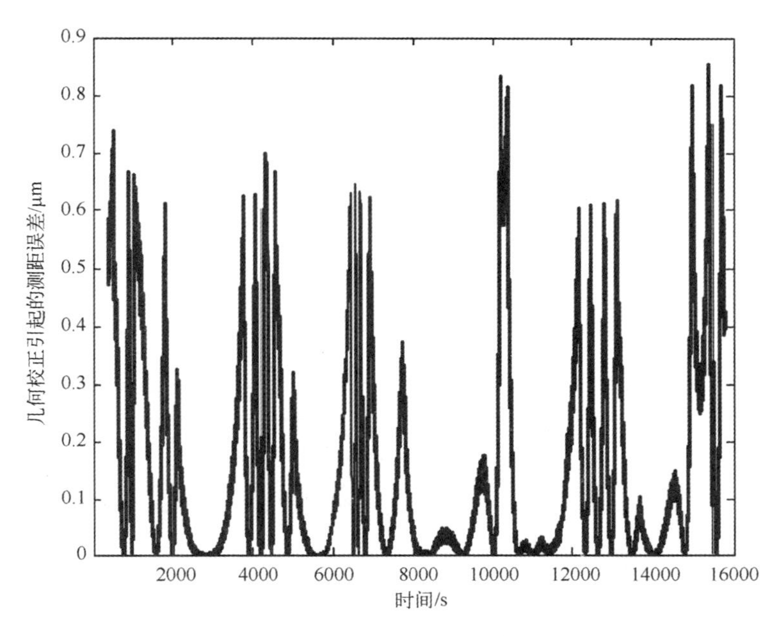

图 2. 28　KBR 系统几何校正值误差图

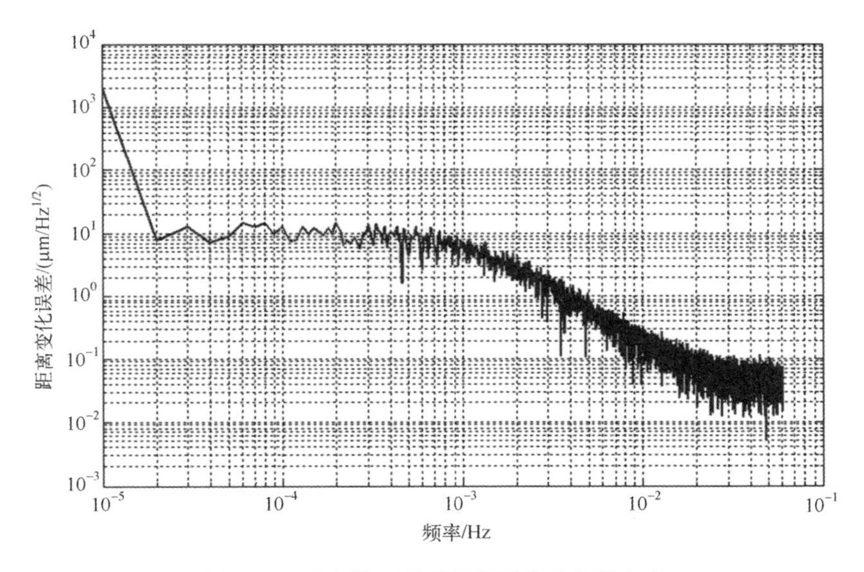

图 2. 29　几何校正导致测距误差功率谱密度

当 θ_{ier} 为 0. 3mrad 时，几何校正精度如图 2. 30 所示，其误差可控制到 1μm 以内。

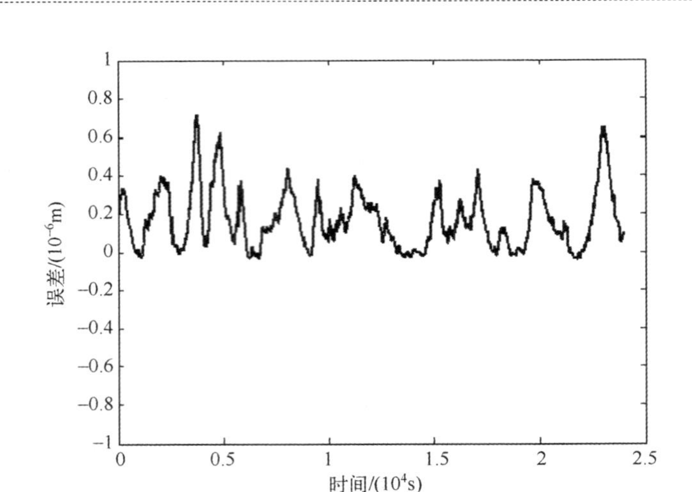

图 2.30 相位中心标定 0.3mrad 时的 KBR 测距误差

在重力信号频段 10^{-4} ~ 10^{-1} Hz 内，KBR 的星间距离变化确定精度达到微米级，如图 2.31 所示。

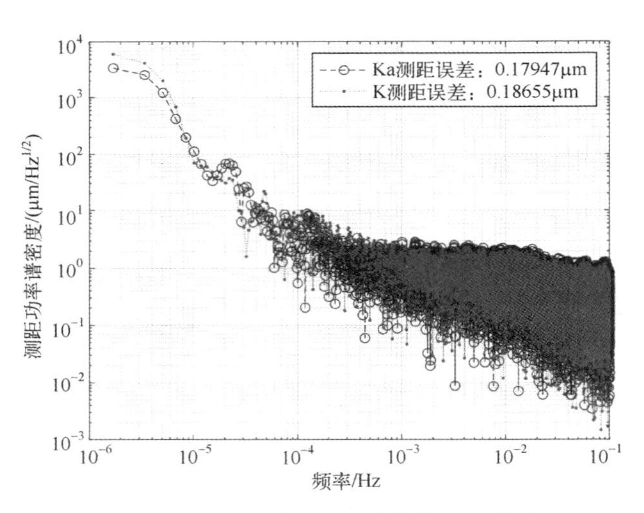

图 2.31 KBR 系统测距误差特性（见彩图）

2.5.2 非保守力测量精度分析

1）加速度计噪声因素

加速度计的扰动主要体现在检验质量上，检验质量的残余扰动来源可分

为三类:

(1) 加速度计系统内部噪声(主要为位移传感器与静电反馈执行机引入的噪声);

(2) 作用在检验质量上的残余扰动(环境涨落的影响);

(3) 卫星与检验质量之间的耦合效应。

加速度计的噪声模型如图 2.32 所示。

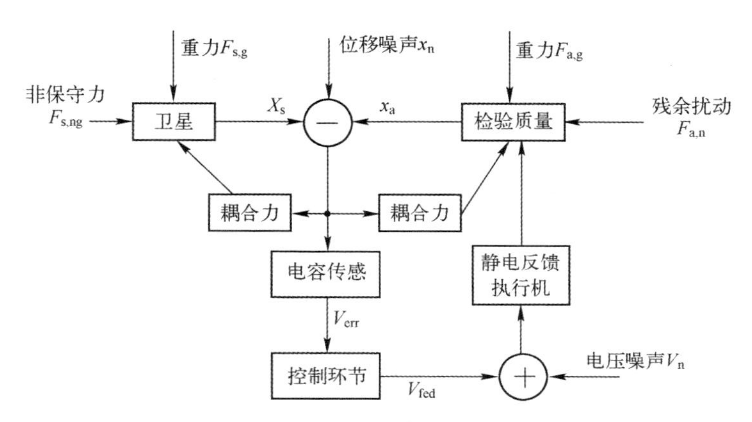

图 2.32 静电悬浮加速度计噪声模型框图

2) 加速度计内部噪声

加速度计内部噪声主要受限于加速度计自身的热噪声或电路系统噪声,反映加速度计研制成功后的分辨率本领,与加速度计使用环境以及加速度计和卫星平台之间的耦合无关。

(1) 导电金丝影响(热噪声)。为了释放检验质量残余或感应的自由电荷,静电悬浮加速度计通过外接一根金属丝来释放检验质量上面的净余电荷,解决了检验质量残余净电荷与环境电磁场的相互作用引起扰动力的问题。但由于金属丝的存在会引入机械连接效应,包括金属丝的回复力(刚度效应)和阻尼力。

由金丝弹性系数与位移传感耦合引入的加速度噪声可以忽略。金丝阻尼引起的加速度噪声在测量带宽内小于 $1.3\times10^{-11}\mathrm{m/(s^2\cdot Hz^{1/2})}$。

(2) 电容传感位移噪声引入的加速度噪声。由于测量频带为 10^{-4} ~ 10^{-1}Hz,在此频带内由于电容传感测量位移噪声引入加速度噪声,因此可以根据位移噪声可以估算出等效电容测量噪声。当对应电容的检测水平达到 $1.0\times10^{-5}\mathrm{pF/Hz^{1/2}}$时,可使得该部分噪声引起的加速度计噪声低于预期分辨率的1/3,

即 $1\times10^{-10}\mathrm{m/s^2\cdot Hz^{1/2}}$。

（3）反馈控制电压扰动影响。反馈控制电压噪声主要来源于模数量化误差，反馈施加运算放大器输出噪声和反馈电阻热噪声。运算放大器输出电压在测量频带内的噪声谱密度小于 $10\mu\mathrm{V/Hz^{1/2}}$，反馈电阻小于 500kΩ，可使得该部分噪声引起的加速度计噪声低于预期分辨率的 1/3，即 $1\times10^{-10}\mathrm{m/(s^2\cdot Hz^{1/2})}$。

（4）加速度计内部噪声测试分析。电容位移传感电路在 0.1Hz 处的电容分辨率为 $2\times10^{-6}\mathrm{pF/Hz^{1/2}}$，反馈控制电路在 0.1Hz 处的电压噪声为 $2\mu\mathrm{V/Hz^{1/2}}$，考虑两者低频的 $1/f$ 噪声，两者贡献到加速度计的内部噪声如图 2.33 所示，小于 $1\times10^{-10}(1+0.005/f)^{1/2}\mathrm{m/(s^2\cdot Hz^{1/2})}$。

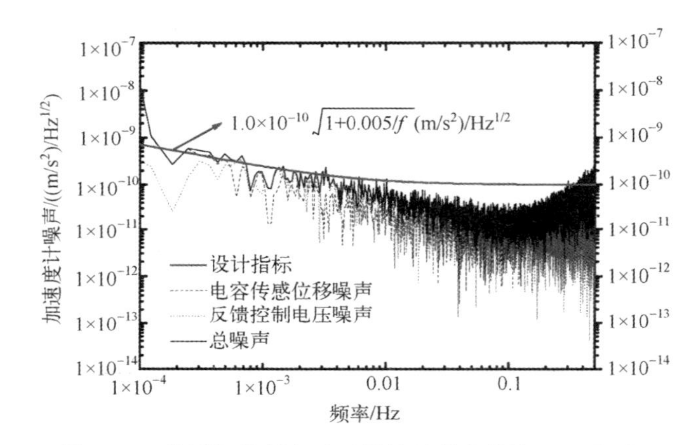

图 2.33　检测与控制电路贡献的总噪声曲线（见彩图）

3）作用在检验质量上的残余扰动

（1）加速度计敏感器温度稳定性（小于 0.1℃/轨）导致的误差（受卫星在轨外热流影响，温度波动与轨道周期相关）。

（2）地磁场与加速度计的相互作用导致的误差（受卫星在轨地磁场影响，磁场对加速度计的扰动与轨道周期相关）。

（3）坐标转换误差（角度误差为系统误差，但由于非保守力与轨道周期变化高度重合，因此耦合作用后成为一类轨道谐波误差）。各项误差具体如下：

① 由加速度计测量坐标系到其几何角度基准坐标系的转换误差，各角度误差小于 0.1mrad。

② 由加速度计几何角度基准坐标系到基准星敏感器立方镜坐标系的转换

误差，经纬仪精测得到的各角度精度优于 0.07mrad。

③ 基准星敏感器立方镜坐标系到其测量坐标系的转换误差，精密转台精测得到的各角精度优于 0.03mrad。

④ 卫星发射主动段振动、失重等引起的角度变化不大于 0.26mrad。

⑤ 星敏感器姿态测量轨道谐波误差，即星敏周期约等于卫星轨道周期的轨道谐波姿态误差（小于 10″）。

4）加速度计与卫星平台耦合噪声

（1）加速度计与星敏感器安装偏差。加速度计测量结果在其测量坐标系下，为转换到惯性坐标系下，需要星敏感器提供高精度的惯性姿态数据，因此加速度计和星敏感器采用一体化安装后，与星体坐标系的偏差为 0.3mrad（1′），为常值偏差。

当采用三星敏感器时，可保证三轴测量精度均为 0.025mrad（5″/轨，随机噪声）。由于星敏的采样率为 2Hz 甚至更高，当降采样到 0.1Hz 后，姿态随机噪声可降低$\sqrt{n}$（n 为降采样倍率），即姿态测量精度提高到 0.006mrad。

另外，受在轨稳定性的影响，加速度计可能存在最大 0.1mrad（20(″)/轨）的指向变化。

因此，主要的误差为 0.1mrad 姿态波动带来的影响。卫星在 500km 轨道上受到的非保守力加速度（切向）不超过 $1\times10^{-6}\mathrm{m/s^2}$，其在 0.1mrad 的姿态波动误差下，给加速度计带来的误差为 $1\times10^{-10}\mathrm{m/s^2}$。

（2）加速度计检验质量质心与卫星质心偏差。加速度计中检验质量的质心与卫星平台的质心不可能完全重合，导致加速度计输出的观测量除了非保守力加速度外，还包含有其他干扰。

$$\boldsymbol{a}_n=\boldsymbol{\omega}\times(\boldsymbol{\omega}\times\boldsymbol{d})+2\boldsymbol{\omega}\times\dot{\boldsymbol{d}}+\dot{\boldsymbol{\omega}}\times\boldsymbol{d}+\ddot{\boldsymbol{d}} \tag{2.55}$$

式中：$\boldsymbol{\omega}$ 表示卫星的角速度矢量；$\boldsymbol{d}$ 表示加速度计与卫星质心偏离的位移矢量。

为满足二者质心重合精度要求，即质心最大允许偏差为 100μm，各项扰动分析如下：对于第一项扰动离心加速度而言，受卫星自转角速度 1.2mrad/s（周期约 5400s）的影响，第一项扰动引起的离心加速度约 $1.44\times10^{-10}\mathrm{m/s^2}$。为限制由卫星姿态控制稳定度引起的离心加速度噪声小于 $0.14\times10^{-10}\mathrm{m/s^2}$，要求卫星姿态稳定度满足不大于 0.1mrad/s。对于第二项扰动科里奥力加速度，根据卫星自转角速度约 1.22mrad/s，要求检验质量相对卫星的运动速度必须小于 0.1 μm/s，这对于卫星质心变化速率以及检验质量相对卫星控制两方面提出要求。一方面要求二者重合程度必须控制在 0.1mm 以内，另一方面要求二者质心变化速率还不得超过 0.1 μm/s。根据质心调节频繁程度（两次质心调节间隙超过 30 天，而且随着卫星运行越来越稳定其质心调节间隔愈来愈长）分析，二者质心变化速率要比这一要求小得多，因此对加速度的扰动可忽略。对于角加速度引入的线加速度而言，由于星体控制采用磁控加喷气控制，在控制的瞬间会产生较大的角加速度，使得在加速度计在此时会产生尖峰，瞬时干扰高达 $10^{-9}m/s^2$，无控时则没有此干扰。该干扰需要在地面进行滤波处理。对于重力梯度效应而言，若检验质量和卫星二者质心距离为 0.1mm，引入的重力梯度效应最大为 $2.6\times10^{-10}m/s^2$。但该项误差可通过地面的卫星质心标定进行校正，当质心标定精度控制在 0.05mm（即 50μm）时，修正后的重力梯度效应最大噪声不超过 $2\times10^{-10}m/s^2$。

2.5.3 定轨误差分析

1）定轨精度

采用双频 GNSS 技术作为精密定轨的手段，定轨系统由星上设备和处理软件、地面精密定轨数据处理软件系统构成。需要对影响轨道精度的各种误差源进行分析，有效地分配各部分技术指标，保证精密定轨系统的精度要求。

根据精密定轨的测量原理和相关公式，对精密定轨指标影响的主要因素如下：

（1）星载双频 GNSS 接收机及相关设备的测量误差；

（2）数据测量过程中的传播介质引起的误差，电离层、接收机钟差、接收机天线相位偏差等；

（3）IGS 提供的精密卫星轨道和钟差的误差；

（4）卫星动力学数学模型对定轨精度的影响，主要指地球引力场模型、太阳辐射压力、地球辐射压、大气阻力、固体潮、海潮、相对论效应等模型不精确引起的误差和基本参数误差；

（5）计算算法对定轨精度影响。对安装了 BDS/GNSS 双模接收机的低轨卫星进行精密定轨，分别采用运动学和动力学定轨方法，比较分析不同定轨方法的结果差异，同时采用卫星激光测距 SLR 数据进行轨道外部检核。图 2.34 为 2022 年 1 月 5 日运动学轨道与动力学轨道差异。表 2.2 为 2022 年 1 月 5 日到 7 日，运动学轨道和动力学轨道差异的统计值。从图 2.34 和表 2.2 可以看出动力学轨道与运动学轨道差值小于 2cm，说明不同定轨方法的轨道

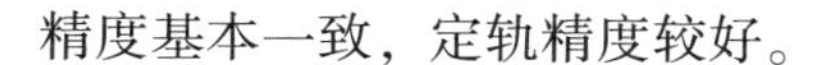
精度基本一致，定轨精度较好。

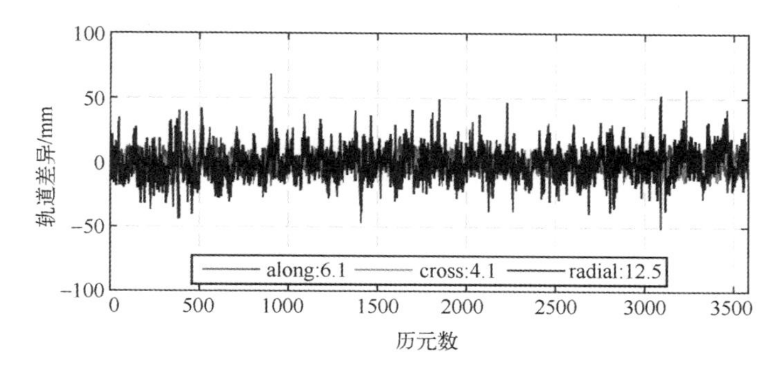

图 2.34　2022 年 1 月 5 日运动学轨道与动力学轨道差异（见彩图）

表 2.2　运动学轨道与动力学轨道差异统计

日期	沿轨差异/cm	法向差异/cm	径向差异/cm	3D 差异/cm
2022 年 1 月 5 日	0.61	0.41	1.25	1.45
2022 年 1 月 6 日	0.62	0.39	1.27	1.47
2022 年 1 月 7 日	0.62	0.40	1.28	1.48

为验证定轨结果的外符合精度，选取 2022 年 3 月 30 日到 2022 年 5 月 6 日长春、武汉、上海三个 SLR 测站的观测数据与 GNSS 定轨数据互比。表 2.3 给出了 SLR 检核低轨卫星轨道结果统计值（引用我国重力卫星在轨验证数据，在轨测试组提供）。卫星轨道在径向与 SLR 数据比较，均值为 2.0cm，中误差（标准差，STD）为 1.1cm，均方根误差（RMS）为 2.5cm，可满足重力场反演对卫星轨道确定精度优于 5cm 的技术指标需求。

表 2.3　SLR 检核低轨卫星轨道结果统计

日期	站点	测距精度 /mm	均值 /cm	中误差 /cm	均方根误差 /cm	测量数据点个数
2022 年 3 月 30 日	长春	4.35	3	0.8	3.1	31
2022 年 3 月 31 日	长春	5.4	2	0.6	2.1	29
2022 年 4 月 14 日	长春	4.95	−2.5	1	2.7	24
2022 年 4 月 15 日	长春	4.5	2.5	0	2.5	27
2022 年 4 月 16 日	长春	4.5	0.4	0.4	0.6	33
2022 年 4 月 22 日	长春	3.3	−0.8	1.4	1.6	27
2022 年 4 月 23 日	长春	18.6	−3.4	3.2	4.7	15
2022 年 4 月 24 日	长春	7.65	0.8	0.4	0.9	6

续表

日期	站点	测距精度/mm	均值/cm	中误差/cm	均方根误差/cm	测量数据点个数
2022年4月30日	长春	5.1	2.2	0	2.2	29
2022年4月6日	武汉	5.25	−1.8	0.6	1.9	5
2022年4月7日	武汉	4.8	0	1.4	1.4	9
2022年4月8日	武汉	3.3	2.7	0	2.7	6
2022年4月13日	武汉	4.8	2.7	0	2.7	6
2022年4月19日	武汉	5.55	3.6	0.9	3.7	10
2022年4月20日	武汉	5.1	−0.7	0.4	0.8	9
2022年5月5日	上海	11.1	−2.1	0.7	2.2	9
2022年5月6日	上海	8.85	−3.5	1.7	3.9	9
多站点平均		7.3	2.0	1.1	2.5	284

2）星间相位保持控制

重力卫星星座中两星间距离保持精度为170~270km，维持该间距轨控时间间隔尽量长，以便为KBR提供有效测量基线。

初始星座形成以后，两颗卫星的轨道将在地球引力和非引力作用下自然演变。从长期效果看，半长轴之差Δa将引起星间纵向距离的变化：

$$\dot{L} \approx -\frac{3}{2}n \cdot \Delta a \tag{2.56}$$

式中：L为星间沿纵向的距离。则一个轨道周期内的距离变化为

$$\Delta L = -3\pi \cdot \Delta a \tag{2.57}$$

为了尽量不影响科学数据采集，两次轨控的时间间隔要尽量长，因此必须选择合适的Δa，从而控制L的变化率。不同轨道情况下星间距离变化量如表2.4所列。

表2.4　由于两星轨道高度差值引起的星间距离变化量

轨道高度	200km	250km	300km	400km	450km
ΔL/(m/天)	$153.36 \cdot \Delta a$	$151.63 \cdot \Delta a$	$149.93 \cdot \Delta a$	$148.26 \cdot \Delta a$	$146.63 \cdot \Delta a$

跟随卫星所需的半长轴变化量是卫星之间平均阻力差的函数。对阻力差的估计是设计轨道保持策略的先决条件，可以根据大气阻力模型与面质比进行粗估，但精确的估计要根据机动前一段时间内卫星跟踪数据分析的结果才能得出。

由于两星在轨运行期间主要差异是半长轴之差Δa的变化，因此对半长轴

的控制采用超前控制，即半长轴的标称值为 a_0，调整量为 Δa，首先将半长轴调整到目标值($a_0+\Delta a/2$)，当衰减到($a_0-\Delta a/2$)时，再控到($a_0+\Delta a/2$)。

卫星编队的具体控制步骤：B 星不控，选择 A 星为控制对象，抬高 A 星轨道到($a_B+\Delta a/2$)，使 A 星在 B 星前面飞行且两星距离到达上限，之后两星间距离逐渐减小，轨道高度差也随之减小。当 A 星轨道低于 B 星后，星间距离又逐渐增大，当再次到达距离上限时开始轨控，抬高 A 星轨道到($a_B+\Delta a$)，以下依次类推。

上述控制方法没有对两星偏心率差进行约束。为了在进行星间距离维持期间进一步保证两星偏心率一致，采用基于漂移速度的星间距离维持控制方法。图 2.35 是星间距离在控制前后的仿真变化曲线。

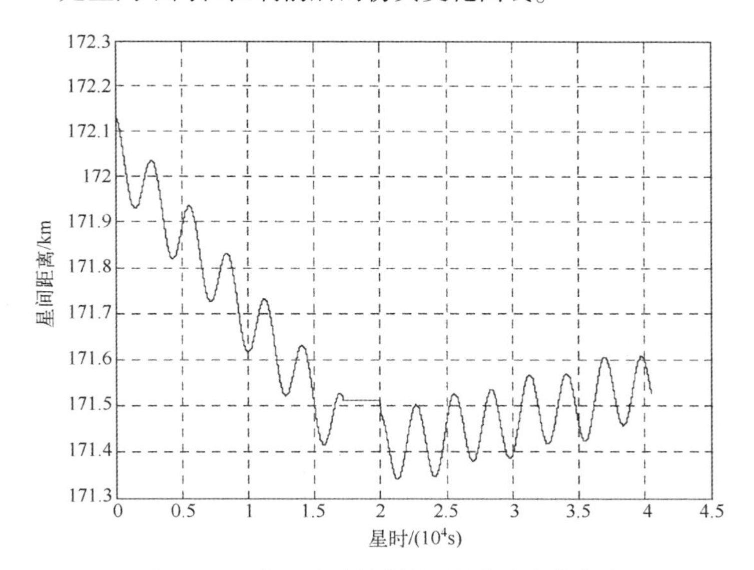

图 2.35 星间距离在控制前后的仿真变化曲线

从这组仿真结果可见，双星间距在靠近 170km 时，通过前星轨道高度调整可使两星间距朝增大的方向漂移，而且两星相对偏心率在基本一致的基础上不发生变化。

2.5.4 定姿误差分析

重力卫星姿态主要采用星敏感器测量获得。星敏感器是一种由光学相机、微处理器、软件和星表组成的仪器。星表包含了恒星在天球中的位置信息。星敏感器观测视框内星空恒星，并在其视野中精确定位最亮的恒星。由最亮的恒星形成的图案与内部恒星目录进行比较，使仪器能够识别视野中的恒星。星敏感器设备使用先进的算法来计算视场中恒星中心的像素坐标，得到相机内部参照系中最亮的恒星的位置，就可以确定星敏感器仪器的姿态，进而确定航天器的姿态。

星敏感器卫星姿态测量误差主要包括星敏感器测量误差、星敏感器与星体之间安装误差、环境扰动误差、算法误差等，星敏感器误差主要是来源于恒星成像噪声、星表误差、天体恒星分布因素等，安装误差主要包括安装角测量误差、发射前后结构形变误差等，环境误差主要是指温度引起的扰动、器件老化扰动等，算法误差主要是由于星敏数据分析处理方法和计算误差。本节重点分析姿态误差传播、误差各向异性、多星敏融合处理误差等。

1）姿态误差传播

重力卫星的姿态由每颗卫星上的 2 或 3 台星敏感器确定，星敏感器产生姿态四元数，每个四元数表示从惯性空间到星敏感器坐标系（Stellar Camera Frame，SCF）的旋转元素。这些四元数组合在一起产生最终的姿态转换数据，描述了卫星本体在惯性空间中的方向。星敏感器测量误差、安装误差、环境误差等导致卫星姿态的确定不准确。姿态确定误差通过引起测量的非重力加速度矢量的方向误差或引起测距误差而传播到基于重力卫星反演的重力场模型中，最终传播为每月地面质量异常图的误差。

2）视轴误差各向异性

星敏感器内参照系的原点是光学系统视场的中心，它的方向是用一个穿过视场中心并垂直指向视场中心的视轴（通常是 z 轴）来定义，x 轴和 y 轴与视场共面，通常称为交叉轴。该参考系和星敏感器坐标系之间的旋转是通过初始校准程序获得。

星敏感器视向轴向和交叉轴向之间的观测质量和精度区别较大，主要是由于星敏感器对星成像对各轴敏感性不同，相对而言绕视向轴旋转引起的视景内成像变化较迟钝，表现为各向异性，不能在所有三个轴的旋转上提供各向同性可靠性和精度。通常情况下，星敏感器对交叉轴向（横视轴）的旋转比视向轴的旋转更敏感。围绕着视轴的旋转被光学系统看作是视场中所有恒星的平移。在整个图像中，恒星质心的位移是均匀的。另一方面，绕着视轴旋转会导致恒星绕着视场中心旋转。靠近中心的恒星比边缘的恒星显示出更小的位移。因此，典型星团的纵横轴精度和纵横轴精度之比在 6~20 之间。对于重力卫星的星敏感器，围绕交叉轴的旋转精度比绕视轴旋转的效果好约

5~8 倍。

3）多星敏感器组合

重力卫星通常使用两个（或更多）星敏感器测量卫星姿态，实现同时观测星空的不同部分。多星敏感器组合测量有一些优势。首先，结合多个星敏感器的数据可以提高姿态确定信息的准确性；再者，经过适当设计配置克服每个星敏感器的视轴灵敏度低的困难，提供全向测量精度；最后，多台星敏感器提供冗余，如果其中一个星敏感器朝向太阳或月球，或者极端情况传感器出现故障，其他星敏感器仍然可以提供正确的姿态信息。

参考文献

[1] KAULA W M. Theory of satellite geodesy [M]. Waltham: Blaisdell Publising Company, 1966.

[2] 陆仲连. 地球重力场理论与方法 [M]. 北京：解放军出版社，1996.

[3] 李济生. 人造卫星精密轨道确定 [M]. 北京：解放军出版社，1995.

[4] VISSER P N A M. Low-low satellite-to-satellite tracking: a comparison between analytical linear orbit perturbation theory and numerical integration [J]. Journal of Geodesy, 2005, 79: 160-166.

[5] REIGBER C. Gravity field recovery from satellite tracking data [M]// Theory of Satellite Geodesy and Gravity Field Determination. Berlin, Heidelberg: Springer Berlin Heidelberg, 2005: 197-234.

[6] 宁津生. 卫星重力探测技术与地球重力场研究 [J]. 大地测量与地球动力学，2002，22（1）：1-5.

[7] 孙文科. 低轨道人造卫星（CHAMP、GRACE、GOCE）与高精度地球重力场 [J]. 大地测量与地球动力学，2002，22（1）：92-100.

[8] 肖云，夏哲仁，王兴涛. 用 GRACE 星间速度恢复地球重力场 [J]. 测绘学报，2007，36（1）：19-25.

[9] 罗志才，周浩，李琼，等. 基于 GRACE KBRR 数据的动力积分法反演时变重力场模型 [J]. 地球物理学报，2016，59（6）：1994-2005.

[10] 陈秋杰，沈云中，张兴福，等. 基于 GRACE 卫星数据的高精度全球静态重力场模型 [J]. 测绘学报，2016，45（4）：396-403.

[11] 游为，范东明，黄强. 卫星重力反演的短弧长积分法研究 [J]. 地球物理学报，2011，54（11）：2745-2752.

[12] HEISKANEN W A, MORITZ H. Physical Geodesy [J]. Bulletin Géodésique (1946-1975), 1967, 86 (1): 491-492.

[13] HOFMANN-WELLENHOF B, MORITZ H. Physical geodesy [M]. Austria: Springer Science & Business Media, 2006.

[14] 沈云中，许厚泽，吴斌．星间加速度解算模式的模拟与分析 [J]. 地球物理学报，2005，48 (4): 807-811.

[15] DITMAR P, LIU X. Dependent of the Earth's gravity model derived from satellite acceleration on a priori information [J]. Journal of Geodynamic, 2007, 43 (2): 189-199.

[16] 钟波，汪海洪，罗志才，等. ARMA 滤波在加速度法反演地球重力场中的应用 [J]. 武汉大学学报 (信息科学版), 2011, 36 (12): 1495-1499.

[17] 周旭华，许厚泽，吴斌，等. 用 GRACE 卫星跟踪数据反演地球重力场 [J]. 地球物理学报，2006，49 (3): 718-723.

[18] DITMAR P, KLEES R, LIU X. Frequencey-dependent data weighting in global gravity field modeling from satellite data contaminated by non-stationary noise [J]. Journal of Geodesy, 2007, 81 (1): 81-96.

[19] ZINGERLE P, PAIL R, GRUBER T, et al. The combined global gravity field model XGM2019e [J]. Journal of Geodesy, 2020, 94 (7): 1-12.

[20] SHEN Y Z, CHEN Q J, XU H Z. Monthly gravity field solution from GRACE range measurements using modified short arc approach [J]. Geodesy and Geodynamics, 2015, 6 (4): 261-266.

[21] CHEN Q, SHEN Y, CHEN W, et al. An optimized short-arc approach: methodology and application to develop refined time series of Tongji-Grace2018GRACE monthly solutions [J]. Journal of Geophysical Research: Solid Earth, 2019, 124 (6): 6010-6038.

[22] HAN S C. Static and temporal gravity field recovery using GRACE potential difference observables [J]. Advances in Geosciences, 2003, 1 (1): 19-26.

[23] 邹贤才，李建成，徐新禹，等. 利用能量法由沿轨扰动位数据恢复位系数精度分析 [J]. 武汉大学学报 (信息科学版), 2006, 31 (11): 1011-1014.

[24] 王正涛，李建成，姜卫平，等. 基于 GRACE 卫星重力数据确定地球重力场模型 WHU GM05 [J]. 地球物理学报，2008，51 (5): 1364-1371.

[25] 游为，范东明，郭江. 基于能量守恒方法恢复地球重力场模型 [J]. 大地测量与地球动力学，2010，30 (1): 51-55.

[26] MONTENBRUCK O, GILL E. Satellite orbits: models, methods and applications [M]. Heidelberg: Springer-Verlag, 2000.

[27] KANG Z, TAPLEY B, BETTADPUR S, et al. Precise orbit determination for GRACE using accelerometer data [J]. Advances in Space Research, 2006, 38 (9): 2131-2136.

第 3 章 载荷数据预处理

卫星重力测量系统主要采用高轨卫星跟踪低轨卫星（高低跟踪）、低轨卫星跟踪低轨卫星（低低跟踪）、卫星重力梯度等方式探测地球重力场。其中，GRACE/GRACE-FO 卫星采用高低跟踪和低低跟踪相结合的方式（简称低低跟踪重力卫星）探测地球重力场[1-2]。低低跟踪重力卫星的核心载荷为 K 波段测距仪、静电悬浮加速度计（Accelerometer，ACC）、GNSS 接收机和恒星敏感器（Star Camera，SCA）。KBR 测距仪用于以微米级精度观测两星相对距离及其变率[3-5]，高精度静电悬浮加速度计用于观测卫星质心受到的非保守力[6-7]，双频 GNSS 接收机用于确定卫星的精密轨道和时间同步[8-9]，恒星敏感器主要用于确定卫星在惯性系下的姿态，进而反演地球重力场。因此，对重力卫星 1A 级数据（原始观测量）到 1B 级数据（用于反演重力场）的预处理尤为重要，是重力卫星实现预期科学目标的关键任务和核心技术，将直接影响反演重力场模型的精度。本章重点描述了各类载荷数据预处理方法和误差校正方法。

3.1 数据产品

3.1.1 数据类型

重力卫星数据类型分为星务数据、科学数据和地面辅助数据。星务数据是卫星平台运行产生的数据和控制数据，主要包括姿轨控系统、温控系统、推力系统等控制或者测量数据，作为科学任务的辅助数据，经常用于误差校正和状态监测。科学数据是载荷数据，用于全球重力场反演和卫星定轨，主要包括 K 波段星间测距仪、静电悬浮加速度计、GNSS 接收机、星敏感器等载荷数据，通过应答机下传到地面，经处理后形成科学数据产品，用于支持科学研究。重力卫星地面辅助数据还包括地面激光跟踪数据、GNSS 卫星精密星历和钟差数据、大气海洋去混频数据（Atmosphere and Ocean De-Aliasing data，AOD）、平台载荷基本参数数据等，用于重力卫星的定轨、精度检测、重力场反演改正等，支持提高科学产品处理质量和精度。

3.1.2 数据分级

重力卫星数据产品总体分为三级：Level 0（L0）数据、Level 1（L1）数据和 Level 2（L2）数据。其中，L0 和 L1 数据产品本身又分为科学数据产品（Science Data Products，SDP）和星务数据产品（Housekeeping Data Products，HDP）。

1）L0 产品

L0 数据产品是编目格式化数据经去重、拼接得到的。L0 数据产品是对载荷原始观测数据（主要为四个主要载荷 KBR、加速度计、GNSS 接收机、星敏感器的观测数据）和相关辅助数据（主要分为卫星、KBR 集成单元和加速度计集成单元状态数据）的原始测量数据完成拼接、去重、规范化整理、有效性检验，生成格式规范化的 0 级产品。

2）L1A 产品

L1A 产品对 0 级数据进行过程可逆处理的结果，主要包括将二进制编码的测量结果转换到工程应用单位，添加时标，同时对数据增加编辑和质量控制标记，并重新统一数据输出格式；此外，1A 级数据产品包括进一步处理的辅助数据产品。除了损坏的数据包，1A 级数据和 0 级数据可相互转换。

3）L1B 产品

L1B 产品主要对 1A 级数据完成粗差剔除、内插、时间同步、数据组合、标校和改正等预处理及事后精密定轨，1B 级数据被标上统一的时间，数据经过了降采样处理，是重力场恢复的输入数据；1B 级数据产品对 1A 级数据和 0 级数据进行了不可逆的处理，是对 1A 级数据产品进行降采样、编辑修正、重采样、精密处理等步骤得到的应用数据产品。从 0 级到 1B 级的处理过程统称 1 级数据处理。1B 级数据产品包括处理过程生成的辅助数据产品，以及进一步处理所需的附加数据。

3.1.3 数据格式

所有数据产品文件均由文件头和数据体两部分组成。其中 0、1A、1B

（AOD1B 除外），以及部分 2 级产品（非保守力模型、大气阻力模型、大气密度模型）均采用 YAML 格式，且头文件中字段信息基本一致，仅字段取值不同、Variables 的字段信息不同（Variables 字段与各产品数据体格式一一对应）。

YAML 格式文件头内容如下：

文件头以关键词“header”开头，以注释信息“# End of YAML header”结束。包含“dimension”“global_attributes”“non-standard_attributes”和“variables”四组信息。

dimension：数据体维度信息，具体为数据记录数。

global_attributes：产品全局属性，主要包括标题、摘要、卫星任务、卫星标识、设备、设备关键词、处理级别、产品版本、产品标识、产品名称、生产单位、创建开始时间、创建结束时间、输入数据、生产平台等字段信息，可根据需要扩充。

non-standard_attributes：非标准属性，主要包括软件名称、软件版本、软件生成时间、历元起算时间、起始历元、结束历元、时间范围开始、时间范围结束、采样率、缺失历元数等字段信息，可根据需要扩充。

variables：数据体字段信息，字段信息与数据体部分各数据格式中字段一一对应。

3.2　星间测距仪数据预处理

K 波段星间测距仪数据处理关键步骤是从 KBR 1A 级到 1B 级数据处理。KBR 1A 级到 1B 级数据处理主要包括 KBR 科学数据中相位去缠绕、数据异常剔除、数据缺失插值补齐、观测量时标校正（双星时间同步）、数据重采样、偏差校正（电离层改正、光时改正、天线相位中心改正）、低通滤波和数据降采样等步骤[10]。

3.2.1　相位去缠绕

相位缠绕主要是由于卫星存储设备有效位数限制，KBR 测距仪为了保证相位观测量数值精度，KBR 相位观测量累积到一定数值时将扣除一个固定常数 W（如 GRACE FO 卫星为 10^8），将相位数值大小控制在有效位数内[10]。因此数据预处理时需要对相位缠绕进行恢复，保证 KBR 相位观测的连续性。以

A 星和 B 星的任一频点（K 或 Ka）相位观测量为例，如下所示：

$$\begin{cases}\varphi_A^B(t+\Delta t_A)=\varphi_A(t+\Delta t_A)-\varphi^B(t+\Delta t_A)+N_A^B+I_A^B+d_A^B+n_A^B W+\varepsilon_A^B\\ \varphi_B^A(t+\Delta t_B)=\varphi_B(t+\Delta t_B)-\varphi^A(t+\Delta t_B)+N_B^A+I_B^A+d_B^A+n_B^A W+\varepsilon_B^A\end{cases} \tag{3.1}$$

式中：$\varphi_A^B(t+\Delta t_A)$ 和 $\varphi_B^A(t+\Delta t_B)$ 分别为卫星 A、B 接收的载波相位测量值，单位为周；t 为标称接收时间，Δt_A、Δt_B 为 A、B 卫星的钟误差；$\varphi_A(t+\Delta t_A)$ 和 $\varphi_B(t+\Delta t_B)$ 为卫星 A、B 的参考相位；$\varphi^B(t+\Delta t_A)$ 为卫星 A 接收到的卫星 B 信号相位；$\varphi^A(t+\Delta t_B)$ 为卫星 B 接收到的卫星 A 信号相位；N_A^B、N_B^A 为接收信号的整周模糊度；I_A^B、I_B^A 为电离层引起的相位变化；d_A^B、d_B^A 为由 KBR 系统相位中心偏差、天线多路径传播误差等导致的相移；n_A^B、n_B^A 是 AB 星某频点相位缠绕的截断次数，ε_A^B、ε_B^A 主要包括随机测量噪声。

KBR 数据预处理过程中，对前后历元相位观测量进行作差并与阈值进行比较，当探测到由相位缠绕引起的载波相位跳变时，将相位缠绕加入 KBR 相位观测量即可恢复出原始 KBR 观测量，以 GRACE-FO 卫星的 K 频点相位观测量为例，图 3.1（a）给出了 GRACE-FO 卫星 KBR1A 中 K 频点原始数据。从图 3.1（a）可以看出，为了保证 K 波段载波相位观测量的数值精度，每隔

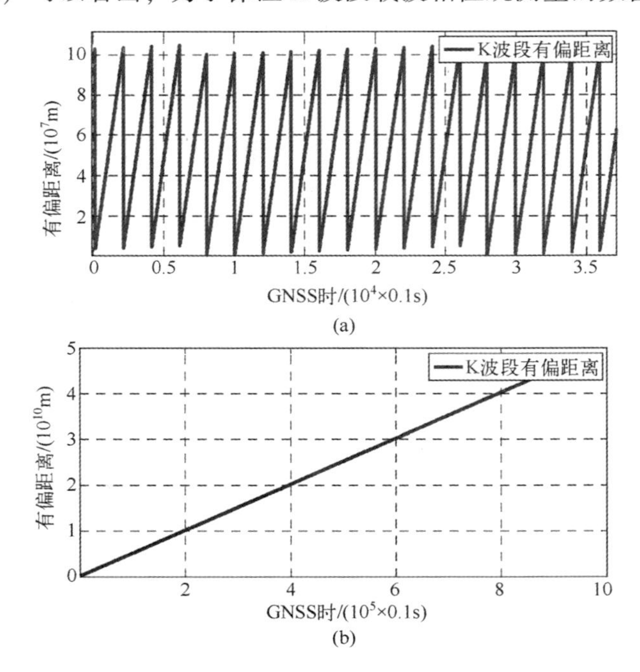

图 3.1　相位缠绕改正前后 K 频点原始相位观测量

一段时间，相位观测量会增加或扣除 10^8 的常数，以控制 K 频点原始观测量的数值范围，即存在相位缠绕现象，因此观测量每隔一段时间存在跳变。图 3.1（b）给出了相位缠绕直接改正后的 K 频点原始相位观测量。

3.2.2 数据异常探测和数据间断插值

KBR 数据为载波相位观测量，不可避免存在粗差、周跳和数据间断等异常。因此数据预处理过程中，必须对各类异常进行探测。异常值的探测首先依据观测文件中的数据质量标识和卫星事件记录（Sequence of Event，SOE）文件中的相关记录进行判断，然后对双频观测量线性组合，构建异常探测值与经验阈值进行比较。对于某一卫星的 K 和 Ka 频点相位观测量可构建无几何组合观测量，如下所示：

$$\phi_4=\phi_K-\frac{f_K}{f_{Ka}}\cdot\phi_{Ka} \tag{3.2}$$

式（3.2）消除了与频率无关的几何项，仅剩余电离层差异和观测噪声。进一步进行前后历元作差，构建电离层残差组合，如下所示：

$$\Delta\phi_4=\phi_4(k)-\phi_4(k-1) \tag{3.3}$$

由于空间电离层延迟量短时间内变化很小，式（3.3）消除了大部分电离层延迟误差，仅剩残余电离层延迟影响和观测噪声，可以用来判断数据是否发生异常，当该序列发生跳变，则可以判断原始观测量中存在异常。

对探测到的异常数据进行标记和剔除，对剔除后的数据和间断点按照拉格朗日插值法进行插值。

3.2.3 时标校正和数据重采样

低低跟踪重力测量卫星的 KBR-GNSS 系统时间标记由超稳晶振（Ultra Stable Oscillator，USO）生成的本地时钟信号给出。USO 为 KBR 和 GNSS 接收机共同授频和授时，因此，USO 的不稳定性和噪声会引起相位测量误差与时标误差。

由于 K 波段星间测距仪和 GNSS 共用时标，K 波段星间测距仪原始观测量的时标为 GNSS 接收机时，因此双星的时标不一致。而 1B 级数据产品要求所有载荷数据时标统一到 GNSS 时，因此需要对星间测距仪时标进行校正，即进行星载接收机钟差改正。利用 GNSS 精密定轨后生产的精密卫星钟差产品 CLK1B 对接收机时标进行修正，将双星 K 波段测距仪时标统一到 GNSS 时，使两星 KBR 载波相位测量时标高精度同步。

$$t_{\mathrm{GNSS}}=t_{\mathrm{r}}+\Delta t_{\mathrm{r}} \tag{3.4}$$

式中：t_{GNSS}、t_{r}、Δt_{r} 分别表示 GNSS 时间、接收机时间和接收机钟差。接收机钟差来源于重力卫星钟差数据线性插值到相应的观测时刻的钟差。

对接收机时标进行钟差修正后，此时观测量对应的时标为非整齐时标，需要将时标调整为整齐时标，便于后续双星观测量组合和滤波处理。因此需要对观测量进行重采样处理，可采用线性插值或多项式插值法进行重采样。

3.2.4 双向单程组合

为了控制 USO 频率不稳定性对载波相位观测量的影响，星间测距仪采用双向单程测距（DOWR）方式。USO 不稳定性产生的载波相位误差依据信号频段可分为中低频误差和高频误差两部分。由于每颗卫星的本地 USO 产生的相位误差均会传递到两颗卫星的 KBR 差分相位测量数据中，因此在精确校准时间标记之后，组合在同一时间标签处两颗卫星的 KBR 差分相位数据得到双向单程组合数据可压制噪声关联时间大于等于微波传播时间 τ 的相位误差（微波传播时间 $\tau\approx 1\mathrm{ms}$，对应频率 1kHz）。这一方法使得中低频误差得到有效的抑制。对于信号频段外的高频误差，则通过低通滤波在降采样之前滤除[4]。

KBR 采用了同步的 DOWR 比对，利用 DOWR 组合可以消除部分星上振荡器长期和中期噪声对测距的影响。每颗卫星 KBR 输出的是单向相位测量值，在指定标称时刻 t，卫星 A、B 收到的单频载波相位测量值（假设相位缠绕已经修复）可表示为

$$\begin{cases}\varphi_{\mathrm{A}}^{\mathrm{B}}(t+\Delta t_{\mathrm{A}})=\varphi_{\mathrm{A}}(t+\Delta t_{\mathrm{A}})-\varphi^{\mathrm{B}}(t+\Delta t_{\mathrm{A}})+N_{\mathrm{A}}^{\mathrm{B}}+I_{\mathrm{A}}^{\mathrm{B}}+d_{\mathrm{A}}^{\mathrm{B}}+\varepsilon_{\mathrm{A}}^{\mathrm{B}}\\ \varphi_{\mathrm{B}}^{\mathrm{A}}(t+\Delta t_{\mathrm{B}})=\varphi_{\mathrm{B}}(t+\Delta t_{\mathrm{B}})-\varphi^{\mathrm{A}}(t+\Delta t_{\mathrm{B}})+N_{\mathrm{B}}^{\mathrm{A}}+I_{\mathrm{B}}^{\mathrm{A}}+d_{\mathrm{B}}^{\mathrm{A}}+\varepsilon_{\mathrm{B}}^{\mathrm{A}}\end{cases} \tag{3.5}$$

式中：Δt_{A}、Δt_{B} 为分别为卫星 A、B 的时标误差；$\varphi_{\mathrm{A}}^{\mathrm{B}}(t+\Delta t_{\mathrm{A}})$ 和 $\varphi_{\mathrm{B}}^{\mathrm{A}}(t+\Delta t_{\mathrm{B}})$ 分别为卫星 A、B 的差分相位测量值；$\varphi_{\mathrm{A}}(t+\Delta t_{\mathrm{A}})$ 和 $\varphi_{\mathrm{B}}(t+\Delta t_{\mathrm{B}})$ 为卫星 A、B 的参考相位；$\varphi^{\mathrm{B}}(t+\Delta t_{\mathrm{A}})$ 为卫星 A 接收到的卫星 B 信号相位；$\varphi^{\mathrm{A}}(t+\Delta t_{\mathrm{B}})$ 为卫星 B 接收到的卫星 A 信号相位；$N_{\mathrm{A}}^{\mathrm{B}}$、$N_{\mathrm{B}}^{\mathrm{A}}$ 为接收信号的整周模糊度；$I_{\mathrm{A}}^{\mathrm{B}}$、$I_{\mathrm{B}}^{\mathrm{A}}$ 为电离层引起的相位变化；$d_{\mathrm{A}}^{\mathrm{B}}$、$d_{\mathrm{B}}^{\mathrm{A}}$ 为由 KBR 系统相位中心偏移、天线多径传播误差等导致的相移影响；$\varepsilon_{\mathrm{A}}^{\mathrm{B}}$、$\varepsilon_{\mathrm{B}}^{\mathrm{A}}$ 主要包括随机测量噪声影响。

KBR 载波相位观测量中，每一参考相位可由参考相位真值 $\bar{\varphi}$ 和 USO 振荡器漂移引起的相位误差 $\delta\varphi$ 组成：

$$\begin{cases}\varphi_A=\overline{\varphi}_A+\delta\varphi_A\\ \varphi_B=\overline{\varphi}_B+\delta\varphi_B\end{cases}\tag{3.6}$$

同时，接收相位可用发射时的相位代替，τ_B^A 表示卫星 A 到卫星 B 的传播时间：

$$\varphi^A(t)=\varphi_A(t-\tau_B^A)\tag{3.7}$$

将式（3.6）、式（3.7）代入式（3.5），单频载波相位测量值可进一步表示为

$$\begin{cases}\varphi_A^B(t+\Delta t_A)=\overline{\varphi_A}(t+\Delta t_A)+\delta\varphi_A(t+\Delta t_A)-\\ \qquad\overline{\varphi_B}(t+\Delta t_A-\tau_A^B)-\delta\varphi_B(t+\Delta t_A-\tau_A^B)+N_A^B+I_A^B+d_A^B+\varepsilon_A^B\\ \varphi_B^A(t+\Delta t_B)=\overline{\varphi_B}(t+\Delta t_B)+\delta\varphi_B(t+\Delta t_B)-\\ \qquad\overline{\varphi_A}(t+\Delta t_B-\tau_B^A)-\delta\varphi_A(t+\Delta t_B-\tau_B^A)+N_B^A+I_B^A+d_B^A+\varepsilon_B^A\end{cases}\tag{3.8}$$

将双星 KBR 单频相位观测量相加，形成双向单程观测量 DOWR 为

$$\begin{aligned}\vartheta(t)&=\varphi_A^B(t+\Delta t_A)+\varphi_B^A(t+\Delta t_B)\\ &=\overline{\varphi_A}(t+\Delta t_A)-\overline{\varphi_B}(t+\Delta t_A-\tau_A^B)+\overline{\varphi_B}(t+\Delta t_B)-\overline{\varphi_A}(t+\Delta t_B-\tau_B^A)+\\ &\quad\delta\varphi_A(t+\Delta t_A)-\delta\varphi_B(t+\Delta t_A-\tau_A^B)+\delta\varphi_B(t+\Delta t_B)-\delta\varphi_A(t+\Delta t_B-\tau_B^A)+\\ &\quad(N_A^B+N_B^A)+(I_B^A+I_A^B)+(d_A^B+d_B^A)+(\varepsilon_A^B+\varepsilon_B^A)\end{aligned}\tag{3.9}$$

在 $t+\Delta t_A$ 时刻的相位观测值可在 t 时刻线性化为

$$\overline{\varphi}_A(t+\Delta t_A)\approx\overline{\varphi}_A(t)+\dot{\overline{\varphi}}_A(t)\cdot\Delta t_A\tag{3.10}$$

同样，在 $t+\Delta t_A-\tau_B^A$ 时刻的相位观测值也可在 t 时刻线性化为

$$\overline{\varphi}_A(t+\Delta t_B-\tau_B^A)\approx\overline{\varphi}_A(t)+\dot{\overline{\varphi}}_A(t)\cdot\Delta t_B-\dot{\overline{\varphi}}_A(t)\cdot\tau_B^A\tag{3.11}$$

相位误差也可用同样的方法线性化为

$$\begin{cases}\delta\varphi_A(t+\Delta t_A)\approx\delta\varphi_A(t)+\delta\dot{\varphi}_A(t)\cdot\Delta t_A\\ \delta\varphi_A(t+\Delta t_B-\tau_B^A)\approx\delta\varphi_A(t)+\delta\dot{\varphi}_A(t)\cdot\Delta t_B-\delta\dot{\varphi}_A(t)\cdot\tau_B^A\end{cases}\tag{3.12}$$

相位变率$\dot{\varphi}_A(t)$等价于频率f_A，同样，相位误差变率 $\delta\dot{\varphi}_A(t)$等价于频率误差δf_A，根据式（3.10）~式（3.12），双单向的相位测量值 $\vartheta(t)$可进一步整理为

$$\begin{aligned}\vartheta(t)&=\varphi_A^B(t+\Delta t_A)+\varphi_B^A(t+\Delta t_B)\\ &=(f_A\tau_B^A+f_B\tau_A^B)+(\delta f_A\tau_B^A+\delta f_B\tau_A^B)+\\ &\quad(f_A-f_B)(\Delta t_A-\Delta t_B)+(\delta f_A-\delta f_B)(\Delta t_A-\Delta t_B)+\\ &\quad(N_A^B+N_B^A)+(I_B^A+I_A^B)+(d_A^B+d_B^A)+(\varepsilon_A^B+\varepsilon_B^A)\end{aligned}\tag{3.13}$$

式中：右边第一项 $f_A\tau_B^A+f_B\tau_A^B$ 代表 KBR 真实相位测量值；第二项 $\delta f_A\tau_B^A+\delta f_B\tau_A^B$

代表由超稳晶振频率不稳定性引起的误差；第三项$(f_A-f_B)(\Delta t_A-\Delta t_B)$代表时标误差项；第四项$(\delta f_A-\delta f_B)(\Delta t_A-\Delta t_B)$代表超稳晶振误差和时标误差的耦合项。由于时标误差可采用GNSS精密钟差校准，第三项校准后剩余误差远小于第二项的贡献，因此可忽略不计。第四项为相位误差与时间标记误差的耦合项，量级更小，可忽略不计。

微波传播时间τ_B^A与τ_A^B的差别约为0.05μs，远小于微波传播时间$\tau\approx$ 1ms，可近似认为$\tau_B^A=\tau_A^B=\tau$，由此带来偏差记为$\Delta\varphi_{AB}^{TOF}$。此时，

$$f_A\tau_B^A+f_B\tau_A^B=(f_A+f_B)\tau-\Delta\varphi_{AB}^{TOF} \tag{3.14}$$

将DOWR载波观测乘以波长并考虑时标校正，此时双单向距离的测量值$R(t)$表示为

$$\begin{aligned}R(t)&=\frac{c\cdot\vartheta(t)}{f_A+f_B}\\&=\rho(t)-\Delta\rho_{TOF}(t)+c\frac{\delta f_A+\delta f_B}{f_A+f_B}\tau+\\&\quad c\frac{N_A^B+N_B^A}{f_A+f_B}+c\frac{I_B^A+I_A^B}{f_A+f_B}+c\frac{d_A^B+d_B^A}{f_A+f_B}+c\frac{\varepsilon_A^B+\varepsilon_B^A}{f_A+f_B}\\&=\rho(t)-\Delta\rho_{TOF}(t)+\rho_{oscillator}(t)+N'+I'+d'+\varepsilon'\end{aligned} \tag{3.15}$$

式中：$\rho(t)$为双星KBR系统相位中心的真实距离；$\Delta\rho_{TOF}(t)$为飞行时间校正项；$\rho_{oscillator}(t)$为超稳晶振引起的误差项；N'为整周模糊度项；I'为电离层校正项；d'为卫星质心到KBR系统相位中心的距离、系统噪声、天线多径传播误差；ε'为测量随机噪声项。

超稳晶振引起的误差项与微波飞行时间有关，低低跟踪重力卫星星间微波传播时间$\tau\approx1$ms，对应频率1kHz，则通过DOWR这一方法使得中低频误差得到有效抑制。对于信号频段外的高频误差，可通过低通滤波进一步抑制高频误差的影响。

3.2.5 电离层延迟改正

电离层是高层大气中被电离的部分，是地球空间大气中的重要组成部分，距离地面50~1000km。电离层中存在的大量电子，当低低跟踪重力测量卫星的KBR测距仪发射的电磁波信号穿过时，其传播速度和方向等特性将发生变化，由此造成的延迟称为电离层延迟误差。

KBR测距仪发射的K/Ka微波在传播过程中，电离层中自由电子分布会

等效地改变微波传播的光程，从而延迟微波信号的传播，造成相位偏差表示为I。由电离层引起的相位误差与载波频率成反比，与传播路径上的总电子含量（Total Electron Content，TEC）成正比。对于卫星A由电离层引起的相位延迟可表示为

$$I_{\mathrm{A}}^{\mathrm{B}}=\frac{\mathrm{TEC}_{\mathrm{A}}^{\mathrm{B}}}{f_{\mathrm{B}}} \tag{3.16}$$

式中：$\mathrm{TEC}_{\mathrm{A}}^{\mathrm{B}}$表示双星间信号传播路径上的总电子含量；$f_{\mathrm{B}}$表示B星发射微波（K或Ka）的频率。

由于在测量过程中，两颗卫星一直在运动，严格地说，双星相互发射的信号的TEC是不同的，但是其差别很小，可忽略不计，因此有

$$\mathrm{TEC}=\mathrm{TEC}_{\mathrm{B}}^{\mathrm{A}}=\mathrm{TEC}_{\mathrm{A}}^{\mathrm{B}} \tag{3.17}$$

双向单程组合观测量中，星间有偏距离中电离层引起的偏差为

$$\delta R_{\mathrm{iono}}=\frac{c}{f_{\mathrm{A}}+f_{\mathrm{B}}}\cdot\left(\frac{\mathrm{TEC}}{f_{\mathrm{A}}}+\frac{\mathrm{TEC}}{f_{\mathrm{B}}}\right)=c\cdot\frac{\mathrm{TEC}}{\bar{f}^{2}} \tag{3.18}$$

式中：$\bar{f}^{2}=f_{\mathrm{A}}\cdot f_{\mathrm{B}}$，$\bar{f}$为K或者Ka波段等效频率。

对于K和Ka波段，由电离层引起的星间距误差可分别表示为

$$\begin{cases}\delta R_{\mathrm{iono}\cdot\mathrm{K}}=c\cdot\dfrac{\mathrm{TEC}}{\bar{f}_{\mathrm{K}}^{2}}\\[2ex]\delta R_{\mathrm{iono}\cdot\mathrm{Ka}}=c\cdot\dfrac{\mathrm{TEC}}{\bar{f}_{\mathrm{Ka}}^{2}}\end{cases} \tag{3.19}$$

由于在数据后处理中，现有电离层模型精度达不到要求，无法使用模型扣除电离层对KBR测距的影响。因此利用K和Ka双频信号构建消电离层组合模型消除电离层误差的影响。结合星间测距观测公式（3.15）可得消电离层组合为[4]

$$R=\frac{\bar{f}_{\mathrm{K}}^{2}\cdot R_{\mathrm{K}}-\bar{f}_{\mathrm{Ka}}^{2}\cdot R_{\mathrm{Ka}}}{\bar{f}_{\mathrm{K}}^{2}-\bar{f}_{\mathrm{Ka}}^{2}} \tag{3.20}$$

式中：$\bar{f}_{\mathrm{K}}=\sqrt{f_{\mathrm{A,K}}f_{\mathrm{B,K}}}$；$\bar{f}_{\mathrm{Ka}}=\sqrt{f_{\mathrm{A,Ka}}f_{\mathrm{B,Ka}}}$。

3.2.6 光时改正

光时改正是由于低低跟踪重力双星沿同一轨道同向运动，导致前、后卫星发出的载波信号飞行时间不同，引起的星间距离测量误差[4,11]。

低低跟踪重力双星沿同一轨道同向飞行，领飞星（A星）KBR测距仪发

出的载波信号传播至跟飞星（B 星）的信号传播时间，比跟飞星 KBR 测距仪发出的载波信号传播至领飞星的信号传播时间要略短，如图 3.2 所示。这就导致由双星的 KBR 载波相位原始观测量解算得到的星间距离不同，而且二者都不是重力场反演所需的星间瞬时距离 $\rho(t)$。因此，必须在地面处理中进行修正，将双星 KBR 载波相位原始观测量解算得到的星间距离转换为星间瞬时距离。

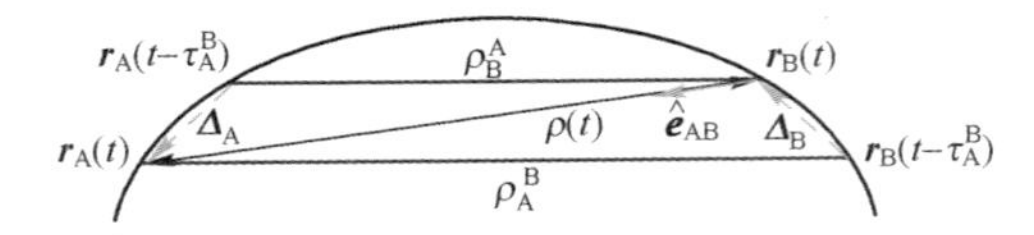

图 3.2　低低跟踪重力双星瞬时距离 $\rho(t)$ 与测相距离 $\rho_{\mathrm{B}}^{\mathrm{A}}$、$\rho_{\mathrm{A}}^{\mathrm{B}}$ 关系图（见彩图）

由图 3.2 可以看出，t 时刻两星瞬时距离为 $\rho(t)$，领飞星（A 星）t 时刻观测到的是跟飞星（B 星）在 $t-\tau_{\mathrm{A}}^{\mathrm{B}}$ 时刻发出的载波信号，据此观测量得到的是领飞星测得的星间距离 $\rho_{\mathrm{A}}^{\mathrm{B}}$，$\tau_{\mathrm{A}}^{\mathrm{B}}$ 为 B 星发出的载波信号传播到 A 星需要的时间，在 $\tau_{\mathrm{A}}^{\mathrm{B}}$ 时间内，B 星移动了 $\boldsymbol{\Delta}_{\mathrm{B}}$ 距离；B 星在 t 时刻观测到的是 A 星在 $t-\tau_{\mathrm{B}}^{\mathrm{A}}$ 时刻发出的载波信号，据此观测量得到的是 B 星测得的星间距离 $\rho_{\mathrm{B}}^{\mathrm{A}}$，$\tau_{\mathrm{B}}^{\mathrm{A}}$ 为 A 星发出的载波信号传播到 B 星需要的时间，在 $\tau_{\mathrm{B}}^{\mathrm{A}}$ 时间内，A 星移动了 $\boldsymbol{\Delta}_{\mathrm{A}}$ 距离。可见，t 时刻 A 星观测的星间距离 $\rho_{\mathrm{A}}^{\mathrm{B}}$，B 星观测的星间距离 $\rho_{\mathrm{B}}^{\mathrm{A}}$，均不是星间瞬时距离。以下分析通过对双星星间距离的修正，得到星间瞬时距离的方法。

从几何的角度出发，可将 $\rho_{\mathrm{A}}^{\mathrm{B}}$ 和 $\rho_{\mathrm{B}}^{\mathrm{A}}$ 表示为

$$\begin{cases}\rho_{\mathrm{B}}^{\mathrm{A}}=\sqrt{(\boldsymbol{\rho}-\boldsymbol{\Delta}_{\mathrm{A}})^{\mathrm{T}}\cdot(\boldsymbol{\rho}-\boldsymbol{\Delta}_{\mathrm{A}})}\\ \rho_{\mathrm{A}}^{\mathrm{B}}=\sqrt{(\boldsymbol{\rho}+\boldsymbol{\Delta}_{\mathrm{B}})^{\mathrm{T}}\cdot(\boldsymbol{\rho}+\boldsymbol{\Delta}_{\mathrm{B}})}\end{cases}\tag{3.21}$$

式中：$\boldsymbol{\Delta}_{\mathrm{A}}$ 和 $\boldsymbol{\Delta}_{\mathrm{B}}$ 为卫星 A 和 B 在信号发射时刻 $t-\tau_{\mathrm{B}}^{\mathrm{A}}$、$t-\tau_{\mathrm{A}}^{\mathrm{B}}$ 和接收时刻 t 之间的距离差，该距离差大约 15m，与 200km 的星间距相比是小量。式（3.21）等号右侧表达式可分别在 $\boldsymbol{\Delta}_{\mathrm{A}}=0$ 和 $\boldsymbol{\Delta}_{\mathrm{B}}=0$ 处展开为泰勒级数，进一步整理可得

$$\begin{cases}\rho_{\mathrm{B}}^{\mathrm{A}}=\rho-\boldsymbol{e}_{\mathrm{AB}}\cdot\boldsymbol{\Delta}_{\mathrm{A}}\\ \rho_{\mathrm{A}}^{\mathrm{B}}=\rho+\boldsymbol{e}_{\mathrm{AB}}\cdot\boldsymbol{\Delta}_{\mathrm{B}}\end{cases}\tag{3.22}$$

距离差 $\boldsymbol{\Delta}_{\mathrm{A}}$ 和 $\boldsymbol{\Delta}_{\mathrm{B}}$ 可近似表示为

$$\begin{cases}\boldsymbol{\Delta}_{\mathrm{A}}=\dot{\boldsymbol{r}}_{\mathrm{A}}\cdot\tau_{\mathrm{B}}^{\mathrm{A}}\\ \boldsymbol{\Delta}_{\mathrm{B}}=\dot{\boldsymbol{r}}_{\mathrm{B}}\cdot\tau_{\mathrm{A}}^{\mathrm{B}}\end{cases}\tag{3.23}$$

结合式（3.15）将式（3.23）代入（3.22），可得

$$\frac{c}{f_A+f_B}\theta(t)=\rho+\frac{1}{f_A+f_B}(f_B\,\hat{\boldsymbol{e}}_{BA}\dot{\boldsymbol{r}}_B\tau_A^B-f_A\,\hat{\boldsymbol{e}}_{AB}\dot{\boldsymbol{r}}_A\tau_B^A) \tag{3.24}$$

将星间瞬时距离校正方程表示为

$$\rho=\rho_{obs}+\rho_{cor} \tag{3.25}$$

式中：ρ 为星间瞬时距离；$\rho_{obs}=\dfrac{c}{f_A+f_B}\theta(t)$ 为根据两星载波相位原始观测量解得的星间距离；$\rho_{cor}=\dfrac{1}{f_A+f_B}(f_B\,\hat{\boldsymbol{e}}_{BA}\dot{\boldsymbol{r}}_B\tau_A^B-f_A\,\hat{\boldsymbol{e}}_{AB}\dot{\boldsymbol{r}}_A\tau_B^A)$ 为瞬时距离校正项。此式表明，星间瞬时距离等于双星星间距离与瞬时距离改正项之和，其中的瞬时距离改正项可进一步表示为

$$\rho_{cor}=\frac{f_A}{f_A+f_B}\dot{\rho}\,\tau_B^A-\frac{f_A}{f_A+f_B}\eta_B\Delta\tau+\frac{f_A-f_B}{f_A+f_B}\eta_B\tau_A^B \tag{3.26}$$

式中：η_B 为卫星 B 轨道运动速度在星间视线（LOS）上的投影分量；$\Delta\tau=\tau_A^B-\tau_B^A$ 为两星发出的 K 波段载波信号传播时间差；$\dot{\rho}$ 为星间距离变率。

值得注意的是，式（3.26）基于 K 或 Ka 单频进行分析，对于 DOWR 组合观测量，式（3.26）应进一步组成消电离层组合：

$$\rho_{cor}=\frac{\bar{f}_K^2\,(\rho_{cor})_K-\bar{f}_{Ka}^2(\rho_{cor})_{Ka}}{\bar{f}_K^2\,-\bar{f}_{Ka}^2} \tag{3.27}$$

光时改正算法的计算精度会影响最终星间测距精度，因此对光时改正算法进行误差分析，对公式两边求微分，可得星间瞬时距离校正误差：

$$\begin{aligned}\delta\rho_{cor}=&\frac{f_A}{f_A+f_B}\delta(\dot{\rho})\tau_B^A+\frac{f_A}{f_A+f_B}\dot{\rho}\,\delta(\tau_B^A)-\frac{f_A}{f_A+f_B}[\,\delta(\eta_B)\Delta\tau+\eta_B\delta(\Delta\tau)\,]+\\&\frac{f_A-f_B}{f_A+f_B}[\,\delta(\eta_B)\tau_B^A+\eta_B\delta(\tau_B^A)\,]\end{aligned} \tag{3.28}$$

式中：f_A、f_B 为两星 K 波段测距系统 K/Ka 波段的设计频率，其余各物理量及其误差量均与两星 KBR 载波相位观测量无关，全部来自两星下传的 GNSS 数据进行精密定轨处理结果，处理出的这些量的精度决定了两星瞬时距离校正的精度，或称为星间瞬时距离校正残余误差。

表 3.1 给出了星间瞬时距离校正相关物理量大小及地面精密定轨处理后各物理量能够达到的精度水平。利用式（3.28）和表 3.1 中各相关量的精度数据，可以仿真分析星间瞬时距离校正误差特性。仿真结果表明各误差项都

远小于 1μm，其中最大的误差项为第一项，量级为 0.1μm。

表 3.1　星间瞬时距离校正相关物理量大小及地面精密定轨处理精度水平

物　理　量	大　小	地面处理精度
星间距离（ρ）	<500km	<1cm
星间距离变率（$\dot{\rho}$）	<1m/s	<0.1mm/s
载波信号传播时间（τ）	$<2\times10^{-3}$s	$<3\times10^{-11}$s
载波信号传播时间差（$\Delta\tau$）	$<5\times10^{-8}$s	$<1\times10^{-13}$s
卫星 B 速度在两星视线方向的投影分量（η_2）	<8km/s	<1cm/s

3.2.7　相位中心改正

KBR 测距仪测得的有偏距离是卫星 KBR 天线相位中心（PHC）之间的距离，而非两颗卫星质心（COM）之间的距离，而重力场反演需要两颗卫星质心之间的距离。因此，需要将有偏距离、有偏距离变率以及有偏距离加速度改正到卫星质心连线上，此过程称为 KBR 天线相位中心改正[12]，如图 3.3 所示。

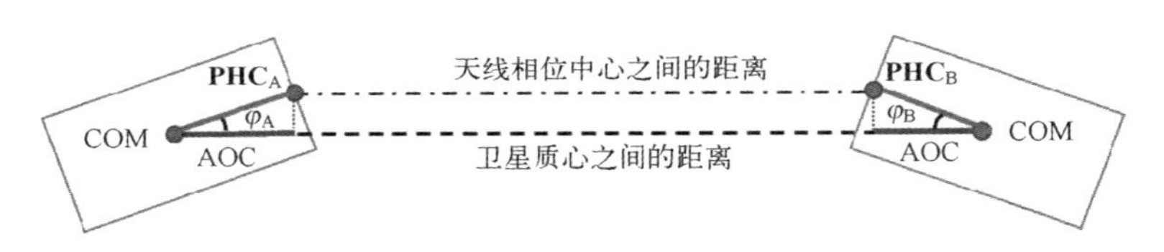

图 3.3　质心-相心转化原理图（见彩图）

KBR 测距仪输出的是 KBR 天线相位中心之间的距离变化量，也即相位中心视轴之间的距离变化。地面数据处理要获取的是卫星质心之间的距离变化量，也即需要将相心距离转换到质心距离测量值。天线相位中心改正为双星天线矢量在卫星质心连线上的投影，可表示为

$$\mathrm{AOC}_r=\mathbf{PHC}_{\mathrm{A}}\cos\varphi_{\mathrm{A}}+\mathbf{PHC}_{\mathrm{B}}\cos\varphi_{\mathrm{B}} \tag{3.29}$$

式中：$\mathbf{PHC}_{\mathrm{A}}\cos\varphi_{\mathrm{A}}$ 为卫星 A 的质心到卫星 A 的 KBR 天线相位中心的向量在两颗卫星质心连线上的投影；$\mathbf{PHC}_{\mathrm{B}}\cos\varphi_{\mathrm{B}}$ 为卫星 B 的质心到卫星 B 的 KBR 天线相位中心的向量在两颗卫星质心连线上的投影；φ_{A}、φ_{B} 为天线矢量与质心连线的夹角，可以由天线指向的俯仰角 θ（pitch）和偏航角 ϕ（yaw）表示：

$$\cos\varphi_i=\cos\theta_i\cos\phi_i,\quad i=\mathrm{A},\mathrm{B} \tag{3.30}$$

卫星间距离变率和距离变化加速度的天线相位中心改正可由式（3.29）

求导获得：

$$\begin{cases}\mathrm{AOC}_{\dot{r}}=\dfrac{\mathrm{d}}{\mathrm{d}t}\mathrm{AOC}_r\\ \mathrm{AOC}_{\ddot{r}}=\dfrac{\mathrm{d}^2}{\mathrm{d}t^2}\mathrm{AOC}_r=\dfrac{\mathrm{d}}{\mathrm{d}t}\mathrm{AOC}_{\dot{r}}\end{cases} \tag{3.31}$$

式中：AOC_r 表示天线相位中心改正；$\mathrm{AOC}_{\dot{r}}$ 表示天线相位中心改正变率；$\mathrm{AOC}_{\ddot{r}}$ 表示天线相位中心改正加速度。

KBR 天线相位中心改正计算过程如下：

$$\mathrm{AOC}_r=\sum_{i=\mathrm{A,B}}|\mathbf{PHC}_i|\cos\theta_i\cos\phi_i \tag{3.32}$$

$$\mathrm{AOC}_{\dot{r}}=\sum_{i=\mathrm{A,B}}-|\mathbf{PHC}_i|(\dot{\theta}_i\sin\theta_i\cos\phi_i+\dot{\phi}_i\cos\theta_i\sin\phi_i) \tag{3.33}$$

$$\mathrm{AOC}_{\ddot{r}}=\sum_{i=\mathrm{A,B}}-|\mathbf{PHC}_i|(\dot{\theta}_i^2\cos\theta_i\cos\phi_i+\ddot{\theta}_i\sin\theta_i\cos\phi_i-2\dot{\theta}_i\dot{\phi}_i\sin\theta_i\sin\phi_i+\ddot{\phi}_i\cos\theta_i\sin\phi_i+\dot{\phi}_i^2\cos\theta_i\cos\phi_i) \tag{3.34}$$

式中：所有向量必须在同一坐标系内。

3.2.8　高频噪声抑制

KBR 系统原始测量数据 KBR1A 采样频率是 10Hz，而 KBR1B 数据的采样频率是 0.2Hz，因此需要对数据进行降采样。在数据降采样之前，为避免高频信号混叠到低频信号，必须做低通滤波。KBR 数据预处理不仅需要获得星间距观测量，同时还需要得到星间距变率以及星间距加速度，因此需要具有解析表达式的滤波器，以便可以用闭合的形式做微分，得到星间距变率和星间距加速度对应的滤波器。可采用有限冲激响应（FIR）滤波器，如矩形窗函数的 N 阶自卷积数字滤波（CRN 数字滤波器），消除或抑制数据中的高频噪声[3]。CRN 滤波器已被用于 GRACE 卫星各类载荷的数据滤波[10]，参考 GRACE 卫星采用的 CRN 滤波器及其参数设置对 KBR1A 数据进行低通滤波。

对于 KBR 数据处理而言，降采样和低通滤波是同时进行的，采用的滤波器为 CRN 滤波器，是一种 FIR 滤波器（有限脉冲响应数字滤波器），可表示成如下形式[10]：

$$R_i^{\mathrm{out}}=\sum_{n=-N_\mathrm{h}}^{N_\mathrm{h}}F_nR_{i-n}^{\mathrm{raw}} \tag{3.35}$$

式中：F_n 为时域滤波器权重函数；R_i^{raw} 为采样率 10Hz 的原始输入数据；R_i^{out} 为采样率 0.2Hz 的输出数据；$N_h=(N_f-1)/2$。滤波器的权重函数可表示为

$$F_n=\frac{1}{F^{\text{Norm}}}\sum_{k=-N_h}^{N_h}H_k\cos\left(\frac{2\pi kn}{N_f}\right),\quad |n|\leqslant N_h \tag{3.36}$$

式中：$N_f=f_s\times T_f=2N_h+1$，T_f 为时域滤波器长度，N_f 为滤波间隔中原始数据点的个数；F^{Norm}为权重函数归一化因子，表示如下：

$$F^{\text{Norm}}=\sum_{i=-N_h}^{N_h}\left[\cos\left(\frac{2\pi f_0 i}{f_s}\right)\sum_{k=-N_h}^{N_h}H_k\cos\left(\frac{2\pi ki}{N_f}\right)\right] \tag{3.37}$$

式中：f_s 为原始数据的采样频率；f_0是 J_2 项信号频率（0.37mHz）；CRN 滤波器的核函数为

$$H_k=\sum_{k'=-N_B}^{N_B}\left(\frac{\sin[\pi(k-k')/N_c]}{\sin[\pi(k-k')/N_f]}\right)^{N_c} \tag{3.38}$$

式中：N_B为滤波器带宽参数；N_c为滤波器自卷积数（滤波器阶数）。

而在求星间距离的一阶导和二阶导时，其滤波器的权重函数分别为 F_n 的一阶导和二阶导：

$$\dot{F}_n=\frac{1}{F^{\text{Norm}}}\sum_{k=-N_h}^{N_h}-(2\pi k/T_f)H_k\sin\left(\frac{2\pi kn}{N_f}\right) \tag{3.39}$$

$$\ddot{F}_n=\frac{1}{F^{\text{Norm}}}\sum_{k=-N_h}^{N_h}-(2\pi k/T_f)^2H_k\cos\left(\frac{2\pi kn}{N_f}\right) \tag{3.40}$$

此时，星间距离变率和星间距离加速度的滤波公式分别为

$$\dot{R}_i^{\text{out}}=\sum_{n=-N_h}^{N_h}\dot{F}_nR_{i-n}^{\text{raw}} \tag{3.41}$$

$$\ddot{R}_i^{\text{out}}=\sum_{n=-N_h}^{N_h}\ddot{F}_nR_{i-n}^{\text{raw}} \tag{3.42}$$

值得注意的是 F_n 和其导数计算之后，可以用于后续所有数据的滤波，无须重新计算。

KBR1A 数据 CRN 滤波具体参数取值[10]如表 3.2 所示。

表 3.2　KBR1A 数据 CRN 滤波参数

参数	f_s/Hz	N_c	T_f/s	B/Hz	f_0/Hz	N_B	N_f
取值	10	7	70.7	0.1	0.37×10^{-3}	7.07	707

3.2.9　在轨数据处理和结果分析

试验以 2019 年 6 月 8 日 GRACE-FO K 波段测距仪 KBR1A 原始数据（数

据采样率为 10Hz）为例进行处理，同时，钟差产品 CLK1B 用于钟差改正，USO1B 数据提供 K 波段测距仪 K 和 Ka 频率在轨估计值。依据 3.2.1 节～3.2.8 节的数据处理流程和方法对 KBR1A 数据进行处理，生成 XSM KBR1B 产品（XSM，Xi'an Institute of Survey and Mapping）。将 JPL 发布的 KBR1B 产品作为真值，记为 JPL KBR1B，用于后续比较分析。

1）KBR1A 数据分析

基于 KBR1A 数据重点分析了 KBR 原始数据中相位缠绕现象和 K、Ka 频点观测量的数据特性。以 GRACE-FO 卫星的 K 频点相位观测量为例（Ka 频点类似），图 3.4（a）给出了 GRACE-FO 卫星 KBR1A 中 K 频点原始数据。从图 3.4 中可以看出，为了保证 K 波段载波相位观测量的数值精度，每隔一段时间，相位观测量会增加或扣除 10^8 周的常数，以控制 K 频点原始观测量的数值范围，此现象即为相位缠绕，因此观测量每隔一段时间存在跳变。图 3.4（b）

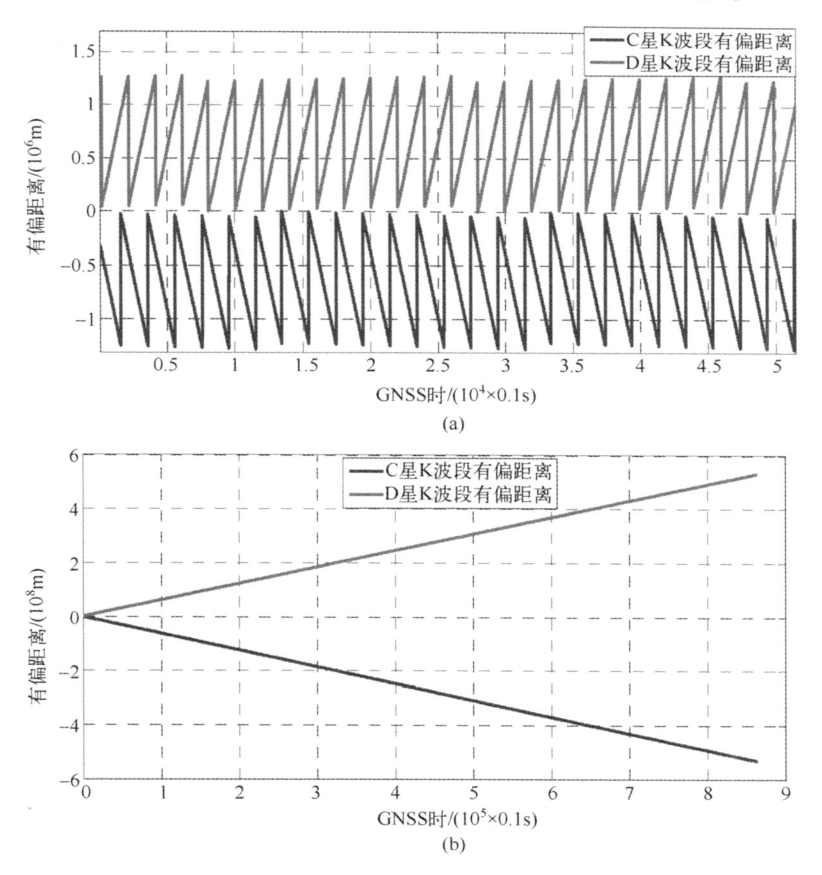

图 3.4　相位缠绕改正前后 K 频点原始相位观测量（见彩图）

给出了相位缠绕改正后的 K 频点原始相位观测量，经过相位缠绕改正，恢复了数据的连续性。

为了分析 K 波段测距仪观测量的变化和受电离层延迟的影响情况，图 3.5 给出了去除趋势项后的 C 星和 D 星的 K 频点有偏距离和电离层延迟变化情况。从图 3.5（a）中可以看出，双星 K 频点有偏距离变化情况高度一致，随着轨道周期变化，且数值变化范围小于 1000m。图 3.5（b）为 Ka 频点有偏电离层延迟（已去除趋势）。从图 3.5 中可以看出，该时段双星间电离层延迟量级在 0.1~1mm 量级，且随轨道周期变化，对于微米级星间测距而言是需要考虑的误差项。

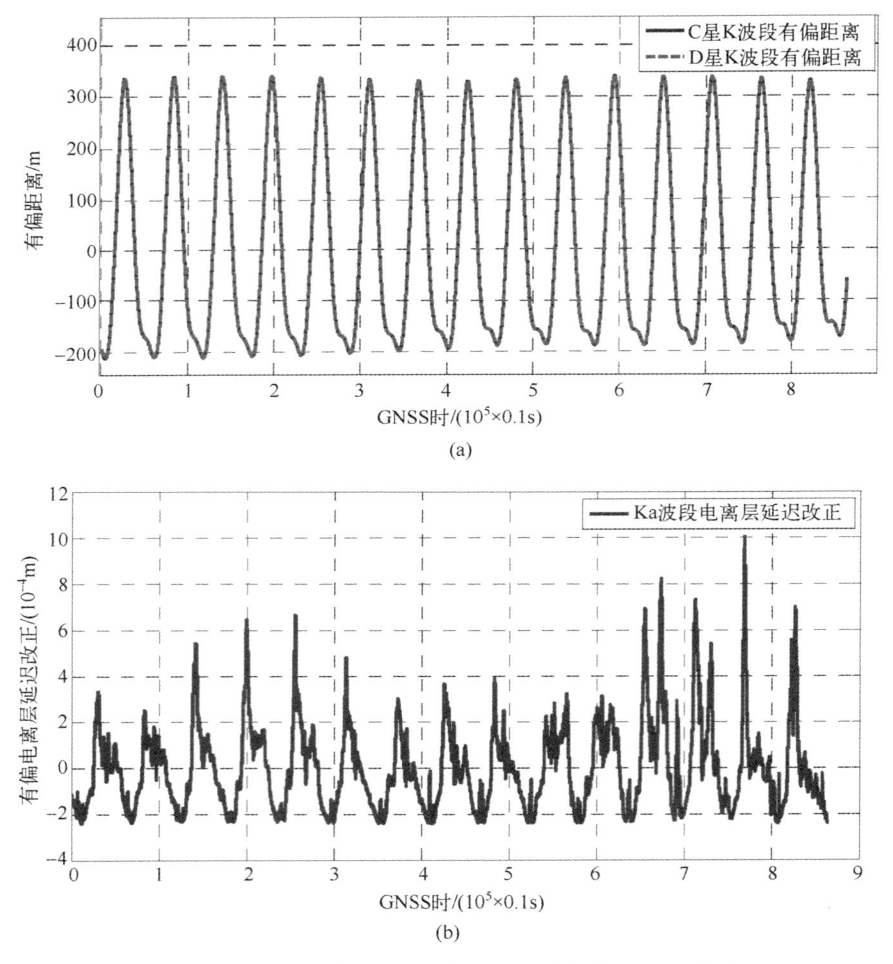

图 3.5　K 频点有偏距离和电离层延迟变化情况（见彩图）

图 3.6 从频域上给出 KBR1A 观测量及其组合观测量的特性。图中红色虚线表示 KBR 设计指标，红色实线表示 K 频点单向观测量振幅谱密度，绿色实线表示 K 频点双单向组合观测量振幅谱密度，黑色实线表示消电离层组合的双单向测距观测量振幅谱密度，紫色实线表示 Ka 频点电离层延迟振幅谱密度。从图 3.6 中可以看出，K 频点观测量中含有各类误差影响（USO 频率不稳定误差和电离层延迟误差等），其振幅谱密度从 $10^{-4}\sim10^{0}$Hz 不断变化且始终大于设计指标。通过双单向观测量组合能够有效抑制 USO 频率不稳定误差影响，剩余误差主要受电离层延迟误差影响。最后形成消电离层组合的双单向测距观测量，能够进一步消除电离层延迟的影响，在 $10^{-4}\sim2\times10^{-2}$Hz，电离层延迟的影响小于重力场信号，$2\times10^{-2}\sim2\times10^{-1}$Hz 电离层延迟影响大于重力异常信号，消除电离层延迟影响后，双单向测距高频部分的噪声水平与设计指标一致。

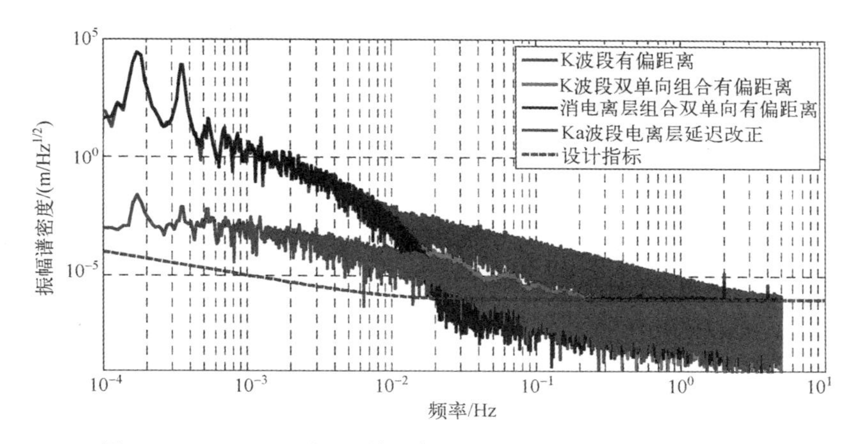

图 3.6　KBR1A 观测量及其组合观测量的振幅谱密度（见彩图）

2）KBR1B 数据精度分析

依据 3.2.1 节~3.2.8 节的数据处理流程和方法对 KBR1A 数据进行处理，生成 XSM KBR1B，并与 JPL 发布的 KBR1B 产品进行比较。图 3.7~图 3.9 分别给出了两种 KBR1B 产品的星间有偏距离、有偏距离变率、有偏距离加速度及其相应的残差和振幅谱密度。

从图 3.7~图 3.9 中可看出，在时域方面，XSM KBR1B 星间有偏距离、有偏距离变率和有偏距离加速度与 JPL KBR1B 产品一致较好，其残差序列不随时间累积，与 JPL 处理结果的差异在 10^{-10}量级且为白噪声序列，而且残差的振幅谱密度从低频到高频部分都非常平稳。另一方面，从图中可以看出，自研软件处理结果与 JPL 发布产品是一致的。图 3.7~图 3.9 的频谱图中，从频域角度能够进一步分析两者的差异，经过预处理后的 KBR 观测量噪声在高频部分（0.1Hz 附近）低于设计指标（图中红线），而且自研软件处理结果与 JPL 发布产品的残差功率谱在 10^{-10} 量级且为白噪声，说明自研软件 KBR 数据处理精度与 JPL 发布结果相当。

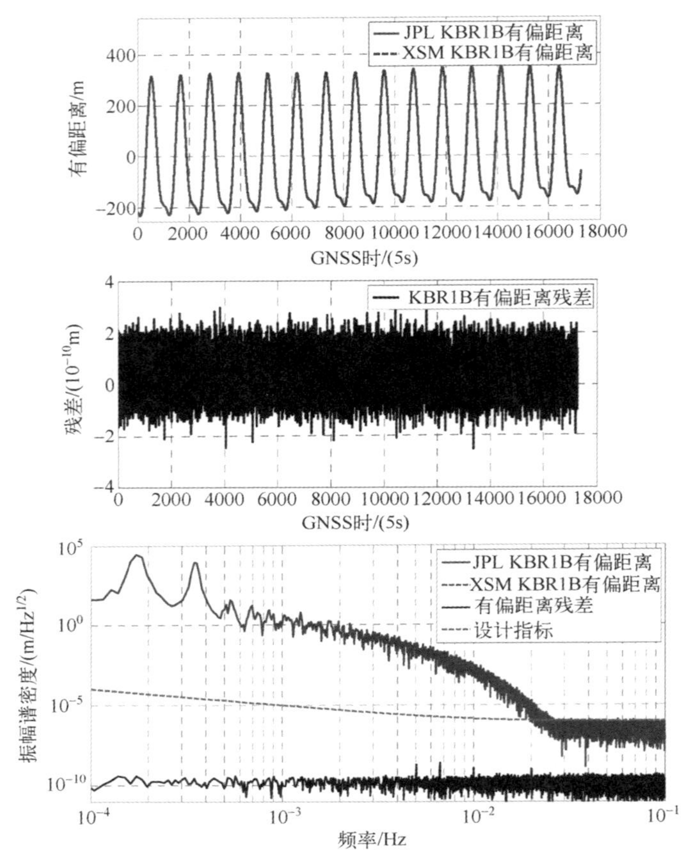

图 3.7　星间有偏距离和有偏距离残差及其振幅谱密度（见彩图）

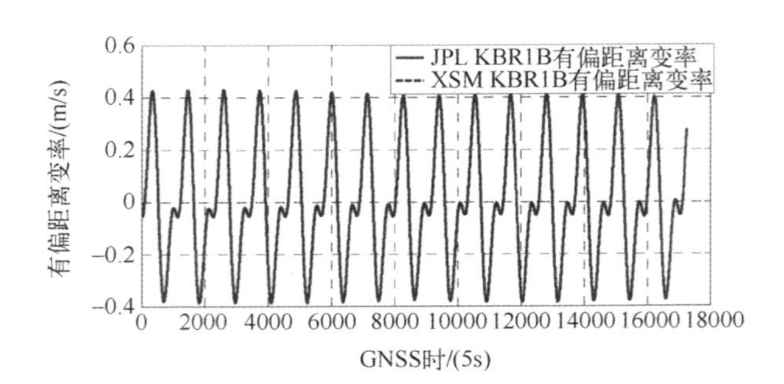

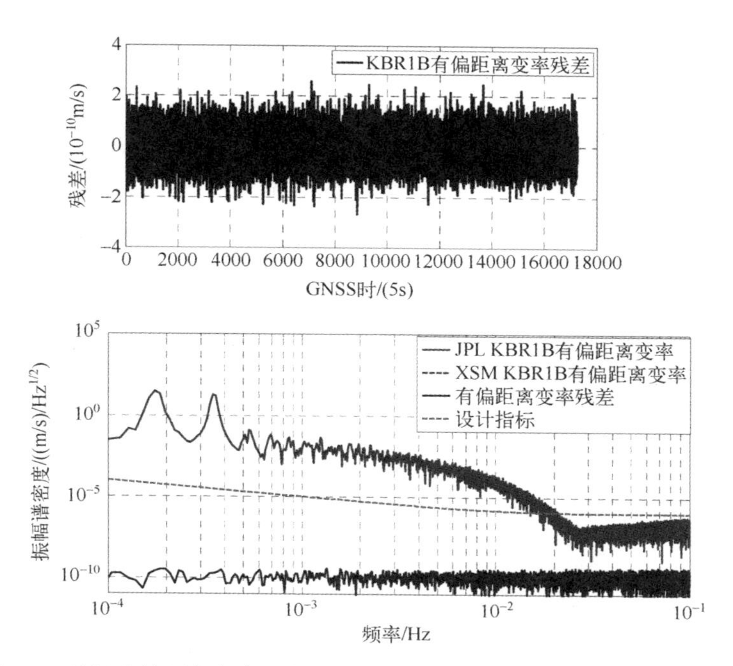

图 3.8　星间有偏距离变率和有偏距离变率残差及其振幅谱密度（见彩图）

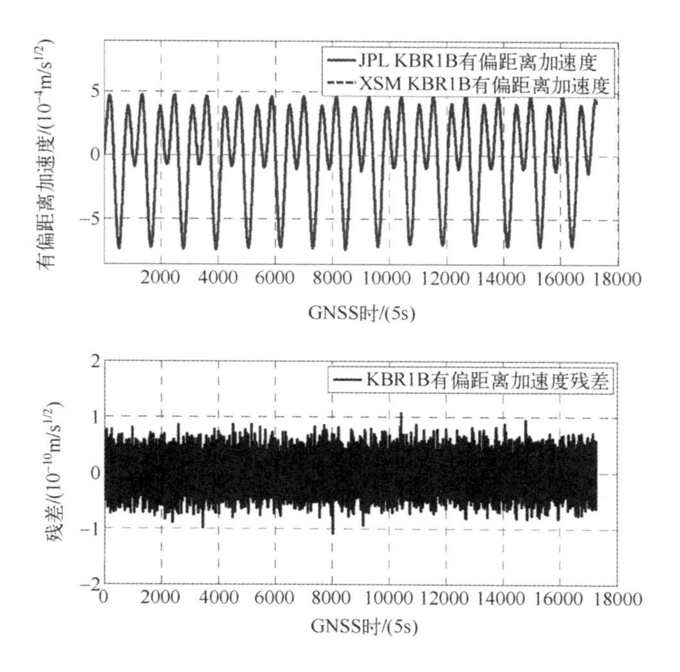

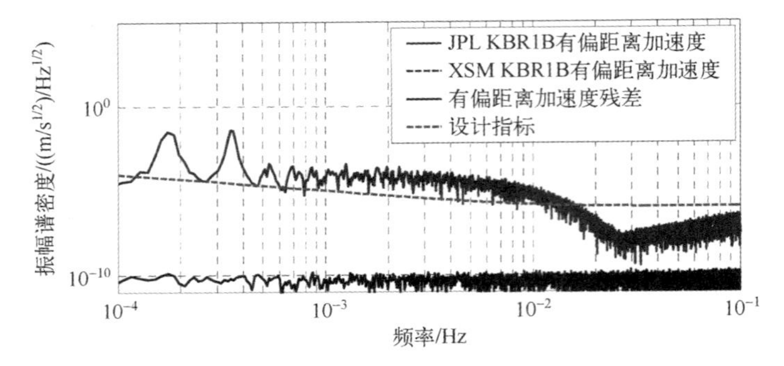

图 3.9　星间有偏距离加速度和有偏距离加速度残差及其振幅谱密度（见彩图）

3.3　加速度计数据预处理

在卫星重力探测系统中，卫星运动轨迹除了受保守力影响外，同时受大气阻力、太阳光压、地球辐射压等非保守力的影响，从卫星所受合力中精确扣除非保守力是精密定轨和高精度重力场反演的关键。国内外重力测量卫星均搭载高精度静电悬浮加速度计，测量精度可达 $10^{-10}m/s^2$，主要用于观测卫星受到的非保守力（包括大气阻力、太阳光压、地球辐射压等）[2,6-7,13]。

静电悬浮加速度计是低低跟踪重力卫星的核心载荷，为开展低轨卫星精密定轨、静态与时变地球重力场反演等研究提供关键数据。由于加速度计精度和灵敏度非常高[14]，卫星平台的各类扰动（主要包括温控开关，冷气推力器推力偏差，磁力矩器干扰和补气阀开关）均会对线性加速度造成影响，进而引入各类异常信号（加速度数据中的尖峰或毛刺）[15-20]，而且不同来源的干扰表现特性各不相同，必须在数据预处理阶段对这些扰动信号进行剔除或建模，恢复加速度计信号中的真实非保守力。Frommknecht 对 GRACE 搭载的加速度计数据中的各类异常进行分析，对于加速度计数据出现的阻尼振荡异常“Twangs”信号，其量级在 $10^{-7}\sim10^{-5}m/s^2$，持续时间 5s 左右，可能由于卫星底部的隔热层的热效应引起（导致卫星平台微形变）[5]；对于加速度数据中出现的“Peaks”毛刺信号，对加速度计三轴观测量均有影响且量级相当，达到 $10^{-8}m/s^2$，主要由温度控制开关引起[7]；除此之外，卫星上的磁力矩器工作也会在加速度计中引入异常毛刺信号[21]。上述这些异常信号主要集中在 0.1Hz 以上的高频部分，低频部分振幅谱密度低于加速度计噪声指标，因此加速度计 1A 数据处理步骤中的低通滤波能够压制此部分异常信号，但其对低于0.1Hz频率部分的影响很难评估，特别是对重力场反演精度的影响。另外，加速度计数据中还存在由姿控推力器推力偏差引起的异常“Spikes”信号，然而数据预处理中并未对此类偏差进行处理[7]。随着GRACE-FO卫星的发射，JPL（Jet Propulsion Laboratory）于2019年发布了GRACE-FO卫星1A级加速度计原始数据（Accelerometer Level-1A Data，ACC1A）、校正数据（Calibrated Accelerometer Level-1A Data，ACT1A）和校正数据说明文档[19]，给出了加速度计1A级数据校正步骤，对于加速度计中量级较大的异常信号主要依据经验阈值进行剔除，对姿控推力器推力偏差引起的异常采用模型值进行替换，其余异常并未处理。同时，GRACE-FO卫星数据预处理算法仍然在研究和改进，特别是D星加速度计工作异常后，目前采用C星迁移的加速度计数据代替。然而，此种数据处理策略导致反演的重力场模型中C20和C30项精度较低，只能采用SLR（Satellite Laser Ranging）确定的系数代替[22-23]，JPL等官方研究机构对于D星原始数据的预处理方法仍然在研究中。当前，基于GRACE/GRACE-FO卫星载荷数据反演的静态和时变地球重力场模型精度仍未达到Kim博士模拟计算的GRACE基准精度，其重要原因就与载荷数据处理精度仍未达到预期有关[6-7,24]。因此，对加速度计1A级数据（原始观测量）到1B级数据（用于反演重力场）的预处理尤为重要，是重力卫星实现预期科学目标的关键任务和核心技术，将直接影响反演重力场的精度。

加速度计数据处理关键步骤是从1A级到1B级数据处理。加速度计1A级到1B级数据处理主要包括数据异常剔除、数据缺失插值补齐、推力模型替换、观测量时标校正、数据重采样、低通滤波和数据降采样等步骤[10]，其目的在于对ACC1A观测量中各类异常进行处理（剔除或建模），为重力场反演提供“干净”的输入数据。

加速度计1A级数据到1B级数据处理的详细步骤如下：

第一步，从加速度计ACC1A文件中读取加速度计X、Y、Z三轴线加速度（加速度计坐标系）和观测量时标（星上计算机时标）。

第二步，读取推力器事件THR1A数据，依据推力器事件，将加速度计中的推力偏差异常信号进行标记，然后对剩余的异常值，依据线加速度粗差阈值表[19]进行探测和标记，最后对数据间断也进行探测和标记。

第三步，对标记的各类异常进行剔除，然后采用线性或多项式插值方法进行补齐，对于长弧段数据间断则不进行插值（间断超过100s）[10]，同时依据推力器模型值（从文献［19］获取），对标记为冷气推力器工作时刻的加速度计数据进行替换，恢复真实的加速度计信号，此时生成中间产品称为推力校正产品 ACT1A。

第四步，利用 TIM1B 和 CLK1B 等钟差产品，将加速度计观测时标由星上计算机时改正到 GNSS 时。由于钟差改正导致的 GNSS 时标为非均匀小数，需要对加速度计数据进行重新采样，使加速度计数据恢复到整齐采样间隔。

第五步，对上述处理的加速度计数据进行低通滤波（CRN 滤波）和降采样处理，去除数据中的高频噪声，避免降采样引入混频噪声影响，最后将数据从加速度计坐标系转换到科学坐标系，生成加速度计 ACT1B 产品。

3.3.1 粗差处理

加速度计数据不可避免存在粗差和数据间断等异常。因此数据预处理过程中，必须对各类异常进行探测。

1）间断识别

对于数据间断的探测和识别，首先依据观测文件中的数据质量标识和卫星事件文件 SOE（Sequence of Events）中的记录进行判断，标记间断数据，同时通过历元间时标分析，对剩余的数据间断进行标记。对于短时间数据间断（小于 100s）采用插值方法补齐数据，对于长时间的数据间断则不做处理。

2）异常毛刺信号识别

加速度计数据异常主要包含补气阀门开关引起的异常毛刺、温控开关引入的毛刺信号、星上环境变化引入的异常毛刺信号等。GRACE/GRACE-FO 加速度计数据的粗差包含“Twangs”“Peaks”“Spikes”等异常信号。其中，阻尼振荡“Twangs”异常可能由卫星底部的隔热层的热效应引起（导致卫星平台微形变），“Peaks”主要由温控开关和磁力矩器工作引起，“Spikes”则主要由推力器推力偏差引起，在推力器事件 THR1A 文件中均有记录。

对于加速度计数据异常事件有记录的，依据记录的时刻对观测量异常进行识别和剔除，例如：读取温度控制、补气阀门开关数据或内务数据，基于温度控制、补气阀门开关数据，对温度控制、补气阀门开关引起的粗差进行定位，并剔除。若没有相应记录则应进行探测并剔除粗差影响。异常探测可采用经验阈值法或数据滤波（滑动平均）的方法，构建异常探测值与经验阈值进行比较。对于剔除异常数据后续进行插值补齐（数据插值可采用线性插值或低阶多项式插值法）。基于滑动平均的异常探测值如下所示：

$$\Delta a = a_k - \frac{1}{n-1}\sum_{k-n}^{k-1} a_i \tag{3.43}$$

式中：Δa 为异常探测值；a_k 为当前历元加速度计数据；a_i 为 k 历元之前的数据。

GRACE-FO 加速度计数据粗差的经验阈值[19]如表 3.3 所示，由于低低跟踪重力卫星轨道高度在 300~500km，受到的空间环境的非保守力变化小于 10^{-7}m/s^2，因此粗差阈值的选取主要依据此来设定。对于小于阈值的粗差，目前并未处理而是通过低通滤波抑制粗差的影响。

表 3.3 GRACE-FO 加速度计粗差阈值（加速度计坐标系）

坐 标 轴	X	Y	Z
粗差阈值/(m/s^2)	$\pm1.0\times10^{-7}$	$\pm3.0\times10^{-7}$	$\pm1.5\times10^{-7}$

对于推力器推力不均匀引入的粗差，主要通过读取推力器事件产品，将 1A 数据中的推力器事件数据剔除并标记。对推力异常数据后续进行插值补齐并采用推力模型替换。

3.3.2 异常数据插值

加速计数据间断和粗差等异常剔除，使得数据在时域上非连续，因此需要对异常出现的空缺进行填补，数据间断的填补可通过拉格朗日插值算法，对线加速度数据和角加速度数据间断进行填补。

通过空缺时间段附近的数据点对数据进行插值，获取空缺时间段的数据，该填补方式可将数据大体趋势保留，便于后续数据滤波。对于空缺大于 100s 的数据则不进行填补。

3.3.3 推力模型改正

依据推力器事件 THR1A 文件数据，定位该卫星加速度计 1A 数据中三轴线加速度数据中的推力器事件数据段，对推力偏差引起的异常进行标记，将该时刻前一历元和之后多个历元的数据剔除（剔除共 1s 数据），对剔除异常后的数据空缺通过插值补齐。

在推力偏差标记时刻，将推力偏差标定模型依据推力器工作持续时间，加入到插值数据，恢复真实推力偏差引入的线加速度，生成三轴加速度计推力器偏差重标定数据。

$$\Delta a = F \cdot \frac{\mathrm{d}t}{\Delta t} \tag{3.44}$$

式中：Δa 为推力器事件引起的推力偏差；F 为推力偏差标定值，可从文献［19］中获取；$\mathrm{d}t$ 为前后历元间的推力持续时间；Δt 为前后历元间隔。值得注意的是，dt 的值小于 Δt，注意与推力器工作持续时间区别。

3.3.4　时标校正和数据重采样

时标校正主要目的是将加速度计载荷观测量的时标统一到 GNSS 时。对于 GRACE/GRACE-FO 卫星，其观测量的时标为在轨计算机时间（Onboard Computer Time，OBC），首先需要将其改正到接收机时刻，需要用到 TIM1B 产品，然后利用精密钟差改正文件（CLK1B 产品），将时标校正到 GNSS 时。可表达为下式：

$$\begin{cases} t_{\mathrm{R}} = t_{\mathrm{OBC}} + \Delta t_{\mathrm{OBC}}^{\mathrm{R}} \\ t_{\mathrm{GNSS}} = t_{\mathrm{R}} + \Delta t_{\mathrm{CLK}} \end{cases} \tag{3.45}$$

式中：t_{R}、t_{OBC}、t_{GNSS} 分别表示星上接收机时、计算机时和 GNSS 时；Δt 为钟差改正。

对接收机时标进行钟差修正后，此时观测量对应的时标为非整齐时标，需要将时标调整为整齐时标，便于后滤波处理。因此需要对观测量进行重采样处理，可采用线性插值或多项式插值法进行重采样。

3.3.5　高频噪声抑制

加速度计 ACC1A 原始测量数据采样频率是 10Hz，而 ACT1B 数据的采样频率是 1Hz，因此需要对数据进行降采样。在数据降采样之前，为避免高频信号混叠到低频信号，必须做低通滤波，可采用有限冲激响应（FIR）滤波器，如 CRN 数字滤波器，消除或抑制数据中的高频噪声。

对线加速度数进行低通滤波处理，去除高频噪声的影响，将线加速度数据降采样至 1Hz，采用的滤波器为 CRN 滤波器，可表示成如下方程形式：

$$a_i^{\mathrm{out}} = \sum_{n=-N_{\mathrm{h}}}^{N_{\mathrm{h}}} F_n a_{i-n}^{\mathrm{raw}} \tag{3.46}$$

式中：F_n 为时域滤波器权重函数；a_{i-n}^{raw} 为采样率 10Hz 的原始输入数据；a_i^{out} 为采样率 1Hz 的输出数据；其他符号与前文相同。加速度计数据 CRN 滤波具体参数取值如表 3.4 表示。

表 3.4　加速度计数据 CRN 滤波参数

参　数	f_s/Hz	N_c	T_f/s	B/Hz	f_0/Hz	N_B	N_f
取值	10	7	140.7	0.035	0.37×10^{-3}	4.9245	1407

对角加速度数据进行平滑处理，除去高频噪声，将角加速度数据降采样至 1Hz。对于角加速度数据的低通滤波，直接采用平均值法，如下所示：

$$a_i^{\text{out}} = \frac{1}{N}\sum_{k=1}^{N} a_{i+k-\frac{N}{2}}^{\text{raw}} \tag{3.47}$$

通过对 i 点附近的 N 个值进行求和取平均。将滤波后的数据进行坐标系间转换，依据加速度计安装位置，质心偏差等数据将线加速度，角加速度数据由加速度计坐标系转换到卫星坐标系，得到1B级加速度计数据产品。

3.3.6 在轨数据处理和结果分析

实验以某天 GRACE-FO 加速度计 ACC1A 原始数据（数据采样率为10Hz）为例进行处理，同时，钟差产品为 TIM1B 和 CLK1B，用于钟差改正，推力器事件 THR1A 数据用于标记推力器推力偏差异常。依据前文的数据处理流程和方法对 ACC1A 数据进行处理，分别生成 ACT1A 和 ACT1B。将 JPL 发布的 ACT1A 和 ACT1B 产品作为参考值，用于后续比较分析。

1）加速度计数据各类异常分析

首先，基于 ACC1A 数据重点分析了加速度计原始数据中姿控推力器推力偏差、磁力矩器干扰、温控开关影响、阻尼振荡等各类异常影响的量级。图3.10给出了加速度计 ACC1A 数据三轴线加速度，从图中可以看出加速度计

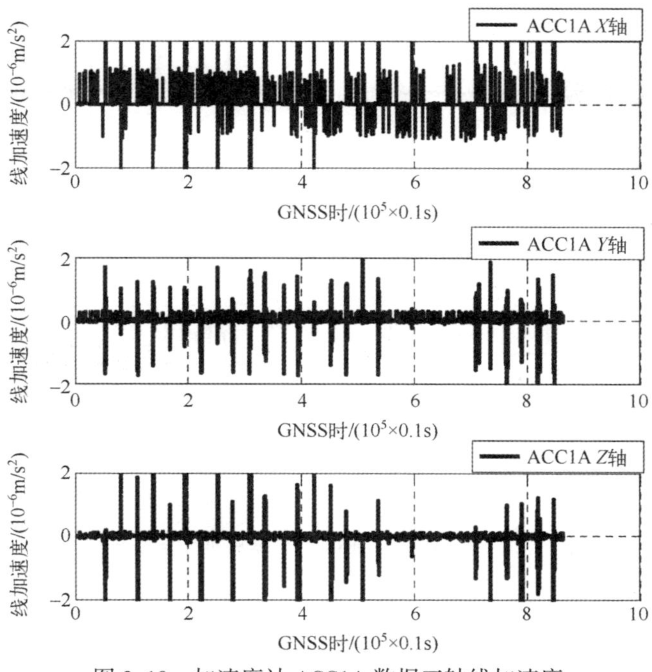

图3.10 加速度计 ACC1A 数据三轴线加速度

测量的三轴非保守力存在大量毛刺异常信号，正常情况下 GRACE-FO 卫星轨道处的非保守力大小在 10^{-8}量级，然而由于星上各类干扰，特别是冷气推力器工作引入了大量的毛刺信号，使得加速度计测量的非保守力特性被各类毛刺异常掩盖，因此需要对各类异常进行处理。

为了更好地分析各类毛刺异常的影响，对 ACC1A 进行 CRN 高通滤波，去除低频信号（各类异常主要为高频信号）。图 3.11 给出了加速度计 ACC1A 数据中 X 轴阻尼振荡异常、温控开关引起的异常、冷气推力器推力偏差异常和磁力矩器工作引入的干扰异常。从图中可以看出，与 GRACE 卫星加速度计数据类似，GRACE-FO 加速度计数据也存在阻尼振荡异常“Twangs”信号，但其量级在 10^{-8}m/s^{2}左右相比 GRACE 加速度计数据较小[5]，持续时间 5s 左右；温控开关引入的“Peaks”毛刺信号，量级在 10^{-8}m/s^2，由于温控开关每几秒激活一次，使得加速度计数据中存在大量毛刺且不具有规律性；磁力矩器工作引入的“Peaks”毛刺信号与磁力矩器工作机制有关，量级在 10^{-8}m/s^2，具有呈时段分布特性。冷气推力器推力偏差引入的毛刺信号，在 THR1A 文件中均有记录，其对加速度计不同轴影响量级不同，量级最大可达 $10^{-5}\sim10^{-6}$m/s^2，且持续时间与推力器喷气时间有关。

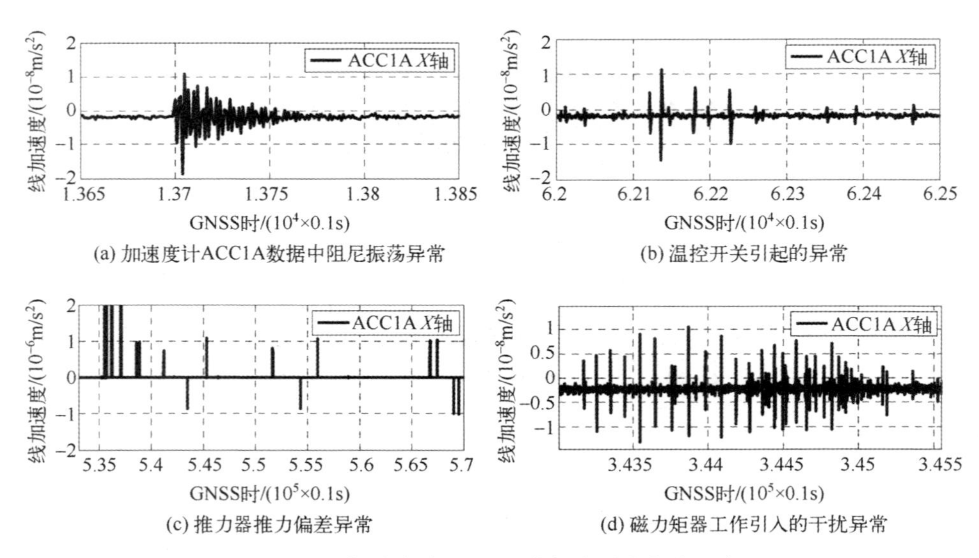

(a) 加速度计ACC1A数据中阻尼振荡异常

(b) 温控开关引起的异常

(c) 推力器推力偏差异常

(d) 磁力矩器工作引入的干扰异常

图 3.11　加速度计 ACC1A 数据序列中各类异常

2）加速度计数据异常处理和推力偏差校正

实际上，阻尼振荡异常、温控开关和磁力矩器工作引入的异常为高频信号，后续加速度计数据低通滤波能够有效抑制高频信号的影响，因此 JPL 在数据预处理中并未对这部分异常进行处理。推力偏差异常由冷气推力器推力偏差等引起，对卫星施加了非保守力，通过低通滤波无法消除，因此需要采用推力异常建模的方式进行校正。依据前文粗差探测和推力器推力偏差异常校正方法，对加速度计 ACC1A 数据进行处理，生成 ACT1A 数据。图 3.12 给出了 ACC1A 和 ACT1A 数据的三轴线加速度对比。从图中可以看出，经过异常处理和推力器推力偏差校正后，三轴线加速度中的粗差和推力偏差异常信号得到明显抑制，尤其是 Z 轴。另外推力器推力偏差对三轴线加速度数据的影响并不相同，主要是因为卫星的姿态控制策略采用磁力矩器和冷气推力器相互配合的方式，只有当磁力矩器无法满足姿态调整需求时，才采用冷气推力器进行姿态控制。由于地球磁场分布特性，偏航姿态（对应 X 轴）主要由推力器进行维持，推力器工作更加频繁，俯仰和滚动姿态（对应 Y 轴和 Z 轴）主要由磁控进行维持，推力器工作较少。另外，推力器工作持续时间越长，推力越大，推力模型替换值也越大。以上原因导致推力异常校正后 X 轴的剩余毛刺要多于 Y 轴和 Z 轴。

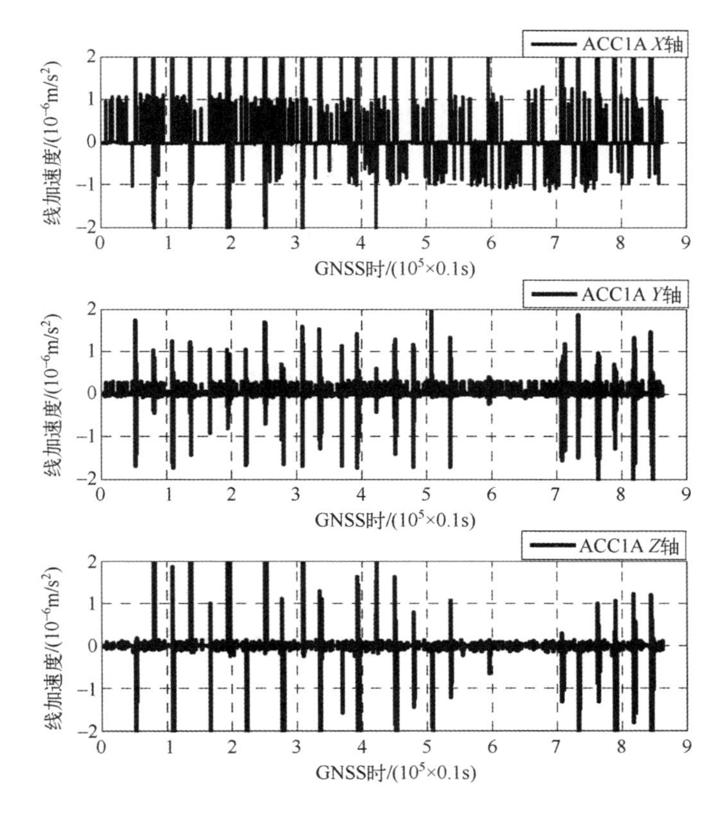

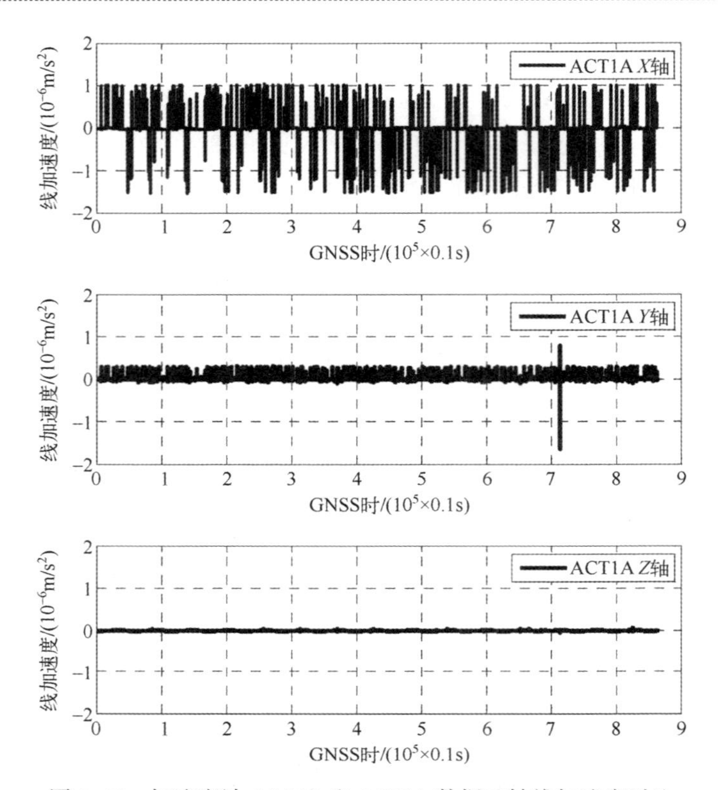

图 3.12　加速度计 ACC1A 和 ACT1A 数据三轴线加速度对比

为更好地分析粗差和推力偏差异常处理前后加速度计数据的差异，图 3.13 对 ACC1A 和 ACT1A 三轴线加速度计数据进行了叠加分析，并进行了幅度谱密度分析。从图 3.13 中可以更清楚地看出，粗差和推力器推力偏差校正后，三轴的线加速度幅度谱密度明显改善，由于 Z 轴推力器工作较少，Z 轴推力偏差校正后线加速度幅度谱密度改善最大（大于 10^{-2}Hz 的频段），大于 30mHz 频段的噪声特性已经与设计指标基本一致，而且推力偏差对加速度计的影响不仅在高频部分，在重力测量信号的频带内（10^{-4} ~ 10^{-1}Hz）也有影响，如 X 轴，采用低通滤波无法完全抑制推力偏差的影响。

同时，为了验证加速度计数据处理精度，将 3.3.6 节处理的 ACT1A 数据简称为 XSM ACT1A，与 JPL 发布的 ACT1A 数据产品，简称 JPL ACT1A，进行比较分析，如图 3.14 所示。图 3.14 给出了两种 ACT1A 产品的三轴线加速度和残差幅度谱密度（XSM ACT1A 产品与 JPL ACT1A 产品作差，将 JPL ACT1A 产品当成真值）。从图中可以看出，加速度计 XSM ACT1A 数据处理精度与 JPL

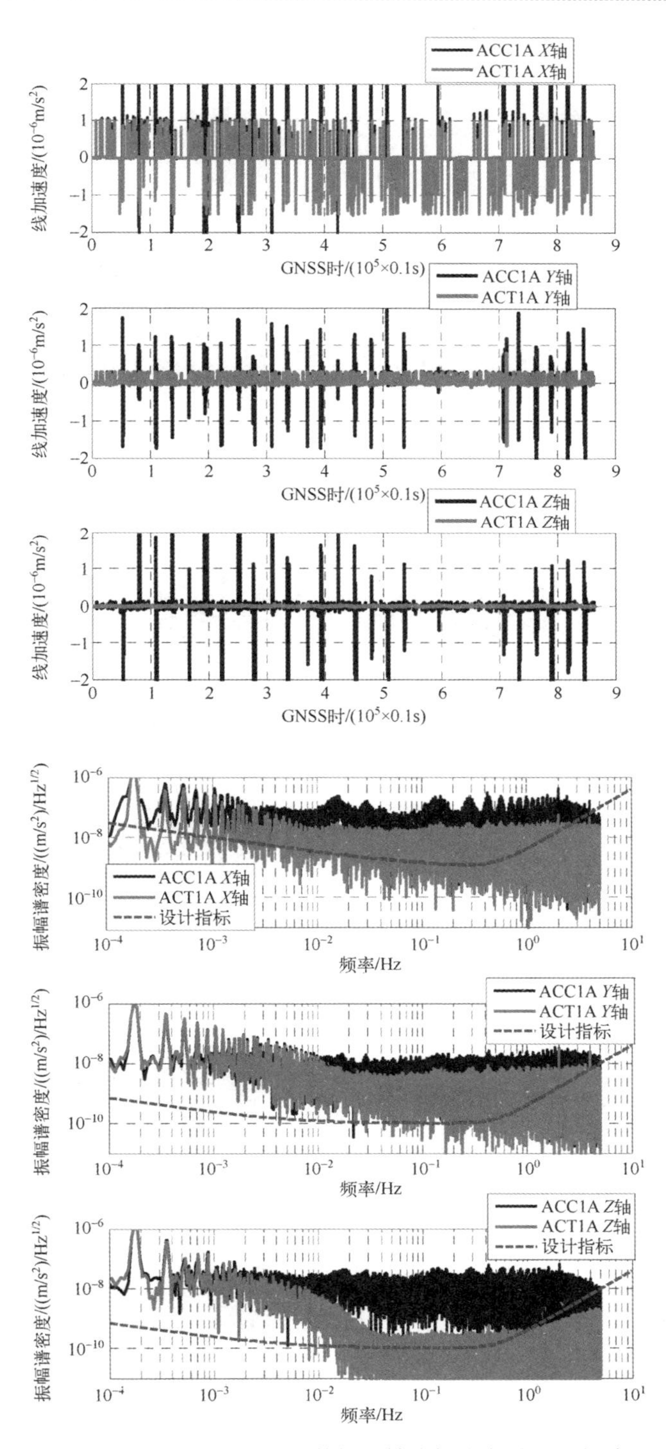

图 3. 13　加速度计 ACC1A 和 ACT1A 数据三轴线加速度对比（频域）（见彩图）

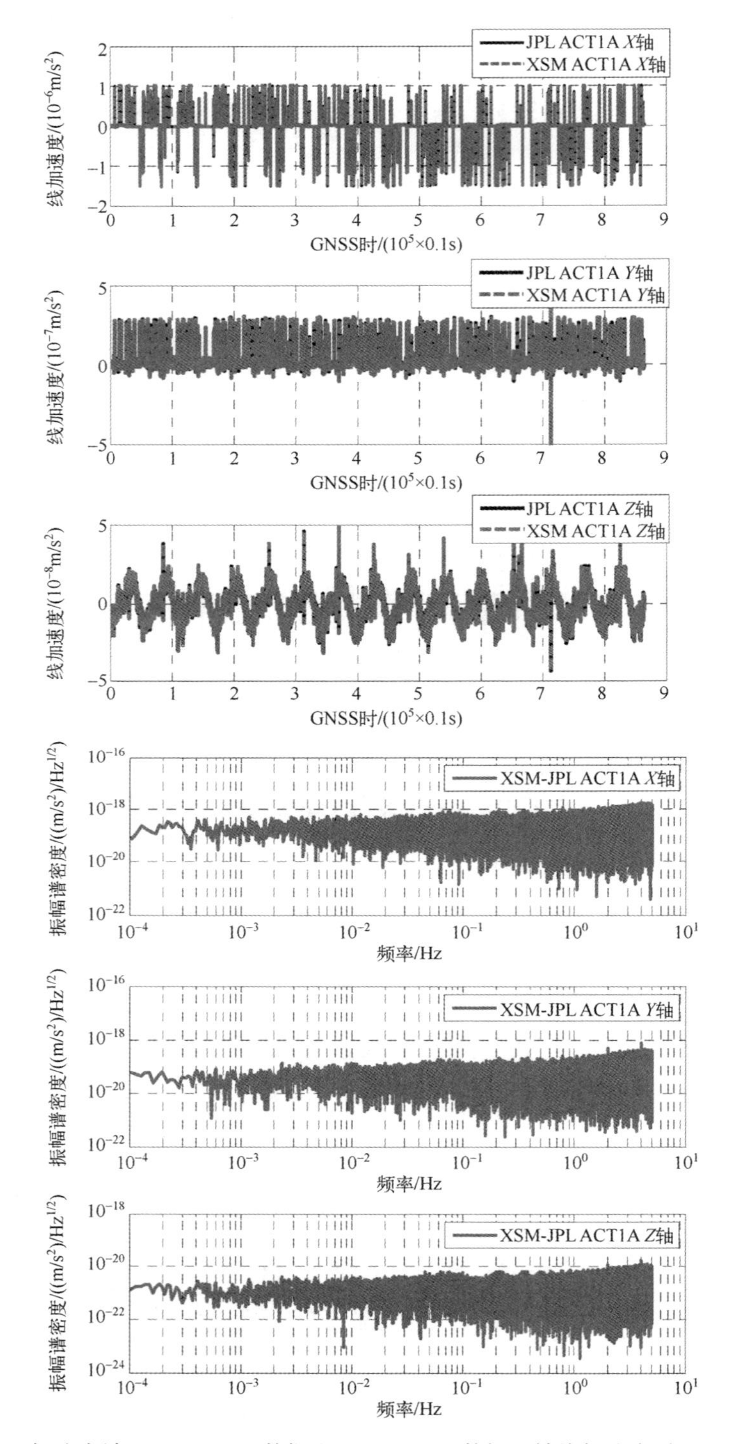

图 3.14　加速度计 XSM ACT1A 数据和 JPL ACT1A 数据三轴线加速度对比（见彩图）

发布的 ACT1A 数据产品精度基本一致，三轴线加速度残差中误差优于 10^{-17} m/s²，残差幅度谱密度优于 10^{-18}(m/s²)/Hz$^{1/2}$，两者的差异远低于加速度计的测量噪声 10^{-10} m/s²。

3）加速度计 ACT1B 数据精度分析

依据上述生成的 XSM ACT1A 数据，利用 TIM1B 和 CLK1B 等钟差产品，将加速度计观测时标由星上计算机时改正到 GNSS 并进行重采样，然后进行 CRN 低通滤波和降采样处理，生成加速度计 ACT1B 产品。为了验证本文的加速度计数据处理精度，将 3.3 节处理的 ACT1B 数据简称为 XSM ACT1B，与 JPL 发布的 ACT1B 数据产品，简称 JPL ACT1B，进行比较分析，如图 3.15 所示。图 3.15 给出了两种 ACT1B 产品的三轴线加速度和残差幅度谱密度（XSM ACT1B 产品与 JPL ACT1B 产品作差，将 JPL ACT1B 产品当成真值）。从图 3.15 中可以看出，经过低通滤波处理后，三轴加速度计数据中的推力偏差得到抑制，恢复了非保守力特性，非保守力与卫星轨道周期存在明显相关，同时加速度计 XSM ACT1B 数据处理精度与 JPL 发布的 ACT1B 数据产品精度基本一致，三轴线加速度残差中误差优于 10^{-11} m/s²，残差幅度谱密度优于 10^{-12}(m/s²)/Hz$^{1/2}$，两者的差异低于加速度计的测量噪声 10^{-10} m/s²，说明本章节的加速度计数据处理产品精度较高，可以用于后续重力场反演。由于钟差改正和数据重采样会引入数值误差，XSM ACT1B 产品与 JPL 产品的残差相比 ACT1A 产品之间的残差会变大。需要说明的是，依据误差理论，残差中误差低于加速度计精度指标的 1/3，则可以认为两种产品是一致的，其差异可忽略不计。因此用 3.3 节独立解算 ACT1B 产品进行重力场模型反演与 JPL 提供的产品反演的模型精度是一致的（其他产品和反演算法一致的情况下）。

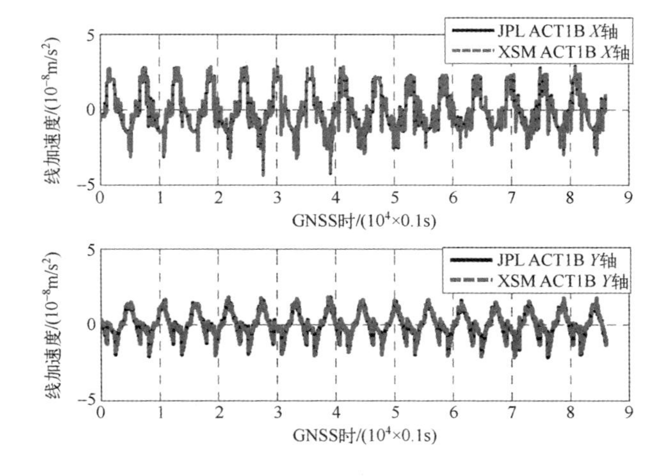

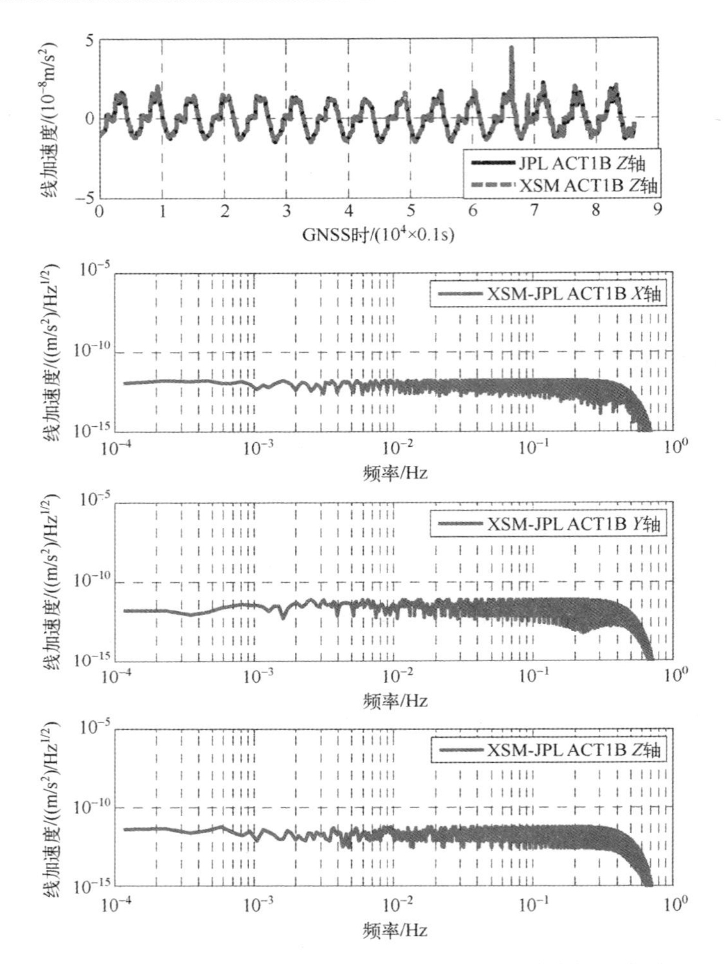

图 3.15 加速度计 XSM ACT1B 数据和 JPL ACT1B 数据三轴线加速度对比（见彩图）

3.4 星敏感器数据预处理

恒星敏感器主要用于确定卫星在惯性系下的姿态。通常每颗卫星均安装了三个星敏感器，能够保证至少两个星敏感器同时观测，从而提高姿态确定精度。星敏感器数据处理关键步骤是从 SCA 1A 级到 1B 级数据处理。SCA 1A 级到 1B 级数据处理主要包括 SCA 科学数据中数据异常剔除、数据缺失插值补齐、观测量时标校正（时间同步）、多星敏融合定姿、数据重采样、低通滤波和数据降采样等步骤[10]。

3.4.1 粗差处理

星敏感器观测得到的四元数表示星敏感器参考坐标系（SSRF）相对于惯性坐标系（IRF）的定向，也就是四元数表示从惯性坐标系到星敏感器参考坐标的旋转。为了便于数据处理，观测得到的四元数要转换至卫星参考坐标系（SRF），由下式表示：

$$\boldsymbol{Q}_{\text{irf}}^{\text{srf}}=\boldsymbol{Q}_{\text{irf}}^{\text{ssrf}}\cdot Q_{\text{ssrf}}^{\text{srf}} \tag{3.48}$$

式中：$\boldsymbol{Q}_{\text{ssrf}}^{\text{srf}}$表示由星敏感器参考系统到卫星坐标系的转换，该转换矩阵可以在飞行前地面校准时测定，记录在时间顺序记录文件（SOF）中，转换矩阵的精度足够高，在建立误差模型时可以不予考虑。

由于四元数的符号同时发生改变所表示的定向角度不变，因此四元数序列中会存在符号翻转现象，造成数据不连续，在粗差探测前应该对四元数数据的不连续性进行探测和改正。四元数数据不连续可通过四元数序列的一阶导数来识别，通过将已识别的四元数和所有后续的四元数乘以-1来消除已识别的数据不连续性。

低低跟踪重力卫星在科学观测模式下，卫星姿态不会发生突然变化，因此星敏感器四元数数据不会出现突变情况，当四元数数据变化超过某一阈值时，可以确定该观测值含有粗差，进行剔除。为了进行粗差检测，需要有参考值做比较，参考值有多种途径获得。一种方式是与惯性系下卫星位置和速度导出的姿态四元数或欧拉角进行比较分析，剔除大的粗差。由惯性坐标系下的卫星轨道信息构建科学坐标系（Science Reference Frame，SRF）如下所示：

$$\begin{cases}\boldsymbol{Z}_i=-\boldsymbol{R}_i/|\boldsymbol{R}_i|\\ \boldsymbol{Y}_i=\boldsymbol{Z}_i\times\dot{\boldsymbol{R}}_i/|\boldsymbol{Z}_i\times\dot{\boldsymbol{R}}_i|\\ \boldsymbol{X}_i=\boldsymbol{Y}_i\times\boldsymbol{Z}_i/|\boldsymbol{Y}_i\times\boldsymbol{Z}_i|\end{cases} \tag{3.49}$$

式中：$\boldsymbol{R}_i$、$\dot{\boldsymbol{R}}_i$为惯性系下卫星的位置和速度矢量；$\boldsymbol{X}_i$、$\boldsymbol{Y}_i$、$\boldsymbol{Z}_i$为惯性系下SRF的三个坐标分量。则惯性系到SRF的转换矩阵为

$$\boldsymbol{A}=[\boldsymbol{X}_i,\boldsymbol{Y}_i,\boldsymbol{Z}_i] \tag{3.50}$$

惯性系下卫星位置和速度导出的姿态四元数为

$$\begin{cases} q_0=\pm\dfrac{1}{2}\sqrt{(1+x_1+y_2+z_3)} \\ q_1=\dfrac{1}{4q_0}(y_3-z_2) \\ q_2=\dfrac{1}{4q_0}(z_1-x_3) \\ q_3=\dfrac{1}{4q_0}(x_2-y_1) \end{cases} \tag{3.51}$$

另一种方式是将多个星敏观测量转到同一坐标下，各元素相互比较，剔除大的粗差。当仅有一个星敏可用时，由于卫星姿态变化较为缓慢，可以利用前后历元姿态差异进行粗差剔除。

3.4.2 时标校正

时标校正主要目的是将星敏感器观测量的时标统一到 GNSS 时，对于 GRACE/GRACE-FO 卫星，其星敏感器观测量的时标为接收机，需要利用精密钟差改正文件（CLK1B 产品），将时标校正到 GNSS 时，即有

$$t_{\mathrm{GNSS}}=t_{\mathrm{r}}+\Delta t_{\mathrm{clk}} \tag{3.52}$$

式中：t_{GNSS}、t_{r}、Δt_{clk}分别表示 GNSS 时间、接收机时间和接收机钟差。

对接收机时标进行钟差修正后，此时观测量对应的时标为非整齐时标，需要将时标调整为整齐时标，便于后续滤波处理以及与其他载荷协同处理。因此需要对观测量进行重采样处理，可采用线性插值或多项式插值法进行重采样。

3.4.3 姿态矩阵计算

姿态四元数是具有四个元素的超复数，它可以描述一个坐标系或一个矢量相对于另一个坐标系的旋转，即一个坐标系相对于另一个坐标系的姿态。定义如下：

$$\begin{cases} q_0=\cos(\sigma/2) \\ \boldsymbol{q}=[q_1 \quad q_2 \quad q_3]^{\mathrm{T}}=\sin(\sigma/2)\boldsymbol{e} \end{cases} \tag{3.53}$$

式中：σ 为欧拉转角；$\boldsymbol{e}$ 为欧拉转轴。将这四个元素按如下列向量形式组合：

$$\bar{\boldsymbol{q}}=\begin{bmatrix} q_0 \\ \boldsymbol{q} \end{bmatrix}=[q_0 \quad q_1 \quad q_2 \quad q_3]^{\mathrm{T}} \tag{3.54}$$

在选定的参考坐标系中，如果一个坐标系的姿态四元数为$\bar{\boldsymbol{q}}$，则该坐标系

的姿态矩阵为

$$
\boldsymbol{A}(\bar{\boldsymbol{q}})=\begin{bmatrix} 2(q_0^2+q_1^2)-1 & 2(q_1q_2+q_0q_3) & 2(q_1q_3-q_0q_2) \\ 2(q_1q_2-q_0q_3) & 2(q_0^2+q_2^2)-1 & 2(q_2q_3+q_0q_1) \\ 2(q_1q_3+q_0q_2) & 2(q_2q_3-q_0q_1) & 2(q_0^2+q_3^2)-1 \end{bmatrix} \tag{3.55}
$$

反过来，如果已知一个坐标系对选定的参考系的姿态矩阵为

$$
\boldsymbol{A}=\begin{bmatrix} A_{11} & A_{12} & A_{13} \\ A_{21} & A_{22} & A_{23} \\ A_{31} & A_{32} & A_{33} \end{bmatrix} \tag{3.56}
$$

可利用下述关系求出坐标系的姿态四元数：

$$
q_0=\frac{1}{2}(1+A_{11}+A_{22}+A_{33})^{\frac{1}{2}} \tag{3.57}
$$

当 $q_0 \neq 0$ 时，有

$$
\begin{cases} q_1=\dfrac{1}{4q_0}(A_{23}-A_{32}) \\ q_2=\dfrac{1}{4q_0}(A_{31}-A_{13}) \\ q_3=\dfrac{1}{4q_0}(A_{12}-A_{21}) \end{cases}
$$

当 $q_0=0$ 时，有

$$
\begin{cases} q_1=\dfrac{1}{2}(1+A_{11}) \\ q_2=\dfrac{1}{2}(1+A_{22}) \\ q_3=\dfrac{1}{2}(1+A_{33}) \end{cases}
$$

若按转序 3-1-2 进行三次欧拉转动，得到一坐标系的姿态角（φ,θ,ψ），则此姿态角与四元数之间的换算关系为

$$
\begin{bmatrix} \varphi \\ \theta \\ \psi \end{bmatrix}=\begin{bmatrix} \sin^{-1}[2(q_2q_3+q_0q_1)] \\ \tan^{-1}\dfrac{[2(q_1q_3-q_0q_2)]}{1-2(q_0^2+q_3^2)} \\ \tan^{-1}\dfrac{[2(q_1q_2-q_0q_3)]}{1-2(q_0^2+q_2^2)} \end{bmatrix} \tag{3.58}
$$

$$\begin{bmatrix} q_0 \\ q_1 \\ q_2 \\ q_3 \end{bmatrix} = \begin{bmatrix} \cos\frac{\varphi}{2}\cos\frac{\theta}{2}\cos\frac{\psi}{2}-\sin\frac{\varphi}{2}\sin\frac{\theta}{2}\sin\frac{\psi}{2} \\ \sin\frac{\varphi}{2}\cos\frac{\theta}{2}\cos\frac{\psi}{2}-\cos\frac{\varphi}{2}\sin\frac{\theta}{2}\sin\frac{\psi}{2} \\ \cos\frac{\varphi}{2}\sin\frac{\theta}{2}\cos\frac{\psi}{2}+\sin\frac{\varphi}{2}\cos\frac{\theta}{2}\sin\frac{\psi}{2} \\ \sin\frac{\varphi}{2}\sin\frac{\theta}{2}\cos\frac{\psi}{2}+\cos\frac{\varphi}{2}\cos\frac{\theta}{2}\sin\frac{\psi}{2} \end{bmatrix} \tag{3.59}$$

欧拉角表示法采用(φ,θ,ψ)来表示卫星的姿态，其中φ为滚转角，θ为俯仰角，ψ为偏航角，表示卫星首先航向偏转角度ψ，再俯仰角度θ，然后卫星星体滚转角度φ得到的姿态。

3.4.4 多矢量定姿

卫星姿态确定过程就是利用两个或两个以上矢量分别在两个不同坐标系中的坐标分量确定两个坐标系旋转矩阵的问题。

多矢量定姿是基于安装在卫星上的多个星敏感器的四元数观测量确定最优的卫星姿态。假定卫星上安装的星敏感器为$\alpha=1,2,3,\cdots,N$，星敏感器坐标系 SSRF 相对于卫星的科学坐标系 SRF 的转换关系$\boldsymbol{Q}_{\mathrm{ssrf},\alpha}^{\mathrm{srf}}$已知（来源于地面精密测量和标校），且星敏观测量噪声符合高斯分布特性。某一个星敏感器的四元数观测量可以表示为$\boldsymbol{Q}_{\mathrm{irf},\alpha}^{\mathrm{ssrf}}$，表示将惯性系转换到星敏坐标系，而最优姿态确定问题是通过多个星敏感器四元数的数据融合确定惯性系到卫星科学坐标系的四元数$\hat{\boldsymbol{Q}}_{\mathrm{irf}}^{\mathrm{srf}}$（或旋转矩阵）[25]。

某一个星敏感器四元数观测量可以表示为真值（四元数）乘以观测噪声（四元数）的形式：

$$\boldsymbol{Q}_{\mathrm{irf},\alpha}^{\mathrm{ssrf}} = \breve{\boldsymbol{Q}}_{\mathrm{irf},\alpha}^{\mathrm{ssrf}} \cdot \boldsymbol{Q}_{\mathrm{irf},\alpha}^{\mathrm{ssrf,noise}} \tag{3.60}$$

式中：$\breve{\boldsymbol{Q}}_{\mathrm{irf},\alpha}^{\mathrm{ssrf}}$表示星敏感器观测量真值，星敏感器噪声四元数可以表示为

$$\boldsymbol{Q}_{\mathrm{irf},\alpha}^{\mathrm{ssrf,noise}} = \left(1,\frac{1}{2}\boldsymbol{\varepsilon}_\alpha\right)+O(\boldsymbol{\varepsilon}_\alpha^2) \tag{3.61}$$

式中：向量中的各分量表示微小量，1/2 因子方便误差分量表示为角度形式。误差分量表示在星敏感器坐标系下的各轴误差，同时假定其服从高斯噪声特性，协方差矩阵如下：

$$\langle \boldsymbol{\varepsilon}_{\alpha,i}\boldsymbol{\varepsilon}_{\alpha,j} \rangle = (\boldsymbol{C}_\alpha)_{ij} \tag{3.62}$$

式中：协方差矩阵已知，表示在星敏感器坐标系下的观测量协方差。定义

$$\boldsymbol{Q}_{\mathrm{irf},\alpha}^{\mathrm{srf}}=\boldsymbol{Q}_{\mathrm{irf},\alpha}^{\mathrm{ssrf}}\cdot\boldsymbol{Q}_{\mathrm{ssrf},\alpha}^{\mathrm{srf}} \tag{3.63}$$

表示将惯性系到各星敏感器坐标系的四元数转换为惯性系到科学坐标系下的四元数。此时，各四元数的差异很小，各四元数之间的差异可表示为

$$\begin{aligned}(\boldsymbol{Q}_{\mathrm{trf},\alpha}^{\mathrm{srf}})^{-1}\cdot\boldsymbol{Q}_{\mathrm{irf},\beta}^{\mathrm{srf}}&=\boldsymbol{Q}_{\mathrm{srf},\alpha}^{\mathrm{ssrf}}\cdot\left(1,\frac{1}{2}\boldsymbol{\varepsilon}_{\alpha}\right)\cdot\breve{\boldsymbol{Q}}_{\mathrm{ssrf},\alpha}^{\mathrm{irf}}\cdot\breve{\boldsymbol{Q}}_{\mathrm{irf},\beta}^{\mathrm{ssrf}}\cdot\left(1,\frac{1}{2}\boldsymbol{\varepsilon}_{\beta}\right)\cdot\boldsymbol{Q}_{\mathrm{ssrf},\beta}^{\mathrm{srf}}\\&=(1,0)-\boldsymbol{Q}_{\mathrm{srf},\alpha}^{\mathrm{ssrf}}\cdot\left(0,\frac{1}{2}\boldsymbol{\varepsilon}_{\alpha}\right)\cdot\boldsymbol{Q}_{\mathrm{ssrf},\alpha}^{\mathrm{srf}}+\boldsymbol{Q}_{\mathrm{irf},\beta}^{\mathrm{ssrf}}\cdot\left(0,\frac{1}{2}\boldsymbol{\varepsilon}_{\beta}\right)\cdot Q_{\mathrm{ssrf},\beta}^{\mathrm{srf}}\\&=\left(1,\frac{1}{2}\boldsymbol{\Delta}_{\alpha\beta}\right)\end{aligned} \tag{3.64}$$

$\boldsymbol{\Delta}_{\alpha\beta}$可以进一步表示为

$$\boldsymbol{\Delta}_{\alpha\beta}=\widetilde{\boldsymbol{\varepsilon}}_{\beta}-\widetilde{\boldsymbol{\varepsilon}}_{\alpha} \tag{3.65}$$

式中

$$\widetilde{\boldsymbol{\varepsilon}}_{\alpha}=\boldsymbol{R}_{\mathrm{ssrf}}^{\mathrm{srf}}\boldsymbol{\varepsilon}_{\alpha} \tag{3.66}$$

表示将星敏感器观测量误差向量从星敏坐标系转换到科学坐标系，式（3.60）中的公式推导用到了四元数的分解和四元数与旋转矩阵间的关系：

$$\begin{cases}\breve{\boldsymbol{Q}}_{\mathrm{ssrf},\alpha}^{\mathrm{irf}}\cdot\breve{\boldsymbol{Q}}_{\mathrm{irf},\beta}^{\mathrm{ssrf}}=\boldsymbol{Q}_{\alpha}^{\beta}=\boldsymbol{Q}_{\mathrm{srf},\alpha}^{\mathrm{irf}}\cdot\boldsymbol{Q}_{\mathrm{irf},\beta}^{\mathrm{srf}}\\\boldsymbol{Q}_{\mathrm{srf},\alpha}^{\mathrm{ssrf}}\cdot(0,\boldsymbol{\varepsilon}_{\alpha})\cdot\boldsymbol{Q}_{\mathrm{ssrf},\alpha}^{\mathrm{srf}}=(0,\boldsymbol{R}_{\mathrm{ssrf}}^{\mathrm{srf}}\boldsymbol{\varepsilon}_{\alpha})\end{cases} \tag{3.67}$$

N个星敏感器只能组成$N-1$组独立四元数残差，因此四元数观测误差向量可以表示为

$$\widetilde{\boldsymbol{\varepsilon}}_{\alpha}=\boldsymbol{\Delta}_{1\alpha}+\widetilde{\boldsymbol{\varepsilon}}_{1} \tag{3.68}$$

多星敏融合的最优解就是获取如下损失函数的最小值[25]：

$$\begin{cases}\boldsymbol{J}=\sum\limits_{\alpha}\boldsymbol{\varepsilon}_{\alpha}^{\mathrm{T}}\boldsymbol{P}_{\alpha}\boldsymbol{\varepsilon}_{\alpha}\\\boldsymbol{P}_{\alpha}=(\boldsymbol{C}_{\alpha})^{-1}\end{cases} \tag{3.69}$$

将式（3.68）代入式（3.69）可得到

$$\begin{cases}\boldsymbol{J}=\widetilde{\boldsymbol{\varepsilon}}_{1}^{\mathrm{T}}\widetilde{\boldsymbol{P}}_{1}\widetilde{\boldsymbol{\varepsilon}}_{1}+\sum\limits_{\alpha\neq1}(\widetilde{\boldsymbol{\varepsilon}}_{\alpha}^{\mathrm{T}}+\boldsymbol{\Delta}_{1\alpha}^{\mathrm{T}})\widetilde{\boldsymbol{P}}_{\alpha}(\widetilde{\boldsymbol{\varepsilon}}_{\alpha}+\boldsymbol{\Delta}_{1\alpha})\\\widetilde{\boldsymbol{P}}_{\alpha}=\boldsymbol{R}_{\mathrm{ssrf}}^{\mathrm{srf}}\boldsymbol{P}_{\alpha}\boldsymbol{R}_{\mathrm{srf}}^{\mathrm{ssrf}}\end{cases} \tag{3.70}$$

令

$$\boldsymbol{N}=\sum_{\alpha}\widetilde{\boldsymbol{P}}_{\alpha} \tag{3.71}$$

损失函数的极值可以表示为

$$\hat{\boldsymbol{\varepsilon}}_1 = -\boldsymbol{N}^{-1}\sum_{\alpha\neq 1}\widetilde{\boldsymbol{P}}_{\alpha}\boldsymbol{\Delta}_{1\alpha} \tag{3.72}$$

则多星敏感器融合的最优解为

$$\begin{aligned}\hat{\boldsymbol{Q}}_{\mathrm{irf}}^{\mathrm{srf}} &= \hat{\boldsymbol{Q}}_{\mathrm{irf},1}^{\mathrm{ssrf}}\cdot\boldsymbol{Q}_{\mathrm{ssrf},1}^{\mathrm{srf}}\\ &= \boldsymbol{Q}_{\mathrm{irf},1}^{\mathrm{ssrf}}\cdot\left(1,\ -\frac{1}{2}\hat{\boldsymbol{\varepsilon}}_1\right)\cdot\boldsymbol{Q}_{\mathrm{ssrf},1}^{\mathrm{srf}}\\ &= \boldsymbol{Q}_{\mathrm{irf},1}^{\mathrm{ssrf}}\cdot\boldsymbol{Q}_{\mathrm{ssrf},1}^{\mathrm{srf}}\cdot\left(1,\ -\frac{1}{2}\hat{\boldsymbol{\varepsilon}}_1\right)\\ &= \boldsymbol{Q}_{\mathrm{irf},1}^{\mathrm{srf}}\cdot\left(1,\frac{1}{2}\boldsymbol{N}^{-1}\sum_{\alpha\neq 1}\widetilde{\boldsymbol{P}}_{\alpha}\boldsymbol{\Delta}_{1\alpha}\right)\end{aligned} \tag{3.73}$$

参考文献

[1] TAPLEY B D, BETTADPUR S, WATKINS M, et al. The gravity recovery and climate experiment: mission overview and early results [J]. Geophysical Research Letters, 2004, 31 (9) 1-9.

[2] KORNFELD R P, ARNOLD B W, GROSS M A, et al. GRACE-FO: the gravity recovery and climate experiment follow-on mission [J]. Journal of Spacecraft and Rockets, 2019, 56 (3): 931-951.

[3] THOMAS J B. An analysis of gravity-field estimation based on intersatellite dual-1-way biased ranging [D]. California: California Jnstitute of Technology, 1999.

[4] KIM J. Simulation study of a low-low satellite-to-satellite tracking mission [D]. Austin: The University of Texas at Austin, 2000.

[5] FROMMKNECHT B. Integrated sensor analysis of the GRACE mission [D]. München: Technische Universität München, 2007.

[6] HUDSON D G. In-flight characterization and calibration of the SuperSTAR accelerometer [D]. Austin: University of Texas at Austin, 2003.

[7] FLURY J, BETTADPUR S, TAPLEY B D. Precise accelerometry onboard the GRACE gravity field satellite mission [J]. Advances in Space Research, 2008, 42 (8): 1414-1423.

[8] KANG Z, TAPLEY B, BETTADPUR S, et al. Precise orbit determination for the GRACE mission using only GNSS data [J]. Journal of Geodesy, 2006, 80 (6): 322-331.

[9] MCCULLOUGH C, BETTADPUR S, MCDONALD K. Accuracy of numerical algorithms for satellite orbit propagation and gravity field determination [J]. Journal of spacecraft and rock-

ets, 2015, 52 (3): 766-775.

[10] WU S C, KRUIZINGA G, BERTIGER W. Algorithm theoretical basis document for GRACE level-1B data processing V1.2 [R]. Jet Propulsion Laboratory, California Institute of Technology, 2006.

[11] 闫易浩. GRACE/GRACE-FO 重力卫星星间测距系统数据处理关键技术研究 [D]. 武汉：华中科技大学，2021.

[12] BANDIKOVA T. The role of attitude determination for inter-satellite ranging [D]. Hanover: Fachrichtung Geodasie und Geoinformatik der Leibniz Universitat, 2015.

[13] LANDERER F W, FLECHTNER F M, SAVE H, et al. Extending the global mass change data record: GRACE follow-on instrument and science data performance [J]. Geophysical Research Letters, 2020, 47 (12): 1-10.

[14] CHRISTOPHE B, BOULANGER D, FOULON B, et al. A new generation of ultra-sensitive electrostatic accelerometers for GRACE follow-on and towards the next generation gravity missions [J]. Acta Astronautica, 2015, 117 (DEC.): 1-7.

[15] ROESSET P J. A simulation study of the use of accelerometer data in the GRACE mission [D]. Austin: The University of Texas at Austin, 2003.

[16] MEYER U, JÄGGI A, BEUTLER G. The impact of attitude control on GRACE accelerometry and orbits [C]//Geodesy for planet earth, Springer, Berlin, Heidelberg, 2012: 139-146.

[17] PETERSEIM N. TWANGS-High-Frequency Disturbing Signals in the 10 Hz Accelerometer Data of the GRACE Satellites [D]. München: Technische Universität München, 2014.

[18] BANDIKOVA T, MCCULLOUGH C, KRUIZINGA G L, et al. GRACE accelerometer data transplant [J]. Advances in Space Research, 2019, 64 (3): 623-644.

[19] MCCULLOUGH C M, HARVEY N, SAVE H, et al. Description of calibrated GRACE-FO accelerometer data products (ACT) [R]. Level-1 Product Version, 2019, 4.

[20] HARVEY N, MCCULLOUGH C M, SAVE H. Modeling GRACE-FO accelerometer data for the version 04 release [J]. Advances in Space Research, 2022, 69 (3): 1393-1407.

[21] PETERSEIM N, FLURY J, SCHLICHT A. Magnetic torquer induced disturbing signals within GRACE accelerometer data [J]. Advances in Space Research, 2012, 49 (9): 1388-1394.

[22] LOOMIS B D, RACHLIN K E, WIESE D N, et al. Replacing GRACE/GRACE-FO with satellite laser ranging: impacts on antarctic ice sheet mass change [J]. Geophysical Research Letters, 2020, 47 (3): 1-7.

[23] BEHZADPOUR S, MAYER-GÜRR T, KRAUSS S. GRACE follow-on accelerometer data recovery [J]. Journal of Geophysical Research: Solid Earth, 2021, 126 (5): 1-17.

[24] KIM J, Tapley B D. Error analysis of a low-low satellite-to-satellite tracking mission [J]. Journal of Guidance Control & Dynamics, 2002, 25 (6): 1100-1106.

[25] ROMANS L. Optimal combination of quaternions from multiple star cameras [R]. JPL Internal Memorandum, 2003.

第4章　载荷定标方法

低低跟踪重力卫星的核心载荷包括K波段测距仪、静电悬浮加速度计、GNSS接收机和恒星敏感器等。不同载荷安装在卫星平台的不同位置，而且各核心载荷在其各自载荷坐标系下进行测量。然而进行数据预处理和重力场反演时，一方面需要将各类载荷观测数据转换到同一坐标系下；另一方面，卫星精密轨道和星间测距均需要归算到卫星的质心位置，因此需要精确的卫星平台和载荷的安装参数。重力卫星平台与载荷的安装参数在卫星发射前已经在地面精确测量。然而，由于卫星发射对平台和载荷造成的冲击和震动、应力释放、星地环境的差异、仪器设备的老化等原因，卫星发射入轨后平台和载荷的安装参数会发生改变，需要对平台与各核心载荷相关参数开展定标。重力卫星在轨缺少外部比对条件，因此主要开展在轨机动定标。重力卫星定标涉及空间段和地面联合实施问题，空间部分和地面部分密切配合，经严密设计和精细数据处理，估计载荷安装参数，为载荷数据预处理和后续处理重力场反演提供精确数据输入。本章主要介绍了卫星质量中心（质心）偏差、加速度计尺度和偏差、星敏感器安装矩阵、K波段测距仪天线相位中心等安装参数定标的基本原理、方法及其误差分析等内容。

4.1　重力卫星载荷定标概念

4.1.1　定标概念和目的

低低跟踪重力测量卫星与高低跟踪重力测量卫星的主要区别就是增加了星间距离观测，主要通过微米级的K波段星间测距仪实现，能够探测到中长波重力场及其时变场对卫星的扰动。K 波段测距仪测量值是双星测距仪天线相位中心之间的距离变化，然而重力场反演时用到的是双星质心之间的距离变化。因此需要知道 KBR 测距仪天线相位中心矢量和卫星的姿态信息，进行天线相位中心改正。同时，为了避免多路径效应对微波测距的影响，双星的星间指向尽量与双星质心之间的基线一致，需要精确的卫星姿态信息和天线相位中心矢量等信息。

静电悬浮加速度计主要用于测量卫星受到的非保守力加速度，进而实现卫星受到的保守力与非保守力加速度的分离。静电悬浮加速度计质量块中心必须尽量安装在卫星的质心位置，才能保证测量的线加速度不受其他力干扰，保证测量精度。同时加速度计测量值还存在尺度和偏差影响，因此，加速度计质量块中心与卫星质心之间的偏差、加速度计的尺度和偏差都需要进行定标校正。

卫星的姿态信息主要通过恒星敏感器获得。恒星敏感器主要用于确定卫星在惯性系下的姿态，通常低低跟踪重力卫星配置了多个星敏感器，以保证姿态测量的连续性。由于卫星的震动和结构形变等因素影响，姿态安装矩阵存在误差，导致多星敏感器进行融合时姿态数据不一致（多星敏感器姿态转换到同一坐标系时存在差异），因此需要开展安装矩阵定标。

综上，重力卫星定标极其重要，是开展载荷数据处理和重力场反演的基础性工作。重力卫星平台和载荷融合为一体，构成引力测量传感器，平台与载荷、载荷与载荷之间空间关系、特征参数等均需要开展在轨定标进行校正。重力卫星定标必要性体现在三个方面：一是低低跟踪重力测量卫星搭载的主要载荷的安装参数在地面测量并不准确；二是卫星运输、发射等动力过程使得载荷安装参数发生变化，变化量级超出了仪器指标要求；三是卫星在轨飞行期间，随着时间推移，仪器老化、空间环境变化，使得安装参数发生变化。因此，必须开展重力卫星的定标工作，从而保证平台和载荷安装参数的准确，避免数据处理时引入系统误差。为后续的重力场反演数据处理提供精确的质心偏差、尺度因子、相位中心偏差等定标参数。同时，监测卫星各有效载荷在轨期间的空间位置、仪器特性等参数的变化，检验有效载荷的主要性能指标，保障后续各级各类数据产品的精度和可靠性。

4.1.2 定标内容

重力卫星定标内容可以分成两类，一类是卫星平台参数类，包括卫星质心、星敏感器安装矩阵等特征参数；第二类是卫星载荷参数类，包含加速度计参数、K波段星间测距仪天线相位中心参数等。部分安装参数呈现出较好长期稳定性和轨道周期特征，通常标定频度较低；另一部分安装参数呈现出相对快变化特征，标定估计频度高。两类特征参数相互作用，标定其中一类参数时需要假定另一类部分参数已知，要求部分参数达到定标需求的精度指标。系统性考虑两类定标参数，迭代更新各类特征参数。再者，在某类参数定标过程隔离部分特征参数，实现被估参数特征解耦，降低参数估计难度，并提高特征参数估计精度和可靠性。

低低跟踪重力测量卫星的定标内容主要包括卫星质心偏差定标、加速度计参数定标、星敏感器安装矩阵定标、星间指向定标、KBR天线相位中心定标等。其中卫星质心偏差定标主要是实现卫星质心与加速度计质量块中心偏差矢量估计，加速度计参数定标主要是实现加速度计在轨尺度因子、零偏值等参数估计，星敏感器定标主要是实现3个星敏感器在轨安装矩阵的估计，星间指向定标主要是实现KBR天线相位中心指向与卫星质心间的连线的夹角估计，KBR天线相位中心定标主要是实现卫星质心与KBR天线相位中心连线的矢量与卫星星体坐标系的相对位置估计。

低低跟踪重力测量卫星平台与载荷安装参数的定标需要开展在轨姿态机动。由于卫星载荷精度较高，在轨缺少外部比对基准，难以对载荷安装参数进行绝对定标。另外，平台和载荷的安装参数相互耦合，正常观测模式下，很难对载荷观测信号和安装参数偏差进行分离。因此，通过在轨姿态机动，在卫星的姿态机动过程中调制特征信号，实现定标参数偏差引入的信号与载荷的测量信号的分离，从而估计出安装参数偏差。卫星在轨飞行期间，通过对卫星引入旋转、周期振荡等方波、正弦波机动信号，实现在轨标定卫星质心偏差参数、加速度计尺度因子及零偏参数、K波段星间测距仪天线相位中心矢量参数、星敏感器安装矩阵偏差等参数估计。同时，重力卫星定标需要按照一定频度开展，针对不同载荷随环境变化周期特征确定定标频度。例如加速度计特征参数变化快，需要按天甚至按小时估计，卫星质心变化缓慢按季度估计等。重力卫星特征参数估计频度与被估计参数变化周期息息相关，并综合考虑重力场反演对于各载荷特征参数的质量和精度需求，适时定标。

4.2 卫星质心偏差定标

4.2.1 卫星质心偏差定标原理

静电悬浮加速度计在重力卫星上的安装位置与卫星质心位置之间存在一定的偏差，致使卫星绕质心旋转反馈到加速度计，形成离心力，作为扰动项混叠到加速度计测量数据中。由于加速度计自身并无法区分卫星受到的非保守力和卫星姿态旋转引入的离心加速度，观测输出了两项叠加的信号，使得后续分离出所需要的非保守力异常困难。因此，为使加速度计测量输出值主要反映非保守力，隔离卫星旋转引入的离心加速度，就必须保证加速度计检验质量与卫星质心的相对位置控制在一定的范围内，从而使卫星姿态旋转引入的离心加速度扰动量级得到有效降低，达到不影响非保守力测量精度的程度。在卫星平台和载荷指标论证时，卫星质量中心与加速度计质量块中心之间的三轴偏差均应小于 100μm，否则，加速度计的线性加速度测量值会含有卫星角加速度观测值和重力梯度引入的干扰。

再者，重力卫星在轨工作期间，不断调整卫星姿态和轨道，需要消耗卫星两个气瓶的推进剂。由于卫星推进剂的消耗非对称性和推进剂质量变化，卫星质心会相对于卫星整体框架发生变化[1-3]，而加速度计和卫星框架之间是近似刚性连接，因此加速度计检验质量与卫星质心在轨实际位置也会随时间发生变化，引起卫星质心偏差。这类质心偏差需要在卫星整个寿命周期内定期测量，根据质心偏差矢量监测结果，并利用质心调节机构进行在轨调节，将二者偏差控制在所需的范围。

卫星质心偏差定标方法主要是通过旋转卫星法，利用卫星旋转机动状态下的加速度计、星敏感器、GNSS 等测量数据，实现误差最小二乘条件下的偏差最优估计。依据质心偏差定标结果，卫星质心调节机构进行星上质心调节，完成后再进行一次质心偏差定标，如此反复迭代，直至偏差满足指标要求。

4.2.2 卫星质心偏差定标方法

卫星质心偏差定标时，卫星执行预定的机动程序。卫星执行机动动作时，加速度计检验质量中心偏离卫星质心位置，加速度计测量值为三个平动自由度的加速度矢量，其包含卫星平台所受的非保守力加速度以及平台姿态旋转

引起的附加加速度。加速度计的平动输出可表示为

$$\boldsymbol{a}_{\text{out}}=-(\boldsymbol{\omega}\times(\boldsymbol{\omega}\times\boldsymbol{r})+\dot{\boldsymbol{\omega}}\times\boldsymbol{r})+\boldsymbol{a}_{\text{ng}}+\boldsymbol{a}_{\text{gg}} \tag{4.1}$$

式中：$\boldsymbol{a}_{\text{out}}$表示加速度计的平动输出矢量；$\boldsymbol{\omega}\times(\boldsymbol{\omega}\times\boldsymbol{r})$表示向心加速度矢量；$\dot{\boldsymbol{\omega}}\times\boldsymbol{r}$表示切向加速度矢量；$\boldsymbol{a}_{\text{ng}}$表示非保守力矢量；$\boldsymbol{a}_{\text{gg}}$表示引力梯度；$\boldsymbol{r}$表示加速度计与航天器质心之间的偏差矢量，且$\boldsymbol{r}=[r_x,r_y,r_z]^{\mathrm{T}}$；$\boldsymbol{\omega}$、$\dot{\boldsymbol{\omega}}$分别表示航天器的角速度和角加速度矢量，且$\boldsymbol{\omega}=[\omega_x,\omega_y,\omega_z]^{\mathrm{T}}$，$\dot{\boldsymbol{\omega}}=[\dot{\omega}_x,\dot{\omega}_y,\dot{\omega}_z]^{\mathrm{T}}$。

由于非保守力和引力梯度项表现为长周期特征，因此，在短时间的机动内可假设为常值，暂可忽略。原因如下：由于非保守力的频带小于40mHz，在100s内可以视为线性加速度，而姿态调制引入的则是0.1Hz的正弦信号，利用去除漂移和去除偏差操作可以抑制非保守力的影响，只保留调制信号。需要指出的是，为了避免太阳光压引入的跳变，在标定机动时应选择无卫星进出阴影区的时间段。

将式（4.1）展开，可以得到质心定标的基础数学模型：

$$\begin{bmatrix}a_x\\a_y\\a_z\end{bmatrix}=\begin{bmatrix}\omega_y^2+\omega_z^2 & \dot{\omega}_z-\omega_x\omega_y & -(\omega_x\omega_z+\dot{\omega}_y)\\-(\omega_x\omega_y+\dot{\omega}_z) & \omega_x^2+\omega_z^2 & \dot{\omega}_x-\omega_y\omega_z\\\dot{\omega}_y-\omega_x\omega_z & -(\omega_z\omega_y+\dot{\omega}_x) & \omega_x^2+\omega_y^2\end{bmatrix}\begin{bmatrix}r_x\\r_y\\r_z\end{bmatrix} \tag{4.2}$$

将式（4.2）写成矩阵形式，有

$$\boldsymbol{L}=\boldsymbol{AR} \tag{4.3}$$

式中：$\boldsymbol{L}$为加速度计的测量矩阵；$\boldsymbol{A}$为设计矩阵；$\boldsymbol{R}$为质心偏差的估计矩阵，有

$$\boldsymbol{L}=\begin{bmatrix}a_x\\a_y\\a_z\end{bmatrix},\quad \boldsymbol{A}=\begin{bmatrix}\omega_y^2+\omega_z^2 & \dot{\omega}_z-\omega_x\omega_y & -(\omega_x\omega_z+\dot{\omega}_y)\\-(\omega_x\omega_y+\dot{\omega}_z) & \omega_x^2+\omega_z^2 & \dot{\omega}_x-\omega_y\omega_z\\\dot{\omega}_y-\omega_x\omega_z & -(\omega_z\omega_y+\dot{\omega}_x) & \omega_x^2+\omega_y^2\end{bmatrix},\quad \boldsymbol{R}=\begin{bmatrix}r_x\\r_y\\r_z\end{bmatrix} \tag{4.4}$$

计算式（4.3）的最小二乘解，可以得到质心偏差的估计，有

$$\boldsymbol{R}=(\boldsymbol{A}^{\mathrm{T}}\boldsymbol{PA})^{-1}\boldsymbol{A}^{\mathrm{T}}\boldsymbol{PL} \tag{4.5}$$

根据式（4.2），可知x方向上加速度计测量值与质心偏差的关系为

$$a_x=(\omega_y^2+\omega_z^2)r_x+(\dot{\omega}_x-\omega_x\omega_y)r_y-(\omega_x\omega_z+\dot{\omega}_y)r_z \tag{4.6}$$

式中：a_x、ω_x、ω_y、ω_z、$\dot{\omega}_x$、$\dot{\omega}_y$分别为测量值，相应的测量误差分别为δa_x、$\delta\omega_x$、$\delta\omega_y$、$\delta\omega_z$、$\delta\dot{\omega}_x$、$\delta\dot{\omega}_y$，对应的真值分别为$\hat{a}_x$、$\hat{\omega}_x$、$\hat{\omega}_y$、$\hat{\omega}_z$、$\hat{\dot{\omega}}_x$、$\hat{\dot{\omega}}_y$，则有

$$\begin{cases}a_x=\hat{a}_x+\delta a_x\\ \omega_x=\hat{\omega}_x+\delta\omega_x\\ \omega_y=\hat{\omega}_y+\delta\omega_y\\ \omega_z=\hat{\omega}_z+\delta\omega_z\\ \dot{\omega}_x=\hat{\dot{\omega}}_x+\delta\dot{\omega}_x\\ \dot{\omega}_y=\hat{\dot{\omega}}_y+\delta\dot{\omega}_y\end{cases} \tag{4.7}$$

将式（4.7）代入式（4.6）中，可得

$$\begin{aligned}\hat{a}_x+\delta a_x=&[\hat{\omega}_y^2+2\hat{\omega}_y\delta\omega_y+(\delta\omega_y)^2+\hat{\omega}_z^2+2\hat{\omega}_z\delta\omega_z+(\delta\omega_z)^2]r_x+\\&[\hat{\dot{\omega}}_z+\delta\dot{\omega}_z-\hat{\omega}_x\hat{\omega}_y-\hat{\omega}_x\delta\omega_y-\hat{\omega}_y\delta\omega_x-\delta\omega_x\delta\omega_y]r_y-\\&[\hat{\omega}_x\hat{\omega}_z+\hat{\omega}_x\delta\omega_z+\hat{\omega}_z\delta\omega_x+\delta\omega_x\delta\omega_z+\hat{\dot{\omega}}_y+\delta\dot{\omega}_y]r_z\end{aligned} \tag{4.8}$$

式（4.8）移项并化简，并忽略误差的高阶项，可得测量表达式为

$$\hat{a}_x+\Delta a_x=(\hat{\omega}_y^2+\hat{\omega}_z^2)r_x+(\hat{\dot{\omega}}_x-\hat{\omega}_x\hat{\omega}_y)r_y-(\hat{\omega}_x\hat{\omega}_z+\hat{\dot{\omega}}_y)r_z \tag{4.9}$$

式中：Δa_x 为总的归算到加速度计的测量误差，有

$$\Delta a_x=\delta a_x-\delta\dot{\omega}_z r_y+\delta\dot{\omega}_y r_z \tag{4.10}$$

同理，可以得到 y 和 z 方向的归算误差为

$$\Delta a_y=\delta a_y+\delta\dot{\omega}_z r_x-\delta\dot{\omega}_x r_z \tag{4.11}$$

$$\Delta a_z=\delta a_z-\delta\dot{\omega}_y r_x+\delta\dot{\omega}_x r_y \tag{4.12}$$

根据最小二乘法误差理论，根据式（4.10）至式（4.12），可以计算得到测量误差协方差矩阵 **Cov**，进而可得到相应的权矩阵 $\boldsymbol{P}$，且

$$\boldsymbol{P}^{-1}=\mathbf{Cov}=\begin{bmatrix}\sigma_{a_x}^2 & -r_xr_y\sigma_{\dot{\omega}_z}^2 & -r_xr_z\sigma_{\dot{\omega}_y}^2\\ -r_xr_y\sigma_{\dot{\omega}_z}^2 & \sigma_{a_y}^2 & -r_yr_z\sigma_{\dot{\omega}_x}^2\\ -r_xr_z\sigma_{\dot{\omega}_y}^2 & -r_yr_z\sigma_{\dot{\omega}_x}^2 & \sigma_{a_z}^2\end{bmatrix} \tag{4.13}$$

此矩阵为对称矩阵。考虑到质心偏差 r_x、r_y 和 r_z 为 $10^{-3}\sim10^{-4}$m 量级，角加速度为 10^{-6}rad/s 量级（采样率 1Hz），加速度计的测量噪声为 $10^{-10}\sim10^{-9}$m/($s^2\cdot Hz^{1/2}$)量级。在经过相同滤波器处理后，式（4.13）可化简为对角矩阵：

$$\boldsymbol{P}^{-1}=\begin{bmatrix}\sigma_{a_x}^2 & 0 & 0\\ 0 & \sigma_{a_y}^2 & 0\\ 0 & 0 & \sigma_{a_z}^2\end{bmatrix} \tag{4.14}$$

考虑到加速度计三个方向平动加速度测量精度不同，假设 x 方向为非灵敏轴，测量精度为 $1\times10^{-9}\text{m/(s}^2\cdot\text{Hz}^{1/2})$，$y$ 和 z 方向为灵敏轴，测量精度为 $3\times10^{-10}\text{m/(s}^2\cdot\text{Hz}^{1/2})$。那么，相应的权矩阵可定义为

$$\boldsymbol{P}=\begin{bmatrix} p_1 & 0 & 0 \\ 0 & p_2 & 0 \\ 0 & 0 & p_3 \end{bmatrix}=\begin{bmatrix} \dfrac{1}{\sigma_{a_x}^2} & 0 & 0 \\ 0 & \dfrac{1}{\sigma_{a_y}^2} & 0 \\ 0 & 0 & \dfrac{1}{\sigma_{a_z}^2} \end{bmatrix}\sigma^2 \tag{4.15}$$

式中：σ 表示单位权标准差。

矩阵计算公式（4.15）共有三行，意味着加速度计存在三个方向的测量，每个方向的测量都可以单独进行质心位置拟合。激励卫星绕某轴（如 x 轴）旋转一次，只标另外两个方向（y 和 z）的质心偏差。再选择其他方向重复一次，可以标定所有质心（如选择绕 y 轴，则可以标 x 和 z 的质心；如果选择绕 z 轴，可以标 x 和 y 的质心），具体情况如下：

（1）当激励卫星绕 x 轴旋转，只标 y 和 z 方向的质心偏差时，角速度 $\boldsymbol{\omega}=[\omega_x,0,0]^{\text{T}}$，角加速度 $\dot{\boldsymbol{\omega}}=[\dot{\omega}_x,0,0]^{\text{T}}$，此时有

$$\boldsymbol{A}=\begin{bmatrix} \omega_x^2 & \dot{\omega}_x \\ -\dot{\omega}_x & \omega_x^2 \end{bmatrix},\quad \boldsymbol{P}=\begin{bmatrix} p_2 & 0 \\ 0 & p_3 \end{bmatrix} \tag{4.16}$$

（2）当激励卫星绕 y 轴旋转，只标 x 和 z 方向的质心偏差时，角速度 $\boldsymbol{\omega}=[0,\omega_y,0]^{\text{T}}$，角加速度 $\dot{\boldsymbol{\omega}}=[0,\dot{\omega}_y,0]^{\text{T}}$，此时有

$$\boldsymbol{A}=\begin{bmatrix} \omega_y^2 & -\dot{\omega}_y \\ \dot{\omega}_y & \omega_y^2 \end{bmatrix},\quad \boldsymbol{P}=\begin{bmatrix} p_1 & 0 \\ 0 & p_3 \end{bmatrix} \tag{4.17}$$

（3）当激励卫星绕 z 轴旋转，只标 x 和 y 方向的质心偏差时，角速度 $\boldsymbol{\omega}=[0,0,\omega_z]^{\text{T}}$，角加速度 $\dot{\boldsymbol{\omega}}=[0,0,\dot{\omega}_z]^{\text{T}}$，此时有

$$\boldsymbol{A}=\begin{bmatrix} \omega_z^2 & \dot{\omega}_z \\ -\dot{\omega}_z & \omega_z^2 \end{bmatrix},\quad \boldsymbol{P}=\begin{bmatrix} p_1 & 0 \\ 0 & p_2 \end{bmatrix} \tag{4.18}$$

根据式（4.5），可得质心偏差的相应统计误差为

$$D(\boldsymbol{R})=(\boldsymbol{A}^{\text{T}}\boldsymbol{P}\boldsymbol{A})^{-1}\sigma^2 \tag{4.19}$$

假设单位权标准差 $\sigma=3\times10^{-10}\text{m/(s}^2\cdot\text{Hz}^{1/2})$，则 $p_1=9/100$，$p_2=1$，$p_3=1$。这时，即质心偏差的协方差矩阵为

$$\boldsymbol{\sigma}_R = \sqrt{(\boldsymbol{A}^{\mathrm{T}}\boldsymbol{P}\boldsymbol{A})^{-1}\sigma^2} \tag{4.20}$$

式（4.20）的对角线即三个方向质心偏差的估计精度。

4.2.3 卫星质心偏差定标误差分析

质心偏差的误差主要来自姿态测量误差和加速度计测量误差。假设卫星绕 x 轴旋转，根据式（4.16），有以下关系式：

$$a_y = \omega_x^2 r_y + \dot{\omega}_x r_z \tag{4.21}$$

$$a_z = -\dot{\omega}_x r_y + \omega_x^2 r_z \tag{4.22}$$

可以得到

$$r_y = \frac{\omega_x^2 a_y - \dot{\omega} a_z}{\dot{\omega}_x^2 + \omega_x^4} \tag{4.23}$$

$$r_z = \frac{\dot{\omega}_x a_y + \omega_x^2 a_z}{\dot{\omega}_x^2 + \omega_x^4} \tag{4.24}$$

在式（4.23）、式（4.24）两边取微分，可得

$$\delta r_y = \frac{(-2\dot{\omega}_x r_y - a_z)\delta\dot{\omega}_x + (2\omega_x a_y - 4\omega_x^3 r_y)\delta\omega_x + (\omega_x^2 \delta a_y - \dot{\omega}_x \delta a_z)}{\dot{\omega}_x^2 + \omega_x^4} \tag{4.25}$$

$$\delta r_z = \frac{(-2\dot{\omega}_x r_z + a_y)\delta\dot{\omega}_x + (2\omega_x a_z - 4\omega_x^3 r_z)\delta\omega_x + (\omega_x^2 \delta a_z + \dot{\omega}_x \delta a_y)}{\dot{\omega}_x^2 + \omega_x^4} \tag{4.26}$$

式中：第一部分为角加速度测量噪声引入的误差；第二部分为角速度测量噪声引入的误差；第三部分为加速度计噪声引入的误差。

同理，当绕 y 轴转动时，有

$$\delta r_x = \frac{(2\dot{\omega}_y r_x - a_z)\delta\dot{\omega}_y + (4\omega_y^3 r_x - 2\omega_y a_x)\delta\omega_y - (\omega_y^2 \delta a_x + \dot{\omega}_y \delta a_z)}{\dot{\omega}_y^2 + \omega_y^4} \tag{4.27}$$

$$\delta r_z = \frac{(-2\dot{\omega}_y r_z - a_x)\delta\dot{\omega}_y + (2\omega_y a_x - 4\omega_y^3 r_x)\delta\omega_y + (\omega_y^2 \delta a_z - \dot{\omega}_y \delta a_x)}{\dot{\omega}_y^2 + \omega_y^4} \tag{4.28}$$

绕 z 轴转动时，有

$$\delta r_x = \frac{(-2\dot{\omega}_z r_x - a_y)\delta\dot{\omega}_z + (2\omega_z a_x - 4\omega_y^3 r_x)\delta\omega_z + (\omega_z^2 \delta a_x - \dot{\omega}_z \delta a_y)}{\dot{\omega}_z^2 + \omega_z^4} \tag{4.29}$$

$$\delta r_y = \frac{(-2\dot{\omega}_z r_y + a_x)\delta\dot{\omega}_z + (2\omega_z a_y - 4\omega_z^3 r_y)\delta\omega_z + (\omega_z^2 \delta a_y + \dot{\omega}_z \delta a_x)}{\dot{\omega}_z^2 + \omega_z^4} \tag{4.30}$$

根据星敏感器和加速度计测量数据误差，通过式（4.25）~式（4.30），可以得到绕 x 轴、y 轴和 z 轴转动时卫星质心偏差估计的精度。

4.3　加速度计定标

4.3.1　加速度计定标原理

低低卫星跟踪卫星重力测量中，加速度计测量数据对于重力场反演和大气模型研究都具有重要意义。为了精确获得作用在卫星上的非保守力，必须使用极高灵敏度的加速度计，但加速度计尺度因子和零偏的不确定将直接影响重力场恢复的精度以及大气模型等的研究[4-16]。

加速度计在轨定标方法是在加速度计地面定标先验结果的基础上，利用非保守力模型对加速度计在轨测量数据进行快速定标，给出定标初值。然后，在重力场反演中，通过设置加速度计定标参数实现加速度计的尺度和偏差的估计。因此，先验非保守力模型是加速度计在轨定标的基础，对各类非保守力进行精确建模是基于非保守力模型的定标方法的关键，可快速给出加速度计的尺度因子和零偏。

4.3.2　加速度计定标方法

处于低轨道的重力卫星主要受大气阻力和太阳辐射压的作用，非保守力模型主要考虑了大气阻力、太阳光压以及地球反照辐射、地球红外辐射引起的辐射力等。结合卫星的位置和速度、姿态四元数以及表面参数，得到卫星本体坐标系中非保守力加速度。根据模拟的非保守力加速度 $a_{\mathrm{ng,sim}}$ 与加速度计实测数据 a_{meas} 标定得到加速度偏值 B 和标度因数 S。

考虑到卫星的有效照射面积和各个面反照率，卫星受到的太阳光压加速度可表示为

$$a_{\mathrm{SRP}}=-f_{\mathrm{shadow}}\frac{E_{\mathrm{S}}}{c}\left(\frac{A_{\mathrm{u}}}{s}\right)^{2}\frac{1}{m}A_{k}(\hat{\boldsymbol{s}}\cdot\hat{\boldsymbol{n}}_{k})\left\{(1-C_{s,k})\hat{\boldsymbol{s}}+2\left[\frac{C_{d,k}}{3}+C_{s,k}(\hat{\boldsymbol{s}}\cdot\hat{\boldsymbol{n}}_{k})\right]\hat{\boldsymbol{n}}_{k}\right\}\cdot\mathrm{sgn}(\hat{\boldsymbol{s}}\cdot\hat{\boldsymbol{n}}_{k}) \tag{4.31}$$

式中：f_{shadow} 为阴影系数；E_{S} 为太阳常数，取值为 1366.1W/m^2；c 为光速；A_{u} 为天文单位长度；s 为卫星到太阳之间的距离；m 为卫星质量；A_k、$\hat{\boldsymbol{n}}_k$ 分别为卫星表面 k 的面积和法向单位矢量；$C_{s,k}$、$C_{d,k}$ 分别为卫星表面 k 的镜面反射和漫反射系数；当 $\hat{\boldsymbol{s}}\cdot\hat{\boldsymbol{n}}_k>0$ 时，卫星表面 k 不受遮挡，$\mathrm{sgn}(\hat{\boldsymbol{s}}\cdot\hat{\boldsymbol{n}}_k)=1$，否则 $\mathrm{sgn}(\hat{\boldsymbol{s}}\cdot\hat{\boldsymbol{n}}_k)=0$。

卫星受到的大气阻力加速度可表示为

$$a_{\text{Drag}}=-\frac{1}{2m}C_D\rho\,|\boldsymbol{V}|\boldsymbol{V}\sum_{k=1}^{6}A_k(\hat{\boldsymbol{V}}\cdot\hat{\boldsymbol{n}}_k)\cdot\operatorname{sgn}(\hat{\boldsymbol{V}}\cdot\hat{\boldsymbol{n}}_k)\tag{4.32}$$

式中：C_D为阻力系数；ρ 为大气密度；$\boldsymbol{V}$ 为卫星相对大气的运行速度。大气阻力反映了卫星运行时表面受到的气体阻力。

此外，卫星还受到地球反射可见光和地球表面热红外辐射产生的辐射压。地球辐射压不仅与卫星的形状、姿态及光学特性有关，还与陆地和海域地球辐射的变化有关。同时，卫星所受地球辐射摄动加速度随卫星高度的增加而减小，这主要是由地球辐射压与卫星高度的平方成反比引起的。

$$\begin{aligned}a_{\text{Albedo}}=&-\frac{f_{\text{shadow}}}{mc}\sum_{ij}\sum_{k}E_{\text{S}}\left(\frac{A_{\text{u}}}{R}\right)^2A_{ij}\cos(\Phi_{\text{in},ij})v_{ij}\frac{\cos(\Phi_{\text{out},ij})}{\pi r_{ij}^{\;2}}A_k(\hat{\boldsymbol{r}}_{ij}\cdot\hat{\boldsymbol{n}}_k)\cdot\\&\left\{(1-C_{s,k})\hat{S}+2\left[\frac{C_{d,k}}{3}+C_{s,k}(\hat{\boldsymbol{r}}_{ij}\cdot\hat{\boldsymbol{n}}_k)\right]\hat{\boldsymbol{n}}_k\right\}\cdot\operatorname{sgn}(\hat{\boldsymbol{r}}_{ij}\cdot\hat{\boldsymbol{n}}_k)\end{aligned}\tag{4.33}$$

$$\begin{aligned}a_{\text{IR}}=&-\frac{f_{\text{shadow}}}{mc}\sum_{ij}\sum_{k}\frac{A_{ij}q_{\text{IR},ij}}{\pi r_{ij}^2}\cos(\Phi_{\text{out},ij})A_k(\hat{\boldsymbol{r}}_{ij}\cdot\hat{\boldsymbol{n}}_k)\\&\left\{(1-C_{s,k})\hat{\boldsymbol{r}}_{ij}+2\left[\frac{C_{d,k}}{3}+C_{s,k}(\hat{\boldsymbol{r}}_{ij}\cdot\hat{\boldsymbol{n}}_k)\right]\hat{\boldsymbol{n}}_k\right\}\cdot\operatorname{sgn}(\hat{\boldsymbol{r}}_{ij}\cdot\hat{\boldsymbol{n}}_k)\end{aligned}\tag{4.34}$$

式中：A_{ij}表示地球辐射面元 ij 的面积；R 表示地球与太阳之间的距离；r_{ij}表示地球辐射面元 ij 到卫星之间的距离；$\Phi_{\text{in},ij}$、$\Phi_{\text{out},ij}$分别表示太阳到地球辐射面元的入射角和地球辐射面元到卫星的反射角；v_{ij}表示地球反照率；$q_{\text{IR},ij}$表示地球红外辐射通量。

加速度计测量数据是在加速度计参考系下，而利用非保守力模型计算的加速度是在惯性参考系下，因此在标定过程中需进行坐标系转换。先根据卫星姿态信息将仿真加速度转换到卫星坐标系下，再根据加速度计安装位置将其转换到加速度计坐标系下。非保守力随着卫星的运动而变化，卫星进入太阳阴影区域，加速度有明显的跳跃变化。在太阳阴影区域，卫星主要受到大气阻力和地球红外辐射压的影响，太阳光压加速度为零。当卫星处在非阴影区时，卫星主要受到太阳辐射压、地球反照压和大气阻力的影响。

根据模拟的非保守力加速度 $\boldsymbol{a}_{\text{ng,sim}}$与加速度计实测数据 $\boldsymbol{a}_{\text{meas}}$ 标定得到加速度零偏 B 和标度因数 S，标定公式如下：

$$\boldsymbol{a}_{\text{meas}}=\boldsymbol{B}+\boldsymbol{S}\cdot\boldsymbol{a}_{\text{ng,sim}}\tag{4.35}$$

利用最小二乘法进行参数估计即可获取零偏 $\boldsymbol{B}$ 和标度因数 $\boldsymbol{S}$。

4.4　星敏感器定标

星敏感器用于确定重力卫星相对于惯性空间的姿态，为加速度计测量提供坐标转换信息，为星间测距系统提供精确空间指向，并服务于卫星姿态控制。星敏感器是一种以恒星为参照物进行姿态测量的敏感器件，其姿态信息来自于恒星星光的方向矢量在惯性参考坐标系的指向和恒星星光方向矢量在星敏感器测量坐标系的指向，姿态测量精度可达角秒级。但在实际应用中，星敏感器安装误差可达角分级，带来的测量误差高于星敏感器的随机测量误差。虽然卫星发射前在地面对星敏感器的安装矩阵误差进行了标定，但由于星敏感器需要长期在轨使用，元件老化、工作环境变化、星体发射冲击等因素使得安装矩阵发生变化，因此为了保证星敏感器稳定的测量精度，需要对安装矩阵进行在轨标定。

4.4.1　星敏感器定标原理

星敏感器是低低跟踪重力卫星姿态控制系统中的重要测量部件，也是当前广泛应用的光学姿态敏感器，它以太空中的恒星作为姿态测量的参考源，输出其在惯性参考系中的指向。星敏感器定标是对其安装矩阵参数的估计，能有效减小星敏感器的系统误差，提高姿态输出精度[17-20]。

星敏感器定标有两种思路：①相对定标，依靠卫星上的多个星敏感器观测信息，以其中某一稳定的星敏安装矩阵为基准，对其他星敏安装矩阵进行相对标定。然而，该方法为相对标定法，只能给出星敏感器之间的安装矩阵相对偏差关系。②绝对定标，依靠外部基准姿态信息与星敏姿态信息进行比较从而得出安装误差角。如依靠星敏的姿态信息和加速度计的角加速度信息，建立参数估计模型，对安装矩阵误差角进行估计。同时，为了抑制其他测量噪声的影响，绝对定标时通常选取卫星姿态机动段的数据进行星敏感器定标，如 KBR 天线相位中心定标机动。

4.4.2　星敏感器相对定标方法

多个星敏感器在卫星上朝着不同方向安装，以保证姿态测量的连续性。星敏感器的安装矩阵表示星敏感器坐标系与卫星星体坐标系之间的旋转矩阵(或四元数)。星敏感器在星体坐标系下标称安装矩阵可由地面精测数据得到，而长期在轨使用，元件老化、工作环境变化等因素影响，星敏感器实际安装矩阵与标称安装矩阵存在偏差。利用重力卫星上的多个星敏感器观测信息，以其中某一稳定的星敏安装矩阵为基准，对其他星敏安装矩阵进行相对标定。

星敏感器测量值为姿态四元数，表示星敏感器参考坐标系相对于惯性坐标系的姿态，也就是四元数表示从惯性坐标系到星敏感器参考坐标系的旋转。姿态四元数定义如下：

$$\boldsymbol{q}=[q_0 \quad q_1 \quad q_2 \quad q_3]^{\mathrm{T}} \tag{4.36}$$

姿态四元数与姿态角（ϕ,θ,ψ）的对应关系为

$$\begin{bmatrix}\phi\\ \theta\\ \psi\end{bmatrix}=\begin{bmatrix}\sin^{-1}[2(q_2q_3+q_0q_1)]\\ \tan^{-1}\dfrac{[2(q_1q_3-q_0q_2)]}{1-2(q_0^2+q_3^2)}\\ \tan^{-1}\dfrac{[2(q_1q_2-q_0q_3)]}{1-2(q_0^2+q_2^2)}\end{bmatrix} \tag{4.37}$$

在选定的参考坐标系中，如果一个坐标系的姿态四元数为 $\boldsymbol{q}$，则该坐标系的姿态矩阵为

$$\begin{aligned}\boldsymbol{R}(\boldsymbol{q})&=\begin{bmatrix}2(q_0^2+q_1^2)-1 & 2(q_1q_2+q_0q_3) & 2(q_1q_3-q_0q_2)\\ 2(q_1q_2-q_0q_3) & 2(q_0^2+q_2^2)-1 & 2(q_2q_3+q_0q_1)\\ 2(q_1q_3+q_0q_2) & 2(q_2q_3-q_0q_1) & 2(q_0^2+q_3^2)-1\end{bmatrix}\\ &=\begin{bmatrix}\cos\theta\cos\psi-\sin\theta\sin\phi\sin\psi & \cos\theta\sin\psi+\sin\theta\sin\phi\cos\psi & -\sin\theta\cos\phi\\ -\cos\phi\sin\psi & \cos\phi\cos\psi & \sin\phi\\ \sin\theta\cos\psi+\sin\phi\cos\theta\sin\psi & \sin\theta\sin\psi-\sin\phi\cos\theta\cos\psi & \cos\phi\cos\theta\end{bmatrix}\end{aligned} \tag{4.38}$$

根据同一个时刻的每个星敏感器测量输出的四元数观测量 $\boldsymbol{q}^i$ 和安装矩阵 $\boldsymbol{R}_{\mathrm{BS}}^i$，$i$ 表示星敏感器的编号（重力卫星上有多个星敏感器），此时星敏感器相对安装矩阵偏差定标过程如下：

假设重力卫星上安装有两个以上的星敏感器，其中一个星敏感器 1 的姿态四元数为 $\boldsymbol{q}^1$，$\boldsymbol{q}^1$ 为在星敏感器 1 坐标系下的观测量，依据式（4.38），其姿态矩阵为 $\boldsymbol{R}(\boldsymbol{q}^1)$；另一个星敏感器 2 的姿态四元数为 $\boldsymbol{q}^2$，$\boldsymbol{q}^2$ 为在星敏感器 2 坐标系下的观测量，其姿态矩阵为 $\boldsymbol{R}(\boldsymbol{q}^2)$。而卫星的真实姿态为 $\breve{\boldsymbol{q}}$，$\breve{\boldsymbol{q}}$ 为卫星本体坐标系下四元数，其姿态矩阵为 $\boldsymbol{R}(\breve{\boldsymbol{q}})$，则星敏感器 1 和 2 姿态矩阵与卫星本体坐标系下真实姿态矩阵 $\boldsymbol{R}(\breve{\boldsymbol{q}})$ 的关系可以表示为

$$\begin{cases}\boldsymbol{R}(\boldsymbol{q}^1)=\boldsymbol{R}_n^1\boldsymbol{R}_{\mathrm{mis}}^1\boldsymbol{R}_{\mathrm{BS}}^1\boldsymbol{R}(\breve{\boldsymbol{q}})\\ \boldsymbol{R}(\boldsymbol{q}^2)=\boldsymbol{R}_n^2\boldsymbol{R}_{\mathrm{mis}}^2\boldsymbol{R}_{\mathrm{BS}}^2\boldsymbol{R}(\breve{\boldsymbol{q}})\end{cases} \tag{4.39}$$

式中：$\boldsymbol{R}_n^1$ 和 $\boldsymbol{R}_n^2$ 为星敏感器 1 和 2 的观测噪声矩阵（随机噪声）；$\boldsymbol{R}_{\mathrm{mis}}^1$ 和 $\boldsymbol{R}_{\mathrm{mis}}^2$ 为星敏感器 1 和 2 的安装误差矩阵；安装矩阵 $\boldsymbol{R}_{\mathrm{BS}}^1$ 和 $\boldsymbol{R}_{\mathrm{BS}}^2$ 为星敏感器 1 和 2 的安装矩阵；BS 表示卫星本体坐标系。假定相对定标时，星敏感器 1 的安装矩阵不存在偏差，此时依据式（4.39），可以得到星敏感器 2 的相对安装矩阵偏差如下：

$$\boldsymbol{R}_{\mathrm{mis}}^2=(\boldsymbol{R}_n^2)^{-1}\boldsymbol{R}(\boldsymbol{q}^2)\boldsymbol{R}(\boldsymbol{q}^1)^{-1}\boldsymbol{R}_n^1\boldsymbol{R}_{\mathrm{BS}}^1(\boldsymbol{R}_{\mathrm{BS}}^2)^{-1} \tag{4.40}$$

式中：除了星敏感器测量噪声矩阵未知，其他信息均已知。由于星敏感器相对安装矩阵偏差很稳定，通过多个历元数据（$k=1,2,\cdots,n$）进行平滑或滤波，可以降低星敏感器测量噪声的影响，此时星敏感器 2 的相对安装矩阵偏差估值为

$$\hat{\boldsymbol{R}}_{\mathrm{mis}}^2=\frac{\sum\limits_{k=1}^{n}(\boldsymbol{R}(\boldsymbol{q}^2)\boldsymbol{R}(\boldsymbol{q}^1)^{-1}\boldsymbol{R}_{\mathrm{BS}}^1(\boldsymbol{R}_{\mathrm{BS}}^2)^{-1})_k}{n} \tag{4.41}$$

同理，可以获取其他星敏感器的相对安装矩阵偏差估值。

4.4.3　星敏感器绝对标定方法

星敏感器安装矩阵的绝对定标需要外部其他高精度姿态信息作为比对基准。重力卫星的加速度计除了测量线性加速度，同时能够测量角加速度信息，而且加速度计的三轴与卫星星体坐标系平行。因此可通过星敏感器四元数导出的卫星角加速度与加速度计测量的卫星角加速度建立函数关系，基于最小二乘法对星敏感器的安装矩阵偏差进行估计。理论上加速度计角加速度通过坐标转换后与星敏感器推导的角加速度应该一致。若星敏感器存在安装矩阵偏差，则此时引入偏差角作为参数进行估计。利用星敏感器和加速度计角加速度数据，作为观测量和系数矩阵，将安装矩阵偏差当作未知参数，同时，将第一步构建的相对安装矩阵偏差值作为约束条件，进行联合平差，求解安装矩阵偏差。

忽略星敏感器测量噪声，依据式（4.39），构建星敏安装矩阵和星敏感器观测量的关系如下：

$$\boldsymbol{R}_{\mathrm{mis}}^1\boldsymbol{R}_{\mathrm{BS}}^1(\boldsymbol{R}_{\mathrm{mis}}^2\boldsymbol{R}_{\mathrm{BS}}^2)^{-1}=\boldsymbol{R}(\boldsymbol{q}^1)\boldsymbol{R}(\boldsymbol{q}^2)^{-1} \tag{4.42}$$

设 $\boldsymbol{B}=\boldsymbol{R}(\boldsymbol{q}^1)\boldsymbol{R}(\boldsymbol{q}^2)^{-1}$，利用星敏感器 1 和星敏感器 2 的四元数观测值序

列，此时可以求出 $\boldsymbol{B}$ 矩阵的平均值 $\overline{\boldsymbol{B}}$ 为

$$\overline{\boldsymbol{B}}=\frac{1}{n}\sum_{k=1}^{n}\boldsymbol{R}(\boldsymbol{q}^{1}(t_k))\boldsymbol{R}(\boldsymbol{q}^{2}(t_k))^{-1} \tag{4.43}$$

式中：$\boldsymbol{q}^{1}(t_k)$ 和 $\boldsymbol{q}^{2}(t_k)$ 表示 t_k 时刻的星敏感器 1 和星敏感器 2 的观测量，$k=1,2,\cdots,n$，n 为观测数量。设安装矩阵偏差 $\boldsymbol{R}_{\text{mis}}^{1}$ 和 $\boldsymbol{R}_{\text{mis}}^{2}$ 为对应的安装误差姿态角分别表示为 $(\theta_1 \quad \theta_2 \quad \theta_3)$ 和 $(\beta_1 \quad \beta_2 \quad \beta_3)$，结合安装矩阵和式（4.37）、式（4.38）和式（4.40），构建星敏感器 1 和星敏感器 2 之间的相对安装矩阵角度偏差值。此时可以得到星敏感器 1 和星敏感器 2 之间的安装矩阵角度相对偏差关系：

$$\boldsymbol{R}_{\text{mis}}^{1}\boldsymbol{R}_{\text{BS}}^{1}(\boldsymbol{R}_{\text{BS}}^{2})^{-1}(\boldsymbol{R}_{\text{mis}}^{2})^{-1}=\overline{\boldsymbol{B}} \tag{4.44}$$

依据式（4.39）和式（4.40）将星敏感器 2 观测数据，转换到星敏感器 1 框架下：

$$\boldsymbol{R}(\boldsymbol{q}^{21})=\boldsymbol{R}_{\text{mis}}^{1}\boldsymbol{R}_{\text{BS}}^{1}(\boldsymbol{R}_{\text{mis}}^{2}\boldsymbol{R}_{\text{BS}}^{2})^{-1}\boldsymbol{R}(\boldsymbol{q}^{2}) \tag{4.45}$$

式中：$\boldsymbol{R}(\boldsymbol{q}^{21})$ 表示星敏感器 2 在星敏感器 1 坐标系下的姿态矩阵。

依据上述过程，可将重力卫星上其他星敏感器的观测数据表示到星敏感器 1 坐标系下的姿态矩阵。对多个星敏感器数据进行融合处理，降低星敏感器观测噪声，然后进行星敏感器角加速度信息处理。依据融合后的星敏感器四元数数据 $\hat{\boldsymbol{q}}$，进行 CRN 数字滤波：

$$\dot{\boldsymbol{q}}=\text{CRN}(\hat{\boldsymbol{q}}) \tag{4.46}$$

式中：$\dot{\boldsymbol{q}}$ 为四元数的一阶导数，求出星敏感器四元数导出的角速度信息 $\boldsymbol{\omega}_q=[\omega_x,\omega_y,\omega_z]^{\mathrm{T}}$，其中

$$\begin{cases}\omega_x=2(q_3\dot{q}_0+q_2\dot{q}_1-q_1\dot{q}_2-q_0\dot{q}_3)\\ \omega_y=2(q_3\dot{q}_1-q_2\dot{q}_0-q_1\dot{q}_3+q_0\dot{q}_2)\\ \omega_z=2(q_3\dot{q}_2-q_2\dot{q}_3+q_1\dot{q}_0-q_0\dot{q}_1)\end{cases} \tag{4.47}$$

再次进行 CRN 数字滤波：

$$\dot{\boldsymbol{\omega}}_{\text{SCA}}=\text{CRN}(\boldsymbol{\omega}_q) \tag{4.48}$$

求出星敏感器的姿态角加速度信息 $\dot{\boldsymbol{\omega}}_{\text{SCA}}$。

理论上，加速度计角加速度 $\dot{\boldsymbol{\omega}}_{\text{ACC}}$（已经对尺度和偏差进行校正）通过坐标转换后与星敏感器角加速度 $\dot{\boldsymbol{\omega}}_{\text{SCA}}$ 应该一致。若星敏感器存在安装矩阵偏差，则此时引入偏差角作为参数进行估计。利用星敏感器姿态角加速度信息 $\dot{\boldsymbol{\omega}}_{\text{SCA}}$ 和加速度计的角加速度数据 $\dot{\boldsymbol{\omega}}_{\text{ACC}}$，结合星敏感器的安装矩阵和安装误差矩阵，

以星敏感器 1 和星敏感器 2 为例，可以构建如下方程：

$$\begin{cases}\dot{\boldsymbol{\omega}}_{\mathrm{SCA}}^{1}=\boldsymbol{R}_{\mathrm{mis}}^{1}\boldsymbol{R}_{\mathrm{BS}}^{1}\dot{\boldsymbol{\omega}}_{\mathrm{ACC}}\\ \dot{\boldsymbol{\omega}}_{\mathrm{SCA}}^{2}=\boldsymbol{R}_{\mathrm{mis}}^{2}\boldsymbol{R}_{\mathrm{BS}}^{2}\dot{\boldsymbol{\omega}}_{\mathrm{ACC}}\end{cases} \tag{4.49}$$

将星敏感器相对定标的安装偏差矩阵作为约束条件，如下：

$$\boldsymbol{R}_{\mathrm{mis}}^{1}\boldsymbol{R}_{\mathrm{BS}}^{1}(\boldsymbol{R}_{\mathrm{BS}}^{2})^{-1}(\boldsymbol{R}_{\mathrm{mis}}^{2})^{-1}=\overline{\boldsymbol{B}} \tag{4.50}$$

利用多个历元的观测数据进行附有约束条件的参数平差，求出星敏感器 1 和星敏感器 2 的安装误差角估值($\hat{\theta}_1 \quad \hat{\theta}_2 \quad \hat{\theta}_3$)和($\hat{\beta}_1 \quad \hat{\beta}_2 \quad \hat{\beta}_3$)，其他星敏感器安装矩阵偏差的定标类似。需要指出的是式（4.49）主要利用定标机动数据进行构建，而式（4.50）可依据正常观测模式下的姿态信息构建。

4.5　星间测距仪天线相位中心定标

4.5.1　星间测距仪天线相位中心定标原理

K 波段测距仪测量值是双星测距仪天线相位中心之间的距离变化，然而重力场反演时用到的是双星质心之间的距离变化。因此需要知道 KBR 测距仪天线相位中心矢量和卫星的姿态信息，进行天线相位中心改正。同时，为了避免多路径效应对微波测距的影响，双星的星间指向尽量与双星质心之间的基线一致，需要精确的卫星姿态信息和天线相位中心矢量等信息。KBR 天线相位中心定标主要是实现卫星质心与 KBR 天线相位中心连线的矢量与卫星星体坐标系的相对位置估计。

卫星发射前，在地面装配厂房会精确测量 KBR 天线相位中心相对于卫星质心的矢量，应保证 KBR 天线相位中心在小角度（3°）摆动范围内。在卫星发射入轨后，卫星星体和天线相位中心都会受到应力释放、平台振动及空间温度变化等因素影响，卫星的质心和 KBR 天线相位中心都可能发生变化。由于 KBR 天线相位中心与星间测距密切相关，因此，为减少 KBR 天线相位中心偏差对于星间测距精度的影响，卫星入轨运行后需要进行 KBR 天线相位中心定标[21-23]。为了使得 KBR 天线相位中心偏差不影响星间测距的精度，天线相位中心偏差标定的方向精度在俯仰和偏航方向需要达到 0.3mrad。

为实施 KBR 天线相位中心标定，在固定俯仰角或偏航角偏置值的情况下，对另一个方向（偏航角或俯仰角）进行一定幅值的角度机动，通过周期性小角度机动卫星，由姿态测量数据获取卫星的机动情况，由 KBR 精密星间距离测量数据来提取周期性机动情况下的天线相位中心改正。基于卫星的实时机动情况和天线相位中心改正，可以计算 KBR 天线相位中心的实际位置，进而实现 KBR 天线相位中心的在轨标定。

根据现阶段 KBR 天线地面装调工艺，卫星星体坐标系下天线相位中心矢量横滚方向分量受空间环境影响和热形变较小，俯仰和偏航方向分量受其影响较大，且对星间指向影响较大。同时，由于单星俯仰或偏航方向机动的相位中心敏感轴仅有两个，因此，需对两颗卫星进行俯仰和偏航方向的机动。根据 KBR 天线相位中心在轨标定需求、卫星各载荷数据信噪比以及卫星实际机动能力，单星单方向卫星机动方案如下：

$$\theta(t)=\Theta\sin\left(\frac{2\pi}{T}t\right)+\theta_0 \tag{4.51}$$

式中：$\theta(t)$为单颗卫星单方向机动角度；T表示机动周期；θ_0表示机动初偏置角；Θ表示机动角度振幅。

由于卫星机动振幅与随机动周期平方反比变化，即

$$\Theta=kT^2 \tag{4.52}$$

式中：k为常数。根据卫星实际机动能力，对每个卫星的俯仰和偏航方向均采用表 4.1 所列机动方案。

表 4.1　机动方案

初偏置角θ_0	机动角度振幅 Θ	机动周期 T	机动时长
1°~2°	1°~2°	150~350s	3000~5000s

4.5.2　星间测距仪天线相位中心定标方法

双星在惯性系下位置矢量表示为$\boldsymbol{r}_{\mathrm{A}}$与$\boldsymbol{r}_{\mathrm{B}}$，卫星星体坐标系到惯性系的转换矩阵表示为$\boldsymbol{R}_{\mathrm{SRF1\to GCRS}}$与$\boldsymbol{R}_{\mathrm{SRF2\to GCRS}}$，那么双星编队基线矢量可表示为

$$\boldsymbol{u}=\boldsymbol{r}_{\mathrm{B}}-\boldsymbol{r}_{\mathrm{A}} \tag{4.53}$$

双星质心间星间距为

$$\rho_{\mathrm{COM}}=\|\boldsymbol{u}\| \tag{4.54}$$

由于卫星姿态抖动，KBR 微波测距系统的观测量表示为

$$\rho_{\mathrm{KBR}}=\|(\boldsymbol{r}_2+\boldsymbol{R}_{\mathrm{SRF2\to GCRS}}\boldsymbol{d}_2)-(\boldsymbol{r}_1+\boldsymbol{R}_{\mathrm{SRF1\to GCRS}}\boldsymbol{d}_1)\| \tag{4.55}$$

式中：$\boldsymbol{d}_1$与$\boldsymbol{d}_2$表示主星与从星卫星质心系下 KBR 天线相位中心矢量。令

$$\boldsymbol{v}=\boldsymbol{R}_{\mathrm{SRF2}\to\mathrm{GCRS}}\boldsymbol{d}_2-\boldsymbol{R}_{\mathrm{SRF1}\to\mathrm{GCRS}}\boldsymbol{d}_1 \tag{4.56}$$

式（4.55）可表示为

$$\rho_{\mathrm{KBR}}=\|\boldsymbol{u}+\boldsymbol{v}\| \tag{4.57}$$

由此，建立以下方程描述机动时段相位中心矢量观测方程：

$$\boldsymbol{b}=(\boldsymbol{A}+\boldsymbol{E}_{\mathrm{A}})\boldsymbol{x}+\boldsymbol{e} \tag{4.58}$$

式中：$\boldsymbol{b}=[\rho_{\mathrm{COM}}-\rho_{\mathrm{KBR}}+\rho_{\mathrm{TOF}}]$为观测方程的数据向量，其中$\rho_{\mathrm{COM}}$表示双星质心间的星间距，$\rho_{\mathrm{KBR}}$表示双星相位中心间的星间距，$\rho_{\mathrm{TOF}}$表示星间距的光时改正；$\boldsymbol{A}=[\hat{\boldsymbol{r}}_{12}^{\mathrm{T}}\boldsymbol{R}_{\mathrm{SRF2}\to\mathrm{GCRS}},-\hat{\boldsymbol{r}}_{12}^{\mathrm{T}}\boldsymbol{R}_{\mathrm{SRF1}\to\mathrm{GCRS}}]$为观测方程的模型矩阵，$\hat{\boldsymbol{r}}_{12}^{\mathrm{T}}$表示星间连线单位矢量；$\boldsymbol{x}=[d_{1x},d_{1y},d_{1z},d_{2x},d_{2y},d_{2z}]$，分别表示主星与从星卫星质心系下相位中心矢量三分量，亦为KBR天线相位中心在轨标定的待估参数；$\boldsymbol{E}_{\mathrm{A}}$、$\boldsymbol{e}$分别表示模型矩阵的误差矩阵与数据向量的误差向量。由此，KBR天线相位中心在轨标定主要噪声源为精密定轨噪声、KBR测距噪声与星敏姿态噪声。

对于KBR观测量中的星间距信号，它主要包含轨道运动、重力场、固体潮以及非保守力等因素引起的星间距变化。根据卫星的机动能力，机动频段在2~10mHz之间，轨道运动以及固体潮的信号都在低频段。在机动频段内，信号主要由主动机动信号和重力场信号构成。重力场信号的量级在大陆地区可达数十微米，在海洋地区低于10μm，远小于主动机动信号的量级。因此，可以通过理论模型或者滤波的方法，将KBR观测量中的星间距信号以一定的精度扣除，最终得到在机动频段较高信噪比的机动信号，从而实现相位中心修正的解算。

在轨标定观测方程数据向量信噪比较低，通过数据差分可以实现信噪比的提高。二阶差分与三阶差分对低频噪声的压制更彻底，因此可采用二阶与三阶差分重构KBR天线相位中心在轨标定的观测方程，即通过解算以下两个方程组估计双星KBR天线相位中心矢量：

$$\Delta^2\boldsymbol{b}=(\Delta^2\boldsymbol{A}+\Delta^2\boldsymbol{E})\boldsymbol{x}_{6\times1}+\Delta^2\boldsymbol{e} \tag{4.59}$$

$$\Delta^3\boldsymbol{b}=(\Delta^3\boldsymbol{A}+\Delta^3\boldsymbol{E})\boldsymbol{x}_{6\times1}+\Delta^3\boldsymbol{e} \tag{4.60}$$

式中：$\Delta^n\boldsymbol{A}$表示模型矩阵各行间的差分。值得注意的是每一时刻KBR测量数据的偏值恒定，因此对数据向量的时间域二阶与三阶差分还将扣除KBR测量数据中带有的偏值，并将KBR天线相位中心在轨标定参数估计问题转化为对KBR天线相位中心矢量的无偏估计问题。

参考文献

[1] 辛宁，邱乐德，张立华，等．一种重力测量卫星质心在轨标定改进算法［J］．航天器工程，2015，24（4）：44-50.

[2] 辛宁，邱乐德，张立华，等．一种重力卫星质心在轨标定算法［J］．中国空间科学技术，2013，33（4）：9-15.

[3] 王本利，廖鹤，韩毅．基于 MME/EKF 算法的卫星质心在轨标定［J］．宇航学报，2010，31（9）：2150-2156.

[4] 徐新禹，李建成，王正涛，等．利用参考重力场模型基于能量法确定 GRACE 加速度计校准参数［J］．武汉大学学报（信息科学版），2008，33（1）：72-75.

[5] 周泽兵，白彦峥，祝竺，等．卫星重力测量中加速度计在轨参数校准方法研究［J］．中国空间科学技术，2009（6）：74-80.

[6] 邹贤才，李建成，衷路萍，等．动力法校准 GRACE 星载加速度计［J］．武汉大学学报（信息科学版），2015，40（3）：357-360.

[7] 牛晗晗，王长青，钟敏，等．GRACE-FO 加速度计校正方法研究［J］．大地测量与地球动力学，2021，41（10）：998-1003.

[8] 熊永清，汪宏波，许晓丽，等．GRACE 加速仪资料定标研究［J］．中国科学：物理学力学 天文学，2011，41（11）：1319-1327.

[9] 吴林冲．GRACE 卫星精密定轨与地球重力场模型解算的同解法研究［D］．武汉：武汉大学，2017.

[10] 王强．高精度加速度计空间引力标定方案研究［D］．武汉：华中科技大学，2006.

[11] 王强，万庆元，周泽兵．高精度空间加速度计在轨引力标定方案［J］．物探与化探，2007，31（2）：153-156.

[12] 陈润静，周冲冲．几何学轨道数值求导的 GRACE 加速度计标定算法［J］．厦门理工学院学报，2019，27（5）：27-33.

[13] 彭承明，曾占魁，舒嵘，等．静电加速度计标度因数和零偏误差标定［J］．中国惯性技术学报，2009，17（5）：582-585.

[14] 李瑞锋．卫星重力加速度计标校方法研究［J］．遥感学报，2018，22（增刊）：114-119.

[15] 辛宁，邱乐德，张立华，等．一种重力测量卫星静电加速度计在轨标定算法［J］．航天器工程，2016，25（1）：25-30.

[16] 党建军，罗建军，万彦辉．用杆臂效应在轨标定加速度计标度因数的方法［J］．中国空间科学技术，2013，33（2）：19-24.

[17] 袁彦红．星敏感器在轨标定算法研究［D］．哈尔滨：哈尔滨工业大学，2007.

[18] 钟红军，杨孟飞，卢欣．星敏感器标定方法研究［J］．光学学报，2010，30（5）：

1343－1348.

[19] 李响，谢俊峰，莫凡，等．基于扩展卡尔曼滤波的星敏感器在轨几何标定［J］．航天返回与遥感，2019，40（3）：82-93.

[20] 申娟，张广军，魏新国．基于卡尔曼滤波的星敏感器在轨校准方法［J］．航空学报，2010，31（6）：1220-1224.

[21] 张红军，赵艳彬，孙克新，等．星间微波测距系统相位中心在轨标定研究［J］．上海航天，2010，27（4）：1-5.

[22] 辛宁，邱乐德，张立华，等．一种 KBR 系统相位中心在轨标定算法［J］．中国空间科学技术，2014，34（1）：50-56.

[23] 辛宁，邱乐德，张立华，等．重力测量卫星 KBR 系统相位中心在轨标定算法［J］．航天器工程，2014，23（2）：24-30.

第5章 重力场反演方法

第2章已阐述卫星重力测量恢复地球重力场模型的主要方法可分为空域法和时域法两大类，其中时域法是目前主流反演方法，在实际测量数据处理中应用较广泛。时域法根据所构建观测值与重力场模型系数关系的不同方法，又可分为线性摄动法、加速度法、动力学法、短弧边值法、能量法等，其中动力学方法、短弧法发展更为成熟，与现有观测体制适应性更优。研究提出的基线法是对于动力学方法的完善，充分挖掘了精密星间基线测量数据反演重力场和改善轨道方面综合作用，解决了初始轨道误差与测量数据误差不匹配问题，提高重力场反演精度。本章主要阐述了时域法中的动力学法、基线法、短弧边值法、能量法等几种主流重力场反演方法，给出基本原理、数学模型、实现方法等，成体系论述地球重力场反演理论[1-3]，其中基线法将作为重点内容阐述。

5.1 动力学法

5.1.1 基本原理

动力学法是基于牛顿第二运动定律建立的方法，在精密定轨（或轨道改进）技术中得到很成功的应用。动力学法通过积分二阶动力微分方程得到名义轨道，同时积分变分方程得到状态转移矩阵和敏感矩阵，从而建立卫星轨道测量数据、星间测量数据等同地球重力模型系数、轨道初值、力学模型参数、载荷特性参数等之间的函数关系，基于最优估计原则进一步解算地球重力场模型系数。这是一种经典的方法，解算精度较高，在卫星重力学领域很早就得到使用。但是，动力学方法需要求解变分方程，而且涉及了大量的未知参数（包括轨道各弧段的初始状态、载荷偏差等参数）的求解，会引起复杂函数传递关系，特别是待估参数不可避免具有一定相关性，使得估计参数出现混叠现象，在处理过程中需要谨慎处理。再者，动力学方法由于观测模型线性化后往往需要多次迭代求解，因此对计算资源要求较高并且计算非常耗时[1,3]。

专用卫星重力任务实施以前，由于引起卫星轨道摄动中的非保守力模型难以准确获得，因此，采用动力法得到的地球重力场模型的精度受非保守力模型准确性影响较大。为了得到更高精度和更高分辨率的地球重力场模型，重力卫星在设计上考虑搭载加速度计解决这一棘手问题，利用加速度计精密测定非保守力[4]，这就为动力法求解高精度的地球重力场模型扫除了最大的障碍。同时，星载 GNSS 的应用也为获取高精度、连续卫星轨道（目前可实现厘米级精度）提供了几乎连续的测量数据，提供了精确反演地球重力场充分数据资料。因此，卫星重力技术中采用反演地球重力场模型动力法联合处理星载加速度计、GNSS、星间测距等数据。

动力学方法应用于高低跟踪卫星重力测量模式中，对于高低跟踪卫星重力测量模式中的低轨重力卫星而言，通过 GNSS 几何法定轨可解算获得低轨重力卫星的精密轨道，而其受到的非保守力由搭载加速度计测量获得，因此不再考虑经验摄动力，仅将地球引力位球谐系数作为最后待估参数。选择卫星轨道初值、引力位球谐系数、加速度计参数初值，利用轨道积分得到参考轨道以及轨道数据对各引力位球谐系数的偏导数等，建立卫星摄动轨道的观测方程，并与最优估计原则条件方程联合求解，获得地球重力场模型系数参数。对于高低跟踪和低低跟踪卫星重力测量混合模式，增加了重要观测量，即星间距离 ρ 及其一次变率 $\dot{\rho}$，构成了两种测量数据，一种是前述的两颗低轨卫星的轨道位置及速度观测量，另一种是星间距离及其一次变率，融合轨道数据和星间距离变率数据构建观测方程，求解地球重力场模型[5-8]。

重力卫星的 GNSS 接收机几乎连续跟踪导航卫星，充分利用这些信息可以很好确定卫星的轨道，并反演地球重力场，其重要数学模型已在第 2 章中给出。重力卫星用双向单程微波测距系统测定了两卫星间的距离及其变化率，这一测距系统可以感知相距 200 多千米的两颗卫星所处位置的微小改变，位置的改变是重力位改变的反应，因此也就如同感知了卫星所在处的力的变化，从而实现中长波地球重力场的恢复。这部分内容是本章重点，将详细阐述其数学模型和解算方法。

5.1.2 数学模型

低低跟踪重力场测量卫星的测量模型核心是星间距离测量和距离变率测量模型。星间距离及其变率观测值的函数关系式为

$$\rho^2=(\boldsymbol{r}_1-\boldsymbol{r}_2)\cdot(\boldsymbol{r}_1-\boldsymbol{r}_2) \tag{5.1}$$

$$\dot{\rho}=(\dot{\boldsymbol{r}}_1-\dot{\boldsymbol{r}}_2)\cdot\boldsymbol{e}_\rho \tag{5.2}$$

式中：$\boldsymbol{r}_j$、$\dot{\boldsymbol{r}}_j$分别为第 j 个卫星的位置和速度矢量，$j=1$ 表示重力卫星主星，$j=2$ 表示重力卫星从星；$\boldsymbol{e}_\rho=(\boldsymbol{r}_1-\boldsymbol{r}_2)/\rho$ 为卫星间连线的单位矢量。对式（5.1）和式（5.2）全微分可得

$$\Delta\rho=(\Delta\boldsymbol{r}_1-\Delta\boldsymbol{r}_2)\cdot\boldsymbol{e}_\rho \tag{5.3}$$

$$\Delta\dot{\rho}=(\Delta\dot{\boldsymbol{r}}_1-\Delta\dot{\boldsymbol{r}}_2)\cdot\boldsymbol{e}_\rho+(\Delta\boldsymbol{r}_1-\Delta\boldsymbol{r}_2)\cdot\boldsymbol{e}_n \tag{5.4}$$

式中：$\boldsymbol{e}_n=\dot{\boldsymbol{e}}_\rho=[(\dot{\boldsymbol{r}}_1-\dot{\boldsymbol{r}}_2)-\dot{\rho}\boldsymbol{e}_\rho]/\rho$，满足 $\boldsymbol{e}_n\cdot\boldsymbol{e}_\rho=0$。式（5.3）和式（5.4）分别表示了卫星间距离变化和卫星间速度变化。卫星间距离变化反映的是两颗卫星沿星间连线方向位置的变动差，卫星间速度观测量的改变反映了两颗卫星的速度沿星间连线方向的变化量差和位置沿垂直星间连线方向的位置相对改变量。卫星间距离观测值和速度观测值对于两颗卫星瞬间状态矢量的偏导数如下：

$$\frac{\partial\rho}{\partial\boldsymbol{r}_1}=\boldsymbol{e}_\rho,\quad \frac{\partial\rho}{\partial\boldsymbol{r}_2}=-\boldsymbol{e}_\rho \tag{5.5}$$

$$\frac{\partial\dot{\rho}}{\partial\dot{\boldsymbol{r}}_1}=\boldsymbol{e}_\rho,\quad \frac{\partial\dot{\rho}}{\partial\dot{\boldsymbol{r}}_2}=-\boldsymbol{e}_\rho,\quad \frac{\partial\dot{\rho}}{\partial\boldsymbol{r}_1}=\boldsymbol{e}_n,\quad \frac{\partial\dot{\rho}}{\partial\boldsymbol{r}_2}=-\boldsymbol{e}_n \tag{5.6}$$

由式（5.1）和式（5.2）可知，观测方程是非线性的，如果已知两颗卫星的近似状态矢量 $\boldsymbol{r}'_j$，可以按照泰勒级数展开，略去高阶项，可得线性方程如下：

$$\rho=\rho_0+\left.\frac{\partial\rho}{\partial\boldsymbol{r}_1}\right|_0\delta\boldsymbol{r}_1+\left.\frac{\partial\rho}{\partial\boldsymbol{r}_2}\right|_0\delta\boldsymbol{r}_2 \tag{5.7}$$

$$\dot{\rho}=\dot{\rho}_0+\left.\frac{\partial\dot{\rho}}{\partial\dot{\boldsymbol{r}}_1}\right|_0\delta\dot{\boldsymbol{r}}_1+\left.\frac{\partial\dot{\rho}}{\partial\dot{\boldsymbol{r}}_2}\right|_0\delta\dot{\boldsymbol{r}}_2+\left.\frac{\partial\dot{\rho}}{\partial\boldsymbol{r}_1}\right|_0\delta\boldsymbol{r}_1+\left.\frac{\partial\dot{\rho}}{\partial\boldsymbol{r}_2}\right|_0\delta\boldsymbol{r}_2 \tag{5.8}$$

式中：$\rho_0=\sqrt{(\boldsymbol{r}'_1-\boldsymbol{r}'_2)\cdot(\boldsymbol{r}'_1-\boldsymbol{r}'_2)}$ 为两个卫星的轨道近似值计算的星间距离；$\dot{\rho}_0=(\dot{\boldsymbol{r}}'_1-\dot{\boldsymbol{r}}'_2)\cdot(\boldsymbol{r}'_1-\boldsymbol{r}'_2)/\rho_0$ 为两颗卫星间的速度计算值；$\delta\boldsymbol{r}_j$ 为第 j 个卫星的位置改正量；$\delta\dot{\boldsymbol{r}}_j$ 为第 j 个卫星的速度改正量。将式（5.5）和式（5.6）中的偏导数代入式（5.7）和式（5.8）可得

$$\rho=\rho_0+\boldsymbol{e}_\rho\cdot\delta\boldsymbol{r}_1-\boldsymbol{e}_\rho\cdot\delta\boldsymbol{r}_2 \tag{5.9}$$

$$\dot{\rho}=\dot{\rho}_0+\boldsymbol{e}_\rho\cdot\delta\dot{\boldsymbol{r}}_1-\boldsymbol{e}_\rho\cdot\delta\dot{\boldsymbol{r}}_2+\boldsymbol{e}_n\cdot\delta\boldsymbol{r}_1-\boldsymbol{e}_n\cdot\delta\boldsymbol{r}_2 \tag{5.10}$$

卫星的瞬间状态矢量是初始状态矢量和重力位系数及其他动力学参数的函数，如下：

$$\begin{aligned}\boldsymbol{r}_j(t_k)&=\boldsymbol{r}_j(\boldsymbol{q}_j;\boldsymbol{p};\boldsymbol{\beta}_j)\\ \dot{\boldsymbol{r}}_j(t_k)&=\dot{\boldsymbol{r}}_j(\boldsymbol{q}_j;\boldsymbol{p};\boldsymbol{\beta}_j)\end{aligned} \tag{5.11}$$

式中：$\boldsymbol{q}_j$、$\boldsymbol{p}$、$\boldsymbol{\beta}_j$均为矢量，$\boldsymbol{q}_j$ 表示卫星 j 的初始状态矢量 $\boldsymbol{r}_{j0}(t_k)$、$\dot{\boldsymbol{r}}_{j0}(t_k)$，$\boldsymbol{p}$ 表示引力位常数 μ 和引力位系数 $\{C_{nm},S_{nm}\}$，$\boldsymbol{\beta}_j$ 为其他动力学参数，包括加速度计的偏差参数和尺度参数。显然，式（5.11）是非线性的，如果给定 $\boldsymbol{q}_j$、$\boldsymbol{p}$、$\boldsymbol{\beta}_j$的近似值 $\boldsymbol{q}_{j0}$、$\boldsymbol{p}_0$、$\boldsymbol{\beta}_{j0}$，可以用泰勒级数展开，并写出其线性表达式为

$$\begin{aligned}\delta\boldsymbol{r}_j(t_k)&=\frac{\partial\boldsymbol{r}_j(t_k)}{\partial\boldsymbol{q}_j^{\mathrm{T}}}\delta\boldsymbol{q}_j+\frac{\partial\boldsymbol{r}_j(t_k)}{\partial\boldsymbol{p}^{\mathrm{T}}}\delta\boldsymbol{p}+\frac{\partial\boldsymbol{r}_j(t_k)}{\partial\boldsymbol{\beta}_j^{\mathrm{T}}}\delta\boldsymbol{\beta}_j\\ \delta\dot{\boldsymbol{r}}_j(t_k)&=\frac{\partial\dot{\boldsymbol{r}}_j(t_k)}{\partial\boldsymbol{q}_j^{\mathrm{T}}}\delta\boldsymbol{q}_j+\frac{\partial\dot{\boldsymbol{r}}_j(t_k)}{\partial\boldsymbol{p}^{\mathrm{T}}}\delta\boldsymbol{p}+\frac{\partial\dot{\boldsymbol{r}}_j(t_k)}{\partial\boldsymbol{\beta}_j^{\mathrm{T}}}\delta\boldsymbol{\beta}_j\end{aligned} \tag{5.12}$$

式中：$\delta\boldsymbol{r}_j(t_k)=\boldsymbol{r}_j(t_k)-\boldsymbol{r}_j'(t_k)$，$\delta\dot{\boldsymbol{r}}_j(t_k)=\dot{\boldsymbol{r}}_j(t_k)-\dot{\boldsymbol{r}}_j'(t_k)$，$\dot{\boldsymbol{r}}_j(t_k)$、$\dot{\boldsymbol{r}}_j'(t_k)$为 t_k 时刻瞬间轨道的计算值，$\delta\boldsymbol{q}_j$、$\delta\boldsymbol{p}$、$\delta\boldsymbol{\beta}_j$分别为参数的改正量。

将式（5.12）分别代入式（5.9）和式（5.10）可得星间距离和速度观测方程的误差方程式为

$$\begin{aligned}\rho-\rho_0=&\boldsymbol{e}_\rho\cdot\left[\frac{\partial\boldsymbol{r}_1(t_k)}{\partial\boldsymbol{q}_1^{\mathrm{T}}}\delta\boldsymbol{q}_1+\frac{\partial\boldsymbol{r}_1(t_k)}{\partial\boldsymbol{p}^{\mathrm{T}}}\delta\boldsymbol{p}+\frac{\partial\boldsymbol{r}_1(t_k)}{\partial\boldsymbol{\beta}_1^{\mathrm{T}}}\delta\boldsymbol{\beta}_1\right]-\\ &\boldsymbol{e}_\rho\cdot\left[\frac{\partial\boldsymbol{r}_2(t_k)}{\partial\boldsymbol{q}_2^{\mathrm{T}}}\delta\boldsymbol{q}_2+\frac{\partial\boldsymbol{r}_2(t_k)}{\partial\boldsymbol{p}^{\mathrm{T}}}\delta\boldsymbol{p}+\frac{\partial\boldsymbol{r}_2(t_k)}{\partial\boldsymbol{\beta}_2^{\mathrm{T}}}\delta\boldsymbol{\beta}_2\right]-\boldsymbol{v}\end{aligned} \tag{5.13}$$

$$\begin{aligned}\dot{\rho}-\dot{\rho}_0=&\boldsymbol{e}_\rho\cdot\left[\frac{\partial\dot{\boldsymbol{r}}_1(t_k)}{\partial\boldsymbol{q}_1^{\mathrm{T}}}\delta\boldsymbol{q}_1+\frac{\partial\dot{\boldsymbol{r}}_1(t_k)}{\partial\boldsymbol{p}^{\mathrm{T}}}\delta\boldsymbol{p}+\frac{\partial\dot{\boldsymbol{r}}_1(t_k)}{\partial\boldsymbol{\beta}_1^{\mathrm{T}}}\delta\boldsymbol{\beta}_1\right]-\\ &\boldsymbol{e}_\rho\cdot\left[\frac{\partial\dot{\boldsymbol{r}}_2(t_k)}{\partial\boldsymbol{q}_2^{\mathrm{T}}}\delta\boldsymbol{q}_2+\frac{\partial\dot{\boldsymbol{r}}_2(t_k)}{\partial\boldsymbol{p}^{\mathrm{T}}}\delta\boldsymbol{p}+\frac{\partial\dot{\boldsymbol{r}}_2(t_k)}{\partial\boldsymbol{\beta}_2^{\mathrm{T}}}\delta\boldsymbol{\beta}_2\right]+\\ &\boldsymbol{e}_n\cdot\left[\frac{\partial\boldsymbol{r}_1(t_k)}{\partial\boldsymbol{q}_1^{\mathrm{T}}}\delta\boldsymbol{q}_1+\frac{\partial\boldsymbol{r}_1(t_k)}{\partial\boldsymbol{p}^{\mathrm{T}}}\delta\boldsymbol{p}+\frac{\partial\boldsymbol{r}_1(t_k)}{\partial\boldsymbol{\beta}_1^{\mathrm{T}}}\delta\boldsymbol{\beta}_1\right]-\\ &\boldsymbol{e}_n\cdot\left[\frac{\partial\boldsymbol{r}_2(t_k)}{\partial\boldsymbol{q}_2^{\mathrm{T}}}\delta\boldsymbol{q}_2+\frac{\partial\boldsymbol{r}_2(t_k)}{\partial\boldsymbol{p}^{\mathrm{T}}}\delta\boldsymbol{p}+\frac{\partial\boldsymbol{r}_2(t_k)}{\partial\boldsymbol{\beta}_2^{\mathrm{T}}}\delta\boldsymbol{\beta}_2\right]-\dot{\boldsymbol{v}}\end{aligned} \tag{5.14}$$

式中：涉及的偏导数可分为两类，一类是卫星间距离和速度观测量对于卫星瞬时状态矢量的偏导数，用 $\boldsymbol{e}_\rho$、$\boldsymbol{e}_n$ 来表示，另一类偏导数是卫星瞬时状态矢量对于轨道初值、重力场模型系数和其他动力学参数的偏导数，在积分变分方程解算中得到。

将误差方程式写成矩阵形式如下：

$$\boldsymbol{v}=\boldsymbol{A}\cdot\delta\boldsymbol{X}-\boldsymbol{l} \tag{5.15}$$

式中：$\boldsymbol{v}$ 为观测值改正数；$\boldsymbol{A}$ 为系数矩阵；$\delta\boldsymbol{X}$ 为参数改正数；$\boldsymbol{l}$ 为卫星间距离观测值残差。$\delta\boldsymbol{X}$、$\boldsymbol{A}$、$\boldsymbol{l}$ 的表达式分别为

$$\delta\boldsymbol{X}=\begin{bmatrix}\delta\boldsymbol{q}_1\\ \delta\boldsymbol{\beta}_1\\ \delta\boldsymbol{q}_2\\ \delta\boldsymbol{\beta}_2\\ \delta\boldsymbol{p}\end{bmatrix} \tag{5.16}$$

$$\boldsymbol{A}=\begin{bmatrix}\boldsymbol{e}_\rho(t_1)\cdot\left[\dfrac{\partial\boldsymbol{r}_1(t_1)}{\partial\boldsymbol{q}_1^{\mathrm{T}}}\quad\dfrac{\partial\boldsymbol{r}_1(t_1)}{\partial\boldsymbol{\beta}_1^{\mathrm{T}}}\quad-\dfrac{\partial\boldsymbol{r}_2(t_1)}{\partial\boldsymbol{q}_2^{\mathrm{T}}}\quad-\dfrac{\partial\boldsymbol{r}_2(t_1)}{\partial\boldsymbol{\beta}_2^{\mathrm{T}}}\quad\dfrac{\partial\boldsymbol{r}_1(t_1)}{\partial\boldsymbol{p}^{\mathrm{T}}}-\dfrac{\partial\boldsymbol{r}_2(t_1)}{\partial\boldsymbol{p}^{\mathrm{T}}}\right]\\ \boldsymbol{e}_\rho(t_2)\cdot\left[\dfrac{\partial\boldsymbol{r}_1(t_2)}{\partial\boldsymbol{q}_1^{\mathrm{T}}}\quad\dfrac{\partial\boldsymbol{r}_1(t_2)}{\partial\boldsymbol{\beta}_1^{\mathrm{T}}}\quad-\dfrac{\partial\boldsymbol{r}_2(t_2)}{\partial\boldsymbol{q}_2^{\mathrm{T}}}\quad-\dfrac{\partial\boldsymbol{r}_2(t_2)}{\partial\boldsymbol{\beta}_2^{\mathrm{T}}}\quad\dfrac{\partial\boldsymbol{r}_1(t_2)}{\partial\boldsymbol{p}^{\mathrm{T}}}-\dfrac{\partial\boldsymbol{r}_2(t_2)}{\partial\boldsymbol{p}^{\mathrm{T}}}\right]\\ \vdots\\ \boldsymbol{e}_\rho(t_k)\cdot\left[\dfrac{\partial\boldsymbol{r}_1(t_k)}{\partial\boldsymbol{q}_1^{\mathrm{T}}}\quad\dfrac{\partial\boldsymbol{r}_1(t_k)}{\partial\boldsymbol{\beta}_1^{\mathrm{T}}}\quad-\dfrac{\partial\boldsymbol{r}_2(t_k)}{\partial\boldsymbol{q}_2^{\mathrm{T}}}\quad-\dfrac{\partial\boldsymbol{r}_2(t_k)}{\partial\boldsymbol{\beta}_2^{\mathrm{T}}}\quad\dfrac{\partial\boldsymbol{r}_1(t_k)}{\partial\boldsymbol{p}^{\mathrm{T}}}-\dfrac{\partial\boldsymbol{r}_2(t_k)}{\partial\boldsymbol{p}^{\mathrm{T}}}\right]\end{bmatrix} \tag{5.17}$$

$$\boldsymbol{l}=\begin{bmatrix}\rho(t_1)-\rho_0(t_1)\\ \vdots\\ \rho(t_k)-\rho_0(t_k)\end{bmatrix} \tag{5.18}$$

同样，式（5.14）也可以写成形如式（5.15）的矩阵形式。但是具体的含义不相同，$\boldsymbol{v}$ 为卫星间速度观测值改正数，$\boldsymbol{A}$ 为系数矩阵，$\delta\boldsymbol{X}$ 为参数改正数，$\boldsymbol{l}$ 为卫星间速度观测值残差。$\boldsymbol{A}$ 的表达式为

$$\boldsymbol{A}=\begin{bmatrix}\boldsymbol{A}_{11} & \boldsymbol{A}_{12} & \boldsymbol{A}_{13} & \boldsymbol{A}_{14} & \boldsymbol{A}_{15}\\ \vdots & \vdots & \vdots & \vdots & \vdots\\ \boldsymbol{A}_{k1} & \boldsymbol{A}_{k2} & \boldsymbol{A}_{k3} & \boldsymbol{A}_{k4} & \boldsymbol{A}_{k5}\end{bmatrix},\quad k=1,2,\cdots,n \tag{5.19}$$

式中：n 为卫星间速度观测量的个数；$A_{ij}(j=1,2,\cdots,5)$ 的具体表达式为

$$
\begin{cases}
\boldsymbol{A}_{i1}=\boldsymbol{e}_{\rho}(t_i)\cdot\dfrac{\partial\dot{\boldsymbol{r}}_1(t_i)}{\partial\boldsymbol{q}_1^{\mathrm{T}}}+\boldsymbol{e}_n(t_i)\cdot\dfrac{\partial\boldsymbol{r}_1(t_i)}{\partial\boldsymbol{q}_1^{\mathrm{T}}}\\
\boldsymbol{A}_{i2}=\boldsymbol{e}_{\rho}(t_i)\cdot\dfrac{\partial\dot{\boldsymbol{r}}_1(t_i)}{\partial\boldsymbol{\beta}_1^{\mathrm{T}}}+\boldsymbol{e}_n(t_i)\cdot\dfrac{\partial\boldsymbol{r}_1(t_i)}{\partial\boldsymbol{\beta}_1^{\mathrm{T}}}\\
\boldsymbol{A}_{i3}=-\boldsymbol{e}_{\rho}(t_i)\cdot\dfrac{\partial\dot{\boldsymbol{r}}_2(t_i)}{\partial\boldsymbol{q}_2^{\mathrm{T}}}-\boldsymbol{e}_n(t_i)\cdot\dfrac{\partial\boldsymbol{r}_2(t_i)}{\partial\boldsymbol{q}_2^{\mathrm{T}}}\\
\boldsymbol{A}_{i4}=-\boldsymbol{e}_{\rho}(t_i)\cdot\dfrac{\partial\dot{\boldsymbol{r}}_2(t_i)}{\partial\boldsymbol{\beta}_2^{\mathrm{T}}}-\boldsymbol{e}_n(t_i)\cdot\dfrac{\partial\boldsymbol{r}_2(t_i)}{\partial\boldsymbol{\beta}_2^{\mathrm{T}}}\\
\boldsymbol{A}_{i5}=\boldsymbol{e}_{\rho}(t_i)\cdot\dfrac{\partial\dot{\boldsymbol{r}}_1(t_i)}{\partial\boldsymbol{p}^{\mathrm{T}}}+\boldsymbol{e}_n(t_i)\cdot\dfrac{\partial\boldsymbol{r}_1(t_i)}{\partial\boldsymbol{p}^{\mathrm{T}}}-\boldsymbol{e}_{\rho}(t_i)\cdot\dfrac{\partial\dot{\boldsymbol{r}}_2(t_i)}{\partial\boldsymbol{p}^{\mathrm{T}}}-\boldsymbol{e}_n(t_i)\cdot\dfrac{\partial\boldsymbol{r}_2(t_i)}{\partial\boldsymbol{p}^{\mathrm{T}}}
\end{cases}
\tag{5.20}
$$

$\boldsymbol{l}$ 表达式为

$$
\boldsymbol{l}=\begin{bmatrix}\dot{\rho}(t_1)-\dot{\rho}_0(t_1)\\ \vdots\\ \dot{\rho}(t_k)-\dot{\rho}_0(t_k)\end{bmatrix}
\tag{5.21}
$$

用最小二乘法或正则化方法求解式（5.15），可以解算出轨道初值、重力位系数和其他动力学参数，以最小二乘为例，法方程表达式如下：

$$
\boldsymbol{N}\delta\boldsymbol{X}=\begin{bmatrix}\boldsymbol{N}_{ll} & \boldsymbol{N}_{\mathrm{lg}}\\ \boldsymbol{N}_{gl} & \boldsymbol{N}_{gg}\end{bmatrix}\cdot\begin{bmatrix}\delta\boldsymbol{X}_l\\ \delta\boldsymbol{X}_g\end{bmatrix}=\boldsymbol{b}=\begin{bmatrix}\boldsymbol{b}_l\\ \boldsymbol{b}_g\end{bmatrix}
\tag{5.22}
$$

式中：$\delta\boldsymbol{X}_l=[\delta\boldsymbol{q}_1\quad\delta\boldsymbol{\beta}_1\quad\delta\boldsymbol{q}_2\quad\delta\boldsymbol{\beta}_2]^{\mathrm{T}}$；$\delta\boldsymbol{X}_g=\delta\boldsymbol{p}$；$\boldsymbol{N}=\boldsymbol{A}^{\mathrm{T}}\boldsymbol{W}\boldsymbol{A}^{\mathrm{T}}$；$\boldsymbol{b}=\boldsymbol{A}^{\mathrm{T}}\boldsymbol{W}\boldsymbol{l}$，$\boldsymbol{W}$ 为观测值的权；下标表示参数分为局部变量和全局变量。以上是一个弧对应的观测方程，如果有多个弧段，约化掉局部变量，法方程叠加后得到关于全局变量的总法方程。解算总法方程可以得到全局变量，然后回代到每个弧段子法方程中可以计算出局部变量。至此，完成了用星间距离及其变率观测值确定地球重力场的任务。

5.1.3　轨道积分融合技术

在卫星轨道解算或动力学积分法求解地球重力场模型时，涉及牛顿运动方程及变分方程的求解，这两类方程均可归类为常微分方程的初值解算问题。解析方法使用较为困难，原因是描述低轨道卫星运动的微分方程复杂烦琐，且如需满足高精度要求，则必须涉及幂级数解的高阶项，展开式项数多且复杂而难以应用。此外，由于低轨卫星在多种摄动因素影响下运动，很难用解析法得出以上常微分方程的严格解析解。利用数值方法代替解析方法，可以保证计算精度。数值积分法具有公式简单、精度高、易于计算实现等优点，故一般都采用数值积分法来实现常微分方程的求解。

轨道积分运算就是直接对卫星运动方程和变分方程进行数值积分。以参考历元的卫星位置和速度作为初始值，逐步求得任意时刻的卫星位置、速度及状态转移矩阵、敏感矩阵。数值积分过程可以较完善地顾及卫星运动中所受各种摄动力的作用，把这些力作为一个整体来处理，能获得较好的精确解。但是积分运算不可避免存在一些缺点，主要是仅给出卫星在一系列离散点上的位置与速度，不能给出解的具体形式，对于规律分析很不方便；另外积分累积误差较快，包括计算舍入误差、残余模型误差、加速度计测量值系统误差等，降低了参考轨道和设计矩阵的精确性。

对于普通的微分方程已经发展了多种数值积分方法，并且已经成功应用到各个科研领域。但是，由于每种积分方法的优缺点不同，对于描述卫星运动并不是任意方法都适合，因此，必须结合卫星运动的特点以及实际应用状况，选择最为合适的方法。数值积分主要包括两类基本解法：一类是单步法，卫星轨道计算程序中常用的龙格-库塔（Runge-Kutta，RK）方法即属于单步法；另一类是多步法，主要有阿达姆斯（Admas）、科威尔（Cowell）、KSG（Krogh-Shampine-Gordon）等方法。其中，Admas 方法用于解一阶常微分方程，Cowell 方法用于解二阶常微分方程，KSG 方法用于直接解算二阶微分方程。单步法的特点是每计算一次积分值要计算多次右函数；而多步法则只需要重新计算一次右函数，但要用到之前的多个状态值。由于多步法的计算速度及精度通常优于单步法，因而单步法常用于多步法的起步计算，当采用单步法推出足够的起步点后，就可以用高精度的多步法向后推算[1,9]。本节给出四种数值积分方法原理和算法，几种方法融合应用，给出高精度重力卫星参考轨道。

1）Runge-Kutta 积分法

Runge-kutta 方法的基本思想是函数在一点的导数值可以用该点附近若干点的函数值近似表示，N 级 Runge-kutta 方法的一般公式为

$$r_{n+1}=r_n+h\sum_{i=1}^{N}c_iK_i \tag{5.23}$$

$$K_1=f(t_n,r_n) \tag{5.24}$$

$$K_i=f(t_n+a_ih,r_n+h\sum_{j=1}^{i-1}b_{ij}K_j),\quad i=2,\cdots,N \tag{5.25}$$

式中：c_i、a_i、b_{ij}为待定常数。将 K_i 在(t_n,r_n)处作 Taylor 展开，并使局部误差

的阶尽量高，误差尽量小，从而就确定出这些待定常数的方程。

（1）四阶 Runge-kutta 方法：

$$\begin{cases} r_{n+1}=r_n+\dfrac{h}{6}(K_1+2K_2+2K_3+K_4) \\ K_1=f(t_n,r_n) \\ K_2=f\left(t_n+\dfrac{h}{2},r_n+\dfrac{h}{2}K_1\right) \\ K_3=f\left(t_n+h,r_n+\dfrac{h}{2}K_2\right) \\ K_4=f(t_n+h,r_n+hK_3) \end{cases} \tag{5.26}$$

（2）八阶 Runge-kutta 方法：

$$X_{n+1}=X_n+\frac{1}{840}(41K_1+27K_4+272K_5+27K_6+216K_7+216K_9+41K_{10}) \tag{5.27}$$

式中

$$\begin{cases} K_1=hF(t_n,X_n),X_n=X(t_n) \\ K_2=hF\left(t_n+\dfrac{4}{27}h,X_n+\dfrac{4}{27}K_1\right) \\ K_3=hF\left(t_n+\dfrac{2}{9}h,X_n+\dfrac{1}{18}K_1+\dfrac{1}{6}K_2\right) \\ K_4=hF\left(t_n+\dfrac{1}{3}h,X_n+\dfrac{1}{12}K_1+\dfrac{1}{4}K_3\right) \\ K_5=hF\left(t_n+\dfrac{1}{2}h,X_n+\dfrac{1}{8}K_1+\dfrac{3}{8}K_4\right) \\ K_6=hF\left(t_n+\dfrac{2}{3}h,X_n+\dfrac{1}{54}(13K_1-27K_3+42K_4+8K_5)\right) \\ K_7=hF\left(t_n+\dfrac{1}{6}h,X_n+\dfrac{1}{4320}(389K_1-54K_3+966K_4-824K_5+243K_6)\right) \\ K_8=hF\left(t_n+h,X_n+\dfrac{1}{20}(-231K_1+81K_3-1164K_4+656K_5-122K_6+800K_7)\right) \\ K_9=hF\left(t_n+\dfrac{5}{6}h,X_n+\dfrac{1}{288}(-127K_1+18K_3-678K_4+456K_5-9K_6+576K_7+4K_8)\right) \\ K_{10}=hF\left(t_n+h,X_n+\dfrac{1}{820}(1481K_1-81K_3+7104K_4-3376K_5+72K_6-\right. \\ \qquad \left.5040K_7-60K_8+720K_9)\right) \end{cases}$$

2） Adams 积分法

Adams 积分法的核心思想是利用右函数高阶差分值推估积分时段内右函数值，根据积分式中是否包含 $n+1$ 点的右函数值，区分为显示积分公式和隐式积分公式，两公式分两步应用，形成了预报和校正过程。

一阶常微分方程的解表示为

$$X_{n+1} = X_n + \int_{t_n}^{t_{n+1}} F(t, X)\,\mathrm{d}t \tag{5.28}$$

可通过牛顿向后差分多项式计算微分方程的右函数 F，计算式如下：

$$\begin{aligned} F(t,X) = F_n + \frac{t-t_n}{h}\nabla F_n + \frac{(t-t_n)(t-t_{n-1})}{2!h^2}\nabla^2 F_n + \cdots + \\ \frac{(t-t_n)(t-t_{n-1})\cdots(t-t_{n-k+1})}{k!h^k}\nabla^k F_n \end{aligned} \tag{5.29}$$

式中：F_n 为右函数在时刻 t_n 的函数值；h 为步长；$\nabla^k F$ 为 F 的 k 阶后向差分，有如下递推关系：

$$\begin{cases} \nabla F_n = F_n - F_{n-1} \\ \nabla^2 F_n = \nabla F_n - \nabla F_{n-1} = F_n - 2F_{n-1} + F_{n-2} \\ \quad\vdots \\ \nabla^m F_n = \sum_{j=0}^{m} (-1)^j \alpha_m^j F_{n-j}, \quad \alpha_m^j = \dfrac{m!}{j!(m-j)!} \end{cases} \tag{5.30}$$

用右函数表示的 Adams 显式公式为

$$X_{n+1} = X_n + h\sum_{j=0}^{k} \beta_j F_{n-j} \tag{5.31}$$

式中

$$\begin{cases} \beta_j = \sum_{m=j}^{k} (-1)^j \alpha_m^j \gamma_m \\ \gamma_0 = 1, \gamma_m = 1 - \sum_{j=1}^{m} \dfrac{1}{j+1}\gamma_{m-j}, \quad m \geqslant 1 \end{cases} \tag{5.32}$$

Adams 显式公式在计算 X_{n+1} 时没有考虑函数在 t_{n+1} 点的右函数，如果进一步考虑积分时刻的右函数值来拟合右函数，则可类似地得到 Adams 隐式公式：

$$X_{n+1} = X_n + h\sum_{j=0}^{k} \beta_j^* F_{n-j+1} \tag{5.33}$$

式中

$$
\begin{cases}
\beta_j^* = \sum_{m=j}^{k} (-1)^j \alpha_m^j \gamma_m^* \\
\gamma_0^* = 1, \gamma_m^* = -\sum_{j=1}^{m} \frac{1}{j+1} \gamma_{m-j}^*, \quad m \geqslant 1
\end{cases} \tag{5.34}
$$

Adams 隐式公式使用了当前时刻的右函数值 F_{n+1}，因而 Adams 隐式公式的精度通常要优于 Adams 显式公式。但计算 F_{n+1} 需要已知 X_{n+1}，所以必须采用递推方法先计算 X_{n+1} 的初值，再由 Adams 隐式公式得到精确解。实际应用中，Adams 隐式公式常与显式公式联合使用，即由显式公式提供一个近似值 $X_{n+1}^{(0)}$，此即预估过程（Predictor Evaluation，PE），再用隐式公式进行校正（Corrector Evaluation，CE），从而得到 X_{n+1}。

3）Cowell 积分法

Cowell 积分法是求解二阶微分方程初值问题的线性多步法。其核心思想类似 Adams 方法采用高次差分值估计积分时段内的右函数值。二阶微分计算变形为后两点数值与右函数离散积分等价表达式，包含了显性公式和隐形公式两类，综合应用两类公式构成预报和校正完整过程。

对二阶微分方程求积分，得

$$
\dot{x}(t) = \dot{x}(t_n) + \int_{t_n}^{t} f(t, x(t)) \mathrm{d}t \tag{5.35}
$$

再积分该式两端，分别从 t_n 积到 t_{n+1} 和 t_n 积到 t_{n-1}，有

$$
x(t_{n+1}) = x(t_n) + h\dot{x}(t_n) + \int_{t_n}^{t_{n+1}} \int_{t_n}^{t} f(t, x(t)) \mathrm{d}t^2 \tag{5.36}
$$

$$
x(t_{n-1}) = x(t_n) - h\dot{x}(t_n) + \int_{t_n}^{t_{n-1}} \int_{t_n}^{t} f(t, x(t)) \mathrm{d}t^2 \tag{5.37}
$$

由这两式即可消去 $\dot{x}(t_n)$，最后得一等价的积分方程，即

$$
x(t_{n+1}) - 2x(t_n) + x(t_{n-1}) = \int_{t_n}^{t_{n+1}} \int_{t_n}^{t} f(t, x(t)) \mathrm{d}t^2 + \int_{t_n}^{t_{n-1}} \int_{t_n}^{t} f(t, x(t)) \mathrm{d}t^2 \tag{5.38}
$$

用插值多项式代替被积函数，即可给出离散化后的数值公式：

$$
x_{n+1} - 2x_n + x_{n-1} = h^2 \sum_{m=0}^{k-1} \sigma_m \nabla^m f_n \tag{5.39}
$$

式中

$$
\begin{cases}
\sigma_m = (-1)^m \int_0^1 (1-s) \left[\begin{pmatrix} -s \\ m \end{pmatrix} + \begin{pmatrix} s \\ m \end{pmatrix} \right] \mathrm{d}s \\
s = \dfrac{t - t_n}{h}
\end{cases} \tag{5.40}
$$

由此积分可给出系数 σ_m 的递推关系式：

$$\begin{cases}\sigma_0 = 1 \\ \sigma_m = 1 - \sum_{i=1}^{m}\left(\frac{2}{i+2}\chi_{i+1}\right)\sigma_{m-i}, \quad m = 1,2,\cdots\end{cases} \tag{5.41}$$

式中：χ_i 为调和级数的前 i 项的部分和，即

$$\chi_i = 1+\frac{1}{2}+\cdots+\frac{1}{i} \tag{5.42}$$

由后差分公式，可将式（5.39）改写成用右函数表达的形式：

$$x_{n+1} - 2x_n + x_{n-1} = h^2\sum_{l=0}^{k-1}\left[(-1)^l\sum_{m=l}^{k-1}\sigma_m\binom{m}{l}\right]f_{n-l} \tag{5.43}$$

最后可简化为

$$x_{n+1} = 2x_n - x_{n-1} + h^2\sum_{l=0}^{k-1}\alpha_{kl}f_{n-l}, \quad k = 1,2,\cdots \tag{5.44}$$

$$\alpha_{kl} = (-1)^l\sum_{m=l}^{k-1}\binom{m}{l}\sigma_m = (-1)^l\left[\binom{l}{l}\sigma_l+\binom{l+1}{l}\sigma_{l+1}+\cdots+\binom{k-1}{l}\sigma_{k-1}\right] \tag{5.45}$$

以上为 Cowell 显式公式，其隐式公式如下：

$$x_n - 2x_{n-1} + x_{n-2} = h^2\sum_{m=0}^{k-1}\sigma_m^*\nabla^m f_n \tag{5.46}$$

$$\sigma_m^* = (-1)^m\int_{-1}^{0}(-s)\left[\binom{-s}{m}+\binom{s+2}{m}\right]\mathrm{d}s \tag{5.47}$$

式中：s 的意义同前。σ_m^* 有与 σ_m 类似的递推关系：

$$\begin{cases}\sigma_0^* = 1 \\ \sigma_m^* = -\sum_{i=1}^{m}\left(\frac{2}{i+2}h_{i+1}\right)\sigma_{m-i}^*, \quad m = 1,2,\cdots\end{cases} \tag{5.48}$$

式中：$\sigma_m^* = \sigma_m - \sigma_{m-1}$。

相应的用右函数值表达的 Cowell 隐式公式为

$$x_{n+1} = 2x_n - x_{n-1} + h^2\sum_{l=0}^{k-1}\alpha_{kl}^*f_{n+1-l}, \quad k = 1,2,\cdots \tag{5.49}$$

$$\alpha_{kl}^* = (-1)^l\sum_{m=l}^{k-1}\binom{m}{l}\sigma_m^* \tag{5.50}$$

4）KSG 积分方法

KSG 积分方法用于直接计算二阶微分方程的数值解，而不需要将二阶微分方程转化为一阶方程组再进行计算。二阶微分方程为

$$\ddot{y}=f(t,y,\dot{y}) \tag{5.51}$$

由 t_n 积分到 t，则有

$$\dot{y}(t)=\dot{y}_n+\int_{t_n}^{t}f(x,y,\dot{y})\mathrm{d}x \tag{5.52}$$

$$y(t)=y_n+(t-t_n)\dot{y}_n+\int_{t_n}^{t}\int_{t_n}^{x_1}f(x,y,\dot{y})\mathrm{d}x\mathrm{d}x_1 \tag{5.53}$$

设多步法已知 i 个等距时刻（或节点）的函数值为 $f_n,f_{n-1},\cdots f_{n-i+1}$

$$f(x,y,\dot{y})\approx P(t)=P(t,t_n,t_{n-1},\cdots,t_{n-i+1},f_n,\cdots,f_{n-i+1}) \tag{5.54}$$

用后向差分表示的牛顿插值多项式表达如下：

$$\begin{aligned}P(t)&=f_n+\frac{(t-t_n)}{1!h}\nabla f_n+\cdots+\frac{(t-t_n)\cdots(t-t_{n-i+2})}{(i-1)!h^{(i-1)}}\nabla^{i-1}f_n\\&=\sum_{j=1}^{i}\gamma_j(t)\nabla^{j-1}f_n\end{aligned} \tag{5.55}$$

式中

$$\gamma_1=1,\quad \gamma_j=\frac{(t-t_n)\cdots(t-t_{n-j+2})}{(j-1)!h^{(j-1)}},\quad j=2,3\cdots i$$

h 为常数步长，$h=t_k-t_{k-1}$，$k=n,n-1,\cdots,n-i+2$。

利用式（5.55），将式（5.52）和式（5.53）转换变成下式：

$$\begin{cases}\dot{y}(t)=\dot{y}_n+\displaystyle\int_{t_n}^{t}\sum_{j=1}^{i}\gamma_j\nabla^{j-1}f_n\mathrm{d}x\\ y(t)=y_n+(t-t_n)\dot{y}_n+\displaystyle\int_{t_n}^{t}\int_{t_n}^{x_1}\sum_{j=1}^{i}\gamma_j(x)\nabla^{j-1}f_n\mathrm{d}x\mathrm{d}x_1\end{cases} \tag{5.56}$$

取 $t=t_{n+r}=t_n+rh$，由式（5.56）可得 KSG 积分器的基本公式（i 阶公式），如下：

$$\begin{cases}\dot{y}(t_{n+r})=\dot{y}_{n+r}=\dot{y}+(rh)\displaystyle\sum_{j=1}^{i}\beta_{j,r}\nabla^{j-1}f_n\\ y(t_{n+r})=y_{n+r}=y_n+rh\dot{y}_n+(rh)^2\displaystyle\sum_{j=1}^{i}\alpha_{j,r}\nabla^{j-1}f_n\end{cases} \tag{5.57}$$

式中

$$\begin{aligned}\alpha_{j,r}&=\frac{1}{(rh)^2}\int_{t_n}^{t_{n+r}}\int_{t_n}^{x_1}\frac{(x-t_n)\cdots(x-t_{n-j+2})}{(j-1)!h^{(j-1)}}\mathrm{d}x\mathrm{d}x_1\\&=\frac{1}{(rh)^2}\int_{t_n}^{t_{n+r}}\int_{t_n}^{x_1}\gamma_j(x)\mathrm{d}x\mathrm{d}x_1\end{aligned} \tag{5.58}$$

$$\beta_{j,r}=\frac{1}{rh}\int_{t_n}^{t_{n+r}}\gamma_j(x)\,\mathrm{d}x \tag{5.59}$$

利用基本公式可推出 PECE（预报-计算-改正-计算）公式及过程如下：

取 $r=1$，得 KSG 积分器 i 阶预报公式（由 i 个节点值 $f_n, f_{n-1}, \cdots, f_{n-i+1}$ 计算 P_{n+1} 和 $\dot{P}_{n+1}$）：

$$\begin{cases} P_{n+1}=y_n+h\dot{y}_n+h^2\sum\limits_{j=1}^{i}\alpha_{j,1}\nabla^{j-1}f_n \\ \dot{P}_{n+1}=\dot{y}_n+h\sum\limits_{j=1}^{i}\beta_{j,1}\nabla^{j-1}f_n \end{cases} \tag{5.60}$$

计算公式：

$$f_{n+1}^{P}=f(t_{n+1},P_{n+1},\dot{P}_{n+1}) \tag{5.61}$$

$(i+1)$阶改正公式（由 $f_{n+1}^{P}, f_n\cdots f_{n-i+1}$ 共$(i+1)$个节点值计算 $y_{n+1}, \dot{y}_{n+1}$）：

$$\begin{cases} y_{n+1}=y_n+h\dot{y}_n+h^2\sum\limits_{j=1}^{i+1}\alpha_{j,0}\nabla^{j-1}f_{n+1}^{*} \\ \dot{y}_{n+1}=\dot{y}_n+h\sum\limits_{j=1}^{i+1}\beta_{j,0}\nabla^{j-1}f_{n+1}^{*} \end{cases} \tag{5.62}$$

计算公式：

$$f_{n+1}=f(t_{n+1},y_{n+1},\dot{y}_{n+1}) \tag{5.63}$$

KSG 内插校正方法是在 KSG 方法的计算基础上，增加了一步内插校正的计算。首先利用 KSG 方法计算出 i 个节点值，然后利用内插修正公式计算中间点的值。由 KSG 积分器基本公式（5.62）可得中间点的内插修正公式如下：

$$\begin{cases} \dot{y}=\dot{y}_n-nh\sum\limits_{j=1}^{i}\beta_{j,-n}\nabla^{j-1}f_n \\ y=y_n-nh\dot{y}_n+n^2h^2\sum\limits_{j=1}^{i}\alpha_{j,-n}\nabla^{j-1}f_n \end{cases} \tag{5.64}$$

5.1.4 多弧段法方程融合

解算重力场需要用一颗或多颗卫星的多个弧段观测数据联合估计，因此需要多弧段融合处理。通常，每弧段需要估计的参数包括与弧段相关的参数和与弧段不完全相关的参数，前者构成弧段局部参数，后者构成弧段全局参数。法方程矩阵融合处理，需要按照与弧相关参数和与弧不相关参数分块，对法方程矩阵按照与弧相关参数和与弧不相关参数分块，约去与弧段相关参数，然后进行法方程叠加，计算出地球重力场位系数等全局参数，然后回代后解出每个弧段的轨道初值等局部参数。

设第 k 个弧段的法方程表示为如下形式：

$$\begin{pmatrix} \boldsymbol{N}_{II} & \boldsymbol{N}_{IE} \\ \boldsymbol{N}_{EI} & \boldsymbol{N}_{EE} \end{pmatrix}^k \begin{bmatrix} \hat{\boldsymbol{P}}_I \\ \hat{\boldsymbol{P}}_E \end{bmatrix}^k = \begin{bmatrix} \boldsymbol{b}_I \\ \boldsymbol{b}_E \end{bmatrix}^k, \quad k=1,2,\cdots,K \tag{5.65}$$

式中：矢量 $\hat{\boldsymbol{P}}$ 分成与弧相关的矢量 $\hat{\boldsymbol{P}}_I$ 和与弧无关的矢量 $\hat{\boldsymbol{P}}_E$，前者也称为局部参数，后者称为全局参数；k 为弧段的表示，共有 K 个弧段。如果 $\boldsymbol{N}_{II}$是可逆的，将（5.65）式中的前一式写为

$$\hat{\boldsymbol{P}}_I^k = \boldsymbol{N}_{II}^{-1}(\boldsymbol{b}_I - \boldsymbol{N}_{IE}\hat{\boldsymbol{P}}_E)^k \tag{5.66}$$

进一步可以得到关于全局变量的表达式：

$$\boldsymbol{N}_K^* \hat{\boldsymbol{P}}_E^k = \boldsymbol{b}_K^* \tag{5.67}$$

式中

$$\begin{aligned} \boldsymbol{N}_k^* &= (\boldsymbol{N}_{EE} - \boldsymbol{N}_{EI}\boldsymbol{N}_{II}^{-1}\boldsymbol{N}_{IE})^k \\ \boldsymbol{b}_k^* &= (\boldsymbol{b}_E - \boldsymbol{N}_{EI}\boldsymbol{N}_{II}^{-1}\boldsymbol{b}_I)^k \end{aligned} \tag{5.68}$$

叠加所有弧段的法方程，可得：

$$\sum_{k=1}^{K} \boldsymbol{N}_k^* \hat{\boldsymbol{P}}_E = \sum_{k=1}^{K} \boldsymbol{b}_k^* \tag{5.69}$$

参数估计通常采用最小二乘解，具体表达形式如下：

$$\hat{\boldsymbol{P}}_E = \left(\sum_{k=1}^{K} \boldsymbol{N}_k^*\right)^{-1} \cdot \left(\sum_{k=1}^{K} \boldsymbol{b}_k^*\right) \tag{5.70}$$

全局参数的验后协方差矩阵为

$$\boldsymbol{C}_{\hat{\boldsymbol{P}}_E} = \hat{\sigma}_0 \left(\sum_{k=1}^{K} \boldsymbol{N}_k^*\right)^{-1} \tag{5.71}$$

解算出全局变量后，回代到式（5.65），解出每一个弧段的轨道初值 $\hat{\boldsymbol{P}}_I^k (1 \leqslant k \leqslant K)$，其协方差矩阵 $\boldsymbol{C}_{\hat{\boldsymbol{P}}_I^k}$表达式如下：

$$\boldsymbol{C}_{\hat{\boldsymbol{P}}_I^k} = (\boldsymbol{N}_{II}^{-1} + \boldsymbol{N}_{II}^{-1}\boldsymbol{N}_{IE}\boldsymbol{C}_{\hat{\boldsymbol{P}}_E}\boldsymbol{N}_{EI}\boldsymbol{N}_{II}^{-1})^k \tag{5.72}$$

大型法方程的解算有多种方法：一类是直接解法，指在没有舍入误差的情况下经过有限次运算求得线性方程的精确解，主要包括直接求逆法和矩阵分解法，其中矩阵分解法包括 QR 分解法、Cholesky 分解法等。直接法优点在

于其不仅给出了待估参数精确解，同时也给出了用于精度评定的待估参数协因数阵，但其最大缺点是由于涉及法方程维数高，占用计算机硬件资源大、计算耗时多。另一类是迭代解法，它是从一个给定的初值出发通过一定的迭代方式逐步逼近真解，避开对法方程矩阵直接求逆，如共轭梯度法和多栅格法。迭代法虽然避开了法方程的直接求逆运算，但无法对其求解结果的精度进行评定，还需用外部数据进行精度检核。尽管迭代法有其缺点，但它具有计算机硬件要求低和快速收敛的特性，仍然是利用卫星重力数据恢复地球重力场的常用方法。例如，将预条件共轭梯度法应用于重力卫星观测数据的处理，收到了良好的效果。下文主要阐述直接求逆法、Cholesky 分解法和预条件共轭梯度法，供反演地球重力场过程使用。

1）直接求逆法

若 A 为 n 阶对称正定矩阵，则其逆矩阵也是对称正定矩阵。采用“变量循环重新编号法”，其计算公式如下：

$$\begin{cases} a'_{nn}=1/a_{11} \\ a'_{n,j-1}=-a_{1j}/a_{11}, & j=2,3,\cdots,n \\ a'_{i-1,n}=a_{i1}/a_{11}, & i=2,3,\cdots,n \\ a'_{i-1,j-1}=a_{ij}-a_{i1}a_{1j}/a_{11}, & i,j=2,3,\cdots,n \end{cases} \tag{5.73}$$

2）乔里斯基法

基于 Cholesky 分解的直接解法的基本思想是，先将法方程矩阵 $\boldsymbol{N}$ 进行 Cholesky 分解，即

$$\boldsymbol{N}=\boldsymbol{LDL}^{\mathrm{T}} \tag{5.74}$$

式中：$\boldsymbol{L}$ 为单位下三角矩阵；$\boldsymbol{D}$ 为对角阵。形式如下：

$$\boldsymbol{L}=\begin{pmatrix} 1 & & & & \\ l_{21} & 1 & & & \\ l_{31} & l_{32} & 1 & & \\ \vdots & \vdots & \vdots & \ddots & \\ l_{n1} & l_{n2} & l_{n3} & \cdots & 1 \end{pmatrix}, \quad \boldsymbol{D}=\mathrm{diag}(d_1,\cdots,d_n) \tag{5.75}$$

可得

$$\boldsymbol{Nx}=\boldsymbol{w} \quad \Rightarrow \quad \boldsymbol{LDL}^{\mathrm{T}}\boldsymbol{x}=\boldsymbol{w}$$

于是，法方程解算可分解为求解线性方程组：

$$\begin{cases} \boldsymbol{Lu}=\boldsymbol{w} \\ \boldsymbol{u}=\boldsymbol{DL}^{\mathrm{T}}\boldsymbol{x} \end{cases} \tag{5.76}$$

以上过程的程序实现具体算法如下：

① Cholesky 分解：

$$
\begin{cases}
d_1 = a_{11}, l_{i1} = a_{i1}/d_1, & i=2,\cdots,n \\
l_{ij} = \left(a_{ij} - \sum_{k=1}^{j-1} l_{ik} l_{jk} d_k\right) \Big/ d_j, & i=3,\cdots,n \\
d_j = a_{jj} - \sum_{k=1}^{j-1} l_{jk}^2 d_k, & j=2,\cdots,n
\end{cases}
\tag{5.77}
$$

② 求解分解的两个线性方程组：

$$
\begin{cases}
u_1 = w_1 \\
u_i = w_i - \sum_{j=1}^{i-1} l_{ij} u_j, \quad i=2,\cdots,n
\end{cases}
\tag{5.78}
$$

$$
\begin{cases}
x_n = u_n/d_n \\
x_i = u_i d_i - \sum_{j=i+1}^{n} l_{ji} x_j, \quad i=(n-1),\cdots,1
\end{cases}
\tag{5.79}
$$

式中：a_{ij}为法方程矩阵元素；n 为法方程矩阵维数；w_i 为 $\boldsymbol{w}$ 向量的各元素。

3）预条件共轭梯度法

共轭梯度法（Conjugate Gradient，CG）又称共轭斜量法，其基本思想是利用迭代得到的增量改正前一次迭代的初始向量，新的结果作为下一次迭代的初始值。增量方向总是取逼近其解的最速化方向，利用前一次的初始向量和增量按此梯度方向更新增量。理论上可证明，如果法方程矩阵 $\boldsymbol{N}$ 是对称正定矩阵，则其迭代解序列可一致收敛到真值。如果能找到一个正定矩阵 $\boldsymbol{H}$，其逆与法方程矩阵乘积的条件数小于法方程矩阵自身的条件数，即 $\mathrm{cond}(\boldsymbol{H}^{-1}\boldsymbol{N}) < \mathrm{cond}(\boldsymbol{N})$，则可提高迭代求解的收敛率。由于需要计算 $\boldsymbol{H}$ 矩阵的逆，因此要求其逆阵便于求解，以有效提高计算速度。符合上述条件的 $\boldsymbol{H}$ 矩阵，称为预条件阵，将该矩阵应用于共轭梯度法中，即为预条件共轭梯度法 PCCG（PreConditioned Conjugate Gradient）。PCCG 的具体计算步骤如下：

（1）设定参数的初始值：$\boldsymbol{x}_0 = \boldsymbol{0}, \boldsymbol{r}_0 = \boldsymbol{b}, \boldsymbol{p}_0 = \boldsymbol{s}_0 = \boldsymbol{H}^{-1}\boldsymbol{r}_0, k=0$。

（2）计算迭代步长：$\alpha_k = \dfrac{\boldsymbol{r}_k^{\mathrm{T}} \boldsymbol{p}_k}{\boldsymbol{q}_k^{\mathrm{T}} \boldsymbol{p}_k}, \boldsymbol{q}_k = \boldsymbol{N}\boldsymbol{p}_k$。

（3）计算新的参数向量：$\boldsymbol{x}_{k+1} = \boldsymbol{x}_k + \alpha_k \boldsymbol{p}_k$。

（4）计算新的残差向量：$\boldsymbol{r}_{k+1} = \boldsymbol{r}_k - \alpha_k \boldsymbol{q}_k$。

（5）如果满足收敛条件，则 $\hat{\boldsymbol{x}}=\boldsymbol{x}_{k+1}$，计算结束。否则，进入步骤（6）。

（6）计算 $\boldsymbol{s}_{k+1}=\boldsymbol{H}^{-1}\boldsymbol{r}_{k+1},\beta_{k+1}=\dfrac{\boldsymbol{r}_{k+1}^{\mathrm{T}}\boldsymbol{s}_{k+1}}{\boldsymbol{r}_{k}^{\mathrm{T}}\boldsymbol{s}_{k}}$。

（7）计算新的方向向量：$\boldsymbol{p}_{k+1}=\boldsymbol{s}_{k+1}+\beta_{k+1}\boldsymbol{p}_{k}$。

（8）$k=k+1$，返回步骤（2）。

在地球重力场恢复中，可采用的迭代收敛条件是判断两次连续迭代得到的大地水准面之差是否满足给定的精度指标，预条件阵 $\boldsymbol{H}$ 可选取法方程矩阵 $\boldsymbol{N}$ 的块对角部分。

5.1.5 位系数位置排列与算例分析

1）位系数位置排列

在数值计算中，解算重力场模型的阶次越高，则法方程的维数也越大，其占用的计算机内存和求逆计算时间将随着重力场模型的最大阶次成指数增长。因此，对于高阶重力场模型的解算，必须要求法方程具有更好的结构，才能保证计算的稳定性和减少法方程矩阵的存储空间与求逆所消耗的时间。

根据三角函数的正交性，如果将位系数采用某种特殊的排列，则法方程矩阵将具有块对角阵的结构，这非常有利于矩阵求逆和采用快速算法。如果将次数 m 控制外部循环，对于内部循环的每一次数 m，按阶数 l 的大小首先排列全部的 cos 系数，然后再排列全部的 sin 系数，相应的索引方式如下：

$$\{\bar{C}_{lm},\bar{S}_{lm}\}\Rightarrow\left\{\sum_{l=2}^{L_{\max}}(\bar{C}_{l0}),\sum_{m=1}^{L_{\max}}\left(\sum_{l=\max(2,m)}^{L_{\max}}\bar{C}_{lm},\sum_{l=\max(2,m)}^{L_{\max}}\bar{S}_{lm}\right)\right\}\tag{5.80}$$

对应的球谐系数矩阵排列表示为

$$\begin{cases}\bar{C}_{20},\bar{C}_{30},\cdots,\bar{C}_{L_{\max}0}\\ \bar{C}_{21},\bar{C}_{31},\cdots,\bar{C}_{L_{\max}1},\bar{S}_{21},\bar{S}_{31},\cdots,\bar{S}_{L_{\max}1}\\ \bar{C}_{22},\bar{C}_{32},\cdots,\bar{C}_{L_{\max}2},\bar{S}_{22},\bar{S}_{32},\cdots,\bar{S}_{L_{\max}2}\\ \bar{C}_{33},\bar{C}_{43},\cdots,\bar{C}_{L_{\max}3},\bar{S}_{33},\bar{S}_{43},\cdots,\bar{S}_{L_{\max}3}\\ \vdots \qquad\qquad \vdots\\ \bar{C}_{L_{\max}L_{\max}},\cdots,\cdots,\cdots,\cdots,\cdots,\bar{S}_{L_{\max}L_{\max}}\end{cases}\tag{5.81}$$

如果得到全球分布的格网数据，对应于 1°分辨率的格网，形成 $N\times 2N=2N^2$ 个观测方程，则有

$$\begin{cases} n(\bar{C}^*_{n_1m_1},\bar{S}_{n_2m_2})=0 \\ n(\bar{S}_{n_1m_1},\bar{C}^*_{n_2m_2})=0 \end{cases} \tag{5.82}$$

对于全球格网数据利用正交关系，则法方程的元素对于不同的次数 m 有

$$\begin{cases} n(\bar{C}^*_{n_1m_1},\bar{C}^*_{n_2m_2})\begin{cases} =0, & m_1\neq m_2 \\ \neq 0, & m_1=m_2 \end{cases} \\ n(\bar{S}_{n_1m_1},\bar{S}_{n_2m_2})\begin{cases} =0, & m_1\neq m_2 \\ \neq 0, & m_1=m_2 \end{cases} \end{cases} \tag{5.83}$$

如果格网数据分布对称于赤道，则对于同一次数 m 的不同奇、偶阶数的 n 有

$$\begin{cases} n(\bar{C}^*_{n_1m},\bar{C}^*_{n_2m})\begin{cases} =0, & n_1:\text{偶数}, & n_2:\text{奇数} \\ =0, & n_1:\text{奇数}, & n_2:\text{偶数} \\ \neq 0, & n_1:\text{偶数}, & n_2:\text{偶数} \\ \neq 0, & n_1:\text{奇数}, & n_2:\text{奇数} \end{cases} \\ n(\bar{S}_{n_1m},\bar{S}_{n_2m})\begin{cases} =0, & n_1:\text{偶数}, & n_2:\text{奇数} \\ =0, & n_1:\text{奇数}, & n_2:\text{偶数} \\ \neq 0, & n_1:\text{偶数}, & n_2:\text{偶数} \\ \neq 0, & n_1:\text{奇数}, & n_2:\text{奇数} \end{cases} \end{cases} \tag{5.84}$$

可以证明，假设卫星轨道为圆极重复周期轨道，且等间隔采样，或者将卫星观测数据归算为球面上的格网数据，则此种方式对应的球谐系数法方程由于三角函数的正交性而使得矩阵非主对角元素消失，从而法方程矩阵将是块对角结构矩阵 $\boldsymbol{N}_{\mathrm{bd}}$。图 5.1 给出了最大阶次为 4 时对应法方程矩阵的块

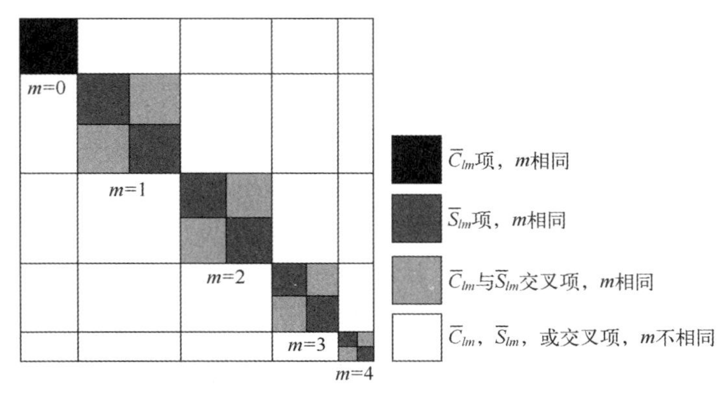

图 5.1　法方程矩阵的块对角结构

对角结构，其中次数 m 不相等的非主对角块元素均为零。需要说明的是，对于真实的卫星重力沿轨观测值，因其并不能严格满足在同一轨道球面上，且数据存在间断或极空白区，最终形成的法方程矩阵 $\boldsymbol{N}$ 将具有块对角占优的结构。

在实际计算中，可将上述块对角矩阵 $\boldsymbol{N}_{\mathrm{bd}}$ 采用行优先形式的一维向量存储。当 $L_{\min}=2$ 时，矩阵 $\boldsymbol{N}_{\mathrm{bd}}$ 对角线非零元素的个数为

$$n_{N_{\mathrm{bd}}} = 5\left(L_{\max} - 1\right)^2 + 4\sum_{l=1}^{L_{\max}-1} l^2 \tag{5.85}$$

于是，法方程的求逆可由次数 m 控制，单独计算位系数的每一次数 m 对应的块矩阵。这将大大节约计算机内存空间和提高重力场解算速度。表 5.1 给出了 30 天、5s 采样的卫星重力观测数据（共 518400 个观测值），在不同阶数下所对应的位系数个数和各矩阵的储存大小。

表 5.1　位系数个数与各矩阵储存大小

$L_{\max}$	n_{coef}	$\boldsymbol{A}$	$\boldsymbol{N}$	$\boldsymbol{N}_{\mathrm{bd}}$
30	957	3.70GB	6.99MB	0.29MB
60	3717	14.36GB	105.41MB	2.28MB
120	14637	56.53GB	1.60GB	17.90MB
200	40397	156.03GB	12.16GB	82.28MB
250	62997	243.32GB	29.57GB	160.36MB
300	90597	349.92GB	61.15GB	276.70MB

此外，法方程矩阵是对称的正定阵，因此可在计算中仅存储法方程矩阵的上三角或下三角元素，以进一步压缩在内存中的存储空间。若用一维数组来储存法方程矩阵，各元素的指标索引为

$$\begin{cases} a_{ij} = \mathbf{vec}_{\mathrm{u}}\left[i+j(j-1)/2\right] \\ a_{ij} = \mathbf{vec}_{\mathrm{l}}\left[i+(j-1)(2n_{\mathrm{coef}}-j)/2\right] \end{cases} \tag{5.86}$$

式中：a_{ij} 为法方程矩阵元素；$\mathbf{vec}_{\mathrm{u}}$ 为存储上三角元素的一维矩阵；$\mathbf{vec}_{\mathrm{l}}$ 为存储下三角元素的一维矩阵；n_{coef} 为法方程矩阵的维数，即位系数的个数。

2）算例分析

利用上述动力学方法处理了 GRACE 卫星数据，得到动力学反演结果，并与美国空间中心（CSR）和德国地学研究中心（GFZ）结果进行了比对。图 5.2、图 5.3 分别为利用 GRACE 卫星 2007 年 1 月份数据，基于动力学法反演解算的月时变重力场模型（DL）的大地水准面阶误差曲线。

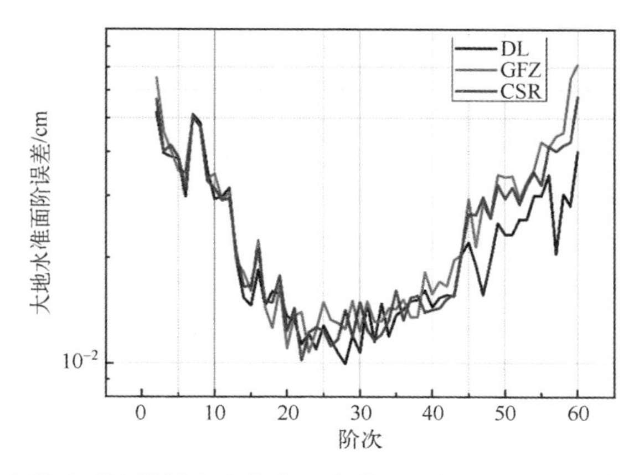

图 5.2　动力学法反演结果大地水准面阶误差（与 GOCO06S 比较）（见彩图）

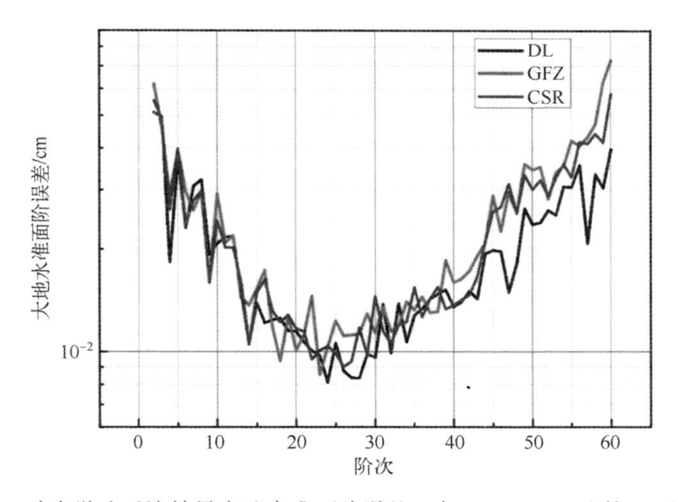

图 5.3　动力学法反演结果大地水准面阶误差（与 EIGEN6C4 比较）（见彩图）

5.2　基　线　法

重力卫星轨道类似其他低轨卫星，其轨道参数可以用直角坐标系、开普勒轨道根数等多种形式表示。在卫星定轨中常用直角坐标形式的六个轨道参数来描述卫星的初始状态矢量，适用于积分器积分卫星轨道的情况。初始轨道参数也可以表示成六个开普勒轨道根数形式，这一表示形式直观地描述了卫星轨道的空间位置情况，在卫星测控中更多使用了这种形式的表示法，另外在轨道敏感性分析和线性摄动理论中使用也很频繁。因此一种轨道参数的建立和应用都是为了方便问题的研究和处理，具体到某一特定问题，要根据方便性和合理性选择合适的表示法。在重力卫星轨道观测数据用于反演地球重力场领域，是否存在其他形式轨道参数表达形式较以上两种形式更能高精度反演地球重力场，不仅能清晰表达卫星轨道状态，而且能准确揭示出两颗卫星间的关系，解决目前存在的问题，从而提高反演地球重力场质量和合理性。

低低跟踪重力卫星的距离与距离变率观测值反映了两颗低轨卫星相对状态矢量，它不包含卫星的绝对位置信息，因此单独用卫星间距离和距离变率观测值来定轨几乎不可能，也就是用卫星间距离和距离变率观测值完整确定两颗卫星的轨道的 12 个直角坐标参数是困难的。但是卫星间距离和距离变率观测值中毕竟包含了些轨道信息，而且卫星间距离和距离变率观测值的精度很高（距离的测定的精度是 10μm，距离变率的测定的精度是 1μm/s，相对 GNSS 相位 1~2mm 的测距精度而言要高 2~3 数量级），这就提示是否可以采用一种新的轨道参数表示形式，用卫星间距离和距离变率观测值对它们部分参数实施精度改善和提高，从而提高重力场反演精度。

低低跟踪重力卫星载有高性能的 GNSS 接收机，利用 GNSS 接收机观测值可以确定卫星的轨道，轨道精度可以达到 2~3cm，而且 GNSS 接收机观测值也可以用于地球重力场模型系数低阶项（约 40 阶以下）估计；星间距离和星间距离变化率观测量精度达到微米甚至亚微米级，分别优于 10μm 和 1μm/s，可以用来估计地球重力场模型系数高阶项，但是仅能用于部分轨道参数估计。究其原因，星间测距两个观测量描述的是卫星间的距离及其变化信息，而不包含卫星相对一个地面固定点的位置信息，因此不能确定卫星的绝对位置。但是反之，也不能认为星间测距观测数据对于轨道改善就没有作用。准确讲，星间测距观测数据还可以用于部分轨道参数的改正，初始轨道参数的基线参数表示法正是基于此提出的[10-12]。

5.2.1 基线参数概念与表示方法

低低跟踪重力卫星可以用 12 轨道参数描述，也可以用 12 个基线参数描述，要求两者等价，且可以相互转换。对应卫星轨道直角坐标系中 12 个参数，基线法也定义 12 个参数，且与直角坐标系中 12 参数等价。据此，两颗重力卫星的初始轨道参数的基线表示法中的参数定义如下：

P_1：基线中点到地球质心的距离。

P_2：基线中点的地心纬度。

P_3：基线中点的地心经度。

P_4：基线中点速度在惯性系中 X 轴分量。

P_5：基线中点速度在惯性系中 Y 轴分量。

P_6：基线中点速度在惯性系中 Z 轴分量。

P_7：基线长度。

P_8：基线俯仰角。

P_9：基线方位角。

P_{10}：基线长度变化率。

P_{11}：基线俯仰角变化率。

P_{12}：基线方位角变化率。

这 12 个基线参数可以分成两组，一组是用于描述基线中点位置和速度，包括 $P_1 \sim P_6$，表示了卫星组在空间瞬时绝对位置及其变化状态。另一组是描述两颗重力卫星质心连线构成的基线矢量的空间状态参数，包括 $P_7 \sim P_{12}$，准确描述了基线矢量在空间中长度、姿态及其演化。

低低跟踪重力卫星的 12 个基线参数与 12 个轨道直角坐标参数等价，存在严格转换关系，可以用数学模型表达。

从直角坐标参数到基线参数的变换式为

$$\boldsymbol{X}_{\mathrm{m}} = 0.5(\boldsymbol{X}_1 + \boldsymbol{X}_2) \tag{5.87}$$

$$\boldsymbol{X}_{\mathrm{b}} = (\boldsymbol{X}_2 - \boldsymbol{X}_1) \tag{5.88}$$

式中：$\boldsymbol{X}_{\mathrm{m}}$ 为在惯性系下基线中点的位置和速度矢量；$\boldsymbol{X}_{\mathrm{b}}$ 为惯性系下基线矢量；$\boldsymbol{X}_1$、$\boldsymbol{X}_2$ 分别为两颗卫星在惯性系下的位置和速度矢量。

基线中点位置和速度矢量化成球坐标的形式为

$$\begin{cases} P_1 = \sqrt{\boldsymbol{X}_{\mathrm{m}}(1)^2 + \boldsymbol{X}_{\mathrm{m}}(2)^2 + \boldsymbol{X}_{\mathrm{m}}(3)^2} \\ P_2 = \arcsin\left|\boldsymbol{X}_{\mathrm{m}}(3)/P_1\right| \\ P_3 = \arctan\left|\boldsymbol{X}_{\mathrm{m}}(2)/\boldsymbol{X}_{\mathrm{m}}(1)\right| \\ P_4 = \boldsymbol{X}_{\mathrm{m}}(4) \\ P_5 = \boldsymbol{X}_{\mathrm{m}}(5) \\ P_6 = \boldsymbol{X}_{\mathrm{m}}(6) \end{cases} \tag{5.89}$$

基线矢量 $\boldsymbol{X}_{\mathrm{b}}$ 转化为以基线中点为基础的当地地平坐标系，其表达式为

$$\boldsymbol{X}_{\mathrm{b}}^{\mathrm{L}} = \boldsymbol{T}_i^{\mathrm{L}} \cdot \boldsymbol{X}_{\mathrm{b}} \tag{5.90}$$

式中：旋转矩阵表达式为

$$T_i^{\mathrm{L}}=\begin{bmatrix}\boldsymbol{T} & \boldsymbol{0}\\ \boldsymbol{0} & \boldsymbol{T}\end{bmatrix}$$

$$\boldsymbol{T}=\begin{bmatrix}-\sin P_3 & \cos P_3 & 0\\ -\sin P_2\cos P_3 & -\sin P_2\sin P_3 & \cos P_2\\ \cos P_2\cos P_3 & \cos P_2\sin P_3 & \sin P_2\end{bmatrix}\tag{5.91}$$

当地水平坐标系下的基线矢量与基线参数的关系式为

$$\begin{cases}P_7=\sqrt{\boldsymbol{X}_{\mathrm{b}}^{\mathrm{L}}(1)^2+\boldsymbol{X}_{\mathrm{b}}^{\mathrm{L}}(2)^2+\boldsymbol{X}_{\mathrm{b}}^{\mathrm{L}}(3)^2}\\ P_8=\arcsin(\boldsymbol{X}_{\mathrm{b}}^{\mathrm{L}}(3)/P_7)\\ P_9=\arctan(\boldsymbol{X}_{\mathrm{b}}^{\mathrm{L}}(2)/\boldsymbol{X}_{\mathrm{b}}^{\mathrm{L}}(1))\\ P_{10}=\sqrt{\boldsymbol{X}_{\mathrm{b}}^{\mathrm{L}}(4)^2+\boldsymbol{X}_{\mathrm{b}}^{\mathrm{L}}(5)^2+\boldsymbol{X}_{\mathrm{b}}^{\mathrm{L}}(6)^2}\\ P_{11}=\mathrm{arctg}(\boldsymbol{X}_{\mathrm{b}}^{\mathrm{L}}(6)/\sqrt{\boldsymbol{X}_{\mathrm{b}}^{\mathrm{L}}(4)^2+\boldsymbol{X}_{\mathrm{b}}^{\mathrm{L}}(5)^2})\\ P_{12}=\mathrm{arctg}(\boldsymbol{X}_{\mathrm{b}}^{\mathrm{L}}(5)/\boldsymbol{X}_{\mathrm{b}}^{\mathrm{L}}(4))\end{cases}\tag{5.92}$$

式（5.89）~式（5.92）构成了基线表示法的 12 个基线参数计算公式，用这些公式可以将直角坐标形式的参数转化为基线表示法中的基线参数。

基线表示法中参数转化为直角坐标参数的关系为

$$\begin{cases}\boldsymbol{X}_{\mathrm{m}}(1)=P_1\cdot\cos(P_2)\cos(P_3)\\ \boldsymbol{X}_{\mathrm{m}}(2)=P_1\cdot\cos(P_2)\sin(P_3)\\ \boldsymbol{X}_{\mathrm{m}}(3)=P_1\cdot\sin(P_2)\\ \boldsymbol{X}_{\mathrm{m}}(4)=P_4\\ \boldsymbol{X}_{\mathrm{m}}(5)=P_5\\ \boldsymbol{X}_{\mathrm{m}}(6)=P_6\end{cases}\tag{5.93}$$

当地水平坐标系下的基线矢量与基线参数的关系式为

$$\boldsymbol{X}_{\mathrm{b}}=\boldsymbol{T}_{\mathrm{L}}^{i}\cdot\boldsymbol{X}_{\mathrm{b}}^{\mathrm{L}}\tag{5.94}$$

式中：$\boldsymbol{T}_{\mathrm{L}}^{i}$ 为从当地地平坐标系到惯性系的旋转矩阵，$\boldsymbol{T}_{\mathrm{L}}^{i}=(\boldsymbol{T}_{i}^{\mathrm{L}})^{\mathrm{T}}$；$\boldsymbol{X}_{\mathrm{b}}^{\mathrm{L}}$ 的表达式如下：

$$\begin{cases}\boldsymbol{X}_{\mathrm{b}}^{\mathrm{L}}(1)=P_7\cdot\cos(P_8)\cos(P_9)\\ \boldsymbol{X}_{\mathrm{b}}^{\mathrm{L}}(2)=P_7\cdot\cos(P_8)\sin(P_9)\\ \boldsymbol{X}_{\mathrm{b}}^{\mathrm{L}}(3)=P_7\cdot\sin(P_8)\\ \boldsymbol{X}_{\mathrm{b}}^{\mathrm{L}}(4)=P_{10}\cdot\cos(P_{11})\cos(P_{12})\\ \boldsymbol{X}_{\mathrm{b}}^{\mathrm{L}}(5)=P_{10}\cdot\cos(P_{11})\sin(P_{12})\\ \boldsymbol{X}_{\mathrm{b}}^{\mathrm{L}}(6)=P_{10}\cdot\sin(P_{11})\end{cases}\tag{5.95}$$

将基线中点矢量和基线矢量转换成直角坐标形式参数的公式为

$$\boldsymbol{X}_1=\boldsymbol{X}_{\mathrm{m}}+\frac{1}{2}\boldsymbol{X}_{\mathrm{b}} \tag{5.96}$$

$$\boldsymbol{X}_2=\boldsymbol{X}_{\mathrm{m}}-\frac{1}{2}\boldsymbol{X}_{\mathrm{b}} \tag{5.97}$$

5.2.2　基线参数敏感性分析

定性分析，星间距离主要受到初始基线矢量以及基线长度、基线俯仰角及它们的变化的影响。基线方位角对于星间距离的影响很小，因为水平方向的变动对于卫星的摄动力影响较小。至于基线中点参数，它们对于星间距离的影响较小，但是因为轨道高度同摄动力有关系，因此基线中点的地心距对于两颗卫星的距离的发展变化起到一定作用。定量分析须采用数值分析方法，逐项分析基线参数对于测量数据的敏感量，即考察参数微小变化量与测量值微小变化量之间的比值关系。

采用数值分析法对星间距离和距离变率对于基线参数的敏感性进行分析，在分析中只考虑 $P_7\sim P_{12}$和 P_1 共计 7 个参数，不再考虑卫星基线中点除 P_1 外的其他参数。主要原因是基线中点的经纬度、速度矢量参数对于星间距离或者变率影响极小。中点经纬度参数几乎不影响基线长度测量值，可以直观理解为中点的水平微小移动几乎不会引起星间距离的变化，原因在于重力卫星受力水平梯度几乎为零。中点的速度矢量微小改变也很难引起星间距离及其变率变化，中点速度矢量参数描述了两颗卫星绝对的运动速度，几乎不影响两颗卫星相对位置变化。星间距离敏感性分析可以采用几种方法：一是分析星间距离对于基线参数偏导数的大小，通过比较可以知道各参数的相对敏感程度。二是用一组标准的基线参数积分两颗卫星轨道，计算它们之间的星间距离，并作为基准星间距离。然后选定一个基线参数，适度在选定的参数上加上一个误差量，再次积分卫星轨道，计算星间距离，结果同基准星间距离比较，得到一个差值，每一个参数都作同样的分析，得到各自的差值，比较它们的差值便可以知道星间距离对于基线参数的敏感程度。三是用一组基线参数积分轨道，计算星间距离，并视为观测值；用一组各参数都加了误差的基线参数积分一组轨道，作为计算星间距离；计算值同观测值比较，用差值估计基线的参数。通过分析估计了基线参数后的残差的大小来确定星间距离对于基线参数的敏感程度。

1）星间距离敏感性分析

首先用偏导数分析法来研究星间距离对于基线参数敏感性，星间距离对于基线参数的偏导数每个历元均不相同，选取了积分开始后的第一个历元的偏导数如下：

$$\begin{cases} P_8:\ 13597.991210937500000。\\ P_9:\ 233.298660278320300。\\ P_{12}:\ 161.941055297851600。\\ P_{11}:\ -44.394557952880860。\\ P_{10}:\ -23.470464706420900。\\ P_7:\ -9.520219564437866\times10^{-1}。\\ P_1:\ 3.806425374932587\times10^{-4}。\end{cases}$$

从以上的偏导数的量级可见，数值越大越敏感，星间距离对于 P_8、P_9、P_{10}、P_{11}、P_{12} 五个参数较为敏感，相对来说对于 P_7 不太敏感，对于 P_1 很不敏感。偏导数分析的方法给出了一个初步的基线参数敏感性印象。

进一步采用星间距离比较的方法来分析基线参数的敏感性。用一组标准基线参数积分卫星轨道并计算出卫星的星间距离，然后在一个选定的参数上加一个小量，再次积分轨道，并计算星间距离，并同参考星间距离求差。对于每个参数作这样的计算，并把它们的差值都表示在图 5.4 和图 5.5 中。图 5.4 中表示了星间距离对于基线参数中的 P_7、P_8、P_9 三个参数敏感性，P_7 加入了 7mm 的误差，P_8、P_9 分别加入了 10^{-6}rad 的角度误差。图 5.5 中表示了星间距离对于基线参数中的 P_{10}、P_{11}、P_{12} 三个参数敏感性，P_{10} 加入了 7mm/s 的误差，P_8、P_9 分别加入了 10^{-6}rad/s 的角度变化率误差。之所以加入这些误差数值，一方面考虑了误差对于轨道的影响量级，另一方面考虑了误差之间的匹配。

从图 5.4 可见，星间距离对于基线参数的误差反应很不同，对于 P_7 而言是周期性的，量级较小；对于 P_8 而言是线性变化的，量级很大；对于 P_9 线性中有周期性，量级很小。比较星间距离对于基线参数中 P_7、P_8、P_9 敏感性，可知星间距离对于基线参数中 P_8 最为敏感，对于参数 P_7 不太敏感，对于 P_9 最不敏感。由图 5.5 可见，星间距离对于基线参数 P_{10}、P_{11} 和 P_{12} 的误差反应也不同，对于 P_{10} 而言是周期性的，量级较大；对于 P_{11} 而言是线性变化的，量级很大；对于 P_{12} 而言，线性是它主要特征，量级小。比较星间距离对

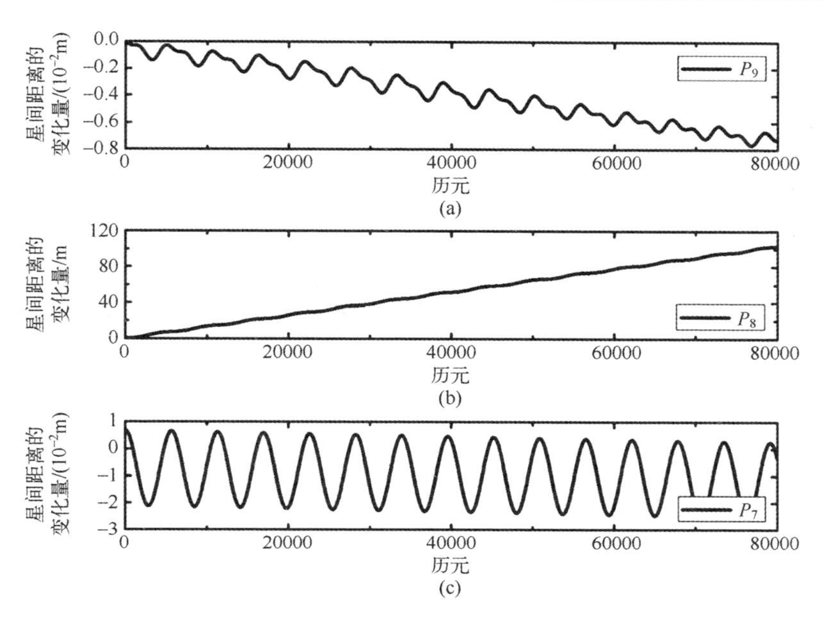

图 5.4 基线参数 P_7、P_8、P_9 误差引起的星间距离的变化

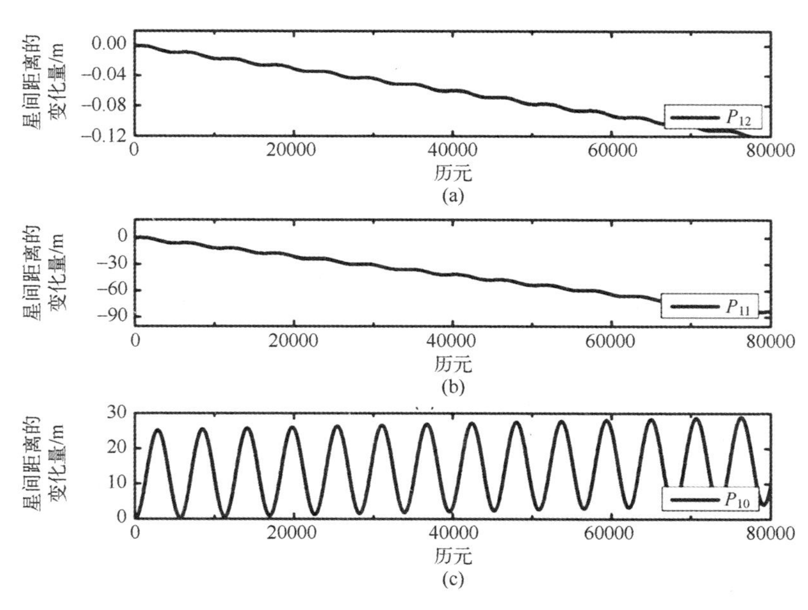

图 5.5 基线参数 P_{10}、P_{11}、P_{12} 误差引起的星间距离的变化

于基线参数中 P_{10}、P_{11}、P_{12} 敏感性，可知星间距离对于这三个基线参数中的 P_{11} 最为敏感，P_{10} 次之，对于 P_{12} 最不敏感。值得一提的是 P_7、P_8、P_9 组和

P_{10}、P_{11}、P_{12}组之间没有可比性，因为它们两组参数加入的误差不存在等价性。

通过以上的分析可知，在第一组参数中 P_8 是最为敏感的参数，在第二组参数中，P_{11}最为敏感，P_{10}次之。

2）星间距离变化率敏感性分析

星间距离变化率敏感性分析类似星间距离敏感性分析，也可以采用上文提到的几种方法，只是用星间距离变化率分析代替星间距离分析。

同样首先用偏导数分析法来研究星间距离变化率对于基线参数的敏感性，选取了积分开始后的第一个历元的星间距离变化率对于基线参数的偏导数如下：

$$\begin{cases} P_8: 48.931816101074220。\\ P_{12}: 1.963499069213867。\\ P_{10}: -3.778734505176544\times10^{-1}。\\ P_{11}: -3.300119936466217\times10^{-1}。\\ P_9: 1.100824587047100\times10^{-2}。\\ P_7: 4.257507971487939\times10^{-4}。\\ P_1: 9.540753126202617\times10^{-6}。\end{cases}$$

从以上的偏导数量级可以看出，星间距离变化率对于 P_8、P_{12}、P_{10}、P_{11}较为敏感，对于 P_9、P_7 不太敏感，对于 P_1 最不敏感，在以下的讨论中不再讨论 P_1 参数。

采用第二种敏感性分析方法较第一种方法准确，以下用第二种分析方法来分析星间距离变化率对于基线参数的敏感性。首先还是选定一个参数，加一个微小量，积分轨道，并计算星间距离变化率，然后同参考星间距离变化率求差。对于每个参数作这样的计算，并把它们的差值都表示在图 5.6 和图 5.7 中。图 5.6 中表示了星间距离变化率对于基线参数中的 P_7、P_8、P_9 三个参数敏感性，图 5.7 中表示了星间距离变化率对于基线参数中的 P_{10}、P_{11}、P_{12}三个参数敏感性。

从图 5.6 可见，星间距离对于基线参数的误差反应都呈现周期性，对于 P_7 而言量级大，对于 P_8 而言量级很大，对于 P_9 而言量级较小。比较星间距离变化率对于基线参数中 P_7、P_8、P_9 敏感性，可知星间距离变化率对于基线参数中 P_8 最为敏感，对于参数 P_7 不太敏感，对于 P_9 最不敏感，这同星间距

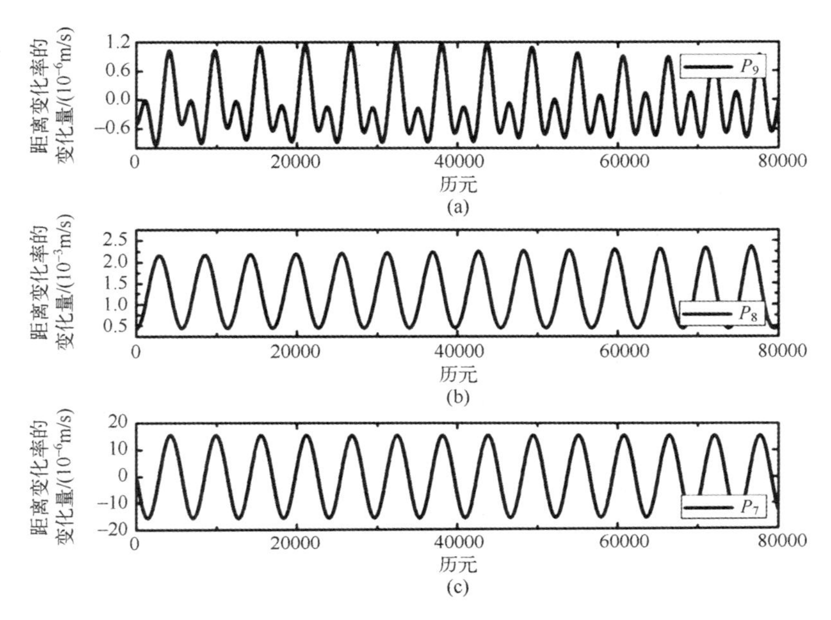

图5.6　基线参数 P_7、P_8、P_9 误差引起的星间距离变化率的变化

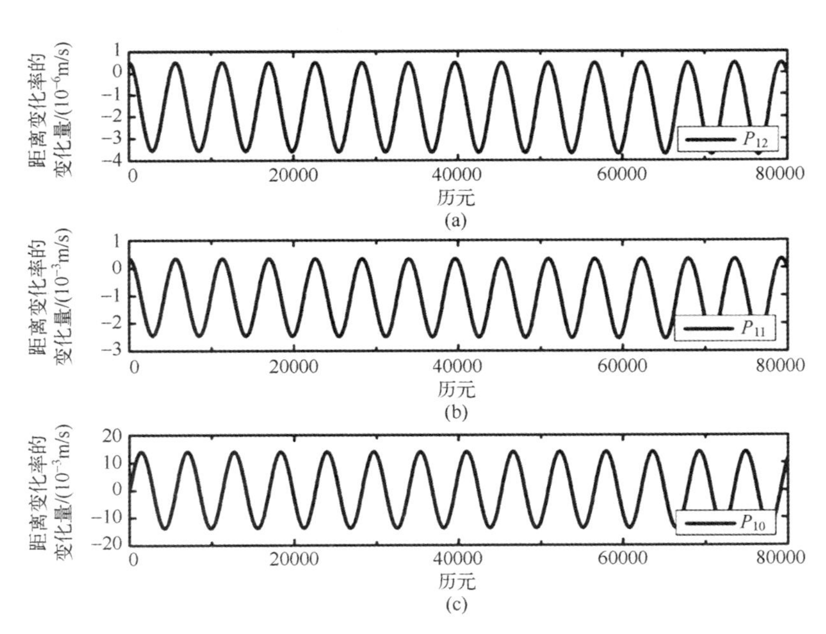

图5.7　基线参数 P_{10}、P_{11}、P_{12}误差引起的星间距离变化率的变化

离对于卫星基线参数的敏感性一致。图5.7可见，星间距离变化率对于基线参数 P_{10}、P_{11}和 P_{12}的误差反应也很不同，对于 P_{10}而言量级很大，对于 P_{11}而

言量级大，对于 P_{12} 而言量级较小。比较星间距离变率对于基线参数中 P_{10}、P_{11}、P_{12} 敏感性，可以说星间距离变率对于这三个基线参数中的 P_{10} 最为敏感，P_{11} 次之，对于 P_{12} 最不敏感，这一结果同距离敏感性分析结果略有不同。

通过以上的分析可知，星间距离变化率对于基线参数敏感性排序结果为，在第一组参数中对 P_8 最为敏感，在第二组参数中，对 P_{10} 最为敏感，P_{11} 次之。

5.2.3 基线法反演地球重力场

针对初始轨道参数误差引起重力场反演误差的问题，提出了基线法，实现了利用高精度星间测距数据改善部分轨道初值参数，达到有效提高重力场反演精度的目的。重力卫星星间距离和距离变率对于部分基线参数很敏感，如果初始轨道基线参数存在误差，则引起星间距离和星间距离变率计算值大的偏差，进而使得用观测值计算地球重力场出现了较大误差。针对这一问题，可以将基线参数、加速度计参数和地球重力场模型系数一并估计，这就有效克服了星间观测量不能单独用于直角坐标形式的初始轨道参数改善的困难，从而降低了地球重力场模型系数求解精度的难度，将这种基于轨道初值基线表示法同时估计基线参数、加速度计参数和地球重力场模型系数的方法称为“基线法”。

下面以 GRACE 卫星的星间距离变化率数据进行试验性计算，通过结果分析基线参数对于重力场模型系数的影响。试验内容和数据使用情况如下：

1） 试验项目

（1） 不估计基线参数，仅估计加速度计参数和 60 阶地球重力场模型系数，结果同 GGM02C 模型比较，分析求解的地球重力场模型的精度；

（2） 同时估计初始轨道的基线参数、加速度计参数和 60 阶地球重力场模型系数，结果同 GGM02C 模型比较，分析求解的地球重力场模型的精度，并同试验（1）结果比较。

2） 使用数据

采用了 2003 年 7 月 31 日至 2003 年 8 月 21 日中共计 22 天的 GRACE 卫星的星间变率观测值，采样率为 10s，积分弧长为 24h。

两组试验结果如图 5.8 和图 5.9 所示，前者表示模型的位系数阶误差对比，后者表示模型的大地水准面累积误差对比。其中，以 GGM02C 模型为基准，给出了 EGM96 模型的对比情况。

由图 5.8 和图 5.9 可见，试验（1）和（2）中计算的地球重力场模型较

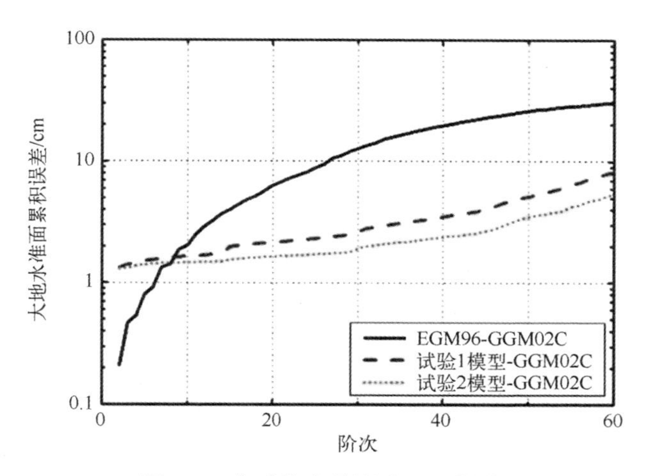

图 5.8 位系数阶误差图（见彩图）

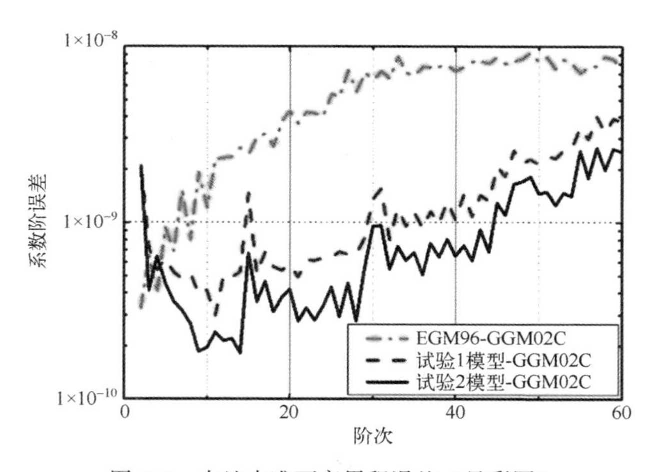

图 5.9 大地水准面高累积误差（见彩图）

EGM96 模型更接近精度很高的参考模型 GGM02C，EGM96 模型、试验（1）模型和试验（2）模型到 60 阶大地水准面的累积误差分别是 30cm、8cm 和 5cm，可见估计基线参数的结果明显好于不估计基线参数的结果。因此，轨道参数的基线表示法可以很好改善地球重力场模型的求解精度，基线法对于重力场模型的恢复非常有意义。

但是试验（1）和（2）模型的 2、3、4 阶项的误差较 EGM96 模型相应位系数的误差大，分析认为引起甚低阶误差较大的原因是卫星间的距离变率不能很好反映地球重力场甚长波信号。解决这一问题的手段是综合应用星间速度和卫星轨道观测值同时解算地球场模型，用包含在卫星轨道中丰富的地球重力场长波长信息控制低阶位系数的误差，从而得到精度更高的地球重力场模型。

图 5.10 所示为综合利用 GRACE 卫星 2007 年 1 月星间速度和轨道观测数据，并基于基线法解算的月时变重力场模型的大地水准面高阶误差曲线（以 EIGEN6C2 为基准模型）。可见，基线法解算结果在 15 阶以下与国际同期模型水平一致，15 阶以上结果更好。

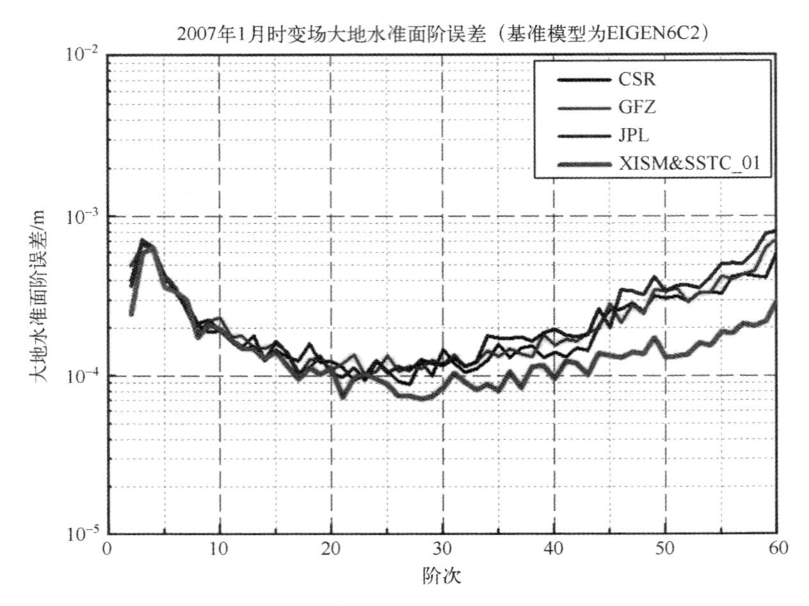

图 5.10　基线法解算模型的大地水准面积误差（见彩图）

5.3 短弧边值法

5.3.1 基本原理

短弧边值法是在卫星各观测弧段边值为已知的条件下，基于牛顿第二运动定律，通过 Fredholm 积分方程计算出弧段内每个观测点上引力的积分值，从而根据引力与其积分值的关系来求解位系数。最早由 Schneider（1968）提出，它将轨道初始点的速度向量变换成轨道终点的位置向量，进一步将轨道中间各点的位置向量由两端的位置向量和先验力模型计算得到，建立了轨道观测数据与力模型系数之间的函数关系。实际上，短弧长边值法本质上与动力学法等价，区别在于短弧法是以起点和终点位置矢量为积分初始参数，而动力学法以起点的位置和速度矢量为积分初始参数。由于解算边值参数的法方程系数阵条件数较小，因此短弧边值法的解算结果稳定，精度较高。Mayer-Gürr 等[13]解算 ITG-CHAMP01 模型时，直接用几何轨道计算重力场参数的系数矩阵，其本质是忽略几何轨道误差对系数矩阵影响的一种线性化方案，优点是不需要先验重力场模型，缺点是系数矩阵误差将被观测误差吸收，影响模型的解算精度。几何轨道进行梯度改正，减小其误差对系数矩阵影响后，才用于 GRACE 卫星高精度的低低跟踪卫星数据的解算。沈云中、游为等将 Xu[14]提出的参考轨道线性化方法推广到短弧边值法，不需要梯度改正就能用 GRACE 低低跟踪卫星数据解算重力场模型。具体为在短弧边值法的积分式中，将轨道位置向量表示成几何轨道加上观测误差改正量，并在几何轨道处进行泰勒线性展开，建立线性化的观测方程，按最小二乘法解算重力场模型参数，对卫星重力观测数据进行反演。在这种情况下，不需要解算初始状态向量，由于几何轨道只有厘米级误差，可以有效控制线性化误差[15-19]。

5.3.2　数学模型

短弧法中，卫星位置 $\boldsymbol{r}(\tau)$ 与速度 $\dot{\boldsymbol{r}}(\tau)$ 可表示成弧段两端的位置与卫星所受力的积分关系如下：

$$\boldsymbol{r}(\tau)=\boldsymbol{r}_0(1-\tau)+\boldsymbol{r}_N(\tau)-T^2\int_0^1 K(\tau,\tau')\boldsymbol{a}(\boldsymbol{r}(\tau'),\boldsymbol{u},\boldsymbol{p})\mathrm{d}\tau' \tag{5.98}$$

以及

$$\dot{\boldsymbol{r}}(\tau)=(\boldsymbol{r}_N-\boldsymbol{r}_0)/T+T\int_0^1\frac{\partial K(\tau,\tau')}{\partial\tau}\boldsymbol{a}(\boldsymbol{r}(\tau'),\boldsymbol{u},\boldsymbol{p})\mathrm{d}\tau' \tag{5.99}$$

式中：$\boldsymbol{r}_0$和 $\boldsymbol{r}_N$为积分弧段端点的位置向量；$\boldsymbol{a}(\boldsymbol{r}(\tau'),\boldsymbol{u},\boldsymbol{p})$ 为卫星单位质量所受的作用力，是卫星位置向量 $\boldsymbol{r}(\tau')$ 的函数，$\boldsymbol{u}$ 和 $\boldsymbol{p}$ 分别为重力位系数和加速度计校正参数；K 为积分核函数。

采用以卫星轨道为初值的线性化方法，将卫星轨道表示成几何轨道与改正数如下：

$$\boldsymbol{r}(\tau')=\boldsymbol{r}_{\mathrm{g}}(\tau')+\boldsymbol{v}_{\mathrm{r}}(\tau') \tag{5.100}$$

式中：$\boldsymbol{r}_{\mathrm{g}}(\tau')$ 为时刻 τ' 的几何轨道；$\boldsymbol{v}_r(\tau')$ 为改正数；$\boldsymbol{r}(\tau')$ 为改正后的轨道。将式（5.100）代入式（5.98）和式（5.99），再以 $\boldsymbol{r}_{\mathrm{g}}(\tau)$ 为初值进行线性化，我们可以推导得到改进短弧法的位置和速度向量的线性化观测方程，再代入星间距离和星间速度观测方程，得到如下观测方程：

$$\rho(\tau')+v_\rho(\tau')=(\boldsymbol{r}_{\mathrm{B}}(\tau')-\boldsymbol{r}_{\mathrm{A}}(\tau'))\cdot\boldsymbol{e}_{\mathrm{AB}}(\tau') \tag{5.101}$$

和

$$\dot{\rho}(\tau')+v_{\dot{\rho}}(\tau')=(\dot{\boldsymbol{r}}_{\mathrm{B}}(\tau)-\dot{\boldsymbol{r}}_{\mathrm{A}}(\tau'))\cdot\boldsymbol{e}_{\mathrm{AB}}(\tau') \tag{5.102}$$

式中：$\rho(\tau')$、$\dot{\rho}(\tau')$ 分别为重力卫星主星 A 和从星 B 之间的星间距离和速度观测值；$v_\rho(\tau')$、$v_{\dot{\rho}}(\tau')$ 为改正数；$\boldsymbol{e}_{\mathrm{AB}}(\tau')=(\boldsymbol{r}_{\mathrm{B}}(\tau')-\boldsymbol{r}_{\mathrm{A}}(\tau'))/\rho(\tau')$ 为两颗 GRACE 卫星视线的单位向量。卫星位置和星间速度观测方程的线性化方法如图 5.11 所示。

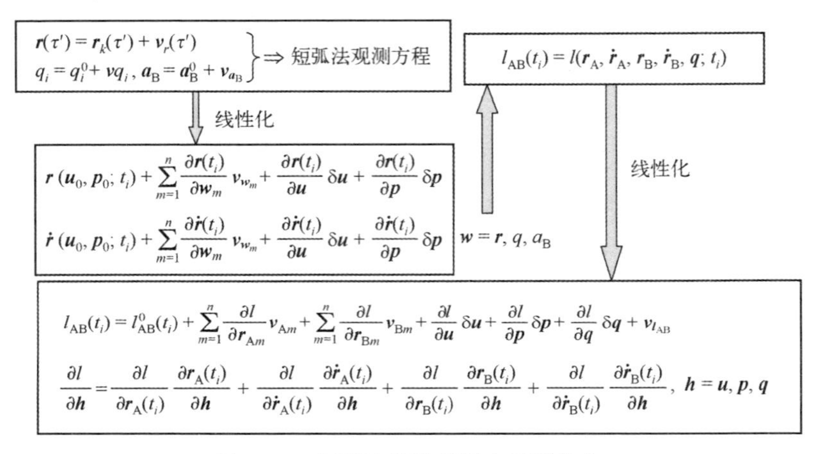

图 5.11　短弧边值法观测方程线性化

根据线性化得到的观测方程，我们可以直接用最小二乘准则解算改正数 $\boldsymbol{v}_r(\tau)$ 和 $v_{\dot{\rho}}(\tau)$，而不需要事先进行梯度改正，因此在理论上比需要进行梯度改正的传统短弧法更加严密。由于加速度计校正参数只与弧段有关，如果共有 K 个弧段，每个弧段 $k(k=1,2,\cdots,K)$ 都可以组成如下的线性观测方程：

$$\boldsymbol{A}_k\boldsymbol{x}_k+\boldsymbol{B}_k\boldsymbol{v}_k=\boldsymbol{l}_k \tag{5.103}$$

式中：下标 k 表示与该弧段相关的量；$\boldsymbol{x}_k$ 为未知参数向量，包含重力位系数和加速度计的尺度与偏差参数；$\boldsymbol{A}_k$ 为其系数矩阵；$\boldsymbol{v}_k$ 为观测向量的改正数，包括轨道改正数与星间速度观测量的改正数；$\boldsymbol{B}_k$ 为其系数矩阵；$\boldsymbol{l}_k$ 为常数项。若 $\boldsymbol{Q}_k$ 为观测向量 $\boldsymbol{l}_k$ 的协因数阵，$\boldsymbol{w}_k$ 为第 k 弧段加速度计尺度和偏差参数，则由第 k 弧段观测方程根据最小二乘准则组成法方程为

$$\boldsymbol{N}_k\boldsymbol{x}_k=\boldsymbol{L}_k \tag{5.104}$$

式中

$$\boldsymbol{x}_k=(\delta\boldsymbol{u}^{\mathrm{T}}\quad\delta\boldsymbol{w}_k^{\mathrm{T}})^{\mathrm{T}},\ \boldsymbol{N}_k=\boldsymbol{A}_k^{\mathrm{T}}(\boldsymbol{B}_k\boldsymbol{Q}_k\boldsymbol{B}_k^{\mathrm{T}})^{-1}\boldsymbol{A}_k,\ \boldsymbol{L}_k=\boldsymbol{A}_k^{\mathrm{T}}(\boldsymbol{B}_k\boldsymbol{Q}_k\boldsymbol{B}_k^{\mathrm{T}})^{-1}\boldsymbol{l}_k$$

式（5.104）法方程可分块表示为

$$\begin{bmatrix} \boldsymbol{N}_{uu} & \boldsymbol{N}_{uw_k} \\ \boldsymbol{N}_{w_k u} & \boldsymbol{N}_{w_k w_k} \end{bmatrix} \begin{bmatrix} \delta \boldsymbol{u} \\ \delta \boldsymbol{w}_k \end{bmatrix} = \begin{bmatrix} \boldsymbol{l}_{u_k} \\ \boldsymbol{l}_{w_k} \end{bmatrix} \tag{5.105}$$

位系数改正量 $\delta \boldsymbol{u}$ 为全局参数，加速度计尺度和偏差参数改正量 $\delta \boldsymbol{w}_k$ 为该弧段局部参数，$\boldsymbol{N}_{uu}$ 为位系数参数的法方程块，$\boldsymbol{N}_{w_k w_k}$ 为尺度和偏差参数的法方程块，$\boldsymbol{N}_{uw_k}$ 和 $\boldsymbol{N}_{w_k u}$ 为全局参数与局部参数间联系数的法方程块，$\boldsymbol{l}_{u_k}$ 和 $\boldsymbol{l}_{w_k}$ 为相应的常数项。考虑到法方程的可叠加性，消去每个弧段的局部参数后，得全局参数的法方程

$$(\boldsymbol{N}_{uu} - \boldsymbol{N}_{uw_k} \boldsymbol{N}_{w_k w_k}^{-1} \boldsymbol{N}_{w_k u}) \delta \boldsymbol{u} = \boldsymbol{l}_{u_k} - \boldsymbol{N}_{uw_k} \boldsymbol{N}_{w_k w_k}^{-1} \boldsymbol{l}_{w_k} \tag{5.106}$$

将每一弧段的全局参数法方程进行叠加，得到求解位系数的总法方程式，解算总法方程得到重力位系数。

5.3.3 反演试验分析

利用短弧法处理重力卫星数据，得到时变重力场模型，并与美国空间中心和德国地学研究中心公布的时变重力场模型进行比对，分析短弧法反演地球重力场精度。图 5.12、图 5.13 分别为利用 GRACE 卫星 2007 年 1 月数据，基于短弧边值法反演解算的月时变重力场模型的大地水准面阶误差曲线，其中基准模型分别为 GOCO06S 和 EIGEN6C4。

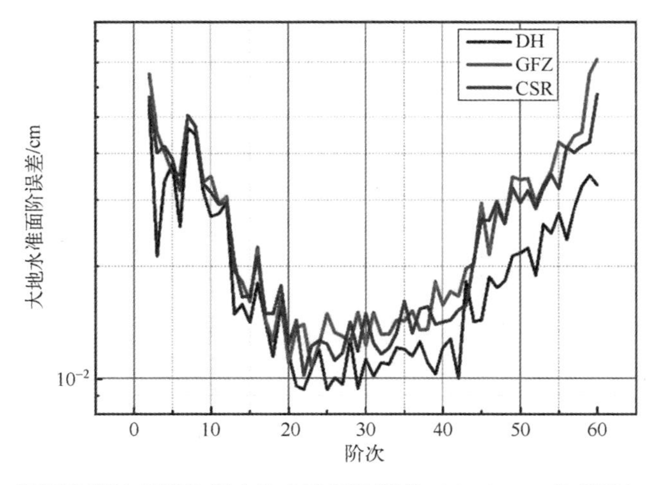

图 5.12 短弧边值法反演结果大地水准面阶误差（GOCO06S 为基准）（见彩图）

由图 5.12、图 5.13 可见，在低于 20 阶的情况下，短弧边值法反演解算的月时变重力场模型的大地水准面阶误差与两个参考模型误差相当，大于 20 阶的情况下，其误差小于参考模型，反演结果精度较好。

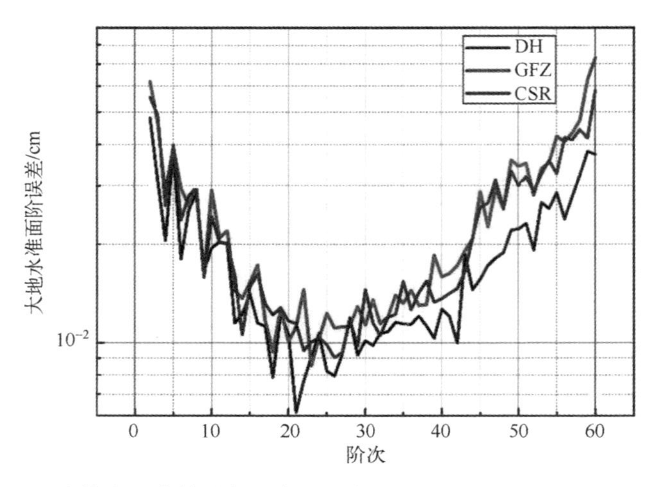

图 5.13 短弧边值法反演结果大地水准面阶误差（EIGEN6C4 为基准）（见彩图）

5.4 能量守恒法

5.4.1 能量守恒法原理

能量守恒法是从能量守恒角度出发建立卫星状态矢量与地球重力场模型系数函数关系，由状态测量数据估计地球重力场参数，在能量域实现地球重力场测量。将重力卫星作为一个能量体，以重力卫星能量构建“观测数据”，利用能量守恒的原理建立保守力和非保守力函数关系，进一步估计保守力中地球引力的参数和非保守力中经验参数等。1969 年，Wolff 提出低低卫星观测技术，并应用于重力场恢复，进一步基于两颗同轨卫星的能量积分关系导出了卫星间距离变率与重力场的基本关系。能量守恒法将地球重力场反演理论从位置域、速度域、加速度域开拓到了能量领域，从能量守恒理论考虑建立了观测数据和待估参数函数关系，丰富了重力场反演方法，相对基于牛顿第二运动定律的动力学方法呈现了简洁、线性、计算量小等特征，有利于开展指标论证等研究工作[20-25]。

根据能量守恒原理，如果不考虑卫星耗散能，卫星动能和势能之和保持常量。势能主要是和卫星高度有关，精密定轨数据可以用于计算卫星势能。动能项与卫星速度和质量有关，可以由精密定轨数据得到，且由于沿轨切向速度是卫星主要速度量，其占主导性，影响了几乎全部的能量转换，而垂直于轨道面和向径的速度改变对于动能的变化贡献很小，因此常被近似忽略。如果是双星的情况下，建立相对能量方程，则两颗卫星之间相对速度和相对高度变化成为能量方程的主要项，基于相对速度测量数据可以精确估计地球重力场模型系数。前述忽略的卫星耗散能，通过测量的卫星受到的非保守力积分得到，也即加速度计测量数据积分得到耗散能。须将耗散能项加入能量守恒方程中，考虑卫星非保守力的作用。

显然，能量守恒法是一种简单有效的重力场反演方法，它将卫星的状态矢量与卫星的受力状态（非保守力等）同地球引力位系数联系起来，建立了能量守恒方程来解算位系数。但是能量法对于卫星的速度误差非常敏感，因此对速度精度的要求很高，目前的定轨精度在一定程度上无法很好地满足它的要求，从而影响了该方法反演精度的提升潜力。另外，由于建立的能量守恒方程为标量方程，因此又损失了卫星状态矢量的方向信息，一定程度上影响能量法的反演重力场效能。

5.4.2　单星能量守恒模型

将单颗卫星视为一个能量体系统，假设无非保守力作用，该系统能量保持守恒。根据能量守恒定律，系统在其运动中保持动能和势能之和不变，如下式：

$$E=T-V \tag{5.107}$$

式中：E 是总能量，为常数；T 是动能项，可由卫星速度$\dot{X}(t)$计算；V 是势能项，包含地球引力场位。如果卫星速度可测，能量常数假设已知，则由此函数计算出卫星势能，表示为

$$V=T-E \tag{5.108}$$

进一步可以根据势能与地球重力场引力关系，估计出地球重力场模型参数。须将作用在卫星上除地球引力摄动外的其他摄动力一并考虑，包括三体摄动、各类引潮力摄动引起的势能项，采用模型计算方法可以分离，用 V_t 表示地球引力外的保守力摄动项如下：

$$V_t=V_{\mathrm{lunar}}+V_{\mathrm{sun}}+V_{\mathrm{p}}+V_{\mathrm{s}}+V_{\mathrm{o}}+V_{\mathrm{a}}+V_{\mathrm{ol}}+V_{\mathrm{al}}+\Delta V \tag{5.109}$$

式中：V_{lunar}为月亮引力位；V_{sun}为太阳引力位；V_{p} 为行星引力位；V_{s} 为固体潮汐位；V_{o} 为海洋潮汐位；V_{a} 为大气潮汐位；V_{ol}为海洋负荷潮汐位；V_{al}为大气负荷潮汐位；ΔV 为地球质量的重新分布，如冰后回弹等。

上述模型假设了无非保守力作用条件，实际上需要考虑耗散能的影响，

形式如下：

$$E = T - V - L = \frac{1}{2}\dot{\boldsymbol{r}} \cdot \dot{\boldsymbol{r}} - V - \int \boldsymbol{a}_n \mathrm{d}x \tag{5.110}$$

卫星所有的非保守力可被星载加速度计高精度测量，通过非保守力测量值积分可以得到耗散力项 L，表达式如下：

$$L = \int_x \boldsymbol{a}_n \mathrm{d}x = \int_{t_0}^{t} \boldsymbol{a}_n \times \dot{\boldsymbol{r}} \mathrm{d}t \tag{5.111}$$

式中：$\boldsymbol{a}_n$ 为非保守力。对于由于非保守力造成的能量损失，它在数值上等于作用在沿卫星轨道方向上的非保守力做的功。重力卫星的轨道低，卫星的受力复杂，模型化误差大，为此通常卫星上均搭载加速度计，用于实时测量作用在卫星上的非保守力。

假定地球具有一个均匀的自转角速度 $\boldsymbol{\omega}=(0,0,\overline{\omega})$，卫星的运动是在一个稳定的理想约束和稳定的势场中，则可以得到在惯性系中表示的拉格朗日函数。对于卫星运动系统，由于地球的自转不稳定，而导致对于基本的哈密顿函数 $H_0=\frac{1}{2}\dot{\boldsymbol{r}} \cdot \dot{\boldsymbol{r}}-V$ 在（旋转的）地固系中增加了一个离心力位的附加改正 $\frac{1}{2}\overline{\omega}^2(r_{e_x}^2+r_{e_y}^2)$，在惯性系中增加一个“位旋转”项 $\overline{\omega}(r_{i_x}\dot{r}_{i_y}-r_{i_y}\dot{r}_{i_x})$[27]。在理论上还应顾及在惯性空间地球引力位的时变效应，其中包括地球自转“带动”其重力场旋转以及各种直接和间接的潮汐力场的时变效应，即 $\int_{t_0}^{t}\frac{\partial V}{\partial t}\mathrm{d}t$。研究表明，除前面已给出的“位旋转”项外，其余均小于 $10^{-8}O\left(\frac{\partial V_{\mathrm{e}}}{\partial t}\right)$（其中 V_{e} 为地球位），可以“完全”地略去。

至此，已经可以建立基于能量守恒关系描述卫星运动的积分方程：

$$V=\frac{1}{2}\dot{\boldsymbol{r}} \cdot \dot{\boldsymbol{r}}-\overline{\omega}(r_{i_x}\dot{r}_{i_y}-r_{i_y}\dot{r}_{i_x})-V_t-L-E \tag{5.112}$$

如果将 V 分解为地球重力场的正常重力位 U_0 和扰动位 T（注意与前节中的动能相区别，后文中的符号 T 均表示扰动位）之和，则有

$$T+E=\frac{1}{2}\dot{\boldsymbol{r}} \cdot \dot{\boldsymbol{r}}-U_0-\overline{\omega}(r_{i_x}\dot{r}_{i_y}-r_{i_y}\dot{r}_{i_x})-V_t-L \tag{5.113}$$

式（5.113）即为在惯性系中利用能量守恒原理恢复地球重力场的基本方程，同理可以得到在地固系中的表示：

$$T+E=\frac{1}{2}\dot{\boldsymbol{r}}\cdot\dot{\boldsymbol{r}}-U_0-\frac{1}{2}\cdot\overline{\omega}^2\cdot(r_{e_x}^2+r_{e_y}^2)-V_t-L \tag{5.114}$$

式中：方程左边为未知的扰动位 T 加上一个未知的能量常数 E，方程右边的各项利用卫星观测数据或现有的模型确定，其中第一项动能需要卫星的速度 $\dot{\boldsymbol{r}}$；第二项正常重力位 U_0 需要卫星的位置 $\boldsymbol{r}$；第三项由地球自转引起的“位旋转”项则由卫星的位置 $\boldsymbol{r}$ 和地球自转平均速度确定；第四项 V_t 包括各种三体引力位、潮汐位等可由理论模型精确计算；最后一项非保守力引起的耗散能 L，则需要沿卫星轨道积分加速度计数据。

能量守恒方程（5.114）可视为一个观测方程，右边为“观测量”，左边为待求参数。将扰动位 T 用球谐展开表示为

$$T(r,\theta,\lambda)=\frac{\mu}{R}\sum_{l=2}^{\infty}\sum_{m=0}^{l}\left[\frac{R}{r}\right]^{l+1}(\Delta\overline{C}_{lm}\cos(m\lambda)+\Delta\overline{S}_{lm}\sin(m\lambda))\overline{P}_{lm}(\cos\theta) \tag{5.115}$$

式中：$\Delta\overline{C}_{lm}$ 和 $\Delta\overline{S}_{lm}$ 为相对于正常重力位的扰动位球谐系数，即待求未知数系数参数。能量常数 E 可单独作为一未知参数置于观测方程，也可利用观测方程的“观测值”，在 T 的期望值为零的假设下得到 E 的估计值，并在所有“观测量”中事先减去此常数估值，应用通常的最小二乘平差方法即可解得地球重力场模型的位系数。如果考虑将三体摄动（太阳，月亮和行星）、固体和海洋潮汐模型中的参数作为未知参数，甚至加速度计的偏差、比例因子以及漂移也可作为未知数转移到方程左边一起解算，那么唯一的区别在于法方程结构的改变，扩展了能量守恒方法的应用。

5.4.3 双星能量守恒模型

卫星能量项中的动能项按照切向、径向和轨道面法向三个分量表示，且考虑到切向速度有一个恒定平均速度，将切向速度表达为平均速度 v 和速度增量 Δv 两项之和，因此动能项分量表达式如下：

$$\begin{aligned}T&=\frac{1}{2}(v^2+2v\Delta v_U+\Delta v_U^2+\Delta v_N^2+\Delta v_W^2)\\&\doteq\frac{1}{2}(v^2+2v\Delta v_U)\end{aligned} \tag{5.116}$$

式中：v 表示卫星的平均速率；Δv 为速度增量；下标 U、N、W 分别表示切向、径向和轨道面法向。显然，方程（5.116）中前两项占优，而微小量平方

的后三项就可以近似忽略，可表达如下：

$$T \doteq \frac{1}{2}v^2 + v\Delta v_U \tag{5.117}$$

式中：右边第一项为动能常数项，第二项是动能变化项。

低低跟踪重力卫星空间运行示意如图 5.14。星间测距系统高精度测量出两颗卫星之间的速度变化量，可近似视作切向速度差在双星指向上的投影。角度 γ 为卫星速度差向量 $\dot{\boldsymbol{r}}_{AB}$ 与向量 $\boldsymbol{e}_{AB}$ 之间的夹角，β 为卫星 B 速度向量 $\dot{\boldsymbol{r}}_B$ 与向量 $\dot{\boldsymbol{r}}_{AB}$ 之间的夹角，ε 为 $\boldsymbol{v}_B$ 与 $\boldsymbol{e}_{AB}$ 之夹角，且有 $\beta=\gamma+\varepsilon$。

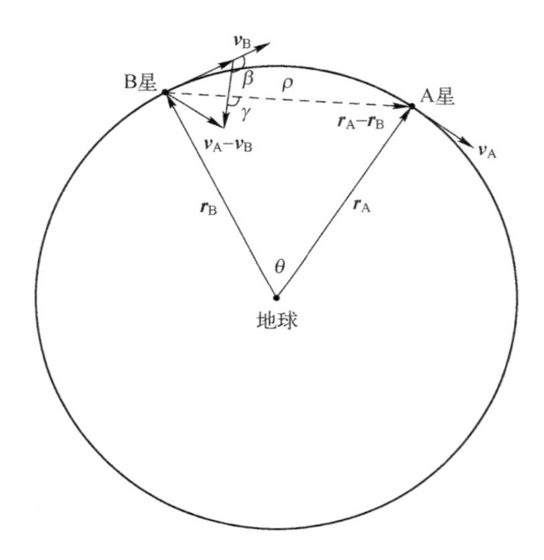

图 5.14　低低跟踪卫星重力测量

由式（5.117）可建立两颗卫星的速度差 Δv 与星间重力位差 ΔV 的近似关系：

$$\Delta V \doteq v\Delta v \tag{5.118}$$

假设两颗卫星在相同的圆轨道跟踪飞行，卫星间距离和速度记作 ρ、$\dot{\rho}$，如果 ρ 足够小，则两颗卫星速度增量 Δv 与星间速度之间有关系 $\dot{\rho} \doteq \Delta v$。若卫星在 ρ 的方向上所受的摄动力为 $\partial V/\partial \rho$，则根据质点的动量与冲量的关系有

$$\frac{\partial V}{\partial \rho} \cdot \mathrm{d}t = \mathrm{d}v \tag{5.119}$$

对时间积分可得

$$\Delta v = \int_B^A \frac{\mathrm{d}V}{\mathrm{d}\rho}\mathrm{d}t = \int_B^A \frac{\partial V}{\partial s} \cdot \left(\frac{\mathrm{d}s}{\mathrm{d}t}\right)^{-1} \mathrm{d}\rho \approx \frac{\Delta V}{v} \tag{5.120}$$

两颗卫星所受非保守力影响引起的耗散能量损失之差为

$$\Delta L_{\mathrm{AB}} = \int_x (\boldsymbol{a}_{\mathrm{A}} - \boldsymbol{a}_{\mathrm{B}})\mathrm{d}x = \int_{t_0}^{t} (\boldsymbol{a}_{\mathrm{A}} \times \dot{\boldsymbol{r}}_{\mathrm{A}} - \boldsymbol{a}_{\mathrm{B}} \times \dot{\boldsymbol{r}}_{\mathrm{B}})\mathrm{d}t \tag{5.121}$$

式中：矢量角标 A、B 表示了两颗卫星（下文同）。两颗卫星动能之差可表示为

$$\begin{aligned} \frac{1}{2}(|\dot{\boldsymbol{r}}_{\mathrm{A}}|^2 - |\dot{\boldsymbol{r}}_{\mathrm{B}}|^2) &= (\dot{\boldsymbol{r}}_{\mathrm{A}} - \dot{\boldsymbol{r}}_{\mathrm{B}}) \cdot (\dot{\boldsymbol{r}}_{\mathrm{A}} + \dot{\boldsymbol{r}}_{\mathrm{B}})/2 \\ &= (\dot{\boldsymbol{r}}_{\mathrm{A}} - \dot{\boldsymbol{r}}_{\mathrm{B}}) \cdot (\dot{\boldsymbol{r}}_{\mathrm{A}} - \dot{\boldsymbol{r}}_{\mathrm{B}} + 2\dot{\boldsymbol{r}}_{\mathrm{B}})/2 \\ &= \dot{\boldsymbol{r}}_{\mathrm{B}} \cdot \dot{\boldsymbol{r}}_{\mathrm{AB}} + \frac{1}{2}|\dot{\boldsymbol{r}}_{\mathrm{AB}}|^2 \end{aligned} \tag{5.122}$$

式中：$\dot{\boldsymbol{r}}_{\mathrm{AB}} = \dot{\boldsymbol{r}}_{\mathrm{A}} - \dot{\boldsymbol{r}}_{\mathrm{B}}$，表示两颗卫星的速度向量之差。由各项能量差表达式导出低低跟踪卫星重力测量的重力位差的公式[27]：

$$\begin{aligned} \Delta V &= V_{\mathrm{A}} - V_{\mathrm{B}} \\ &= \dot{\boldsymbol{r}}_{\mathrm{B}} \cdot \dot{\boldsymbol{r}}_{\mathrm{AB}} + \frac{1}{2}|\dot{\boldsymbol{r}}_{\mathrm{AB}}|^2 - \overline{\omega}[(r_{i_x}\dot{r}_{i_y} - r_{i_y}\dot{r}_{i_x})|_{\mathrm{A}} - (r_{i_x}\dot{r}_{i_y} - r_{i_y}\dot{r}_{i_x})|_{\mathrm{B}}] - \Delta V_t - \Delta L_{\mathrm{AB}} - E_{0_{\mathrm{AB}}} \end{aligned} \tag{5.123}$$

两颗卫星间距可以表示为

$$\rho = \boldsymbol{e}_{\mathrm{AB}} \cdot \boldsymbol{r}_{\mathrm{AB}} \tag{5.124}$$

式中：$\boldsymbol{r}_{\mathrm{AB}} = \boldsymbol{r}_{\mathrm{A}} - \boldsymbol{r}_{\mathrm{B}}$，$\boldsymbol{e}_{\mathrm{AB}}$为由卫星 B 指向卫星 A 的单位向量，因为$\dot{\boldsymbol{e}}_{\mathrm{AB}} \cdot \boldsymbol{e}_{\mathrm{AB}} = 0$，所以式（5.124）对时间的导数，即两颗卫星速度$\dot{\rho}$表达为

$$\dot{\rho} = \boldsymbol{e}_{\mathrm{AB}} \cdot \dot{\boldsymbol{r}}_{\mathrm{AB}} \tag{5.125}$$

进一步可以表达为向量数积式

$$\dot{\rho} = |\dot{\boldsymbol{r}}_{\mathrm{AB}}|\cos\gamma \tag{5.126}$$

式（5.123）右边第一项可表示为$\dot{\boldsymbol{r}}_{\mathrm{B}} \cdot \dot{\boldsymbol{r}}_{\mathrm{AB}} = |\dot{\boldsymbol{r}}_{\mathrm{B}}||\dot{\boldsymbol{r}}_{\mathrm{AB}}| \cdot \cos\beta$，代入上式整理得到

$$\dot{\boldsymbol{r}}_{\mathrm{B}} \cdot \dot{\boldsymbol{r}}_{\mathrm{AB}} = |\dot{\boldsymbol{r}}_{\mathrm{B}}| \cdot \frac{\cos\beta}{\cos\gamma} \cdot \dot{\rho} \tag{5.127}$$

由解析几何可知

$$\begin{aligned} \cos\gamma &= \frac{(\boldsymbol{r}_{\mathrm{AB}})_x(\dot{\boldsymbol{r}}_{\mathrm{AB}})_x + (\boldsymbol{r}_{\mathrm{AB}})_y(\dot{\boldsymbol{r}}_{\mathrm{AB}})_y + (\boldsymbol{r}_{\mathrm{AB}})_z(\dot{\boldsymbol{r}}_{\mathrm{AB}})_z}{|\boldsymbol{r}_{\mathrm{AB}}| \cdot |\dot{\boldsymbol{r}}_{\mathrm{AB}}|} \\ \cos\beta &= \frac{(\dot{\boldsymbol{r}}_{\mathrm{B}})_x(\dot{\boldsymbol{r}}_{\mathrm{AB}})_x + (\dot{\boldsymbol{r}}_{\mathrm{B}})_y(\dot{\boldsymbol{r}}_{\mathrm{AB}})_y + (\dot{\boldsymbol{r}}_{\mathrm{B}})_z(\dot{\boldsymbol{r}}_{\mathrm{AB}})_z}{|\dot{\boldsymbol{r}}_{\mathrm{B}}| \cdot |\dot{\boldsymbol{r}}_{\mathrm{AB}}|} \end{aligned} \tag{5.128}$$

显然，式（5.123）右边第二项可表示为

$$\frac{1}{2}|\dot{\boldsymbol{r}}_{\mathrm{AB}}|^2=\frac{1}{2}\left(\frac{\dot{\rho}}{\cos\gamma}\right)^2 \tag{5.129}$$

代入能量方程，进一步可得

$$\begin{aligned}\Delta V&=V_{\mathrm{A}}-V_{\mathrm{B}}\\&=|\dot{\boldsymbol{r}}_{\mathrm{B}}|\cdot\frac{\dot{\rho}}{\cos\gamma}\cdot\cos\beta+\frac{1}{2}\left(\frac{\dot{\rho}}{\cos\gamma}\right)^2-\overline{\omega}[(r_{i_x}\dot{r}_{i_y}-r_{i_y}\dot{r}_{i_x})|_{\mathrm{A}}-(r_{i_x}\dot{r}_{i_y}-r_{i_y}\dot{r}_{i_x})|_{\mathrm{B}}]\\&\quad-\Delta V_t-\Delta L_{\mathrm{AB}}-E_{0_{\mathrm{AB}}}\end{aligned} \tag{5.130}$$

考虑到地球重力位等于正常重力位与扰动重力位之和，所以如果计算得到两颗卫星的正常重力位差 $U_{0_{\mathrm{AB}}}=U_{0_{\mathrm{A}}}-U_{0_{\mathrm{B}}}$，则两颗卫星间的扰动位差 $T_{\mathrm{AB}}=T_{\mathrm{A}}-T_{\mathrm{B}}$ 可表示为

$$\begin{aligned}T_{\mathrm{AB}}&=(V_{\mathrm{A}}-U_{0_{\mathrm{A}}})-(V_{\mathrm{B}}-U_{0_{\mathrm{B}}})=(V_{\mathrm{A}}-V_{\mathrm{B}})-(U_{0_{\mathrm{A}}}-U_{0_{\mathrm{B}}})\\&=|\dot{\boldsymbol{r}}_{\mathrm{B}}|\cdot\frac{\dot{\rho}}{\cos\gamma}\cdot\cos\beta+\frac{1}{2}\left(\frac{\dot{\rho}}{\cos\gamma}\right)^2-\overline{\omega}[(r_{i_x}\dot{r}_{i_y}-r_{i_y}\dot{r}_{i_x})|_{\mathrm{A}}-(r_{i_x}\dot{r}_{i_y}-r_{i_y}\dot{r}_{i_x})|_{\mathrm{B}}]\\&\quad-\Delta V_t-\Delta L_{\mathrm{AB}}-U_{0_{\mathrm{AB}}}-E_{0_{\mathrm{AB}}}\end{aligned} \tag{5.131}$$

从上面的数学模型可看出，利用卫星间距离变率、位置和速度向量观测值可确定卫星间精确的扰动位之差，这些观测量可分别由 K 波段精确测距系统和 GNSS 精密定轨得到。

Jekeli[26]和 Han[27]给出的关于 T_{AB} 的观测方程是用 $|\dot{\boldsymbol{r}}_{\mathrm{B}}|\cdot\dot{\rho}\approx\dot{\boldsymbol{r}}_{\mathrm{B}}\cdot\dot{\boldsymbol{r}}_{\mathrm{AB}}+|\dot{\boldsymbol{r}}_{\mathrm{AB}}|^2/2$ 再加 4 项改正，即

$$T_{\mathrm{AB}}=|\dot{\boldsymbol{r}}_{\mathrm{B}}^0|\cdot\delta\dot{\rho}+V_1+V_2+V_3+V_4+\delta V_{R_{\mathrm{AB}}}-\Delta C_{\mathrm{AB}}-\delta V_t-\delta E_{0_{\mathrm{AB}}} \tag{5.132}$$

式中：上标“0”表示参考重力场的计算值，“δ”表示相对于参考重力场的模型值与真值的残差，如 $\delta\dot{\rho}=\dot{\rho}-\dot{\rho}^0$。$V_1$、$V_2$、$V_3$、$V_4$ 为改正项，其表达式为

$$\begin{cases}V_1=(\dot{\boldsymbol{r}}_{\mathrm{A}}^0-|\dot{\boldsymbol{r}}_{\mathrm{B}}^0|e_{12})^{\mathrm{T}}\cdot\delta\dot{\boldsymbol{r}}_{\mathrm{AB}}\\V_2=(\delta\dot{\boldsymbol{r}}_{\mathrm{B}}-|\dot{\boldsymbol{r}}_{\mathrm{B}}^0|\delta e_{12})^{\mathrm{T}}\cdot\dot{\boldsymbol{r}}_{\mathrm{AB}}^0\\V_3=\delta\dot{\boldsymbol{r}}_{\mathrm{B}}\cdot\delta\dot{\boldsymbol{r}}_{\mathrm{AB}}\\V_4=\dfrac{1}{2}|\delta\dot{\boldsymbol{r}}_{\mathrm{AB}}|^2\end{cases} \tag{5.133}$$

Jekeli 对这 4 项改正的量级作了数值模拟，取 2 阶参考重力场，卫星运行一周（约 6000s）的数据，得出 V_2 改正项最大且呈长波特征，量级为$(+36\sim-47)\mathrm{m}^2/\mathrm{s}^2$[26]。显然，对每一观测值计算这些比较复杂的改正项将增加不少工作量。

方程右边第六项 $\delta V_{R_{AB}}$ 表示两颗卫星的“位旋转”之差，它可利用两颗卫星速度和位置的线性组合求得，有

$$\delta V_{R_{AB}}=\overline{\omega}\{[(r_{i_x}\dot{r}_{i_y}-r_{i_y}\dot{r}_{i_x})|_{A}-(r_{i_x}\dot{r}_{i_y}-r_{i_y}\dot{r}_{i_x})|_{B}]-[(r_{i_x}\dot{r}_{i_y}-r_{i_y}\dot{r}_{i_x})|_{A}^{0}-(r_{i_x}\dot{r}_{i_y}-r_{i_y}\dot{r}_{i_x})|_{B}^{0}]\} \tag{5.134}$$

利用式（5.121）可由星载加速度计测得的非保守力计算两颗卫星耗散能之差 ΔL_{AB}；最后两项分别为重力场潮汐位能和能量积分常数残差，对于两颗卫星的正常重力位差项由于采用正常重力场作为参考重力场模型，故残差 $\delta U_{0_{AB}}=U_{0_{AB}}-U_{0_{AB}}^{0}=0$，此项消失。

5.5　模型精度评估

低低跟踪重力测量卫星为全球观测，通过双星之间微米级星间距离变化，感应地球重力场中长波信号，通过反演解算形成球谐形式表示的全球重力场模型。对于全球形式的卫星重力场模型的精度评估，通常从内符合精度和外符合精度两个方面分析模型的稳定性和准确性。具体采用如下三种方式：①重力场模型频谱分析；②与高精度基准模型比较；③利用地面实测数据进行检核。其中，方式①、②为全球尺度的重力场模型检核，且方式①属于内符合精度评估，方式②属于外符合精度评估，方式③为局部区域检核，也属于外符合精度评估。

5.5.1　模型谱分析

重力场模型谱分析属内符合精度评估，具体通过如下 3 种方式进行评估：①位系数阶方差，反映模型在不同频段的信号强度；②Kaula 准则，反映模型位系数量级是否正确；③误差阶方差，代表模型在不同频段的误差强度。

1）阶方差

位系数阶方差计算公式如下：

$$\sigma_n=\sqrt{\sum_{m=0}^{n}(\overline{C}_{nm}^2+\overline{S}_{nm}^2)} \tag{5.135}$$

式中：$\overline{C}_{nm}$、$\overline{S}_{nm}$ 为 n 阶 m 次正则化位系数。

位系数累积阶方差计算公式如下：

$$\sigma_{N_{\max}}=\sqrt{\sum_{n=2}^{N_{\max}}\sum_{m=0}^{n}(\overline{C}_{nm}^2+\overline{S}_{nm}^2)} \tag{5.136}$$

式中：N_{max}为模型最大阶数。将上式乘以适当的特征因子，如表5.2所列，可转换为重力异常阶方差和大地水准面高阶方差，进一步可推导出重力异常累积阶方差、大地水准面高累积阶方差公式。

表 5.2 球谐函数特征因子

球谐函数	特征因子	单位
信号	1	无量纲
大地水准面高（N）	R	m
重力异常（Δg）	$\frac{GM}{R^2}(n-1)10^5$	mGal

表中：R代表参考椭球面上地球平均半径（$R\approx6378.137$km）或地球赤道半径，G是地心引力常数，M是地球质量（$GM\approx0.3986004415\times10^{15}$）。

重力异常阶方差：

$$\sigma_n(\Delta g)=\frac{GM}{R^2}(n-1)10^5\sqrt{\sum_{m=0}^{n}(\bar{C}_{nm}^2+\bar{S}_{nm}^2)} \tag{5.137}$$

大地水准面高阶方差：

$$\sigma_n(N)=R\sqrt{\sum_{m=0}^{n}(\bar{C}_{nm}^2+\bar{S}_{nm}^2)} \tag{5.138}$$

重力异常累积阶方差：

$$\sigma_{cum}(\Delta g)=\frac{GM}{R^2}(n-1)10^5\sqrt{\sum_{n=2}^{N_{max}}\sum_{m=0}^{n}(\bar{C}_{nm}^2+\bar{S}_{nm}^2)} \tag{5.139}$$

大地水准面高累积阶方差：

$$\sigma_{cum}(N)=R\sqrt{\sum_{n=2}^{N_{max}}\sum_{m=0}^{n}(\bar{C}_{nm}^2+\bar{S}_{nm}^2)} \tag{5.140}$$

因低低跟踪重力测量卫星主要用于探测地球重力场的中长波分量及其随时间的变化，大地水准面高以长波分量为主，因此常用大地水准面高阶误差进行评估。

2） Kaula 准则

Kaula 准则是重力场模型位系数统计规律的一个近似描述，常用于检验重力场模型位系数的可靠性。借助 Kaula 曲线评价模型的阶方差曲线，随着阶数的增加，模型位系数阶方差越小。

$$\sigma_n=\sqrt{K/n^4} \tag{5.141}$$

式中：K 为常数；n 为模型阶数。一般常用的Kaula约束的经验公式：

$$\sigma_n = \sqrt{0.7 \times 10^{-10} / n^4} \tag{5.142}$$

3）误差阶方差

位系数误差阶方差可反映模型在不同频段的误差强度，即重力场模型的误差：

$$\delta_n = \sqrt{\sum_{m=0}^{n} (\delta \bar{C}_{nm}^2 + \delta \bar{S}_{nm}^2)} \tag{5.143}$$

式中：$\delta \bar{C}_{nm}$、$\delta \bar{S}_{nm}$表示相应的 n 阶 m 次正则化位系数的误差，为各阶次位系数的形式误差，又称不确定度，其值由协方差矩阵所对应的对角元素均方根值得到。模型的累积误差阶方差可表示为

$$\delta_{N_{\max}} = \sqrt{\sum_{n=2}^{N_{\max}} \sum_{m=0}^{n} (\delta \bar{C}_{nm}^2 + \delta \bar{S}_{nm}^2)} \tag{5.144}$$

同样，利用表5.5所列特征因子，可得到重力异常误差阶方差和大地水准面高误差阶方差，进一步可推导出重力异常累积误差阶方差、大地水准面高累积误差阶方差公式。

重力异常误差阶方差：

$$\delta_n(\Delta g) = \frac{GM}{R^2}(n-1)10^5 \sqrt{\sum_{m=0}^{n} (\delta \bar{C}_{nm}^2 + \delta \bar{S}_{nm}^2)} \tag{5.145}$$

大地水准面高误差阶方差：

$$\delta_n(N) = R \sqrt{\sum_{m=0}^{n} (\delta \bar{C}_{nm}^2 + \delta \bar{S}_{nm}^2)} \tag{5.146}$$

重力异常累积误差阶方差：

$$\delta_{\mathrm{cum}}(\Delta g) = \frac{GM}{R^2}(n-1)10^5 \sqrt{\sum_{n=2}^{N_{\max}} \sum_{m=0}^{n} (\delta \bar{C}_{nm}^2 + \delta \bar{S}_{nm}^2)} \tag{5.147}$$

大地水准面高累积误差阶方差：

$$\delta_{\mathrm{cum}}(N) = R \sqrt{\sum_{n=2}^{N_{\max}} \sum_{m=0}^{n} (\delta \bar{C}_{nm}^2 + \delta \bar{S}_{nm}^2)} \tag{5.148}$$

5.5.2　模型互相比较

内符合精度用于评价模型在建立的过程中从位系数上表现出来的信号强度和误差强度，可间接反映卫星构型稳定性。但模型精度是否满足需求，还需通过外部检核手段评估。对于重力场模型的外部检核，可与高精度外部基

准模型比较，也可利用地面实测数据进行检核。

对于全球尺度的卫星重力场模型的外部检核，通常采用与高精度基准重力场模型对比的方式计算模型位系数差值阶误差、累积阶误差，评估相对于基准模型的精度。通常选用 GOCO06S、EIGEN-6C4 等高阶静态重力场模型作为基准模型。

位系数差值阶方差可反映模型相对基准模型在不同频段的误差强度，其表达形式为

$$\Delta\sigma_n = \sqrt{\sum_{m=0}^{n}(\Delta\bar{C}_{nm}^2 + \Delta\bar{S}_{nm}^2)} \tag{5.149}$$

式中：$\Delta\bar{C}_{nm}=\bar{C}_{nm}-\bar{C}_{nm}^{\text{ref}}$；$\Delta\bar{S}_{nm}=\bar{S}_{nm}-\bar{S}_{nm}^{\text{ref}}$。$\bar{C}_{nm}$、$\bar{S}_{nm}$表示待评估模型相应的 n 阶 m 次正则化位系数，$\bar{C}_{nm}^{\text{ref}}$、$\bar{S}_{nm}^{\text{ref}}$表示基准模型相应的 n 阶 m 次正则化位系数。模型的累积误差阶方差可表示为

$$\Delta\sigma_{N_{\max}} = \sqrt{\sum_{n=2}^{N_{\max}}\sum_{m=0}^{n}(\Delta\bar{C}_{nm}^2 + \Delta\bar{S}_{nm}^2)} \tag{5.150}$$

同样，利用表 5.5 特征因子，可得到待评估模型的重力异常误差阶方差和大地水准面高误差阶方差，进一步可推导出重力异常累积误差阶方差、大地水准面高累积误差阶方差公式。

重力异常误差阶方差：

$$\Delta\sigma_n(\Delta g) = \frac{GM}{R^2}(n-1)10^5\sqrt{\sum_{m=0}^{n}(\Delta\bar{C}_{nm}^2 + \Delta\bar{S}_{nm}^2)} \tag{5.151}$$

大地水准面高误差阶方差：

$$\Delta\sigma_n(N) = R\sqrt{\sum_{m=0}^{n}(\Delta\bar{C}_{nm}^2 + \Delta\bar{S}_{nm}^2)} \tag{5.152}$$

重力异常累积误差阶方差：

$$\Delta\sigma_{\text{cum}}(\Delta g) = \frac{GM}{R^2}(n-1)10^5\sqrt{\sum_{n=2}^{N_{\max}}\sum_{m=0}^{n}(\Delta\bar{C}_{nm}^2 + \Delta\bar{S}_{nm}^2)} \tag{5.153}$$

大地水准面高累积误差阶方差：

$$\Delta\sigma_{\text{cum}}(N) = R\sqrt{\sum_{n=2}^{N_{\max}}\sum_{m=0}^{n}(\Delta\bar{C}_{nm}^2 + \Delta\bar{S}_{nm}^2)} \tag{5.154}$$

基于基准模型的卫星重力场模型精度评估，由于不同模型在构建过程中采用的潮汐系统有差异，需进行潮汐系统统一。

5.5.3　外部检校数据评估

对于重力场模型外符合精度评估，还可以利用外部检校场数据进行评估。由于检校场数据分布不均，且数量较少，因此基于外部检校场数据的评估属于局部区域检核。

对于静态重力场模型的外部检校，通常采用 GNSS 水准数据或检校区地面重力观测数据进行评估。由于卫星重力场模型只能反演到有限阶次，而地面数据包含理论上的全频段信息，尤其是卫星重力场模型无法获取到的短波、甚短波信息。因此，卫星重力场模型和地面数据的频谱差异（图 5.15）是利用地面检校场数据检核的最大难题。

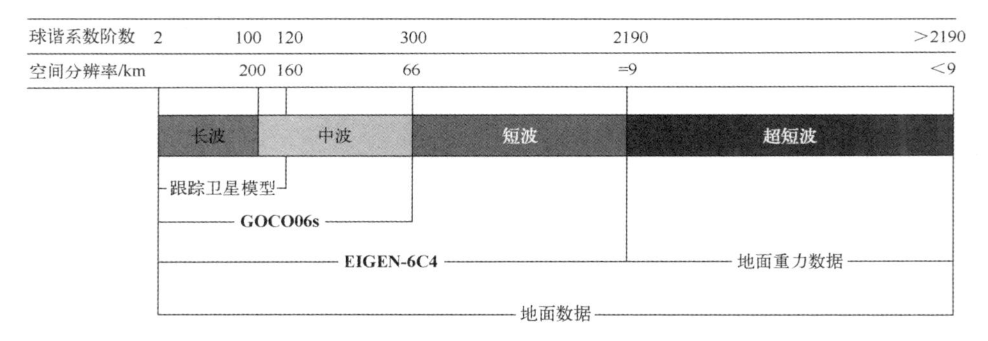

图 5.15　各类重力数据频谱范围

低低跟踪重力测量卫星主要用于探测地球重力场的中长波分量及其随时间的变化，但空间分辨率有限（即模型最高阶次有限），且所构建的重力场模型中长波部分精度较高。由于缺少短波信息，需要局部地形数据或地面重力数据的补充和完善。当前的超高阶重力场模型使用了大量的局部重力数据，能有效表示短波信息，但长波精度略低于卫星重力场模型。因此，有学者提出利用高分辨率重力场模型的高阶项扩展卫星重力场模型的方法，即“频谱加强法”。其基本思路为通过模型扩展补齐频谱上的间断，以尽可能地接近地面检校数据，具体为将高阶重力场模型的短波、卫星重力场模型的中长波信息组合，采用超高阶重力场模型扩展卫星重力场模型。组合模型的构建可以采用直接将模型系数进行组合拼接，也可基于观测方程联合求解。

对于时变重力场模型的外部检核，由于时变重力场模型中同时包含有时变信号以及观测误差和混频误差等各种误差影响，因此不宜采用上述静态重力场方法进行评估。在时变重力场模型应用中，通常将时变重力场位系数转换为全球或局部区域的等效水高，以表征其地表质量随时间的变化[28]。设时变重力场位系数变化量为 ΔC_{lm} 和 ΔS_{lm}，则点(θ,λ)的等效水高 $\Delta H(\theta,\lambda)$可表示为

$$\Delta H(\theta,\lambda)=\frac{R\rho_{\mathrm{ave}}}{3\rho_{\mathrm{w}}}\sum_{l=0}^{\infty}\frac{2l+1}{1+k_l}\sum_{m=0}^{l}(\Delta C_{lm}\cos(m\lambda)+\Delta S_{lm}\sin(m\lambda))\bar{P}_{lm}(\cos\theta) \tag{5.155}$$

式中：ρ_{w} 为水的密度（$1000\mathrm{kg/m^3}$）；ρ_{ave} 为地球平均密度，$\rho_{\mathrm{ave}}\approx5517\mathrm{kg/m^3}$；$k_l$ 为勒夫数。

由于载荷观测误差以及先验地球物理场模型误差等综合影响，直接利用式（5.155）计算的全球等效水高呈现出明显的南北条带特性，通常需采用各种滤波方法，以削弱南北条带误差和高频误差，详见第6章。

参考文献

[1] 肖云. 基于卫星跟踪卫星数据恢复地球重力场的研究［D］. 郑州：中国人民解放军信息工程大学，2006.

[2] 王庆宾. 动力法反演地球重力场模型研究［D］. 郑州：中国人民解放军信息工程大学，2009.

[3] 王正涛. 卫星跟踪卫星测量确定地球重力场的理论与方法［D］. 武汉：武汉大学，2005.

[4] Kim J. Simulation study of a low-low satellite-to-satellite tracking mission［D］. Austin: The University of Texas at Austin, 2000.

[5] 郭向. 利用卫星跟踪卫星数据反演地球重力场理论和方法研究［D］. 武汉：武汉大学，2017.

[6] 陈秋杰，沈云中，张兴福，等. 基于 GRACE 卫星数据的高精度全球静态重力场模型［J］. 测绘学报，2016，45（4）：396-403.

[7] 罗志才，周浩，李琼，等. 基于 GRACE KBRR 数据的动力积分法反演时变重力场模型［J］. 地球物理学报，2016，59（6）：1994-2005.

[8] ZHOU H, LUO Z C, ZHONG B. WHU-Grace01s: a new temporal gravity field model recovered from GRACE KBRR data alone［J］. Geodesy and Geodynamics, 2015, 6（5）: 316-323.

[9] 游为. 应用低轨卫星数据反演地球重力场模型的理论和方法［D］. 成都：西南交通大

学，2008.

[10] 肖云，夏哲仁，王兴涛，等．一种改进的卫星重力测量数据处理方法-基线法 [C]//《测绘通报》测绘科学前沿技术论坛论文集，南京，2008.

[11] 肖云，夏哲仁，孙中苗，等．基线法在卫星重力数据处理中的应用 [J]. 武汉大学学报（信息科学版），2011，36（3）：280-284.

[12] 肖云，夏哲仁，王兴涛．用 GRACE 星间速度恢复地球重力场 [J]. 测绘学报，2007，36（1）：19-25.

[13] MAYER-GÜRR T，ILK K H，EICKER A，et al. ITG-CHAMP01：a CHAMP gravity field model from short kinematic arcs over a one-year observation period [J]. Journal of Geodesy，2005，78（7/8）：462-480.

[14] XU P. Position and velocity perturbations for the determination of geopotential from space geodetic measurements [J]. Celestial Mechanics and Dynamical Astronomy，2008，100（7/8）：231-249.

[15] SHEN Y Z，CHEN Q J，XU H Z. Monthly gravity field solution from GRACE range measurements using modified short arc approach [J]. Geodesy and Geodynamics，2015，6（4）：261-266.

[16] 陈秋杰．基于改进短弧积分法的 GRACE 重力反演理论、方法及应用 [D]. 上海：同济大学，2016.

[17] CHEN Q，SHEN Y，CHEN W，et al. An optimized short-arc approach：methodology and application to develop refined time series of Tongji-Grace2018 GRACE monthly solutions [J]. Journal of Geophysical Research-Solid Earth，2019，124（6）：6010-6038.

[18] SHEN Y，CHEN Q，HSU H，ZHANG X，LOU L. A modified short arc approach for recovering gravity field model [C].//Oral Presentation at the GRACE Science Meeting. Center for Space Research，University of Texas，2013.

[19] 陈秋杰，沈云中，张兴福．基于重力卫星几何轨道线性化的地球重力场反演方法 [J]. 地球物理学报，2013，56（7）：2238-2244.

[20] HAN S C. Static and Temporal Gravity Field Recovery using GRACE Potential Difference Observables [J]. Advances in Geosciences，2003，1（1）：19-26.

[21] 王正涛．卫星跟踪卫星测量确定地球重力场的理论与方法 [D]. 武汉：武汉大学，2005.

[22] 王正涛，李建成，姜卫平，等．基于 GRACE 卫星重力数据确定地球重力场模型 WHU GM05. 地球物理学报，2008，51（5）：1364-1371.

[23] 游为，范东明，郭江．基于能量守恒方法恢复地球重力场模型 [J]. 大地测量与地球动力学，2010，30（1）：51-55.

[24] 邹贤才，李建成，徐新禹，等．利用能量法由沿轨扰动位数据恢复位系数精度分析

[J]. 武汉大学学报（信息科学版），2006，31（11）：1011-1014.
[25] 徐天河，杨元喜．基于能量守恒方法恢复 CHAMP 重力场模型［J］. 测绘学报，2005，34（1）：1-6.
[26] JEKELI C. The determination of gravitational potential differences from satellite-to-satellite tracking [J]. Celestial Mechanics and Dynamical Astronomy, 1999, 75: 85-101.
[27] HAN S C. Efficient determination of global gravity field from satellite-to-satellite tracking mission [J]. Celestial Mechanics and Dynamical Astronomy, 2004, 88 (1): 69-102.
[28] 周浩．联合多类卫星重力数据反演地球重力场的研究［D]. 武汉：武汉大学，2015.

第 6 章　时变重力场滤波方法

地球系统的质量及其分布是随时间不断变化的，地球重力场及其时变效应反映了地球物质质量的空间分布及其迁移变化。当前，全球性环境问题如海平面上升、冰川融化以及干旱等都与地球表层质量迁移紧密相关，研究地球质量变化迁移对监测全球环境和气候变化具有重要意义。低低跟踪重力卫星可以获取全球尺度、高精度、高时空分辨率的时变重力场信息，开创了高精度全球重力场观测与气候变化试验的新纪元，为连续监测地球表层质量迁移和重新分布提供了直接观测手段，目前已广泛应用于陆地水储量变化、冰川融化、海水质量变化以及地震同震等领域。

陆地水变化的传统监测手段主要包括水井测量、水文模型法、光学遥感等。水井观测是传统监测方法，由于地面监测受限于站点分布不均，观测尺度有限，监测效果受限；水文模型是用多年水文数据建立的预测模型，该方法对参数精度要求较高，且模型不可避免存在一定的误差；光学遥感技术是利用航空或卫星影像分析水资源变化的方法，效率高，但是难以监测到深层地下水变化。地球重力场变化是地表物质质量变化、迁移、重分布的直观反映，是关于陆地水、冰川、海平面、地壳等物质变化的信息载体[1]。时变重力场信息表征着非稳态物质的变化，在较短时间尺度上陆地时变信号反映的是陆地水的变化。因此，通过时变重力场信息就可以有效地了解陆地水储量变化信息。时变重力场信息有效用于监测陆地水储量的变化，弥补了传统陆地水文观测方法尺度有限，手段单一，无法获取深层地下水信息等缺陷。

GRACE（Gravity Recovery and Climate Experiment）和 GRACE-FO 等重力卫星获取到大量的全球尺度、高精度、高时空分辨率的时变重力场信息，为认识和探究地球物质质量的空间分布及变化规律提供了新手段，极大地推动了监测陆地水储量、冰川消融、地震活动等研究领域的进展，特别是在对研究陆地水储量中凭借着分布均匀、大尺度、连续监测的优势有效弥补了传统方法的缺陷。但 GRACE/GRACE-FO 卫星获取的时变重力场存在着大量的噪声，主要由于卫星载荷的仪器测量误差、混频误差、卫星轨道、先验模型误差以及时变重力场模型截断误差等影响，直接采用球谐系数法反演地表物质迁移结果存在时空分辨率低、南北条带噪声显著、信号泄漏等缺陷，掩盖了陆地水变化引起的时变重力信息，极大降低了结果的信噪比，不利于对陆地水储量的监测与分析。因此，研究既能有效滤除噪声又能保留更多真实信号的时变重力场滤波算法，对获取更高精度的时变信息，更准确地掌握陆地水变化情况具有重要的意义。

目前常用的滤波方法可以分为以下两类：

第一类是通过引入平滑核函数以此降低高阶次项球谐系数权重的空间平滑滤波。Wahr 等最早利用高斯平均核函数来降低高阶项球谐系数的权重，建立了各向同性的高斯滤波[2]。随后研究者发现，高阶项位系数中高次项位系数的误差大于低次项位系数的误差。于是 Han 等提出了与阶项和次项均相关的各向异性滤波，有效地提高了滤波能力[3]。Zhang 等提出了 Fan 滤波，即对阶项和次项都采用高斯滤波处理，是一种更为简单的各向异性滤波[4]。

第二类方法是去相关滤波方法，Swenson 等发现球谐系数中同次的奇（偶）项阶存在相关误差，并设计滑动窗多项式拟合来消除该误差，即去相关滤波[5]。在此基础上，Chambers 和 Chen 等提出了对大于 m 次的位系数进行 n 次多项式拟合的 PnMm 方法，在海洋、地震多个领域都取到很好的效果[6-7]。Duan 等根据球谐系数中误差分布特点提出了滑动可变窗去相关滤波[8]。詹金刚等通过反向延拓数据序列，对滑动窗多项式去相关进行了改进，改进后的方法去噪能力显著提升[9]。鞠晓蕾等提出了加权平均去相关滤波，也取得了良好的效果[10]。但这类滤波方法在低纬度地区的去噪能力较弱。实际情况中，将去相关方法与空间滤波方法进行组合使用。

此外，国内外研究者依据不同的思想提出了其他滤波方法。Chen 等提出了均方差滤波，该方法以陆地和海洋的均方差比值作为选取滤波参数的依据[11]。Kusche 等基于正则化思想构建了 DDK 滤波[12]。詹金刚等基于噪声在空间域的特性，引入了平滑先验信息法[13]。汪晓龙通过卡尔曼滤波实现了时变重力场信号的提取[14]。

6.1 时变重力场反演陆地水储量变化基本原理

通常以大地水准面的形状作为地球重力场的表现形式，大地水准面 N 可以由一系列的球谐位系数的和来表示[15]：

$$N(\theta,\lambda) = a\sum_{l=0}^{\infty}\sum_{m=0}^{l}\bar{P}_{lm}(\cos\theta)\left[\bar{C}_{lm}\cos(m\lambda) + \bar{S}_{lm}\sin(m\lambda)\right] \tag{6.1}$$

式中：θ 和 λ 分别表示地心余纬和地心经度；a 为地球的平均半径；l 和 m 分别为球谐系数中的阶数和次数；$\bar{C}_{lm}$ 和 $\bar{S}_{lm}$ 为完全规格化的球谐系数；$\bar{P}_{lm}(\cos\theta)$ 为完全规格化的勒让德函数。

大地水准面的变化 ΔN 可描述为：不同时期大地水准面之间的差异或某时期大地水准面较长期平均大地水准面发生的改变。用球谐系数的变化 $\Delta\bar{C}_{lm}$ 和 $\Delta\bar{S}_{lm}$ 表示 ΔN，有

$$\Delta N(\theta,\lambda) = a\sum_{l=0}^{\infty}\sum_{m=0}^{l}\bar{P}_{lm}(\cos\theta)\left[\Delta\bar{C}_{lm}\cos(m\lambda) + \Delta\bar{S}_{lm}\sin(m\lambda)\right] \tag{6.2}$$

设 ΔN 由密度变化 $\Delta\rho(r,\theta,\lambda)$ 引起，则用 $\Delta\rho(r,\theta,\lambda)$ 来表示球谐系数变化[16]：

$$\begin{pmatrix}\Delta\bar{C}_{lm}\\ \Delta\bar{S}_{lm}\end{pmatrix} = \frac{3}{4\pi a\rho_{\text{ave}}(2l+1)}\int\Delta\rho(r,\theta,\lambda)\bar{P}_{lm}(\cos\theta)\left(\frac{r}{a}\right)^{l+2}\begin{pmatrix}\cos(m\lambda)\\ \sin(m\lambda)\end{pmatrix}\sin\theta\,\mathrm{d}\theta\,\mathrm{d}\lambda\,\mathrm{d}r \tag{6.3}$$

式中：$\rho_{\text{ave}} = 5517\text{kg/m}^3$ 为地球平均密度。

体密度变化 $\Delta\rho(r,\theta,\lambda)$ 主要集中在地表厚度为 10~15km 的薄层中，用面密度变化 $\Delta\sigma(\theta,\lambda)$ 代替体密度变化，即[2]

$$\Delta\sigma(\theta,\lambda) = \int_{\text{thin layer}}\Delta\rho(r,\theta,\lambda)\,\mathrm{d}r \tag{6.4}$$

假设该薄层厚度足够薄，则 $(r/a)^{l+2}\approx 1$，式（6.3）可简化为

$$\begin{pmatrix}\Delta\bar{C}_{lm}\\ \Delta\bar{S}_{lm}\end{pmatrix}_{\text{surface\_mass}} = \frac{3}{4\pi a\rho_{\text{ave}}(2l+1)}\int\Delta\sigma(\theta,\lambda)\bar{P}_{lm}(\cos\theta)\begin{pmatrix}\cos(m\lambda)\\ \sin(m\lambda)\end{pmatrix}\sin\theta\,\mathrm{d}\theta\,\mathrm{d}\lambda \tag{6.5}$$

式（6.5）为地表物质变化引起的大地水准面变化。此外，地表物质变化也会使得固体地球发生形变，这同样会导致大地水准面发生改变，即

$$\begin{pmatrix}\Delta\bar{C}_{lm}\\ \Delta\bar{S}_{lm}\end{pmatrix}_{\text{solid\_Earth}}=\frac{3k_l}{4\pi a\rho_{\text{ave}}(2l+1)}\int\Delta\sigma(\theta,\lambda)\bar{P}_{lm}(\cos\theta)\begin{pmatrix}\cos(m\lambda)\\ \sin(m\lambda)\end{pmatrix}\sin\theta\mathrm{d}\theta\mathrm{d}\lambda \tag{6.6}$$

式中：k_l 为与阶数 l 相关的负荷勒夫数[16]。

完整的大地水准面变化与球谐系数之间的关系为

$$\begin{pmatrix}\Delta\bar{C}_{lm}\\ \Delta\bar{S}_{lm}\end{pmatrix}=\frac{3(k_l+1)}{4\pi a\rho_{\text{ave}}(2l+1)}\int\Delta\sigma(\theta,\lambda)\bar{P}_{lm}(\cos\theta)\begin{pmatrix}\cos(m\lambda)\\ \sin(m\lambda)\end{pmatrix}\sin\theta\mathrm{d}\theta\mathrm{d}\lambda \tag{6.7}$$

用球谐系数变化表示面密度变化 $\Delta\sigma(\theta,\lambda)$，即

$$\Delta\sigma(\theta,\lambda)=a\rho_{\text{w}}\sum_{l=0}^{\infty}\sum_{m=0}^{l}\bar{P}_{lm}(\cos\theta)[\Delta\hat{C}_{lm}\cos(m\lambda)+\Delta\hat{S}_{lm}\sin(m\lambda)] \tag{6.8}$$

式中：$\rho_{\text{w}}=1000\text{kg/m}^3$ 为水的密度；$\Delta\hat{C}_{lm}$ 和 $\Delta\hat{S}_{lm}$ 为无量纲的球谐系数。由式（6.8）可得

$$\begin{pmatrix}\Delta\hat{C}_{lm}\\ \Delta\hat{S}_{lm}\end{pmatrix}=\frac{1}{4\pi a\rho_{\text{w}}}\int_0^{2\pi}\mathrm{d}\lambda\int_0^{\pi}\sin\theta\mathrm{d}\theta\Delta\sigma(\theta,\lambda)\bar{P}_{lm}(\cos\theta)\begin{pmatrix}\cos(m\lambda)\\ \sin(m\lambda)\end{pmatrix} \tag{6.9}$$

则 $\Delta\hat{C}_{lm}$、$\Delta\hat{S}_{lm}$ 与 $\Delta\bar{C}_{lm}$、$\Delta\bar{S}_{lm}$ 的关系为

$$\begin{pmatrix}\Delta\hat{C}_{lm}\\ \Delta\hat{S}_{lm}\end{pmatrix}=\frac{\rho_{\text{ave}}}{3\rho_{\text{w}}}\frac{2l+1}{1+k_l}\begin{pmatrix}\Delta\bar{C}_{lm}\\ \Delta\bar{S}_{lm}\end{pmatrix} \tag{6.10}$$

将式（6.10）代入式（6.8）中可以得到球谐系数的变化与地表质量变化 $\Delta\sigma(\theta,\lambda)$ 的关系：

$$\Delta\sigma(\theta,\lambda)=\frac{a\rho_{\text{ave}}}{3}\sum_{l=0}^{\infty}\sum_{m=0}^{l}\bar{P}_{lm}(\cos\theta)\frac{2l+1}{1+k_l}[\Delta\bar{C}_{lm}\cos(m\lambda)+\Delta\bar{S}_{lm}\sin(m\lambda)] \tag{6.11}$$

若 $\Delta\sigma(\theta,\lambda)$ 以等效水高形式表示，则有

$$\Delta h(\theta,\lambda)=\frac{a\rho_{\text{ave}}}{3\rho_{\text{w}}}\sum_{l=0}^{\infty}\sum_{m=0}^{l}\bar{P}_{lm}(\cos\theta)\frac{2l+1}{1+k_l}[\Delta\bar{C}_{lm}\cos(m\lambda)+\Delta\bar{S}_{lm}\sin(m\lambda)] \tag{6.12}$$

受参考框架的影响，GRACE 数据解算时将 C_{10}、C_{11} 以及 S_{11} 这些一阶项系数设置为零。若不进行改正处理，则会对反演的结果造成一定的误差，通常采用地心模型加以改正[17]。受卫星轨道的影响，GRCAE 解算得到的 C_{20} 项精度较差，通常使用 SLR（Satellite Laser Ranging）的 C_{20} 项替换[18]。此外，冰

后回弹（GIA）会对重力场产生一定的影响，需要对其进行改正[19]。

6.2　时变重力场空域滤波

受卫星轨道特性和载荷仪器的测量误差等因素影响，时变重力场存在着严重的南北条带误差。以 2006 年 8 月的时变重力场数据为例，图 6.1（a）为由时变重力场直接反演得到的全球陆地水储量变化图，由图可知，反演结果中存在着大量的条带噪声，使得真实的地球物理信号被掩盖，无法从中获取有用的信息。图 6.1（b）为同时期时变重力场球谐位系数的误差分布图，由图可知，高阶项位系数误差较为严重，且随阶数增加误差也逐渐变大，因此需要通过一些方法对该部分球谐系数进行处理。

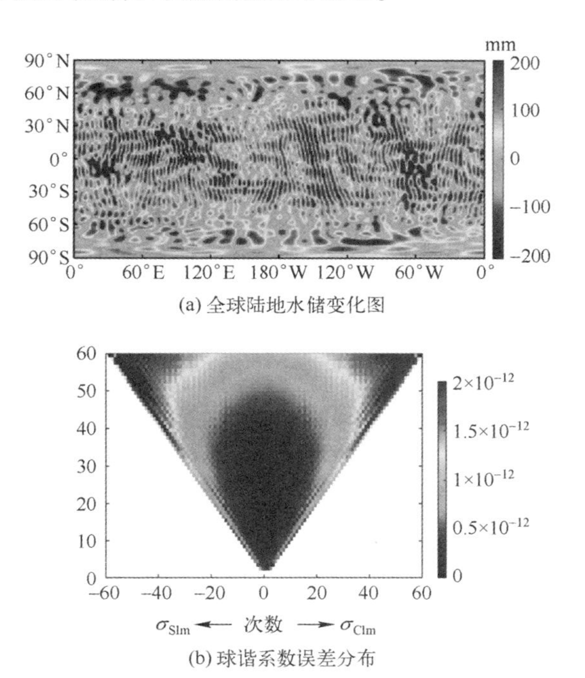

(a) 全球陆地水储变化图

(b) 球谐系数误差分布

图 6.1　时变重力场反演结果与球谐系数误差分布图（见彩图）

最早由 Jekeli[20] 提出对球谐系数进行空间平滑，来减小高阶项系数造成的误差影响。对地表质量的密度变化做平滑处理：

$$\overline{\Delta\sigma}(\theta,\lambda) = \int \sin\theta' \Delta\sigma(\theta',\lambda') W(\theta,\lambda,\theta',\lambda') \mathrm{d}\theta' \mathrm{d}\lambda' \tag{6.13}$$

式中：$W(\theta,\lambda,\theta',\lambda')$为平滑核函数。将式（6.12）代入式（6.13）中，得到

$$\overline{\Delta\sigma}(\theta,\lambda)=\frac{a\rho_{\mathrm{ave}}}{12\pi}\sum_{l,m}\bar{P}_{lm}(\cos\theta)\sum_{l',m'}\frac{2l'+1}{1+k_{l'}}[(\Delta C_{l'm'}W_{lmc}^{l'm'c}+\Delta S_{l'm'}W_{lmc}^{l'm's})\cos(m\lambda)+(\Delta C_{l'm}W_{lms}^{l'm'c}+\Delta S_{l'm'}W_{lms}^{l'm's})\sin(m\lambda)] \tag{6.14}$$

式中

$$\begin{bmatrix}W_{lmc}^{l'm'c}\\W_{lms}^{l'm'c}\\W_{lmc}^{l'm's}\\W_{lms}^{l'm's}\end{bmatrix}=\int\sin\theta\mathrm{d}\theta\mathrm{d}\lambda\int\sin\theta'\mathrm{d}\theta'\mathrm{d}\lambda'\begin{bmatrix}\cos(m'\lambda')\cos(m\lambda)\\\cos(m'\lambda')\sin(m\lambda)\\\sin(m'\lambda')\cos(m\lambda)\\\sin(m'\lambda')\sin(m\lambda)\end{bmatrix}\times W(\theta,\lambda,\theta',\lambda')\widetilde{P}_{lm}(\cos\theta)\widetilde{P}_{l'm'}(\cos\theta') \tag{6.15}$$

随着阶次的增高，$W_{lmc}^{l'm'c}$、$W_{lms}^{l'm'c}$、$W_{lmc}^{l'm's}$、$W_{lms}^{l'm's}$等值变小，使得$\Delta C_{l'm'}$和$\Delta S_{l'm'}$中的高阶项权重降低，从而减小对$\overline{\Delta\sigma}$的影响。

6.2.1 高斯滤波

将$W(\theta,\lambda,\theta',\lambda')$定义为只与球面上$(\theta,\lambda)$和$(\theta',\lambda')$这两点之间的角度$\alpha$相关的函数，则有$W(\theta,\lambda,\theta',\lambda')=W(\alpha)$，且有$\cos\alpha=\cos\theta\cos\theta'+\sin\theta\sin\theta'\cdot\cos(\lambda-\lambda')$。高斯滤波的目的是降低高阶项的误差，其平滑核函数仅与阶数相关，即$W_{lm}=W_l$，则等效水高可表示为

$$\Delta h(\theta,\lambda)=\frac{2a\rho_{\mathrm{ave}}\pi}{3}\sum_{l=0}^{\infty}\sum_{m=0}^{l}\frac{2l+1}{1+k_l}W_l\bar{P}_{lm}(\cos\theta)[\Delta C_{lm}\cos(m\lambda)+\Delta S_{lm}\sin(m\lambda)] \tag{6.16}$$

式中：$W_l=\int_0^{\pi}W(\alpha)P_l(\cos\alpha)\sin\alpha\mathrm{d}\alpha$，其中$P_l=\bar{P}_{l,m=0}/\sqrt{2l+1}$为勒让德多项式。

Jekeli 提出归一化高斯平滑核函数[20]：

$$W(\alpha)=\frac{b}{2\pi}\frac{\mathrm{e}^{-b(1-\cos\alpha)}}{1-\mathrm{e}^{-2b}} \tag{6.17}$$

式中：$b=\dfrac{\ln2}{1-\cos(r/a)}$，$r$为使$W$值减半所对应的球面距离，也称平滑半径；$W(\alpha)$在全球积分为1。

W_l可由下式得到：

$$\begin{cases} W_0 = \dfrac{1}{2\pi} \\ W_1 = \dfrac{1}{2\pi}\left[\dfrac{1+e^{-2b}}{1-e^{-2b}} - \dfrac{1}{b}\right] \\ W_{l+1} = -\dfrac{2l+1}{b}W_l + W_{l-1} \end{cases} \tag{6.18}$$

Whar 等分析了高斯滤波方法用于时变重力场的可行性，发现该方法可以有效地降低球谐系数高阶项的误差[2]。

图 6.2 给出不同平滑半径下平滑核函数与阶数的对应关系。图中可以看出，在相同平滑半径下随着阶数的升高，平滑核函数的值在减小，因此降低了高阶项球谐系数的权重。当平滑半径增大，平滑核函数曲线下降速率变快，此时高阶项系数的权重变小，误差更容易受到抑制。

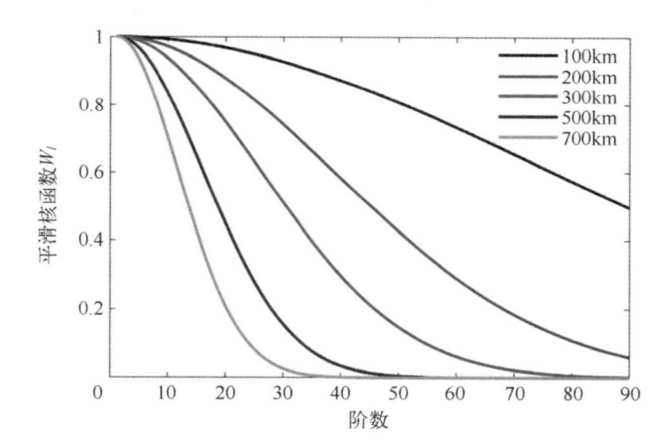

图 6.2　不同平滑半径下平滑核函数与阶数的关系（见彩图）

同样以 2006 年 8 月数据为例，对时变重力场数据进行不同平滑半径的高斯滤波处理，结果如图 6.3 所示。

图 6.3（a）~（d）分别为半径为 200km、300km、500km 和 700km 的高斯滤波处理后时变重力场反演的全球陆地水储量变化图。经高斯滤波处理后，反演结果中的噪声均得到了一定的抑制。当平滑半径为 200km 和 300km 时，反演结果中仍残留较多的噪声；当平滑半径为 500km 和 700km 时，反演结果中的噪声已基本滤除，这说明平滑半径选取越大噪声就越少。但是，平滑半径过大时会导致一些真实地球物理信号发生明显的衰减，如 700km 高斯平滑后，结果中格陵兰岛、亚马孙流域和南极洲等地区的信号幅值明显降低。

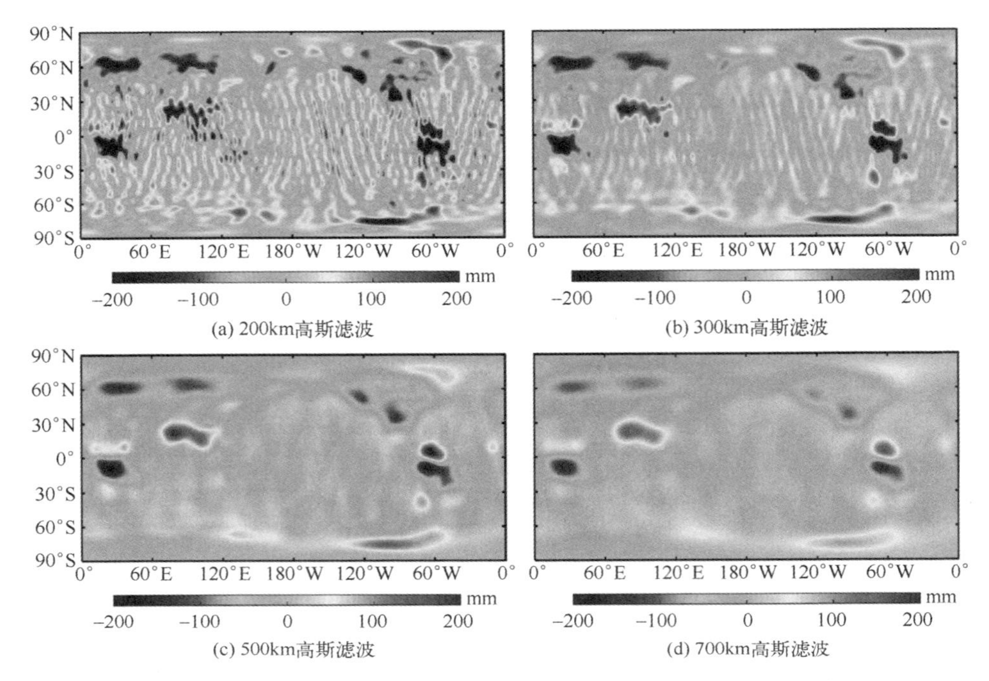

图 6.3　不同平滑半径高斯滤波处理后的全球陆地水储量变化（见彩图）

6.2.2　各向异性滤波

高斯滤波是一种各向同性滤波，平滑半径一定时其平滑核函数只与阶数 l 相关，即同一阶的球谐系数权重相等。经研究发现，球谐系数误差大小与次数之间也存在一定的关系：次数越大球谐系数的误差也越大。于是 Han 等提出了一种各向异性滤波方法，该方法的平滑核函数值与阶、次均相关，计算公式如下[3]：

$$\begin{cases} W_{lm} = W_l(r_{1/2}(m)) \\ r_{1/2}(m) = \dfrac{r_1 - r_0}{m_1} m + r_0 \end{cases} \tag{6.19}$$

式中：r_0 和 r_1 分别为 $m=0$ 时和 $m=m_1$ 时的平滑半径，当 r_0 与 r_1 相等时，该方法即为平滑半径为 r_0 的高斯滤波。此时地表质量变化可表示为

$$\overline{\Delta\sigma}(\theta,\lambda) = \frac{2a\rho_{\text{ave}}\pi}{3}\sum_{l=0}^{\infty}\sum_{m=0}^{l}\frac{2l+1}{1+k_l}W_{lm}\bar{P}_{lm}(\cos\theta)[\Delta C_{lm}\cos(m\lambda) + \Delta S_{lm}\sin(m\lambda)] \tag{6.20}$$

图 6.4 给出了 $r_0=200\text{km}$，$r_1=400\text{km}$ 以及 $m_1=20$ 时各向异性滤波平滑核函数的分布。图中可以看出，当阶数相同时，次数更大的球谐系数对应的平滑核函数值越小。所以该方法对于高阶项球谐系数中误差较小的低次项有着更好的保留作用，而误差较大的高次项则更容易受到抑制。

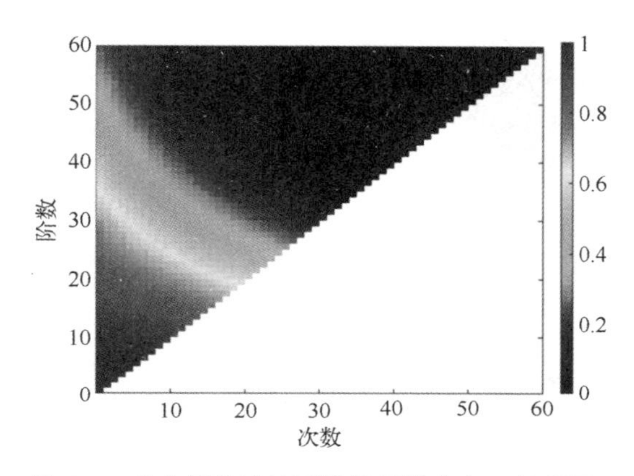

图 6.4 各向异性滤波平滑核函数分布（见彩图）

6.2.3 Fan 滤波

Zhang 等提出了更为简便的 Fan 滤波，该方法是对球谐系数的阶项和次项都进行高斯滤波处理[4]。此时地表质量变化可表示为

$$\Delta\overline{\sigma}(\theta,\lambda)=\frac{a\rho_{\mathrm{E}}}{3\rho_{\mathrm{w}}}\sum_{l=0}^{\infty}\frac{2l+1}{1+k_l}W_l\sum_{m=0}^{l}W_m\overline{P}_{lm}(\cos\theta)(\Delta C_{lm}\cos m\lambda+\Delta S_{lm}\sin m\lambda) \tag{6.21}$$

式中：W_l 是与阶项 l 相关的平滑核函数；W_m 是与次项 m 相关的平滑核函数。

图 6.5 给出了平滑半径为 300km 时 Fan 滤波的平滑核函数分布图。由图 6.5 可见，当球谐系数的阶数一定时，次数越大的球谐系数对应的权重越低，同样很好地抑制了高阶高次项球谐系数的误差。

以 2006 年 8 月数据为例，图 6.6 给出了经不同平滑半径的 Fan 滤波处理后的时变重力场反演结果。图 6.6（a）~（d）分别为平滑半径为 200km、300km、500km 和 700km 的 Fan 滤波处理后的结果。对比图 6.1（a）发现，Fan 滤波同样有效地滤除了时变重力场的噪声，且具有与高斯滤波相同的特性，即平滑半径选取越大，滤波的去噪能力就越强，但同时会损失更多的真实信号。相比于图 6.3 高斯滤波的结果，相同平滑半径的 Fan 滤波在抑制噪声方面的效果更好，比如当平滑半径为 300km 时，Fan 滤波反演结果中的噪

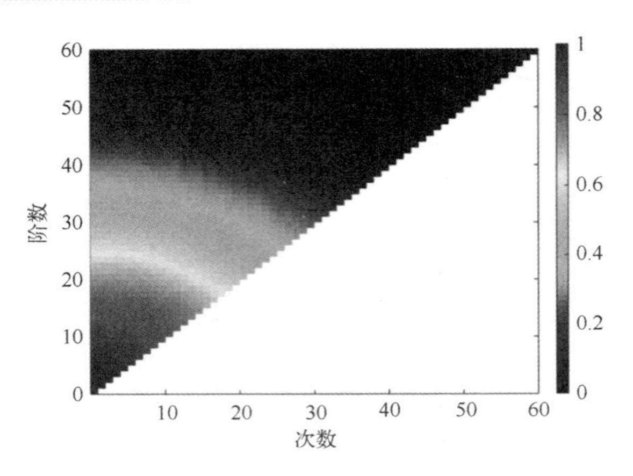

图 6.5 Fan 滤波平滑核函数分布（见彩图）

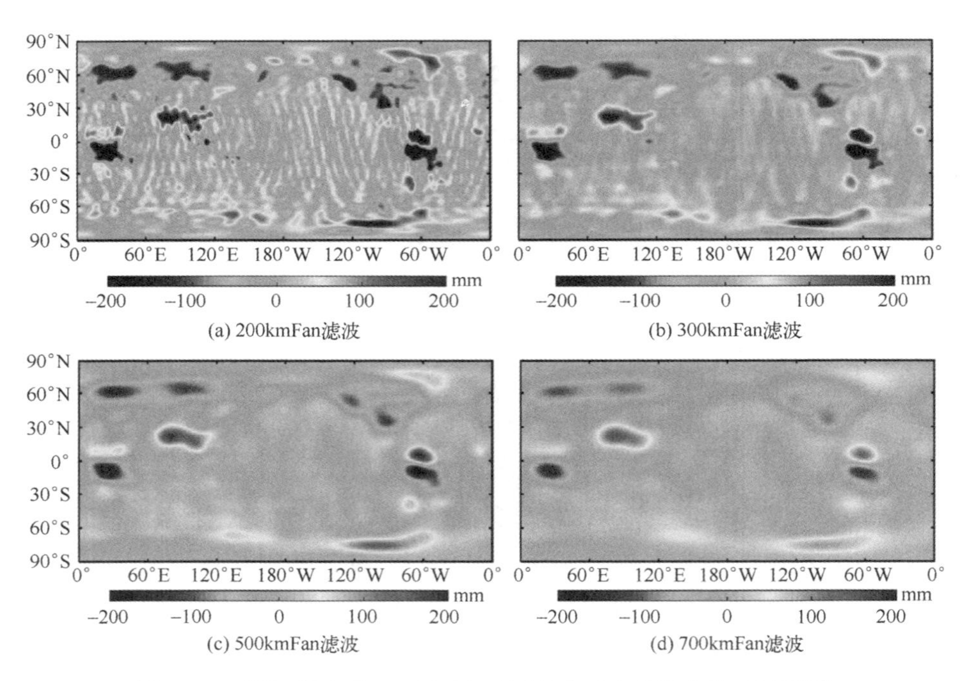

图 6.6 不同平滑半径 Fan 滤波处理后的全球水储量变化（见彩图）

声明显少于高斯滤波。但相同平滑半径的 Fan 滤波也会损失更多的真实信号，如与 500km 高斯滤波相比，Fan 滤波结果中亚马孙流域的信号发生更明显的衰减和形变。

6.3　时变重力场去相关滤波

6.3.1　Swenson 滤波

Swenson 等最先发现当固定时变重力场中球谐系数的次数时，奇（偶）数阶项之间存在着相关性[5]。图 6.7 给出了次数 $m=14$ 时，奇（偶）数阶项的变化，可以看出偶数阶项 $C_{14,14},C_{16,14},C_{18,14},\cdots,C_{58,14},C_{60,14}$（蓝色线表示）以及奇数阶项 $C_{15,14},C_{17,14},C_{19,14},\cdots,C_{57,14},C_{59,14}$（红色线表示）之间都存在着明显的相关性。对此，Swenson 等设计了一种滑动窗口多项式拟合方法，基本处理流程为：对低阶项的球谐系数不进行处理，保持原始值，对之后球谐系数中的奇数阶项和偶数阶项分别进行滑动窗口拟合，得到的拟合值即为对应奇（偶）数阶项中的相关误差。通过扣除该拟合值，就得到了去相关后的球谐系数。其中滑动窗口 w 的计算公式为

$$w=\max(Ae^{-\frac{m}{K}}+1,5) \tag{6.22}$$

式中：A 的经验取值为 30；K 的经验取值为 10。

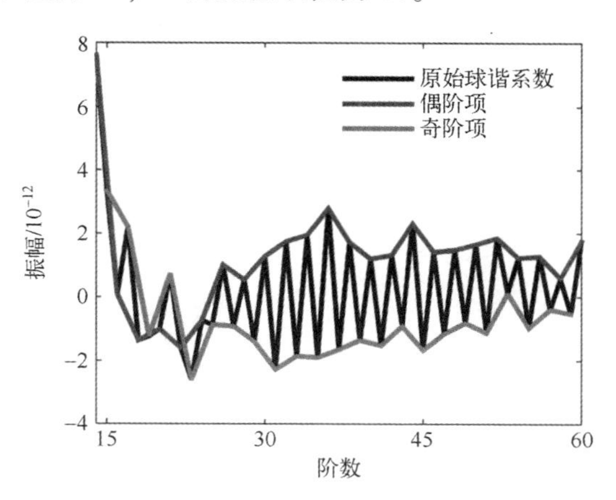

图 6.7　球谐系数中的相关性（见彩图）

6.3.2　PnMm 滤波

基于上述去相关滤波的思想，Chembers 提出了保持前 $m\times m$ 阶位系数不变，对 m 阶以及之后的位系数进行 n 次多项式拟合，最后同样在原始位系数中扣除该拟合值[6]。此后研究者根据自身的需要，选取了不同的起算阶数 m

和拟合次数 n，这类方法也被统称为 PnMm[6-7]。

6.3.3 Duan 滤波

Duan 等依据位系数标准差的分布，通过函数来确定保持不变的位系数，并设计了与阶次均相关的滑动窗口[8]，如下式所示：

$$w_2 = \max\left\{Ae^{-\frac{\left[(1-\gamma)m^p+\gamma l^p\right]^{1/p}}{K}}+1, 5\right\} \tag{6.23}$$

式中：A、K、p 以及 γ 的经验取值分别为 30、15、3 和 0.1。

6.3.4 去相关滤波方法结果分析

以 2006 年 8 月数据为例，对上述三种去相关方法进行对比，结果如图 6.8 所示。

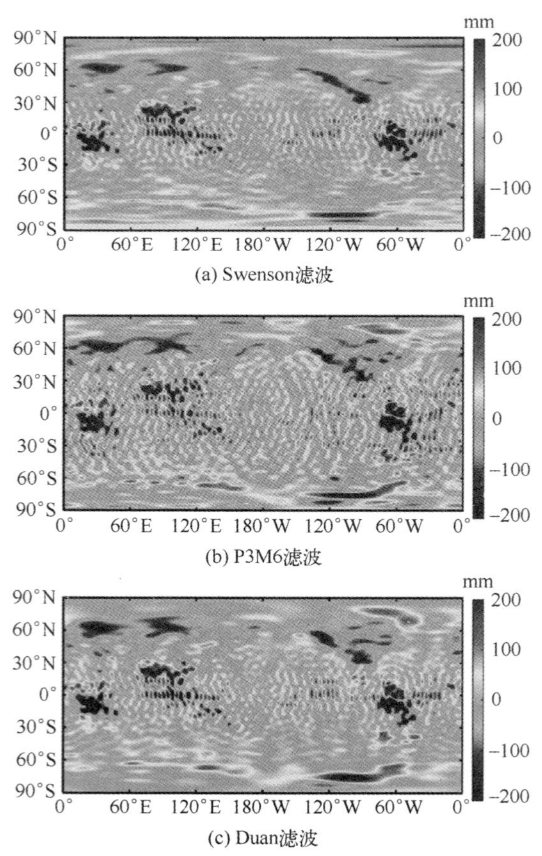

(a) Swenson滤波

(b) P3M6滤波

(c) Duan滤波

图 6.8 不同去相关滤波结果对比（见彩图）

图 6.8（a）~（c）分别为 Swenson、P3M6 和 Duan 去相关滤波的结果。三种去相关滤波均有效地滤除了大量的噪声，中高纬度地区的信号已经基本显露出来，但是在赤道附近的低纬度地区依然存在着噪声。这是因为去相关滤波构造的多项式无法顾及次数较高的球谐系数，而这部分球谐系数中存在较为严重的相关误差。

进一步对比三种滤波方法的结果，可以发现 Swenson 去相关滤波的结果中噪声最少，说明该滤波具有较好的去噪能力。P3M6 去相关滤波结果中残余噪声要明显多于其他两种方法，说明其去噪能力较弱。此外，对比去相关滤波结果和空间平滑滤波结果可以发现，Swenson 结果在中、高纬度地区的信号（如格陵兰岛、南极和北美洲）发生了严重的形变，而 P3M6 和 Duan 结果在上述地区的信号较为准确。

6.3.5 组合滤波方法

由上节分析可知，仅对时变重力场数据进行去相关滤波方法后，反演结果中仍残留较多的噪声。所以通常去相关滤波方法需要和空间平滑滤波结合使用，即先去除球谐系数之间的相关性，再降低误差较大的高阶次项位系数的权重。这也是目前最常用的滤波方法。图 6.9 给出了 300km 高斯平滑、Duan 去相关滤波方法以及二者组合滤波方法得到结果，以 2006 年 8 月时变重力场数据为例。

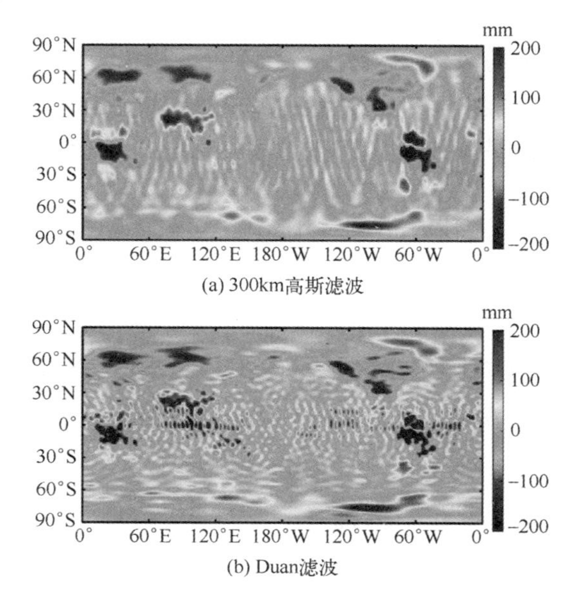

(a) 300km高斯滤波

(b) Duan滤波

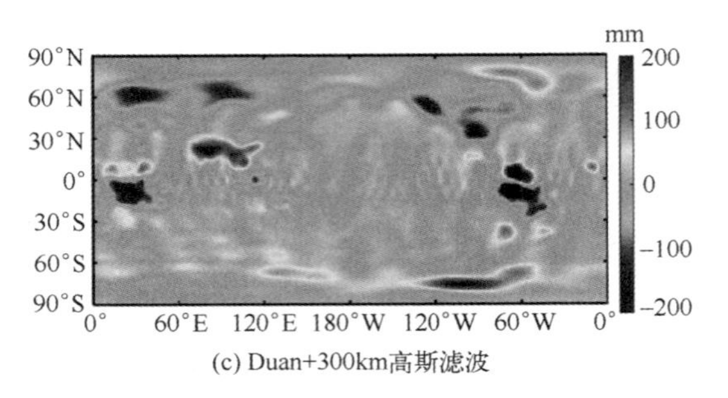

(c) Duan+300km高斯滤波

图 6.9 不同滤波方法反演结果对比（见彩图）

由图 6.9 可以看出，组合滤波方法结果中噪声已基本滤除，这说明相比于单独的滤波方法，组合滤波具有更好的去噪能力。此外，因为去相关滤波已经滤除了一部分噪声，所以在后续与空间平滑滤波方法进行组合时，可以采用较小的平滑半径，来保留更多真实信号。

6.4 基于经验模态分解时变重力场滤波

空间平滑滤波的去噪能力主要由平滑半径决定。当平滑半径过小时，空间平滑滤波的去噪效果不理想，但是当平滑半径过大时又会带来真实信号的衰减、形变等问题。相同平滑半径下 Fan 滤波的去噪能力要优于高斯滤波，但导致真实信号的损耗问题会更严重。去相关滤波去噪能力主要与拟合次数、起算阶数相关，选取的拟合次数越大或起算阶数越小，相应去噪能力就越强，但亦会损耗更多的真实信号，并且单独的去相关滤波难以消除高频噪声，在低纬度地区的滤波效果较差，需要与空间平滑滤波进行组合才能取到较好的效果。

时变重力场的噪声问题是由球谐系数中高阶高次项位系数误差较大，并且奇（偶）阶项之间存在着相关性引起的。传统的空间平滑滤波和去相关滤波正是根据这两个噪声特性建立的。詹金刚等在空间域中对时变重力场进行频谱分析，发现其任意纬度带剖面中的噪声具有高频周期特性[13]。那么针对时变重力场噪声这一特性，构造相应的滤波器，从而在空间域实现时变重力场的去噪是可行的。

6.4.1 经验模态分解基本原理

经验模态分解（Empirical Mode Decomposition，EMD）是基于所输入信号

自身的特点，将该信号分解为有限个单分量信号。这些单分量信号按照频率从高到低排序，称之为固有模态函数（Intrinsic Mode Function，IMF）分量[21]。

每个 IMF 分量需符合两个要求：一是 IMF 中极值点和过零点个数之差不得大于 1，二是由极值点所构造的上、下包络线均值为 0。

对于输入信号 $x(t)$，其 EMD 分解流程如下：

（1）利用三次样条插值将 $x(t)$ 中所有的极大值点、极小值点分别拟合为上、下包络线。

（2）计算上下包络线的均值 $m_1(t)$，并将其从信号 $x(t)$ 扣除得到新信号 $g_1(t)$：

$$g_1^1(t)=x(t)-m_1(t) \tag{6.24}$$

（3）若信号 $g_1^1(t)$ 不满足 IMF 的两个要求，将 $g_1^1(t)$ 作为新的原始信号，重复（1）、（2）步骤，直到信号 $g_1^n(t)$ 满足条件后，则为 $x(t)$ 的第一个 IMF 分量，记为 c_1。

（4）上述迭代过程被认为是 IMF 分量的筛选过程，此时将 $g_1^n(t)$ 从原始信号 $x(t)$ 扣除，得到新的原始信号 $s_1(t)$，即

$$s_1(t)=x(t)-g_1(t) \tag{6.25}$$

（5）对 $s_1(t)$ 重复 IMF 分量的筛选过程，得到第二个 IMF 分量，记为 c_2。如此反复进行，直至 $s_n(t)$ 为单调信号时，记 $s_n(t)$ 为残余分量 $r(t)$。此时 EMD 分解结束。于是待分解信号 $x(t)$ 可表示为

$$x(t)=\sum_{i=1}^{n}c_i(t)+r(t) \tag{6.26}$$

式中：c_i 表示信号 $x(t)$ 分解出的第 i 个 IMF 分量，下标 i 越大频率越小。$r(t)$ 为分解余项。

6.4.2　基于经验模态分解的滤波方法

基于 EMD 分解的滤波方法，实质上是按频率选取合适的 IMF 分量进行重构，从而实现降低噪声的目的。结合时变重力场模型数据中空间域噪声的特性，可知模型数据中的高频噪声集中在排序靠前的 IMF 分量，而排序靠后的分量为低频真实信号主导的 IMF 分量。因此，必然存在一个模态分量 c_k 作为高频噪声和低频信号的分界层，该分量记为分界模态。

此时，只需要找到分界模态即可将真实信号提取出来。使用模态相关分

选准则[22]作为选取分界模态分量的依据，首先计算原始纬度带信号 $x(\lambda)$ 与其分解得到的各分量之间的互相关系数，计算式如下：

$$R(x,c_i)=\frac{\sum_{\lambda=1}^{N}[x(\lambda)-\bar{x}][c_i(\lambda)-\bar{c}_i]}{\sqrt{\sum_{\lambda=1}^{N}[x(\lambda)-\bar{x}]^2}\sqrt{\sum_{\lambda=1}^{N}[c_i(\lambda)-\bar{c}_i]^2}} \tag{6.27}$$

式中：N 为经度采样点的个数，对于 1°×1°的时变重力场格网数据而言，$N=360$；λ 表示经度，$x(\lambda)$ 表示随经度变化的原始纬度带信号；$\bar{x}$ 为 $x(\lambda)$ 的均值；c_i 表示第 i 个模态函数分量；$\bar{c}_i$ 为第 i 个模态函数分量的平均值；R 为互相关系数。

上述所得的互相关系数中，第一个局部极小值点对应的模态分量即为分界模态分量 c_k，则对于 c_k 之后的模态分量即为纬度带中的低频信号。考虑 c_k 和 c_{k-1} 分量中也包含着部分细节信号，将其一并与低频信号分量重构，就得到滤波后的纬度带信号 $\hat{x}(\lambda)$：

$$\hat{x}(\lambda)=\sum_{i=k-1}^{n}c_i(\lambda)+r(\lambda) \tag{6.28}$$

综上所述，EMD 滤波方法是通过将纬度带信号分解为频率不同的分量，然后挑选包含低频真实信号的分量进行重构，以此达到时变重力场去噪的目的。

6.4.3 时变重力场 EMD 滤波处理流程

对于任意一个时变重力场数据而言，在空域中可以表示为格网数据 X，以 1°×1°的空间分辨率为例，即有

$$X=\begin{pmatrix} x_1(\lambda) \\ x_2(\lambda) \\ x_3(\lambda) \\ \vdots \\ x_{179}(\lambda) \\ x_{180}(\lambda) \end{pmatrix} \tag{6.29}$$

式中：$x_j(\lambda)$ 代表 j 纬度带上，随经度 λ 变化的格网值，即 j 纬度带的原始信号。则 EMD 滤波应用于时变重力场去噪的处理流程如下：

（1）纬度带信号分解。对 $x_j(\lambda)$ 进行 EMD 分解，得到若干个固有模态分量和一个残余分量。

（2）确定分界模态分量 c_k。计算各固有模态分量与原始信号的互相关系数，并通过模态相关分选准则确定分界模态分量 c_k。

（3）重构信号 $\hat{x}_j(\lambda)$。选取固有模态分量 c_{k-1} 以及其之后的分量进行重构，得到 EMD 滤波处理后的纬度带信号。

（4）上述过程即为 EMD 滤波对纬度带信号的处理过程，对矩阵 X 中每一行数据进行上述操作，得到 EMD 滤波后的时变重力场数据 $\hat{X}$。

6.4.4　时变重力场 EMD 滤波结果分析

为分析 EMD 滤波对时变重力场去噪的有效性，对比滤波前后时变重力场数据位系数的变化，以 2007 年 10 月和 2010 年 3 月的时变重力场数据为例，如图 6.10 和图 6.11 所示。

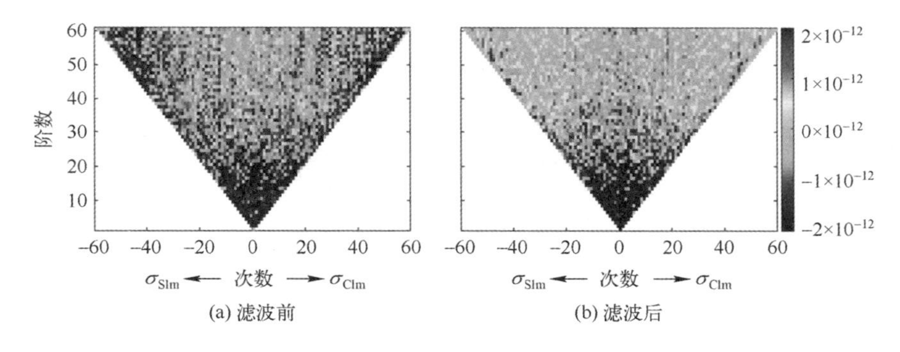

图 6.10　2007 年 10 月 EMD 滤波前后位系数的变化

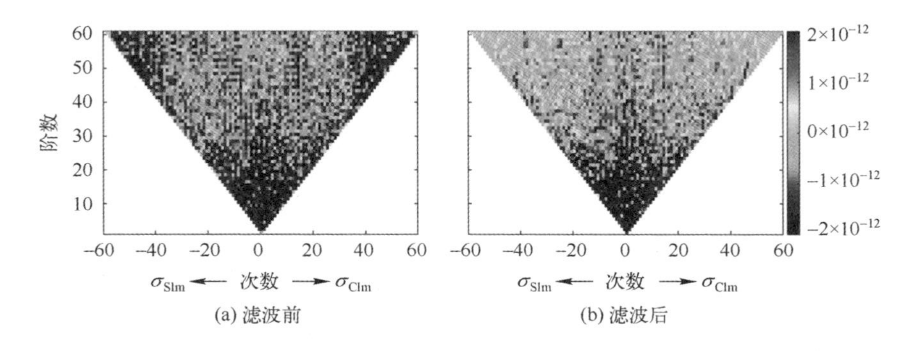

图 6.11　2010 年 3 月 EMD 滤波前后位系数的变化（见彩图）

图 6. 10 和图 6. 11 分别为 2007 年 10 月和 2010 年 3 月的时变重力场位系数的分布，图 6. 10（a）与图 6. 11（a）为滤波前的数据，图 6. 10（b）与图 6. 11（b）为 EMD 滤波后的结果。从图中可以明显观察出 EMD 滤波有效地降低了高阶高次项位系数值，这一部分位系数包含着大量的高频噪声，并且 EMD 滤波可以有效地保留表征着真实信号的低阶低次位系数。

在空域中可以更为直观地分析 EMD 滤波结果的有效性，利用图 6. 10 数据反演得到相应的全球陆地水储量变化，结果如图 6. 12 和图 6. 13 所示。

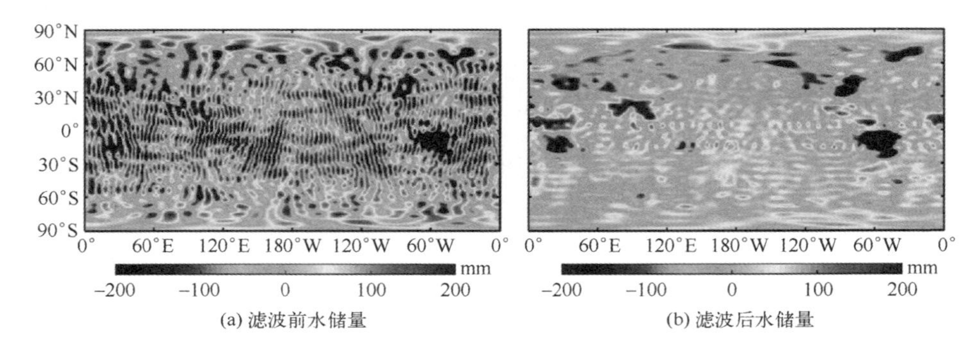

图 6. 12　2007 年 10 月 EMD 滤波全球陆地水储量变化（见彩图）

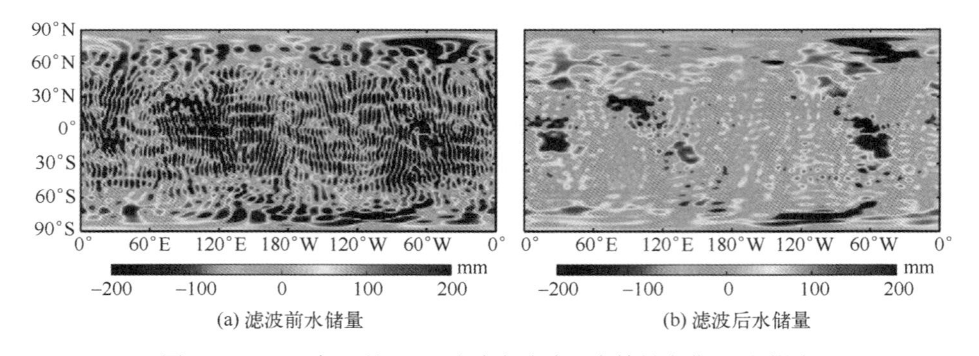

图 6. 13　2010 年 3 月 EMD 滤波全球陆地水储量变化（见彩图）

图 6. 12 和图 6. 13 分别为 2007 年 10 月和 2010 年 3 月的全球水储量变化图，图 6. 12（a）与图 6. 13（a）为滤波前的结果，图 6. 12（b）与图 6. 13（b）为 EMD 滤波后的结果。图中可以看出，EMD 滤波有效滤除了南北条带噪声，滤波后可以明显辨识出陆地上亚马孙流域、奥里诺科河流域、刚果河流域和恒河流域等地区的重力场时变信号。这充分说明了 EMD 滤波对于时变重力场去噪的有效性和可行性。

6.5　不同滤波方法结果分析

6.5.1　不同滤波方法效果分析

为分析各种滤波方法的滤波效果，选取 EMD、P3M6 和 Duan 去相关滤波作为对比方法，在相同的高斯平滑半径下对比分析各方法的滤波效果。首先分析不同滤波方法的去噪能力，采用滤波后海洋上残余信号的均方根（Root Mean Square，RMS）作为评价滤波去噪能力的指标。

同样以 2007 年 10 月和 2010 年 3 月的时变重力场数据为例，计算不同平滑半径下各滤波方法的去噪能力指标值，结果如表 6.1 所列。

由表 6.1 可知，三种方法单独进行滤除处理时（半径为 0），EMD 滤波方法结果中的噪声明显小于 P3M6 和 Duan 滤波；当平滑半径相同时，EMD 滤波方法结果中的噪声也均小于其他两种滤波，这说明 EMD 滤波具有更优的去噪能力。此外，当平滑半径超过一定值时，继续增加平滑半径对滤波去噪能力提升有限，反而会导致真实信号的损失。

表 6.1　各滤波方法的去噪能力指标值　　单位：mm

日　期	滤波方法	平滑半径/km						
		0	100	200	300	400	500	600
2007 年 10 月	P3M6	41.86	36.74	28.41	24.14	22.56	21.72	21.04
	Duan	37.20	33.15	26.81	23.68	22.37	21.52	20.80
	EMD	34.79	31.18	25.59	22.76	21.55	20.81	20.21
2010 年 3 月	P3M6	55.51	47.29	33.28	25.82	23.22	21.89	20.88
	Duan	50.37	43.29	31.56	25.56	23.23	21.81	20.68
	EMD	41.85	36.43	28.03	24.00	22.31	21.14	20.18

上述从去噪能力角度对比了三种滤波方法，但在实际应用中，滤波保留真实信号的能力尤为关键。为判断上述滤波保留真实信号的能力，引入信噪比的概念，即用滤波后陆地信号的 RMS 与海洋残余信号的 RMS 之间的比值来表示[20]。同样以 2007 年 10 月和 2010 年 3 月的时变重力场数据为例，分析不同滤波方法对时变重力场滤波后结果的信噪比，其结果如表 6.2 所列。

表 6.2 各滤波方法的信噪比值

日　期	滤波方法	平滑半径/km						
		0	100	200	300	400	500	600
2007 年 10 月	P3M6	2.10	2.27	2.68	2.90	2.90	2.83	2.75
	Duan	2.29	2.47	2.85	3.01	2.99	2.92	2.84
	EMD	2.49	2.66	3.00	3.14	3.12	3.04	2.94
2010 年 3 月	P3M6	2.06	2.25	2.74	3.08	3.07	2.96	2.84
	Duan	2.13	2.34	2.85	3.14	3.12	3.03	2.93
	EMD	2.65	2.86	3.27	3.38	3.28	3.15	3.02

分析表 6.2 可知，随着平滑半径增大，三种滤波方法的信噪比都呈现先上升后下降的趋势，主要原因是当平滑半径较小时，高频噪声得到了有效抑制，故信噪比上升；但随着平滑半径的增大，噪声已被基本滤除，同时真实信号也逐渐衰减，所以信噪比下降。进一步分析得知，当平滑半径相同时，EMD 滤波结果的信噪比总是大于其他两种去相关滤波的信噪比，说明 EMD 滤波保留真实信号的能力较强。当平滑半径为 300km 时，三种滤波方法的信噪比均取到了最大值，2007 年 10 月和 2010 年 3 月 EMD 滤波的最大信噪比分别是 3.14 和 3.38；Duan 滤波最大信噪比分别为 3.01 和 3.14；P3M6 滤波最大信噪比结果相对最小，分别为 2.90 和 3.08。

依据表 6.2 的结论，选择最优信噪比条件将平滑半径设置为 300 km，利用三种滤波方法分别对时变重力场进行处理，对比分析各滤波的反演结果。以 2007 年 10 月时变重力场数据为例，结果如图 6.14 所示。

图 6.14（a）~（c）分别为当平滑半径为 300km 时，P3M6、Duan 和 EMD 滤波的结果。由图可知，三种滤波方法均较好地滤除了南北条带噪声，可以清晰地辨识时变重力场信息。其中，EMD 滤波方法结果中残余噪声低于其他两种方法，说明其去噪能力更强，与表 6.1 结论相吻合。为评价滤波结果之间的一致性，计算三种方法滤波结果的两两差值，并统计差值的均方根，结果分别为 1.2cm（P3M6 滤波和 Duan 滤波）、1.3cm（EMD 滤波和 P3M6 滤波）和 0.92cm（EMD 滤波和 Duan 滤波），证明 EMD 滤波方法具有较高的可靠性。此外，相比于其他两种方法，EMD 滤波方法在格陵兰岛西部和南美洲中部的信号泄露误差最小，反演结果的准确度更高。

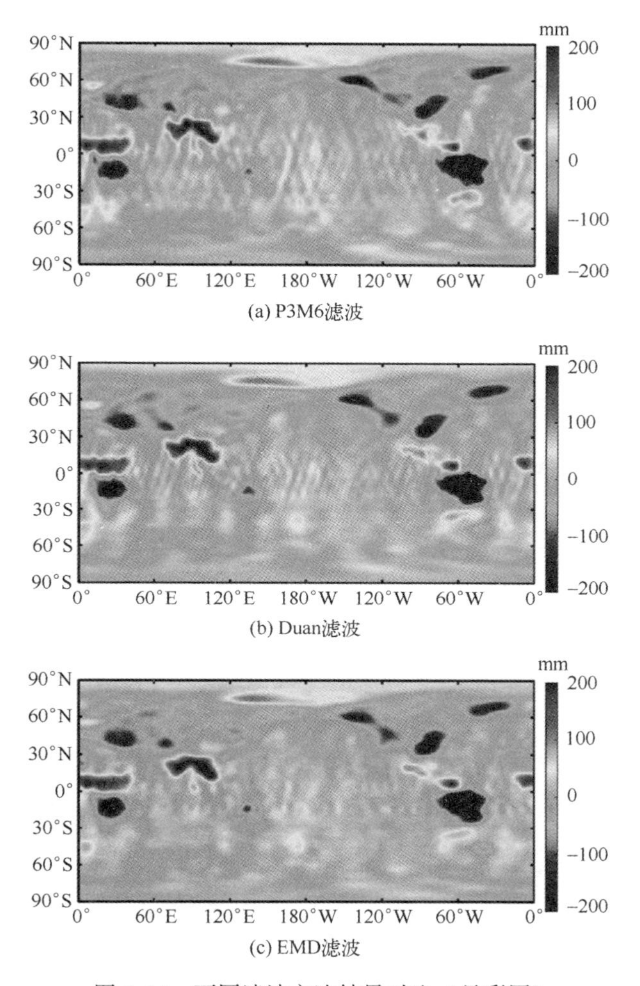

(a) P3M6滤波

(b) Duan滤波

(c) EMD滤波

图 6.14 不同滤波方法结果对比（见彩图）

6.5.2 不同滤波方法可靠性分析

为进一步验证滤波结果的可靠性，选取具体的研究区域，对比分析 EMD 滤波和 P3M6 滤波以及 Duan 滤波反演的区域陆地水储量变化情况。以亚马孙流域、刚果河流域、密西西比河流域、长江流域和黄河流域等地区为例，选取 2003 年至 2021 年为研究时段，分别计算 300km 高斯平滑半径下三种滤波反演的陆地水储量变化的时间序列，结果如图 6.15 所示。

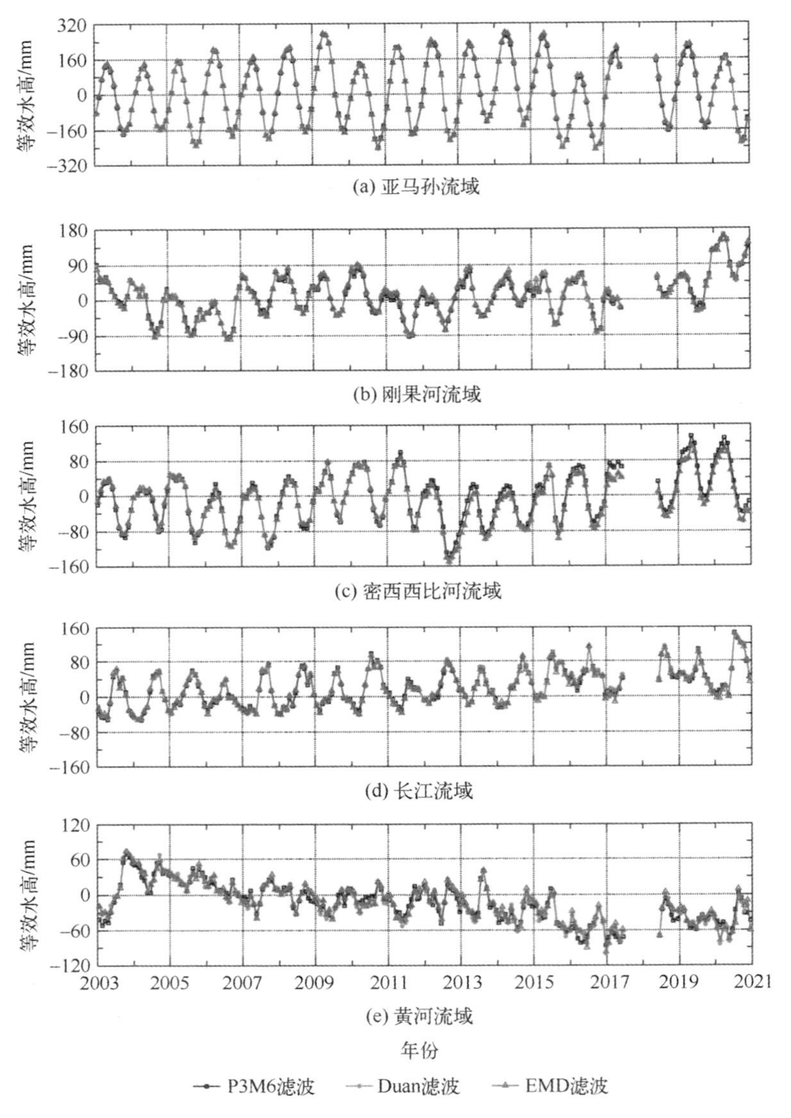

图 6.15　2003~2021 年研究区域陆地水储量变化（见彩图）

图 6.15（a）~（e）分别为三种滤波方法反演得到的亚马孙流域、刚果河流域、密西西比河流域、长江流域和黄河流域的陆地水储量变化的时间序列。由图可知，三种滤波方法得到的结果一致性很高，尤其是在亚马孙流域，反演的水储量时变曲线几乎重合。进一步对各滤波方法反演结果作差，计算差值的 RMS 值，结果如表 6.3 所列。

表6.3　各滤波方法反演结果差值的RMS　　单位：mm

滤波流域	P3M6和Duan	EMD滤波和P3M6	EMD滤波和Duan
亚马孙流域	5.30	6.06	2.49
刚果河流域	5.81	7.42	3.91
密西西比河流域	12.50	12.16	1.93
长江流域	4.55	5.78	4.59
黄河流域	8.58	8.82	5.12

由表6.3可知，在亚马孙流域和长江流域三种滤波方法结果较为接近，但在密西西比河流域，P3M6滤波结果和其他两种方法结果有一定的差别，可能是P3M6滤波的去噪能力和保留真实信号能力相对不足导致。

参考文献

[1] TAPLEY B D, BETTADPUR S, RIES J C, et al. GRACE measurements of mass variability in the Earth system [J]. Science, 2004, 305 (5683): 503-505.

[2] WAHR J, MOLENAAR M, BRYAN F. Time variability of the Earth's gravity field: hydrological and oceanic effects and their possible detection using GRACE [J]. Journal of Geophysical Research: Solid Earth, 1998, 103 (B12): 30205-30229.

[3] HAN S C, SHUM C K, JEKELI C, et al. Non-isotropic filtering of GRACE temporal gravity for geophysical signal enhancement [J]. Geophysical Journal International, 2005, 163 (1): 18-25.

[4] ZHANG Z Z, CHAO B F, LU Y, et al. An effective filtering for GRACE time-variable gravity: fan filter [J]. Geophysical Research Letters, 2009, 36 (17): L17311.

[5] SWENSON S, WAHR J. Post-processing removal of correlated errors in GRACE data [J]. Geophysical Research Letters, 2006, 33 (8): L08402.

[6] CHAMBERS D P. Evaluation of new GRACE time-variable gravity data over the ocean [J]. Geophysical Research Letters, 2006, 33 (17): L17603.

[7] CHEN J L, WILSON C R, TAPLEY B D, et al. GRACE detects coseismic and postseismic deformation from the Sumatra-Andaman earthquake [J]. Geophysical Research Letters, 2007, 34 (13): L13302.

[8] DUAN X J, GUO J Y, SHUM C K, et al. On the postprocessing removal of correlated errors in GRACE temporal gravity field solutions [J]. Journal of Geodesy, 2009, 83: 1095-1106.

[9] 詹金刚，王勇，郝晓光．GRACE 时变重力位系数误差的改进去相关算法［J］．测绘学报，2011，40（4）：442-446，453.

[10] 鞠晓蕾，沈云中，陈秋杰．GRACE 时变重力场条带误差的加权平均去相关滤波方法［J］．大地测量与地球动力学，2016，36（2）：129-132.

[11] CHEN J L, WILSON C R, SEO K W. Optimized smoothing of Gravity Recovery and Climate Experiment (GRACE) time-variable gravity observations [J]. Journal of Geophysical Research, 2006, 111 (B6): B06408.

[12] KUSCHE J. Approximate decorrelation and non-isotropic smoothing of time-variable GRACE-type gravity field models [J]. Journal of Geodesy, 2007, 81 (11): 733-749.

[13] 詹金刚，王勇，史红岭，等．应用平滑先验信息方法移除 GRACE 数据中相关误差［J］．地球物理学报，2015，58（4）：1135-1144.

[14] 汪晓龙．卫星重力时变信号的提取方法与应用研究［D］．武汉：武汉大学，2019.

[15] CHAO B F, GROSS R S. Changes in the Earth's rotation and low-degree gravitational field induced by earthquakes [J]. Geophysical Journal International, 1987, 91 (3): 569-596.

[16] FARRELL W E. Deformation of the Earth by surface loads [J]. Reviews of Geophysics, 1972, 10 (3): 761-797.

[17] SWENSON S, CHAMBERS D, WAHR J. Estimating geocenter variations from a combination of GRACE and ocean model output [J]. Journal of Geophysical Research: Solid Earth, 2008, 113 (B8): B08410.

[18] CHENG M, RIES J C, TAPLEY B D. Variations of the Earth's figure axis from satellite laser ranging and GRACE [J]. Journal of Geophysical Research: Solid Earth, 2011, 116 (B1): B01409.

[19] PAULSON A, ZHONG S, WAHR J. Inference of mantle viscosity from GRACE and relative sea level data [J]. Geophysical Journal International, 2007, 171 (2): 497-508.

[20] JEKELI C. Alternative methods to smooth the Earth's gravity field [P]. 1981: 12-01.

[21] HUANG N E, SHEN Z, LONG S R, et al. The empirical mode decomposition and the Hilbert spectrum for nonlinear and non-stationary time series analysis [J]. Proceedings of the Royal Society of London Series A: mathematical, physical and engineering sciences, 1998, 454 (1971): 903-995.

[22] 陈凤林．一种新的基于 EMD 模态相关的信号去噪方法［J］．西华大学学报（自然科学版），2009，28（6）：20-24.

第7章　卫星重力典型应用及展望

低低跟踪重力卫星的成功发射及其数据的有效利用给大地测量、地球物理、海洋等学科的发展带来了强大的动力和巨大的变化，也为大地测量（重力场、地磁场、大地水准面）、水文水利（冰川质量、陆地水储量、海平面）、地震、空间环境（非保守力、热层密度、电离层）和海洋环境（海洋大地水准面、海面地形）等应用提供了强有力的支撑。因此，本章主要总结概括了低低跟踪重力测量卫星在各个领域的科学应用。

7.1　大地测量应用

7.1.1　全球重力场测量

低低跟踪卫星重力测量主要是利用同一轨道上两颗卫星之间的相对速率变化所求得的引力位变化来确定重力位系数，从而实现全球重力场测量的目的。由于低低跟踪卫星重力测量是通过两颗低轨卫星以微米级的测距精度实现相互跟踪，同时与GNSS卫星构成空间跟踪网，因此，低低跟踪卫星重力测量相当于两颗高低跟踪卫星再加上两颗低低跟踪卫星，故观测值大大增加，其恢复的低阶重力场精度可以提高2个数量级以上，且中波长的地球重力场测定精度也相应提高1个数量级以上。此外，由于低低跟踪重力测量卫星的寿命设计一般达到5年以上，因此，还可以精确测定中低阶地球重力场随时间的变化，从而可应用于地震、水文水利、海洋环境等领域[1]。

目前，利用低低跟踪重力测量卫星数据确定地球重力场的方法主要有Kaula线性摄动法[2-3]、动力学积分法[4-9]、短弧边值法[10-13]、加速度法[14-18]、能量守恒法[19-23]和基线法[24-25]等，这些方法的基本原理公式已经在

第 5 章给出，此处不再赘述。

7.1.2　全球地磁场测量

低低跟踪重力测量卫星在其近 1m 长的伸杆上安装有磁强计，在飞行过程中可获得沿轨的地磁场三分量测量数据，从而可用于全球地磁场测量。

地磁场三分量的球谐表达式为[26-30]

$$B_x = \sum_{n=1}^{N}\left(\frac{R}{r}\right)^{n+2}\sum_{m=0}^{n}\left[g_n^m\cos(m\lambda) + h_n^m\sin(m\lambda)\right]\frac{\mathrm{d}\bar{P}_n^m(\cos\theta)}{\mathrm{d}\theta} \tag{7.1}$$

$$B_y = \sum_{n=1}^{N}\left(\frac{R}{r}\right)^{n+2}\sum_{m=0}^{n}\left[g_n^m\sin(m\lambda) - h_n^m\cos(m\lambda)\right]\frac{m\bar{P}_n^m(\cos\theta)}{\sin\theta} \tag{7.2}$$

$$B_z = -\sum_{n=1}^{N}(n+1)\left(\frac{R}{r}\right)^{n+2}\sum_{m=0}^{n}\left[g_n^m\cos(m\lambda) + h_n^m\sin(m\lambda)\right]\bar{P}_n^m(\cos\theta) \tag{7.3}$$

式中：(x,y,z) 为局部指北坐标系坐标，其中 z 方向与 r 方向相反，x 方向指向北，y 方向指向东；B_x、B_y、B_z 分别表示地磁矢量的 3 个分量，其中 B_x 表示地磁北向分量，B_y 表示地磁东向分量，B_z 表示地磁垂直分量；R 为地球平均半径；r 为地心向径；θ 为地心余纬；λ 为地心经度；n 和 m 分别为球谐系数的阶和次；N 为截断阶数；g_n^m、h_n^m 为地磁内源场的高斯球谐系数，且

$$g_n^m = \frac{A_n^m}{R^{n+2}},\quad h_n^m = \frac{B_n^m}{R^{n+2}} \tag{7.4}$$

式中：A_n^m、B_n^m 为内源场磁位的球谐系数。

$\bar{P}_n^m(\cos\theta)$ 为 Schmidt 半标准化缔合 Legendre 函数，有

$$\bar{P}_n^m(\cos\theta) = \sqrt{(2-\delta_0^m)\frac{(n-m)!}{(n+m)!}}P_n^m(\cos\theta) \tag{7.5}$$

式中：δ_0^m 为 Kroneker 符号，有

$$\delta_0^m = \begin{cases}1, & m=0\\ 0, & m>0\end{cases} \tag{7.6}$$

$P_n^m(\cos\theta)$ 为 Legendre 多项式，有

$$P_n^m(\cos\theta) = \sin^m\theta\,\frac{\mathrm{d}^m P_n(\cos\theta)}{\mathrm{d}(\cos\theta)^m} = -\frac{1}{2^n n!}\sin^m\theta\,\frac{\mathrm{d}^{n+m}\sin^{2n}\theta}{\mathrm{d}(\cos\theta)^{n+m}} \tag{7.7}$$

关于 $\bar{P}_n^m(\cos\theta)$ 的递推计算公式，参见文献［30-31］。

式（7.1）~式（7.3）可以写成矩阵相乘的形式，如下：

$$\begin{cases} \boldsymbol{B}_x = \boldsymbol{A}_x \boldsymbol{X} \\ \boldsymbol{B}_y = \boldsymbol{A}_y \boldsymbol{X} \\ \boldsymbol{B}_z = \boldsymbol{A}_z \boldsymbol{X} \end{cases} \tag{7.8}$$

式中：$\boldsymbol{B}_x$、$\boldsymbol{B}_y$、$\boldsymbol{B}_z$分别表示卫星携带的磁强计测得的地磁场三分量数据矩阵；$\boldsymbol{A}_x$、$\boldsymbol{A}_y$、$\boldsymbol{A}_z$分别表示地磁场三分量对应的系数矩阵；$\boldsymbol{X}$ 表示待求解的高斯球谐系数矩阵。

进一步将式（7.8）进行组合，可得

$$\begin{bmatrix} \boldsymbol{B}_x \\ \boldsymbol{B}_y \\ \boldsymbol{B}_z \end{bmatrix} = \begin{bmatrix} \boldsymbol{A}_x \\ \boldsymbol{A}_y \\ \boldsymbol{A}_z \end{bmatrix} \boldsymbol{X} \tag{7.9}$$

令 $\boldsymbol{L} = [\boldsymbol{B}_x\ \boldsymbol{B}_y\ \boldsymbol{B}_z]^{\mathrm{T}}$，$\boldsymbol{A} = [\boldsymbol{A}_x\ \boldsymbol{A}_y\ \boldsymbol{A}_z]^{\mathrm{T}}$，则有

$$\boldsymbol{L} = \boldsymbol{A}\boldsymbol{X} \tag{7.10}$$

通过解上述最小二乘方程，可以得到高斯球谐系数，从而获得全球地磁场模型，实现了对全球地磁场的测量。

7.1.3 大地水准面精化

大地水准面是在海洋上与静止的海水面重合并向大陆底部延伸所形成的不规则的封闭曲面[32-33]。大地水准面是大地测量基准之一，确定厘米级精度的大地水准面是国家基础测绘中的一项重要工程，也是 21 世纪大地测量领域的战略目标[34-38]。大地水准面的形状反映了地球内部的物质结构、密度和分布等信息，对于海洋学、地震学、地球物理学、地质勘探学等相关地球科学领域研究和应用具有重要作用[39-41]。随着低低跟踪重力测量卫星的发射，其提供的高精度地球重力场模型，可以为大地水准面的确定提供良好的中长波参考重力场[42-44]。

目前，在大地水准面高模型的构建上，主要采用“移去-恢复法”，这种方法利用地球重力场的“可叠加性”原理，分别处理不同波长成分的贡献，最后经过叠加来恢复大地水准面。“移去-恢复法”的应用大致有两种模式[45]：一是把大地水准面分为 3 个部分，第 1 部分为由地球重力场模型计算的模型大地水准面高及重力异常，第 2 部分为由局部地形影响计算的大地水准面高和重力异常，第 3 部分为由地面观测的重力异常分别减去第 1、2 部分的重力异常，得到残差重力异常并由此计算的残差大地水准面高，将这 3 个部分的大地水准面高叠加得到最终的大地水准面，这种模式比较适用于拥有

地面高分辨率重力观测数据的情况；二是把大地水准面分为 2 个部分，第 1 部分为由地球重力场模型计算的模型大地水准面高及重力异常，第 2 部分为由地面观测的重力异常减去第 1 部分的重力异常得到残差重力异常并由此计算的残差大地水准面高，将这 2 个部分的大地水准面高叠加得到最终的大地水准面。

确定大地水准面的理论与方法，主要有 Stokes 理论[46-50]、Molodensky 理论[51]、Bjerhammar 理论[33,52] 以及 Stokes-Helmert 理论[53]，这里仅给出利用地面重力测量数据和参考重力场模型计算大地水准面高的 Stokes-Helmert 理论公式，如下所示：

$$N = N_{\mathrm{GGM}} + \frac{R}{4\pi\gamma}\iint_{\sigma_0}(\Delta g^o - \Delta g_{\mathrm{GGM}})S^{\mathrm{ME}}(\psi)\mathrm{d}\sigma + N_{\mathrm{ind}} + \varepsilon_N \tag{7.11}$$

式中：N 为计算的大地水准面高；R 为地球平均半径；γ 为正常重力；σ_0 为 Stokes 近区积分区域；$\mathrm{d}\sigma$ 为积分面元；ε_N 为截断误差；N_{GGM}、Δg_{GGM} 分别为由超高阶参考重力场模型计算的模型大地水准面高、重力异常（超高阶参考重力场模型的中长波部分的贡献主要来自于低低跟踪重力测量卫星），其计算公式为[32,47,54-56]

$$N_{\mathrm{GGM}} = R\sum_{n=2}^{N}\sum_{m=0}^{n}(\bar{C}_{nm}^{*}\cos(m\lambda) + \bar{S}_{nm}\sin(m\lambda))\bar{P}_{nm}(\cos\theta) \tag{7.12}$$

$$\Delta g_{\mathrm{GGM}} = \frac{fM}{R^2}\sum_{n=2}^{N}(n-1)\sum_{m=0}^{n}(\bar{C}_{nm}^{*}\cos(m\lambda) + \bar{S}_{nm}\sin(m\lambda))\bar{P}_{nm}(\cos\theta) \tag{7.13}$$

式中：fM 表示万有引力常数 f 与地球总质量 M 的乘积；θ 和 λ 分别表示地心余纬和地心经度；$(\bar{C}_{nm}^{*},\bar{S}_{nm})$ 表示完全正常化地球扰动引力位系数；N 表示模型截断阶数；n 和 m 分别表示球谐系数的阶和次；$\bar{P}_{nm}(\cos\theta)$ 表示完全正常化缔合勒让德函数，有

$$\bar{P}_{nm}(\cos\theta) = \sqrt{(2-\delta_0^m)(2n+1)\frac{(n-m)!}{(n+m)!}}P_{nm}(\cos\theta) \tag{7.14}$$

式（7.11）中，$S^{\mathrm{ME}}(\psi)$ 为 Meissel 修正的 Stokes 核函数，计算公式为

$$S^{\mathrm{ME}}(\psi) = S(\psi) - S(\psi_0) \tag{7.15}$$

式中：ψ_0 为 Stokes 近区积分区域的积分半径；$S(\psi)$ 为 Stokes 核函数，其计算公式为

$$S(\psi)=\sum_{n=2}^{\infty}\frac{2n+1}{n-1}\left(\frac{R}{r_P}\right)^{n+1}P_n(\cos\psi)$$
$$=\frac{2R}{l}+\frac{R}{r_P}-\frac{3Rl}{r_P^2}-\frac{5R^2\cos\psi}{r_P^2}-\frac{3R^2}{r_P^2}\cos\psi\ln\frac{l+r_P-R\cos\psi}{2r_P} \tag{7.16}$$

式中：r_P为计算点 P 的地心向径；ψ 为计算点和流动点间的球心角距；l 为计算点和流动点之间的距离，其计算公式为

$$l=\sqrt{R^2+r_P^2-2Rr_P\cos\psi} \tag{7.17}$$

$$\cos\psi=\sin\varphi'\sin\varphi+\cos\varphi'\cos\varphi\cos(\lambda'-\lambda) \tag{7.18}$$

式中：(φ,λ)、(φ',λ')分别表示计算点和流动点的地心纬度、地心经度。

式（7.11）中，N_{ind}为地形压缩对大地水准面产生的间接影响，其平面近似计算公式为

$$N_{\mathrm{ind}}=\frac{-\pi f\rho H_P^2}{\gamma}-\frac{f\rho R^2}{6\gamma}\iint_{\sigma}\frac{H^3-H_P^3}{l_0^3}\mathrm{d}\sigma \tag{7.19}$$

式中：ρ 为平均地形密度；H、H_P分别是流动点和计算点的正高；l_0为流动点和计算点间的距离。

式（7.11）中，Δg^o为大地水准面上的重力异常，其计算公式为

$$\Delta g^o=g_{\mathrm{ob}}+\delta g_{\mathrm{fa}}+\delta g_{\mathrm{ac}}-\gamma+\Delta_{\mathrm{TC}}+\delta S \tag{7.20}$$

式中：g_{ob}为地表重力观测值；δg_{fa}为空间改正；δg_{ac}为大气改正；Δ_{TC}为局部地形改正（采用平面近似公式计算）；δS 为地形压缩对重力产生的次要间接地形影响。

因此，利用低低跟踪重力测量卫星数据，可以对超高阶地球重力场模型的中长波部分进行精化（2～120 阶），从而进一步实现精化大地水准面的目标。

7.2　水文水利应用

随着低低跟踪重力测量卫星的发射升空，其反演的高精度月时变地球重力场模型，为有效监测全球质量变化和迁移提供了可靠手段，可广泛应用于冰川质量变化、陆地水储量变化、海平面上升、海洋环流等监测[57-59]。

Wahr 给出了时变重力场模型与地球表面密度之间的关系式[60]，利用高斯滤波后，以等效水柱高表示质量变化的公式为

$$\Delta h(\theta,\lambda)=\frac{a\rho_a}{3\rho_i}\sum_{n=0}^{N_{\max}}\frac{2n+1}{n+k_n}W_n\sum_{m=0}^{n}\left(\Delta C_{nm}\cos(m\lambda)+\Delta S_{nm}\sin(m\lambda)\right)\bar{P}_{nm}(\cos\theta) \tag{7.21}$$

式中：θ、λ 分别为计算点的地心余纬和地心经度；a 为地球平均半径；ρ_a 为地球平均密度；n、m 分别为重力场模型的阶和次；$\bar{P}_{nm}$ 为完全规格化的 Legendre 函数；ΔC_{nm}、ΔS_{nm} 为月时变重力场球谐系数与平均月时变重力场模型球谐系数均值之差；ρ_i 为水或冰的密度；W_n 为高斯滤波函数（在实际应用时，由于时变重力场模型系数误差会随着阶数的增大而迅速增大，会导致计算结果中有非常明显的条带噪声，为了消除或减弱这种条带噪声，需要采用合适的滤波方法进行处理），其计算公式已在 6.2 节给出，另外，还有学者提出了扇形滤波[61]、去相关滤波[62]等诸多滤波方法，已在第 6 章进行了详细讨论。

式（7.21）可用于冰川质量变化、陆地水储量变化、海平面变化等监测。

7.2.1 冰川质量变化监测

冰川质量变化监测，不仅对研究地质历史演变以及现今全球海平面与气候变化具有重要作用，对于研究全球水循环、温盐度、大洋环流和大气动力学等地球系统问题也起着关键性作用。因此，精确评估冰川质量平衡及其相关的气候响应具有显著的科学、社会和经济效益，是大地测量学、地球物理学、空间物理学、海洋学、冰川学和气象学等相关地球科学研究的热点[63-93]。

传统的监测冰川质量变化的方法主要有质量平衡法、高程测量法、重力测量法等[94-97]。质量平衡法是通过分别量算冰川质量的输入通量（主要是降雪形成的表面净积累）和输出通量（主要是冰川或冰流排放造成的冰川质量损失）来确定冰川质量变化的方法。高程测量法是通过卫星、飞机等空间飞行器搭载雷达或激光测高仪测量冰面高程变化进而转换为冰川质量的方法。重力测量法是通过低低跟踪重力卫星获得的地球重力场时变信号来反演冰川质量变化的方法。质量平衡法的优势在于能够获得冰川质量变化的分量，但它无法大面积确定冰川的积累量和融化量，因此主要应用于小范围的质量变化研究。高程测量法的优势在于可以获得高空间分辨率的冰川质量变化，但它在研究质量变化时存在较大的坡度误差，在边缘和坡度较大的区域精度不高，且冰雪密度变化引起的体积并不一定与冰雪质量变化相关。重力测量法的优势在于不仅可以估算冰盖质量变化的趋势以及加速度，而且还可以提供一个独特的视角来研究冰川质量在年际间甚至十年间的波动，虽然其确定的质量变化精度较高，但空间分辨率较低，且会受到冰川均衡调整模型误差的影响。

总体来看，低低跟踪重力测量卫星发射以后，其研制的时变重力场模型，为冰川质量监测提供了新的技术手段和方法，可以说开辟了利用重力探测手段研究冰川质量变化的新纪元。

7.2.2　陆地水储量变化监测

地球系统的质量重新分布会导致地球重力场发生变化，并反映在一系列时间尺度上。在几年甚至几个月等更短的时间尺度上，地球重力场的变化主要来源于大气圈、水圈和浅层地下水等物质的迁移和交换过程[98-123]。研究地球这些圈层的物质迁移，特别是陆地水储量及其变化信息，对于更好地理解大中尺度的水文过程和指导水资源的管理、农业生产决策、自然灾害治理以及全球气候变化的研究等工作具有十分重要的意义[124-148]。

陆地水储量包含地表水体（冰雪、冻土、湖泊、水库、河流等）、土壤湿度和地下水等，是降水、蒸发、地表径流、下渗和地下径流等多种水文过程综合作用的结果，是全球水文循环的一个重要组成部分[149-160]。陆地水储量时空变化起因于气候变化、工业用水、生活用水和农业用水等自然和人为因素[161]。目前，陆地水储量变化监测的方法主要有地基观测法、遥感卫星观测法、水文模型法、卫星测高法、卫星重力法等[162-164]。其中，地基观测法的特点是单站覆盖范围小，仅局限在观测台站附近数公里的区域，并且受观测条件的限制（如高山、荒漠、原始森林等困难地区），观测空间分布并不均匀，缺乏必要详实的观测资料，因此对中、长空间尺度陆地水储量变化的定量估计的不确定性较大，制约了人们对陆地水储量变化的地球物理机制的认识和研究；遥感卫星观测法仅能得到地表十几厘米厚度的土壤含水量变化，制约了人们对于其他水体（地下水、地下径流等）以及更深层次圈层水循环机制的了解；以地基大气及水文观测资料为基础结合相关物理规律的水文模型法，水文信息空间分布均匀，但在观测资料稀疏的地区，不确定性较大；卫星测高法在测量内陆湖泊和河流等水系的水面高度变化上效果很好，但也只是得到表层的水变化量；卫星重力法可用于中、长空间尺度陆地水储量的变化监测，全球分布均匀，并且观测尺度统一，但是其缺点是空间分辨率不高。

上述方法在不同空间尺度的陆地水储量变化监测上各有优劣，并且可以互为补充。低低跟踪重力卫星的发射，在中、长空间尺度上弥补了传统方法的各种不足，为定量研究中、长尺度陆地水储量的变化提供了前所未有的机遇，使我们第一次有机会全面准确地了解陆地水储量的变化规律。

7.2.3 海平面变化监测

全球验潮站观测的海平面相对固体地球表面变化以及基于卫星技术观测的海平面变化结果表明，20 世纪以来全球平均海平面存在 1.5~2mm/a 的上升趋势，并且在最近几十年的上升趋势更加明显[165-168]。海平面变化是全球气候变化精密量化的基础数据和重要特征参量，全球和区域海平面变化的研究，有助于我们加深对海水热膨胀、冰川融化、海气交互作用等的理解，也为沿海地区经济发展和灾害防治等政策的制定提供依据[169-186]。

全球海平面变化主要有两个影响因素：一是由于海水的温度和盐度差异导致海水的扩张或收缩而引起的海平面变化，即比容海平面变化；二是由于海洋与大气、陆地水和冰川之间的水交换或者海水质量的重新分布等引起的海平面变化，即质量海平面变化。其中，质量海平面变化是全球海平面变化的主要贡献项[187-191]。传统的海平面变化监测只能依靠验潮站或海底压力测量来实施，由于验潮站资料仅限于近海区域，只能计算靠近海岸线海域的相对海平面变化量，而对于远海区域的海平面变化研究则束手无策；实测的海底压力数据分布极其有限，很难获得精细的总体海水质量变化。因此，上述手段监测范围太小且成本太高。随着卫星测高、卫星重力和海洋浮标技术的发展，为全球海平面变化监测提供了新的技术手段。卫星测高数据精度较高，且覆盖范围广泛，可以获得全球总体海平面的变化；卫星重力数据可反演得到时间和空间尺度上由海水质量变化引起的海平面变化；海洋浮标技术可持续获取大部分海域的温盐度数据，为比容海平面变化研究提供了丰富的资料。

低低跟踪重力测量卫星发射以后，可观测得到全球大尺度时变重力场信号，并且能够以毫米级精度测量全球平均海平面变化时间序列。因此，与卫星测高、海洋浮标等技术手段相结合，必将使得全球海平面变化监测成果上升到一个更高的精度水平。

7.3 地震应用

地震的孕育环境与地球的物质分布密切相关，地震在孕育过程中所伴随的地球物质移动对外表现为地球重力场的时空变化[192-216]。因此，通过对地球重力场的连续或定期重复测量，可获得地球重力场的动态变化，从而了解地震孕育的构造环境、分离地震孕育信息、掌握地震重力前兆信息、圈定潜在地震危险区，为地震监测提供应用服务。

地面重力测量作为地震监测的一种重要手段，通过大量地面连续重力台站及流动重力测量，定点长期获取重力观测点位对应的潮汐因子及其变化特征，提取非潮汐重力异常的差分及累计时空变化，监测地震前后的重力变化，为地震预报服务[217]。但是，多年来的实践表明，地面重力测量技术在布局上存在着空间分布受限、点位覆盖不均、观测时效不足等缺陷，难以追踪大范围的地球物质迁移与重力变化，制约了其在地震监测预报中的进一步应用。因此，寻求外部空间的重力观测技术，对地面重力测量实现有效补充，才能提高地震监测预报的能力水平。

随着低低跟踪重力测量卫星的发射，其提供的高精度高分辨率地球重力场及其时变产品，为地震监测预报提供了新的契机。与地面重力测量技术相比较，低低跟踪卫星重力测量技术可实现大范围、高精度、高动态的地球重力场探测，并能覆盖全球的强震多发区。与地面重力测量技术相结合，有助于深入研究地震孕育机理、总结地震发生规律、提高地震监测预报能力，同时，记录的地震同震及震后长期的重力场变化对反演地震震源参数也起到了帮助作用。

由时变重力场模型计算格网点的重力变化值的公式为[218-239]

$$\Delta g(\theta,\lambda)=\frac{GM}{a^2}\sum_{n=0}^{N_{\max}}(n-1)\left(\frac{a}{r}\right)^{n+2}W_n\sum_{m=0}^{n}(\Delta C_{nm}\cos(m\lambda)+\Delta S_{nm}\sin(m\lambda))\bar{P}_{nm}(\cos\theta) \tag{7.22}$$

式中：Δg 为地球上某点的重力异常变化值；GM 为地球引力常数；r 为地球上某点到地心的距离；其他变量的定义与式（7.21）中的完全相同。

对每个格网点的重力变化值通过最小二乘法进行拟合，有[240]

$$\Delta g(\theta,\lambda)=A+B\Delta t+\sum_{i=1}^{3}[C_i\cos(\omega_i\Delta t)+D_i\sin(\omega_i\Delta t)+\varepsilon] \tag{7.23}$$

式中：A 为常数项；B 为年变化率；t 为重力场模型的时间；周期项 ω_i 的振幅为 $\sqrt{C_i+D_i}$，其中 $i=1$，2 分别表示年周期项和半年周期项，$i=3$ 为与 S2 潮汐波相关的 161 天周期项；ε 表示拟合残差。

利用上述公式，可以得到计算区域的重力异常的长期变化趋势，从而评估地震前后的重力变化，监测地震对震中周围地区造成的地表变形、优化震源模型、了解地球内部在地震发生前后的密度变化，探索地震发生区域的地下结构的黏弹性性质，为地震监测预报服务。

7.4 空间环境应用

7.4.1 非保守力测量

在卫星重力测量中，轨道预报、精密定轨的动力法[241-242]以及地球重力场反演的 Kaula 线性摄动法[2]、动力学法[8]、加速度法[15]、能量守恒法[20]、短弧长积分法[11]等方法研究，均需要精确考虑各类保守力和非保守力摄动对卫星的影响[243]。

保守力主要包括地球引力、日月和行星引力、固体潮、海潮和极潮等[244]，因为其存在位函数，经过近几十年的研究及精化，保守力模型已经取得了较高的精度。非保守力主要包括大气阻力、太阳直接辐射压、地球反照辐射压等[245-247]，因为其受卫星质量、外形、材料以及大气密度等多种因素的影响，虽然存在一些经验力模型，但是仍然无法准确描述轨道高度处的非保守力变化。因此，在计算重力卫星所受到的保守力摄动时，一般使用已有的数学模型；而对于非保守力摄动，则直接利用高精度的星载加速度计来精密测定，在数据处理时利用星载加速度计观测数据替代所有的非保守力摄动加速度。

由于低低跟踪重力测量卫星是一颗超静、超稳、超精的卫星，其携带的高精度加速度计，可对沿轨飞行路线上的非保守力数据进行密集采样，测量精度可达亚纳米/平方秒量级，从而为卫星定轨以及重力场模型反演提供高精度的非保守力改正数据，提高轨道确定和重力场模型反演的精度。

7.4.2 热层密度测量

热层是位于中间层和外逸层之间的地球大气层，它可以从距离地面 85km

扩展至500~1000km的高度，是连接低层大气和外层空间的重要部分。热层密度非常稀薄，其质量总和不及地球大气总质量的0.1%，但是其密度变化显著影响了低轨卫星的定轨精度和寿命长短。另外，热层大气的部分中性成分可被太阳辐射和沉降粒子所电离，最终形成复杂的热层-电离层耦合系统，特别是起源于日冕的太阳风及其所携带的行星际磁场，通过与地磁场的相互作用，将部分能量和动量沉降于热层-电离层高度，改变了热层-电离层的动力学和热力学过程，因此，热层变化带来的电离层扰动，显著影响无线电通信和卫星导航等人类活动[248-252]。综上，研究热层大气密度的变化具有重要的科学意义和实用价值。

低低跟踪重力测量卫星在轨受到的非保守力主要包括空气动力、太阳直接辐射压、地球反照辐射压、地球长波辐射等，分离太阳直接辐射压、地球反照辐射压等其他非保守力后可以获得卫星所受到的空气动力影响，进而可以用于热层密度反演[253]。空气动力分为大气阻力与大气升力，大气阻力主要作用于沿轨方向，而大气升力则垂直于大气阻力方向。卫星所受到的空气动力为所有面板的空气动力之和，计算公式如下[254]：

$$\dot{r}_{\mathrm{a}} = \frac{\rho v_r^2}{2m} C_{\mathrm{A}} = \frac{\rho v_r^2}{2m} \sum A_{\mathrm{ref}} (C_{D,i} \boldsymbol{v}_r + C_{L,i} \boldsymbol{u}_{L,i}) \tag{7.24}$$

式中：$\dot{r}_{\mathrm{a}}$为所有面板的空气动力之和；ρ为大气密度；v_r和$\boldsymbol{v}_r$分别为卫星与大气相对速度及其单位矢量；m为卫星的质量；C_{A}为整星总的空气动力系数，其在$\boldsymbol{v}_r$方向的分量一般称为阻力系数C_D，垂直于$\boldsymbol{v}_r$方向的分量则称为升力系数C_L；A_{ref}是卫星参考面积；$\boldsymbol{u}_L$为升力方向单位矢量；$C_{D,i}$、$C_{L,i}$分别为面板i的大气阻力和升力系数。

由于大气阻力的作用，低低跟踪重力测量卫星携带的加速度计在X轴方向的分量信号强度大且校正精度较高，有利于提取大气密度，因此，利用校正后的加速度计数据，扣除太阳光压等非保守力影响后，将其投影到X轴方向，得到大气动力在X轴的分量：

$$\boldsymbol{a}_{\mathrm{obs}} = \boldsymbol{a}_{\mathrm{cal}} - \boldsymbol{a}_{\mathrm{srp}} - \boldsymbol{a}_{\mathrm{alb}} - \boldsymbol{a}_{\mathrm{ir}} \tag{7.25}$$

$$\boldsymbol{a}_{\mathrm{obs},X} = \boldsymbol{a}_{\mathrm{obs}} \boldsymbol{e}_X \tag{7.26}$$

式中：$\boldsymbol{a}_{\mathrm{obs}}$为总的大气动力；$\boldsymbol{a}_{\mathrm{obs},X}$为大气动力在$X$方向的分量；$\boldsymbol{a}_{\mathrm{cal}}$为校正后的加速度计数据（惯性系下）；$\boldsymbol{a}_{\mathrm{srp}}$为太阳直接辐射压；$\boldsymbol{a}_{\mathrm{alb}}$为地球反照辐射压；$\boldsymbol{a}_{\mathrm{ir}}$为地球红外辐射压；$\boldsymbol{e}_X$为惯性系转星固系的旋转矩阵中的$X$方向的单位向量。

根据式（7.24），可以反解热层密度，有

$$\rho_{\text{obs}}=\frac{2m}{A_{\text{ref}}v_r^2}\frac{a_{\text{obs},X}}{C_{\boldsymbol{A},X}} \tag{7.27}$$

可知，利用校正后的加速度计数据反演热层密度时，需要对空气动力外的其他非保守力进行准确建模和扣除，并精确计算卫星的空气动力系数。

7.4.3 电离层监测

电离层是距地球上空60~1000km的大气区域，在太阳辐射、宇宙射线以及各种微粒辐射的作用下，由大气电离而成，其中分布着大量的自由电子和离子，当无线电波穿过时，信号的振幅和相位会发生激烈的变化，造成信号误码和畸变，严重影响信号质量，进而影响雷达探测、无线电通信以及卫星导航等系统的精度和可靠性[255-260]。随着人类航空航天和深空探测等事业的发展，针对电离层的研究有着重要的科学意义和应用价值：充分认识电离层的基本特性，深刻理解电离层与等离子体层的耦合过程，显著提高卫星定轨、导航定位、重力场反演等精度，密切监测大型地震活动前兆，提高空间天气预报准确度，为人类空间活动提供重要支撑。

目前，利用低低跟踪重力测量卫星数据监测电离层的应用主要有两个方面：一是利用卫星携带的星间测距仪KBR观测数据确定星间平均电子密度[261]，二是利用星载GNSS数据确定顶部电离层的电子密度分布[262-264]。

1）星间平均电子密度确定

低低跟踪重力测量卫星的微波测距数据中含有电离层的影响，在消除电离层影响以获取星间真实距离的过程中，可提供电波传播路径上与积分电子密度相关的电离层修正量，从而解算得到星间积分电子密度和平均电子密度。

以星间测距仪KBR的K波段为例，具有偏差的星间伪距计算公式为

$$R_{\text{K}}=c\left(\frac{\boldsymbol{\Phi}_{\text{A,B}}^{\text{K}}+\boldsymbol{\Phi}_{\text{B,A}}^{\text{K}}}{f_{\text{A}}^{\text{K}}+f_{\text{B}}^{\text{K}}}\right) \tag{7.28}$$

式中：R_{K}为具有偏差的星间伪距；c为光速；$\boldsymbol{\Phi}_{\text{A,B}}^{\text{K}}$、$\boldsymbol{\Phi}_{\text{B,A}}^{\text{K}}$分别为两卫星的同频段的两列载波相位；$f_{\text{A}}^{\text{K}}$、$f_{\text{B}}^{\text{K}}$分别为两卫星的载波频率。

同理，可得到Ka波段测量的具有偏差的星间伪距。将K和Ka波段的星间伪距R_{K}和R_{Ka}进行标准双频线性组合，即可得到消除电离层影响后的星间距离R：

$$R=C_{\text{Ka}}R_{\text{Ka}}-C_{\text{K}}R_{\text{K}} \tag{7.29}$$

式中

$$C_{\mathrm{Ka}}=\frac{f_{\mathrm{A}}^{\mathrm{Ka}}f_{\mathrm{B}}^{\mathrm{Ka}}}{f_{\mathrm{A}}^{\mathrm{Ka}}f_{\mathrm{B}}^{\mathrm{Ka}}-f_{\mathrm{A}}^{\mathrm{K}}f_{\mathrm{B}}^{\mathrm{K}}} \tag{7.30}$$

$$C_{\mathrm{K}}=\frac{f_{\mathrm{A}}^{\mathrm{K}}f_{\mathrm{B}}^{\mathrm{K}}}{f_{\mathrm{A}}^{\mathrm{Ka}}f_{\mathrm{B}}^{\mathrm{Ka}}-f_{\mathrm{A}}^{\mathrm{K}}f_{\mathrm{B}}^{\mathrm{K}}} \tag{7.31}$$

因此，公式（7.29）在消除电离层影响的同时，还可以得到含有电子密度信息的电离层校正参数。以 Ka 波段为例，其电离层校正参数为

$$\mathrm{ION}_{\mathrm{Ka}}=R-R_{\mathrm{Ka}} \tag{7.32}$$

对于给定的信号频率，该电离层校正参数与沿星间传播路径积分的电子密度成正比。

由于低低跟踪重力测量卫星的 L1B 级数据产品提供了 Ka 波段的电离层校正参数，由此可以计算双星之间水平总电子含量（Total Electron Content，TEC）随时间的变化[265]：

$$\Delta\mathrm{TEC}=-\frac{\Delta\mathrm{ION}_{\mathrm{Ka}}f_{\mathrm{Ka}}^{2}}{40.3} \tag{7.33}$$

式中：$\Delta\mathrm{ION}_{\mathrm{Ka}}$为差分电离层校正参数，有

$$\Delta\mathrm{ION}_{\mathrm{Ka}}=\mathrm{ION}_{\mathrm{Ka}_t}-\mathrm{ION}_{\mathrm{Ka}_{t-1}} \tag{7.34}$$

式中：f_{Ka}为 Ka 波段频率。

若将该星间水平 TEC 变化记为

$$\Delta\mathrm{TEC}_{t-i}=\mathrm{TEC}_{t-i+1}-\mathrm{TEC}_{t-i} \tag{7.35}$$

即可得到任意时刻 t 的星间 TEC，亦即星间积分电子密度，有

$$\begin{aligned}\mathrm{TEC}_t&=(\mathrm{TEC}_t-\mathrm{TEC}_{t-1})+(\mathrm{TEC}_{t-1}-\mathrm{TEC}_{t-2})+\cdots+(\mathrm{TEC}_{t-n+1}-\mathrm{TEC}_{t-n})+\mathrm{TEC}_{t-n}\\&=\left\{\sum_{i=1}^{n}(\mathrm{TEC}_{t-i+1}-\mathrm{TEC}_{t-i})\right\}+\mathrm{TEC}_{t-n}=\left\{\sum_{i=1}^{n}\Delta\mathrm{TEC}_{t-i}\right\}+\mathrm{TEC}_{t-n}\end{aligned} \tag{7.36}$$

因此，可以得到时刻 t 的星间平均电子密度

$$N_{e_t}=\frac{\mathrm{TEC}_t}{R_t} \tag{7.37}$$

式中：R_t表示 t 时刻的星间距离，可由式（7.29）计算。

2）顶部电离层电子密度确定

基于电离层层析（Computerized Tomography，CT）技术，采用低低跟踪重力测量卫星星载 GNSS 测量数据解算的 TEC，借助差分相对 TEC 层析算法，

可得到全球范围内顶部电离层和等离子体层（450~5000km）的电子密度分布信息。

在顶部电离层-等离子体层 CT 反演中，线积分是沿 GNSS 卫星发射机至重力卫星接收机路径的 TEC，而待测量为探测区域内的电子密度分布，观测方程为

$$N_{T_i} = \int_{S_i} Ne(\boldsymbol{r})\,\mathrm{d}s \tag{7.38}$$

式中：S_i表示 GNSS 卫星至重力卫星的第 i 条信号传播路径；N_{T_i}表示沿 S_i路径的 TEC；$Ne(\boldsymbol{r})$表示沿 S_i路径的电子密度分布，$\boldsymbol{r}$ 是位置矢量。

为了计算方便，通常需要对式（7.38）进行离散化处理[266]，如下所示

$$y_i = \sum_{j=1}^{N} D_{ij}x_j + \varepsilon, \quad i = 1,\cdots,M \tag{7.39}$$

式中：y_i表示沿第 i 条路径的 TEC；D_{ij}表示第 i 条路径穿过第 j 个格网中的格网截距；x_j表示第 j 个格网的平均电子密度；ε 表示误差项；M 表示总路径数；N 表示总格网数。

误差项 ε 包含系统误差和随机误差，其中随机误差包括级数展开引起的近似误差以及 TEC 测量中的随机误差；系统误差主要是载波相位测量中的相位偏差以及伪距测量中的卫星和接收机硬件时延偏差。为了尽量减弱上述误差影响，可采用差分相对 TEC 层析算法[267]，以第一条路径的 TEC 作为参考值，然后其他所有路径均减去该参考值，可得一组残差序列，有

$$\Delta y_{i1} = y_i - y_1 = \sum_{j=1}^{N} (D_{ij} - D_{1j})x_j \tag{7.40}$$

可以看出，系统误差和随机误差在差分过程中已经被消除。式（7.40）可以写成矩阵形式，有

$$\boldsymbol{Y}=\boldsymbol{DX} \tag{7.41}$$

式中：$\boldsymbol{Y}$ 表示沿 M 条路径的差分相对 TEC；$\boldsymbol{D}$ 表示 $M\times N$ 维系数矩阵；$\boldsymbol{X}$ 表示待测的各格网内的平均电子密度。

对于式（7.41）的求解，一般采用代数重建算法（Algebraic Reconstruction Technique，ART），通常需要选取一个合适的初值模型[268]，如下所示：

$$n_{\mathrm{c}}(h,\theta)=n_0(h,\theta)\frac{n_m(h_m,\theta)}{n_0(h_m,\theta)} \tag{7.42}$$

式中：$n_c(h,\theta)$表示修正后的初始电子密度分布；$n_0(h,\theta)$表示 NeQuick 模型得到的电子密度分布；$n_m(h_m,\theta)$表示重力卫星轨道高度上的星间平均电子密度（由式（7.37）计算）；h、θ分别表示计算点的高度和地心余纬；h_m表示重力卫星的轨道高度。

7.5　海洋环境应用

7.5.1　海洋大地水准面测量

海洋大地水准面是海洋大地测量和地球物理等科学研究的重要参考基准，是构建海面地形以及反演大尺度海底地形的基础。高精度海洋大地水准面的确定，可以很好地解释全球海平面变化、海洋环流、海洋内波、海洋热量输送模式以及厄尔尼诺、拉尼娜等极端天气现象[269]。海洋大地水准面作为地球重力场的一种重要表现形式，蕴含着丰富的构造动力学信息[270]。由低低跟踪重力测量卫星数据构建的中长波海洋大地水准面，通常认为是由下地幔或核幔边界的密度变化所造成的，可用于反演大尺度海底地形模型。

采用低低跟踪重力测量卫星数据计算海洋大地水准面的方法与全球大地水准面的精化方法相同，已在 7.1.3 节进行了详细介绍，这里不再赘述。

7.5.2　海面地形测量

海洋大地水准面与长期观测得到的平均海平面是有差异的，海流、海水密度变化和海底地形是造成两者差异的主要原因[271]。海面地形定义为平均海面高与海洋大地水准面高之差，其中平均海面高可由卫星测高数据确定，海洋大地水准面是地球重力场的等位面，可由卫星重力数据确定。随着低低跟踪重力测量卫星技术的发展，其提供的厘米级精度的海洋大地水准面，使得从平均海面高中分离海面地形实现重大突破。海面地形的精确确定，对于研究地球形状、确定全球统一的高程基准、精化地球重力场模型、确定海洋环流以及监测海洋环境、认识海洋物质迁移和能量传输都具有重要的意义和作用[272-279]。

海面地形的计算公式如下：

$$\zeta(\theta,\lambda)=H(\theta,\lambda)-N(\theta,\lambda) \tag{7.43}$$

式中：$\zeta(\theta,\lambda)$表示海面地形；$H(\theta,\lambda)$表示平均海面高；$N(\theta,\lambda)$表示海洋大

地水准面高；θ、λ 分别为格网点的地心余纬和地心经度。

根据式（7.43），将同一格网点的海面高和大地水准面高做差，即可得到海面地形。直接计算的海面地形不可避免地会混入噪声，可通过一定范围内的数字滤波技术进行抑制或消除。

7.6 卫星重力测量技术发展挑战与展望

7.6.1 面临挑战

卫星重力是前沿技术，重力卫星代表前沿卫星技术，是目前为止对地观测卫星中的技术难度最大、最精密、具有跨界性的卫星，是卫星技术中一个有代表性的里程碑。卫星重力技术复杂性、实用性、多元性对于发展提出了很大挑战，主要包括如下几点：

1）复杂性带来工程风险

卫星重力技术测量精细程度进入到微纳量级，对于卫星平台技术提出了难以企及的要求，包括环境温度、环境磁场、结构形变、姿态控制等方面，跨越卫星平台能力水平几个数量级，带来了史无前例的挑战。由德国第一颗重力卫星命名为“挑战性小卫星计划”的事实可见一斑。对于继续满足重力测量空间分辨率和精度持续提升的科学要求，重力卫星技术将面临更高难度，必将面临更大技术风险挑战。

2）稀缺性限制应用能力

重力卫星被形象地称为“地球 CT 仪器”，在探测地下水变化、海洋质量变化等方面发挥了重要作用。水资源探测、海洋科学、地球物理、地震等科学要求更高时间分辨率和空间分辨率的全球重力场测量信息，以解释其变化机制和揭示其孕育发展规律，对于全球重力场测量提出更高的要求。目前，卫星重力测量技术尽管已经发展到微纳级测量水平，但是由于数据量有限、卫星测量模式单一等，造成数据资源稀缺，引起了条带误差、时空分辨率不够、信号混频等问题，难以满足不断提升的科学需求，限制了应用能力提升。技术创新面临发展挑战。

3）多元性颠覆传统假设

卫星重力测量系统获取信息呈现多元性，包括地球重力场、大气密度、海洋质量、冰川消融、地心漂移等信息，数据蕴含了丰富地球多圈层质量分布及其变化信息，潜藏了地球系统复杂作用机制密码，为透视地球系统提供了“质量”视角。传统的地球重力场反演理论假设了地球重力场以外信息已知且精确，从微纳级测量信息中萃取重力场信息，理论本身成立前提条件存在瑕疵。卫星重力测量技术发展对于反演理论提出了很高的要求，需要持续创新突破。

7.6.2　前景展望

纵观卫星重力技术发展轨迹，衡量其应用需求，总结其发展趋势如下：

1）由静态测量发展为动态测量，提高实效性

地球重力场整体上呈现稳定特性，但是由于地球内部物质运动、形状改变、水储量变化、冰川融化、冰后反弹等地球物理效应引起物质迁移，地球重力场也呈现出变化特性。静态重力场测量可满足部分科学研究和工程应用需求，而动态重力场测量可以预见会进一步满足人类认知地球、探索环境变化的需求。因此由静态重力场测量逐步发展为时变重力场测量是必然趋势。

2）测量模式由单一发展为混合，改善稀缺性

高低跟踪测量模式、低低跟踪测量模式、重力梯度模式持续得到发展，极大丰富了地球重力场资料，融合处理提供更精确地球重力场模型。经研究各种测量模式均具有自身优点，但同时存在不足，各种测模式间有测量频段互补可能，这就为混合模式发展提供了发展需求。为实现全面的地球重力场认知，透视地球，需要创新卫星重力测量模式，提出混合测量模式，包括星座混合、单卫星混合等，大幅度提升测量能力。

3）宏观测量演化为微观测量，拓展精密性

卫星重力测量技术中无论将卫星平台作为引力敏感体，还是将加速度计检验质量视为敏感体，均停留在宏观质量体为测量目标阶段，进一步提高测量精度遇到技术瓶颈。随着冷原子测量技术发展，将微观粒子作为敏感体实施测量具有技术可行性，相对宏观测量控制更精准、测量更精确，必将发展为技术主流。

卫星重力测量技术从“质量”视角遥感地球空间和透视地球内部质量变化，成为地球系统感知的一种重要手段，不断满足地球科学研究和工程应用的需求，也必将催生新的应用领域。技术进步之轮和需求增长之轮双驱动，卫星重力测量体系必将逐步发展成多模式、多星座、多要素测量体系，意味

着更高时间分辨率、空间分辨率和精度，有望形成重力异常精度 1mGal、大地水准面高 1cm、时间分辨率 1 天、空间分辨率 1°的测量能力。可以预见重力卫星星座将作为地球系统的瞬时质量感知关键手段得以发展，必将为地球系统科学研究和地球系统数字孪生提供极为重要的支撑，不断满足地球环境透视的需求，拓展人类认识环境和预报环境演化能力，服务防灾减灾，引导可持续发展。

参考文献

[1] 许厚泽．卫星重力研究：21 世纪大地测量研究的新热点 [J]．测绘科学，2001，26(3)：1-3.

[2] KAULA W M. Theory of satellite geodesy [M]. Waltham：Blaisdell Publising Company，1966.

[3] VISSER P N A M. Low-low satellite-to-satellite tracking：a comparison between analytical linear orbit perturbation theory and numerical integration [J]. Journal of Geodesy，2005，79(1/3)：160-166.

[4] REIGBER C. Gravity field recovery from satellite tracking data [M]//Theory of satellite geodesy and gravity field determination. Berlin，Heidelberg：Springer Berlin Heidelberg，2005. 197-234.

[5] 肖云．基于卫星跟踪卫星数据恢复地球重力场的研究 [D]．郑州：信息工程大学，2006.

[6] 肖云，夏哲仁，王兴涛．用 GRACE 星间速度恢复地球重力场 [J]．测绘学报，2007，36 (1)：19-25.

[7] ZHOU H，LUO Z C，ZHONG B. WHU-Grace01s：a new temporal gravity field model recovered from GRACE KBRR data alone [J]. Geodesy and Geodynamics，2015，6 (5)：316-323.

[8] 罗志才，周浩，李琼，等．基于 GRACE KBRR 数据的动力积分法反演时变重力场模型 [J]．地球物理学报，2016，59 (6)：1994-2005.

[9] 陈秋杰，沈云中，张兴福，等．基于 GRACE 卫星数据的高精度全球静态重力场模型 [J]．测绘学报，2016，45 (4)：396-403.

[10] 游为，范东明，黄强．卫星重力反演的短弧长积分法研究 [J]．地球物理学报，2011，54 (11)：2745-2752.

[11] SHEN Y Z，CHEN Q J，XU H Z. Monthly gravity field solution from GRACE range meas-

urements using modified short arc approach [J]. Geodesy and Geodynamics, 2015, 6 (4): 261-266.

[12] 陈秋杰. 基于改进短弧积分法的 GRACE 重力反演理论、方法及应用 [D]. 上海: 同济大学, 2016.

[13] CHEN Q, SHEN Y, CHEN W, et al. An optimized short-arc approach: methodology and application to develop refined time series of Tongji-Grace2018 GRACE monthly solutions [J]. Journal of Geophysical Research: Solid Earth, 2019, 124 (6): 6010-6038.

[14] 沈云中, 许厚泽, 吴斌. 星间加速度解算模式的模拟与分析 [J]. 地球物理学报, 2005, 48 (4): 807-811.

[15] 周旭华, 许厚泽, 吴斌, 等. 用 GRACE 卫星跟踪数据反演地球重力场 [J]. 地球物理学报, 2006, 49 (3): 718-723.

[16] DITMAR P, KLEES R, LIU X. Frequencey-dependent data weighting in global gravity field modeling from satellite data contaminated by non-stationary noise [J]. Journal of Geodesy, 2007, 81 (1): 81-96.

[17] DITMAR P, LIU X. Dependent of the Earth's gravity model derived from satellite acceleration on a priori information [J]. Journal of Geodynamic, 2007, 43 (2): 189-199.

[18] 钟波, 汪海洪, 罗志才, 等. ARMA 滤波在加速度法反演地球重力场中的应用 [J]. 武汉大学学报 (信息科学版), 2011, 36 (12): 1495-1499.

[19] HAN S C. Static and temporal gravity field recovery using GRACE potential difference observables [J]. Advances in Geosciences, 2003, 1 (1): 19-26.

[20] 邹贤才, 李建成, 徐新禹, 等. 利用能量法由沿轨扰动位数据恢复位系数精度分析 [J]. 武汉大学学报 (信息科学版), 2006, 31 (11): 1011-1014.

[21] 王正涛, 李建成, 姜卫平, 等. 基于 GRACE 卫星重力数据确定地球重力场模型 WHU GM05 [J]. 地球物理学报, 2008, 51 (5): 1364-1371.

[22] 王正涛. 卫星跟踪卫星测量确定地球重力场的理论与方法 [D]. 武汉: 武汉大学, 2005.

[23] 游为, 范东明, 郭江. 基于能量守恒方法恢复地球重力场模型 [J]. 大地测量与地球动力学, 2010, 30 (1): 51-55.

[24] 肖云, 夏哲仁, 王兴涛, 等. 一种改进的卫星重力测量数据处理方法-基线法 [C]//《测绘通报》测绘科学前沿技术论坛论文集, 南京, 2008.

[25] 肖云, 夏哲仁, 孙中苗, 等. 基线法在卫星重力数据处理中的应用 [J]. 武汉大学学报 (信息科学版), 2011, 36 (3): 280-284.

[26] 徐文耀. 地磁学 [M]. 北京: 地震出版社, 2003.

[27] 管志宁. 地磁场与磁力勘探 [M]. 北京: 地质出版社, 2005.

[28] 常宜峰. 卫星磁测数据处理与地磁场模型反演理论与方法研究 [D]. 郑州: 信息工

程大学，2015.

[29] DU J S, CHEN C, LESUR V, et al. Non-singular spherical harmonic expressions of geomagnetic vector and gradient tensor fields in the local north-oriented reference frame [J]. Geosci. Model Development Discussions 2014, 7 (6): 8477-8503.

[30] LIU X G, XU T H, SUN B J, et al. Non-singular calculation of geomagnetic vectors and geomagnetic gradient tensors [J]. J. Geophys. Res.: Solid Earth, 2021, 126 (12): 1-26.

[31] LIU X G, SUN Z M, ZHAI Z H, et al. Non-singular spherical harmonic expressions of geomagnetic gradient tensors [C]//IUGG 2019, Montréal, 2019.

[32] 陆仲连. 地球重力场理论与方法 [M]. 北京：解放军出版社，1996.

[33] 李建成，陈俊勇，宁津生，等. 地球重力场逼近理论与中国2000似大地水准面的确定 [M]. 武汉：武汉大学出版社，2003.

[34] LI J C, CHAO D B, SHEN W B, et al. Progress in geoid determination research areas in China [C]//2007-2010 China National Report on Geodesy for the XXV General Assembly of lUGG, Melbourne, Australia, June 27- July 8, 2011.

[35] LI J C, NING J S, JIANG W P, et al. Progress in developing local geoid with high resolution and high accuracy in China [C]//2003-2006 China National Report on Geodesy for the XXIV General Assembly of lUGG, Perugia, Italy, July 2-13, 2007.

[36] 晁定波. 论高精度卫星重力场模型和厘米级区域大地水准面的确定及水文学时变重力效应 [J]. 测绘科学，2011，31 (6)：16-19.

[37] 李建成，褚永海，徐新禹. 区域与全球高程基准差异的确定 [J]. 测绘学报，2017，46 (10)：1262-1273.

[38] 李建成. 最新中国陆地数字高程基准模型：重力似大地水准面CNGG2011 [J]. 测绘学报，2012，41 (5)：651-660.

[39] 韩建成. 基于地球重力场模型和地表浅层重力位确定大地水准面 [D]. 武汉：武汉大学，2012.

[40] 赫林，李建成，褚永海. 联合GRACE/GOCE重力场模型和GNSS/水准数据确定我国85高程基准重力位 [J]. 测绘学报，2017，46 (7)：815-823.

[41] 赫林，褚永海，徐新禹，等. GRACE/GOCE扩展重力场模型确定我国1985高程基准重力位的精度分析 [J]. 地球物理学报，2019，62 (6)：2016-2026.

[42] 李飞. 利用GRACE数据研究大地水准面和重力异常 [D]. 西安：长安大学，2008.

[43] BENAHMED DAHOA S A, MENDASA A, FAIRHEAD J D, et al. Impact of the new GRACE geopotential model and SRTM data on the geoid modelling in Algeria [J]. Journal of Geodynamics, 2009, 47 (2/3): 63-71.

[44] CATALÃOA J, SEVILLA M J. Mapping the geoid for Iberia and the Macaronesian Islands

using multi-sensor gravity data and the GRACE geopotential model [J]. Journal of Geodynamics, 2009, 48 (1): 6-15.

[45] 陈俊勇，李建成，宁津生，等．中国新一代高精度、高分辨率大地水准面的研究和实施 [J]. 武汉大学学报（信息科学版），2001（4）：283-289.

[46] STOKES G G. On the variation of gravity on the surface of the Earth [J]. Trans. Cambridge Phil. Soc., 1849, 8: 672-695.

[47] HEISKANEN W A, MORITZ H. Physical Geodesy [M]. San Francisco: Freeman, 1967.

[48] HUANG J, VÉRONNEAU M, PAGIATAKIS S D. On the ellipsoidal correction to the spherical Stokes solution of the gravimetric geoid [J]. J Geod, 2003, 77 (3/4): 171-181.

[49] KIAMEHR R. Precise gravimetric geoid model for Iran based on GRACE and SRTM data and the LS modeification of Stokes' formula with some geodynamic interpretations [D]. Stockholm: Royal Institute of Technology, 2006.

[50] HOFMANN-WELLENHOF B, MORITZ H. Physical geodesy [M]. 2nd ed. Vienna and New York: Springer, 2006.

[51] MOLODENSKY M S, EREMEEV V F, YURKINA M I. Methods for study of the external gravitation field and figure of the Earth (transl. from Russian 1960) [R]. Israel Program for Scientific Translations, Jerusalem, 1962.

[52] BJERHAMMAR A. A new theory of geodetic gravity [D]. Stockholm: Royal Institute of Technology, 1964.

[53] VANÍČEK P, HUANG J, NOVÁK P, et al. Determination of the boundary values for the Stokes-Helmert problem [J]. Journal of Geodesy, 1999, 73 (4): 180-192.

[54] 刘晓刚，庞振兴，吴娟．联合不同类型重力测量数据确定地球重力场模型的迭代法 [J]. 地球物理学进展，2012，27（6）：2342-2347.

[55] 刘晓刚．GOCE 卫星测量恢复地球重力场模型的理论与方法 [D]. 郑州：信息工程大学，2011.

[56] 刘晓刚，肖云，李迎春，等．扰动重力场元无 θ 奇异性计算公式的推导 [J]. 测绘科学与工程，2013，33（5）：5-14.

[57] 宁津生．卫星重力探测技术与地球重力场研究 [J]. 大地测量与地球动力学，2002，22（1）：1-5.

[58] 许厚泽，常金龙，钟敏．联合卫星重力和卫星测高研究全球海平面的变化趋势 [C]//中国地球物理学会第 23 届年会，青岛，2007.

[59] 叶叔华，苏晓莉，平劲松，等．基于 GRACE 卫星测量得到的中国及其周边地区陆地水量变化 [J]. 吉林大学学报（地球科学版），2011，41（5）：1580-1586.

[60] WAHR J, MOLENAAR M. Time variability of the Earth's gravity field: hydrological and oceanic effects and their possible detection using GRACE [J]. Journal of Geophysical Re-

search, 1998, 103 (12): 30209-30225.

[61] ZHANG Z Z, CHAO B F, LU Y, et al. An effective filtering for GRACE time-variable gravity: Fan filter [J]. Geophys. Res. Lett., 2009, 36 (17): L17311.

[62] SWENSON S, WAHR J. Post-prossing removal of correlated errors in GRACE data [J]. Geophys. Res. Lett., 2006, 33 (8): L08402.

[63] LUBES M, LEMOINE J M, REMY F. Antarctica seasonal mass variations detected by GRACE [J]. Earth and Planetary Science Letters, 2007, 260 (1): 127-136.

[64] VAN DER WAL W, WU P, SIDERIS M G, et al. Use of GRACE determined secular gravity rates for glacial isostatic adjustment studies in North-America [J]. Journal of Geodynamics, 2008, 46 (3/5): 144-154.

[65] BARLETTA V R, SABADINI R, BORDONI A. Isolating the PGR signal in the GRACE data: impact on mass balance estimates in Antarctica and Greenland [J]. Geophys. J. Int., 2008, 172 (1): 18-30.

[66] SLOBBE D C, DITMAR P, LINDENBERGH R C. Estimating the rates of mass change, ice volume change and snow volume change in Greenland from ICESat and GRACE data [J]. Geophys. J. Int., 2009, 176 (1), 95-106.

[67] DON P C. Calculating trends from GRACE in the presence of large changes in continental ice storage and ocean mass [J]. Geophys. J. Int., 2009, 176 (2): 415-419.

[68] MARTIN H, REINHARD D. Signal and error in mass change inferences from GRACE: the case of Antarctica [J]. Geophys. J. Int., 2009, 177 (3): 849-864.

[69] 翟宁，王泽民，鄂栋臣．基于 GRACE 反演南极物质平衡的研究 [J]. 极地研究，2009，21 (1): 43-47.

[70] 杨元德，鄂栋臣，晁定波．卫星重力用于南极冰盖物质消融评估 [J]. 极地研究，2009，21 (2): 109-115.

[71] 杨元德，鄂栋臣，晁定波．用 GRACE 数据反演格陵兰冰盖冰雪质量变化 [J]. 武汉大学学报（信息科学版），2009，34 (8): 961-964.

[72] 朱广彬，李建成，文汉江，等．利用 GRACE 时变位模型研究南极冰盖质量变化 [J]. 武汉大学学报（信息科学版），2010，34 (10): 1185-1189.

[73] 汪汉胜，贾路路，WU P，等．冰川均衡调整对东亚重力和海平面变化的影响 [J]. 地球物理学报，2010，53 (11): 2590-2602.

[74] 李军海，刘焕玲，文汉江．基于 GRACE 时变重力场反演南极冰盖质量变化 [J]. 大地测量与地球动力学，2011，31 (3): 42-46.

[75] 李军海．利用 GRACE 时变重力场模型反演南极冰盖质量变化的方法研究 [D]. 阜新：辽宁工程技术大学，2010.

[76] 贾路路，汪汉胜，相龙伟，等．冰川均衡调整对南极冰质量平衡监测的影响及其不

确定性［J］. 地球物理学报，2011，54（6）：1466-1477.
［77］罗志才，李琼，张坤，等. 利用 GRACE 时变重力场反演南极冰盖的质量变化趋势［J］. 中国科学：地球科学，2012，42（10）：1590-1596.
［78］赵少荣，刘庆元，朱建军. 联合 GNSS 和 GRACE 卫星数据反演北美洲的冰川均衡调整模式［J］. 大地测量与地球动力学，2013，33（3）：34-40.
［79］丁明虎. 南极冰盖物质平衡最新研究进展［J］. 地球物理学进展，2013，28（1）：24-35.
［80］鞠晓蕾，沈云中，陈秋杰. GRACE 时变重力场条带误差的加权平均去相关滤波方法［J］. 大地测量与地球动力学，2016，36（2）：129-132.
［81］鞠晓蕾，沈云中，陈秋杰. 基于 Tongji-GRACE01 模型的南极质量变化分析［J］. 大地测量与地球动力学，2015，35（1）：53-57.
［82］鞠晓蕾，沈云中，张子占. 基于 GRACE 卫星 RL05 数据的南极冰盖质量变化分析［J］. 地球物理学报，2013，56（9）：2918-2927.
［83］JU X L, SHEN Y Z, ZHANG Z Z. GRACE RL05-based ice mass changes in the typical regions of Antarctica from 2004 to 2012［J］. Geodesy and Geodynamics, 2014, 5（4）: 57-67.
［84］朱传东，陆洋，史红岭，等. 高亚洲冰川质量变化趋势的卫星重力探测［J］. 地球物理学报，2015，58（3）：793-801.
［85］朱传东，陆洋，史红岭，等. 基于 GRACE 数据的格陵兰冰盖质量变化研究［J］. 海洋测绘，2013，33（4）：27-30.
［86］卢飞，游为，范东明. 基于 GRACE 的格陵兰冰盖质量变化分析［J］. 大地测量与地球动力学，2015，35（4）：640-644.
［87］史红岭，陆洋，高春春，等. 基于 GRACE 数据估计近年喜马拉雅冰川质量变化［J］. 大地测量与地球动力学，2015，35（4）：636-639.
［88］LORANT F，ANNAMARIZ K，苏子校，等. 利用 GRACE 重力卫星求解南极洲冰川质量变化的精度研究［J］. 测绘地理信息，2015，22（4）：239-246.
［89］高春春，陆洋，史红岭，等. 联合 GRACE 和 ICESat 数据分离南极冰川均衡调整（GIA）信号［J］. 地球物理学报，2016，59（11）：4007-4021.
［90］王星星，李斐，郝卫峰，等. GRACE RL05 反演南极冰盖质量变化方法比较［J］. 武汉大学学报（信息科学版），2016，41（11）：1450-1457.
［91］邹芳，金双根. GRACE 估计南极冰川质量变化的泄露影响及其改正［J］. 大地测量与地球动力学，2016，36（7）：639-644.
［92］冯鱼. 北极地区 GNSS 跟踪站垂直形变与冰雪质量变化研究［D］. 武汉：武汉大学，2018.
［93］冯贵平，王其茂，宋清涛. 基于 GRACE 卫星重力数据估计格陵兰岛冰盖质量变化［J］. 海洋学报，2018，40（11）：73-84.

[94] 鄂栋臣，杨元德，晁定波．基于 GRACE 资料研究南极冰盖消减对海平面的影响 [J]．地球物理学报，2009，52 (9)：2222-2228.

[95] 高春春，陆洋，史红岭，等．基于 GRACE RL06 数据监测和分析南极冰盖 27 个流域质量变化 [J]．地球物理学报，2019，62 (3)：864-882.

[96] 高春春，陆洋，张子占，等．GRACE 重力卫星探测南极冰盖质量平衡及其不确定性 [J]．地球物理学报，2015，58 (3)：780-792.

[97] 王泽民，何杰，杨元德．利用 GRACE 数据反演南极地区冰盖质量变化 [J]．测绘地理信息，2017，42 (1)：1-5.

[98] 黄城，胡小工．GRACE 重力计划在揭示地球系统质量重新分布中的应用 [J]．天文学进展，2004，22 (1)：35-44.

[99] 赵娟，韩延本．地球重力场时变性的研究进展 [J]．地球物理学进展，2005，20 (4)：980-985.

[100] 周旭华，吴斌，彭碧波，等．全球水储量变化的 GRACE 卫星检测 [J]．地球物理学报，2006，49 (6)：1644-1650.

[101] 胡小工，陈剑利，周永宏，等．利用 GRACE 空间重力测量监测长江流域水储量的季节性变化 [J]．中国科学 (D 辑)：地球科学，2006，36 (3)：225-232.

[102] KLEES R, ZAPREEVA E A, WINSEMIUS H C, et al. The bias in GRACE estimates of continental water storage variations [J]. Hydrol. Earth Syst. Sci., 2007, 11 (4): 1227-1241.

[103] 邢乐林，李辉，刘冬至，等．利用 GRACE 时变重力场监测中国及其周边地区的水储量月变化 [J]．大地测量与地球动力学，2007，27 (4)：35-38.

[104] 朱广彬，李建成，文汉江，等．利用 GRACE 时变重力位模型研究全球陆地水储量变化 [J]．大地测量与地球动力学，2008，28 (5)：39-44.

[105] RAMILLIEN G, FAMIGLIETTI J S, WAHR J. Detection of continental hydrology and glaciology signals from GRACE: a review [J]. Surv Geophys, 2008, 29 (4): 361-374.

[106] SCHMIDT R, FLECHTNER F, MEYER U, et al. Hydrological signals observed by the GRACE satellites [J]. Surveys in Geophysics, 2008, 29 (4): 319-334.

[107] ANDREAS G. Improvement of global hydrological models using GRACE data [J]. Surveys in Geophysics, 2008, 29 (4): 375-397.

[108] HOLGER S, SVETOZAR P, JÜRGEN M, et al. Significance of secular trends of mass variations determined from GRACE solutions [J]. Journal of Geodynamics, 2009, 48 (3-5): 157-165.

[109] JANSEN M J F, GUNTER B C, KUSCHE J. The impact of GRACE, GNSS and OBP data on estimates of global mass redistribution [J]. Geophys. J. Int., 2009, 177 (1): 1-13.

[110] 苏晓莉，平劲松，黄倩，等．重力卫星检测到的全球陆地水储量变化 [J]．中国科

学院上海天文台年刊，2009，30：14-21.
[111] WILLIAM L, MÉLANIE B, ANNY C, et al. Global land water storage change from GRACE over 2002-2009: inference on sea level [J]. C. R. Geoscience, 2010, 342 (3): 179-188.
[112] MÉLANIE B, WILLIAM L, ANNY C, et al. Recent hydrological behavior of the East African great lakes region inferred from GRACE, satellite altimetry and rainfall observations [J]. C. R. Geoscience, 2010, 342 (3): 223-233.
[113] 刘任莉，李建成，褚永海. 利用 GRACE 地球重力场模型研究中国西南区域水储量变化 [J]. 大地测量与地球动力学，2012，32 (2)：39-43.
[114] 卢飞，游为，范东明，等. 由 GRACE RL05 数据反演近 10 年中国大陆水储量及海水质量变化 [J]. 测绘学报，2015，44 (2)：160-167.
[115] 卢飞. 基于 GRACE RL05 数据的近十年全球质量变化分析 [D]. 成都：西南交通大学，2015.
[116] 郑秋月，陈石. 应用 GRACE 卫星重力数据计算陆地水变化的相关进展评述 [J]. 地球物理学进展，2015，30 (6)：2603-2615.
[117] 易航. 卫星重力观测在水文学中的应用与全球时变应力场 [D]. 合肥：中国科学技术大学，2016.
[118] 郝明，王庆良，李煜航. 利用 GRACE、GNSS 和水准数据研究西秦岭地区现今地壳垂直运动特征 [J]. 大地测量与地球动力学，2017，37 (10)：991-995.
[119] 郭飞霄，毛岳旺，肖云，等. 采用点质量模型方法反演中国大陆及周边地区陆地水储量变化 [J]. 武汉大学学报 (信息科学版)，2017，42 (7)：1002-1007.
[120] 郭飞霄，孙中苗，任飞龙，等. 基于 GRACE 时变重力场的 2003-2013 年全球陆地水储量变化分析 [J]. 地球物理学进展，2019，34 (4)：1298-1302.
[121] 郭飞霄，孙中苗，赵俊，等. 附加空间约束的径向点质量模型方法反演区域地表质量变化 [J]. 测绘学报，2018，47 (5)：592-599.
[122] 郭飞霄，肖云，汪菲菲，等. 低低跟踪重力卫星星间距离变率对区域质量异常敏感度分析 [J]. 大地测量与地球动力学，2015，35 (5)：861-865.
[123] 郭飞霄，肖云，汪菲菲. 利用 GRACE 星间距离变率数据反演地球表层质量变化的 Mascon 方法 [J]. 地球物理学进展，2014，29 (6)：2494-2497.
[124] 汪汉胜，王志勇，袁旭东，等. 基于 GRACE 时变重力场的三峡水库补给水系水储量变化 [J]. 地球物理学报，2007，50 (3)：730-736.
[125] 翟宁，王泽民，伍岳，等. 利用 GRACE 反演长江流域水储量变化 [J]. 武汉大学学报 (信息科学版)，2009，34 (4)：436-439.
[126] 盛传贞，甘卫军，梁诗明，等. 滇西地区 GNSS 时间序列中陆地水载荷形变干扰的 GRACE 分辨与剔除 [J]. 地球物理学报，2014，57 (1)：45-52.

[127] 穆大鹏，郭金运，孙中昶，等．基于主成分分析的 GRACE 重力场模型等效水高［J］．地球物理学进展，2014，29（4）：1512-1517.

[128] 超能芳，王正涛，孙健．各向异性组合滤波法反演陆地水储量变化［J］．测绘学报，2015，44（2）：174-182.

[129] KANG K X, LI H, PENG P, et al. Low-frequency variability of terrestrial water budget in China using GRACE satellite measurements from 2003 to 2010 [J]. Geodesy and Geodynamics, 2015, 6 (6): 444-452.

[130] WANG H S, XIANG L W, JIA L L, et al. Water storage changes in North America retrieved from GRACE gravity and GNSS data [J]. Geodesy and Geodynamics, 2015, 6 (4): 267-273.

[131] ZHAO Q, WU Y L, WU W W. Effectiveness of empirical orthogonal function used in decorrelation of GRACE time-variable gravity field [J]. Geodesy and Geodynamics, 2015, 6 (5): 324-332.

[132] HASSANA A, JIN S G. Water storage changes and balances in Africa observed by GRACE and hydrologic models [J]. Geodesy and Geodynamics, 2016, 7 (1): 39-49.

[133] LI Q, ZHONG B, LUO Z C, et al. GRACE-based estimates of water discharge over the Yellow River basin [J]. Geodesy and Geodynamics, 2016, 7 (3): 187-193.

[134] LUO Z C, YAO C L, LI Q, et al. Terrestrial water storage changes over the Pearl River Basin from GRACE and connections with Pacific climate variability [J]. Geodesy and Geodynamics, 2016, 7 (3): 181-179.

[135] 文汉江，黄振威，王友雷，等．青藏高原及其周边地区水储量变化的独立成分分析［J］．测绘学报，2016，45（1）：9-15.

[136] 牛润普．利用 GRACE 时变重力场反演陆地水储量变化［D］．成都：西南交通大学，2016.

[137] 邹贤才，金涛勇，朱广彬．卫星跟踪卫星技术反演局部地表物质迁移的 MASCON 方法研究［J］．地球物理学报，2016，59（12）：4623-4632.

[138] 冯伟，王长青，穆大鹏，等．基于 GRACE 的空间约束方法监测华北平原地下水储量变化［J］．地球物理学报，2017，60（6）：1630-1642.

[139] 苏勇，于冰，游为，等．基于重力卫星数据监测地表质量变化的三维点质量模型法［J］．地球物理学报，2017，60（1）：50-60.

[140] 李婉秋，王伟，章传银，等．利用 GRACE 卫星重力数据监测关中地区地下水储量变化［J］．地球物理学报，2018，61（6）：2237-2245.

[141] 李圳，章传银，柯宝贵，等．顾及 GRACE 季节影响的华北平原水储量变化反演［J］．测绘学报，2018，47（7）：940-949.

[142] LI J, CHEN J L, NI S N, et al. Long-term and inter-annual mas changes of Patagonia Ice

Field from GRACE [J]. Geodesy and Geodynamics, 2019, 10 (2): 100-109.
[143] CHEN J L. Satellite gravimetry and mass transport in the earth system [J]. Geodesy and Geodynamics, 2019, 10 (5): 402-415.
[144] 姚朝龙，李琼，罗志才，等．利用广义三角帽方法评估GRACE反演中国大陆地区水储量变化的不确定性 [J]. 地球物理学报，2019，62 (3): 883-897.
[145] 冯贵平，宋清涛，蒋兴伟．卫星重力监测全球地下水储量变化及其特征 [J]. 遥感技术与应用，2019，34 (4): 822-828.
[146] 李杰，范东明，游为．利用GRACE监测中国区域干旱及其影响因素分析 [J]. 大地测量与地球动力学，2019，39 (6): 587-595.
[147] 王杰龙，陈义．利用GRACE时变重力场数据监测长江流域干旱 [J]. 大地测量与地球动力学，2021，41 (2): 196-200.
[148] 陈芳，刘绥华，阮欧，等．基于GRACE重力卫星数据监测分析贵州干旱特征 [J]. 大地测量与地球动力学，2021，41 (2): 201-205.
[149] 罗志才，李琼，钟波．利用GRACE时变重力场反演黑河流域水储量变化 [J]. 测绘学报，2012，41 (5): 676-681.
[150] 李琼，罗志才，钟波，等．利用GRACE时变重力场探测2010年中国西南干旱陆地水储量变化 [J]. 地球物理学报，2013，56 (6): 1843-1849.
[151] 李琼．地表物质迁移的时变重力场反演方法及其应用研究 [D]. 武汉：武汉大学，2014.
[152] 尼胜楠，陈剑利，李进，等．利用GRACE卫星时变重力场监测长江、黄河流域水储量变化 [J]. 大地测量与地球动力学，2014，34 (2): 49-55.
[153] 吴云龙，李辉，邹正波，等．基于Forward Modeling方法的黑河流域水储量变化特征研究 [J]. 地球物理学报，2015，58 (10): 3507-3516.
[154] 廖梦思，章新平，黄煌，等．利用GRACE卫星监测近10年洞庭湖流域水储量变化 [J]. 地球物理学进展，2016，31 (1): 61-68.
[155] 王正涛，超能芳，姜卫平，等．联合GRACE与TRMM探测阿富汗水储量能力及其发生洪水的可能性 [J]. 武汉大学学报（信息科学版），2016，51 (1): 58-65.
[156] 李武东，郭金运，常晓涛，等．利用GRACE重力卫星反演2003-2013年新疆天山地区陆地水储量时空变化 [J]. 武汉大学学报（信息科学版），2017，42 (7): 1021-1026.
[157] 王洋．基于GRACE的柴达木盆地水储量变化研究 [D]. 西宁：青海大学，2018.
[158] 丁一航，黄丁发，姜中山，等．利用GRACE研究我国四大流域陆地水储量循环周期 [J]. 大地测量与地球动力学，2018，38 (6): 603-608.
[159] 丁一航．联合GNSS与GRACE反演陆地水储量变化 [D]. 成都：西南交通大学，2018.

[160] 许顺芳，王林松，陈超，等．利用 GRACE 及气象数据评估 GLDAS 水文模型在青藏高原的适用性［J］．大地测量与地球动力学，2018，38（1）：8-13.

[161] 贾路路，汪汉胜，相龙伟．利用 GRACE、GNSS 和绝对重力数据监测斯堪的纳维亚陆地水储量变化［J］．测绘学报，2017，46（2）：170-178.

[162] 钟敏，段建宾，许厚泽，等．利用卫星重力观测研究近 5 年中国陆地水量中长空间尺度的变化趋势［J］．科学通报，2009，54（9）：1290-1294.

[163] 吴长春．基于 GRACE 重力卫星数据非洲大陆水储量的时空变化分析［D］．杭州：浙江大学，2017.

[164] 刘晨，许才军，刘洋，等．基于 GRACE RL06 数据探测三江源地区陆地水储量变化［J］．大地测量与地球动力学，2020，40（10）：1092-1096.

[165] MILLER L, DOUGLAS B C. Mass and volume contributions to twentieth-century global sea level rise [J]. Nature, 2004, 428: 406-409.

[166] CHURCH J A, WHITE N J. A 20th century acceleration in global sea-level rise [J]. Geophysical Research Letters, 2006, 33 (1): L01602.

[167] NEREM R S, LEULIETTE E, CAZENAVE A. Present-day sea-level change: a review [J]. Comptes Rendus Geoscience, 2006, 338 (14/15): 1077-1083.

[168] 王林松，陈超，马险，等．冰盖消融的海平面指纹变化及其对 GRACE 监测结果的影响［J］．地球物理学报，2018，61（7）：2679-2690.

[169] 孙文科．低轨道人造卫星（CHAMP、GRACE、GOCE）与高精度地球重力场［J］．大地测量与地球动力学，2002，22（1）：92-100.

[170] RAMILLIEN G, BOUHOURS S, LOMBARD A, et al. Land water storage contribution to sea level from GRACE geoid data over 2003-2006 [J]. Global and Planetary Change, 2008, 60 (3/4): 381-392.

[171] WOLFGANG B, ROMAN S, FRANK F, et al. Residual ocean tide signals from satellite altimetry, GRACE gravity fields, and hydrodynamic modelling [J]. Geophys. J. Int., 2009, 178 (3): 1185-1192.

[172] CAZENAVE A, DOMINH K, GUINEHUT S, et al. Sea level budget over 2003-2008: A reevaluation from GRACE space gravimetry, satellite altimetry and Argo [J]. Global and Planetary Change, 2009, 65 (1/2): 83-88.

[173] GUO J Y, DUAN X J, SHUM C K. Non-isotropic Gaussian smoothing and leakage reduction for determining mass changes over land and ocean using GRACE data [J]. Geophys. J. Int., 2010, 181 (1): 290-302.

[174] KATHERINE J Q, RUI M P. Uncertainty in ocean mass trends from GRACE [J]. Geophys. J. Int., 2010, 181 (2): 762-768.

[175] DENIS L V, VICTOR Z. Performance of GOCE and GRACE-derived mean dynamic topog-

raphies in resolving Antarctic Circumpolar Current fronts [J]. Ocean Dynamics, 2012, 62 (6): 893-905.

[176] 李洪超，文汉江，师军良. 基于多源数据的全球比容海平面变化研究 [J]. 测绘工程，2018，27 (6): 10-13.

[177] 李洪超. 联合卫星测高、GRACE 和 Argo 浮标数据研究全球海平面变化 [D]. 阜新：辽宁工程技术大学，2011.

[178] FENG W, LEMOINE J M, ZHONG M, et al. Mass-induced sea level variations in the Red Sea from GRACE, steric-corrected altimetry, in situ bottom pressure records, and hydrographic observations [J]. Journal of Geodynamics, 2014, 78: 1-7.

[179] FENG W, ZHONG M. Global sea level variations from altimetry, GRACE and Argo data over 2005-2014 [J]. Geodesy and Geodynamics, 2015, 6 (4): 274-279.

[180] 郗慧，张子占，陆洋，等. 利用 GRACE 监测全球海水质量变化时滤波处理的影响分析 [J]. 大地测量与地球动力学，2016，36 (5): 380-385.

[181] 钟玉龙，钟敏，冯伟. 近十年全球平均海平面变化成因的卫星重力监测研究以及与 ENSO 现象的相关分析 [J]. 地球物理学进展，2016，31 (2): 643-648.

[182] 谢友鸽. 1993-2015 年南海海平面变化研究 [D]. 淄博：山东科技大学，2017.

[183] 冯贵平，宋清涛，蒋兴伟，等. 卫星重力估计陆地水和冰川对全球海平面变化的贡献 [J]. 海洋学报，2018，40 (11): 85-95.

[184] 俞瑶. 利用 GRACE 时变重力场和测高卫星数据探测阿根廷环流变化 [D]. 武汉：武汉大学，2018.

[185] 王泽民，张保军，姜卫平，等. 联合卫星测高、GRACE、海洋和气象资料研究南海海水质量变化 [J]. 武汉大学学报（信息科学版），2018，43 (4): 571-577.

[186] 赵鸿彬，谷延超，范东明，等. 联合卫星测高、GRACE 与温盐数据分析红海海平面变化季节性特征 [J]. 测绘学报，2019，48 (9): 1119-1128.

[187] 蒋涛，李建成，王正涛，等. 联合 Jason-1 与 GRACE 卫星数据研究全球海平面变化 [J]. 测绘学报，2010，39 (6): 135-140.

[188] 江敏，钟敏，冯伟，等. 联合卫星测高和卫星重力数据研究热容海平面变化 [J]. 海洋测绘，2011，31 (6): 5-7.

[189] 文汉江，李洪超，蔡艳辉，等. 联合 Argo 浮标、卫星测高和 GRACE 数据研究海平面变化 [J]. 测绘学报，2012，41 (5): 696-702.

[190] 冯伟，钟敏，许厚泽. 联合卫星测高、卫星重力和海洋浮标资料研究 2005-2013 年的全球海平面变化 [J]. 地球物理学进展，2014，29 (2): 471-477.

[191] 张保军，王泽民. 联合卫星重力、卫星测高和海洋资料研究全球海平面变化 [J]. 武汉大学学报（信息科学版），2015，40 (11): 1453-1459.

[192] DE VIRON O, PANET I, MIKHAILOV I, et al. Retrieving earthquake signature in grace

gravity solutions [J]. Geophys. J. Int., 2008, 174 (1): 14-20.

[193] 邹正波，邢乐林，李辉，等. 中国大陆及邻区 GRACE 卫星重力变化研究 [J]. 大地测量与地球动力学，2008，28 (1)：23-27.

[194] 邹正波，李辉，吴云龙，等. 日本 MW9.0 地震大尺度重力变化结果分析 [J]. 大地测量与地球动力学，2013，33 (5)：1-6.

[195] 邹正波，李辉，吴云，等. 尼泊尔 M8.1 地震震前卫星重力场时变特征 [J]. 大地测量与地球动力学，2015，35 (4)：547-551.

[196] 邹正波，李辉，吴云龙，等. 日本 MW9.0 地震震区及其周缘 2002-2015 年卫星重力变化时空特征 [J]. 地震学报，2016，38 (3)：417-428.

[197] 邹正波. 利用 GRACE 卫星重力场研究地震重力变化 [D]. 武汉：武汉大学，2016.

[198] 邢乐林，李辉，周新，等. GRACE 卫星重力观测在强震监测中的应用及分析 [J]. 大地测量与地球动力学，2010，30 (4)：51-55.

[199] 邢乐林，李建成，李辉，等. Sumatra-Adaman 大地震同震和震后形变的 GRACE 卫星检测 [J]. 武汉大学学报（信息科学版），2009，34 (9)：1080-1084.

[200] ZOU Z Z, LI H, LUO Z C, et al. Seasonal gravity changes estimated from GRACE data [J]. Geodesy and Geodynamics, 2010, 1 (1): 57-63.

[201] 王武星，石耀霖，顾国华，等. GRACE 卫星观测到的与汶川从 8.0 地震有关的重力变化 [J]. 地球物理学报，2010，53 (8)：1767-1777.

[202] WANG W X, SHI Y L, SUN W K, et al. Viscous lithospheric structure beneath Sumatra inferred from post-seismic gravity changes detected by GRACE [J]. Science China (Earth Sciences), 2011, 54 (8): 1257-1267.

[203] 周新，孙文科，付广裕. 重力卫星 GRACE 检测出 2010 年智利 MW8.8 地震的同震重力变化 [J]. 地球物理学报，2011，54 (7)：1745-1749.

[204] 张永志，夏朝龙，王卫东，等. 日本 9.0 级地震区重力梯度的时空分布 [J]. 大地测量与地球动力学，2013，33 (6)：1-5.

[205] 高鹏，鲍李峰，彭海龙. 2004 年苏门答腊地震前后海面高趋势的变化 [J]. 海洋测绘，2014，34 (4)：38-42.

[206] 姜磊，李德庆，徐志萍，等. 芦山地震震前卫星时变重力场特征研究 [J]. 地震学报，2014，36 (1)：84-94.

[207] YI S, SUN W K. Characteristics of gravity signal and loading effect in China [J]. Geodesy and Geodynamics, 2015, 6 (4): 280-285.

[208] SHEN C Y, XUAN S B, ZOU Z Z, et al. Trends in gravity changes from 2009 to 2013 derived from ground-based gravimetry and GRACE data in North China [J]. Geodesy and Geodynamics, 2015, 6 (6): 423-428.

[209] 张国庆，付广裕，周新，等. 利用震后黏弹性位错理论研究苏门答腊地震

（Mw9.3）的震后重力变化［J］. 地球物理学报，2015，58（5）：1654-1665.

［210］张国庆，付广裕，周新. 利用GRACE卫星数据提取苏门答腊地震同震和震后重力变化［J］. 大地测量与地球动力学，2015，35（2）：303-308.

［211］ZHANG X，OKUBOB S H，YOSHIYUKI T，et al. Coseismic gravity and displacement changes of Japan Tohoku earthquake（Mw 9.0）［J］. Geodesy and Geodynamics，2016，7（2）：95-100.

［212］龚正，许才军. 日本东北大地震引起的洋底地壳和海水质量重分布效应分析［J］. 大地测量与地球动力学，2016，36（5）：377-379.

［213］龚正. 重力卫星资料应用于特大地震同震效应探测和震源机制反演的研究［D］. 武汉：武汉大学，2016.

［214］郑增记，曹建平，庄文泉，等. 基于GRACE RL05数据探测苏门答腊Mw8.6地震的同震和震后形变［J］. 大地测量与地球动力学，2016，36（5）：400-403.

［215］ZHOU X，CAMBIOTTI G，SUN W K，et al. Co-seismic slip distribution of the 2011 Tohoku（MW 9.0）earthquake inverted from GNSS and space-borne gravimetric data［J］. Earth Planet. Phys.，2018，2（2）：120-138.

［216］严畅达，徐亚. GRACE卫星重力在地震研究中的应用进展［J］. 地球物理学进展，2018，33（3）：1005-1012.

［217］李辉，申重阳，孙少安，等. 中国大陆近期重力场动态变化图像［J］. 大地测量与地球动力学，2009，29（3）：1-10.

［218］RAY R D，ROWLANDS D D，EGBERT G L. Tidal models in a new era of satellite gravimetry［J］. Space Science Reviews，2003，108（1/2）：271-282.

［219］XING L L，LI H，XUAN S B，et al. Long-term gravity changes in Chinese mainland from GRACE and ground-based gravity measurements［J］. Geodesy and Geodynamics，2011，2（3）：61-70.

［220］邢乐林，李辉，玄松柏，等. GRACE和地面重力测量监测到的中国大陆长期重力变化［J］. 地球物理学报，2012，55（5）：1557-1564.

［221］邢乐林，李辉，玄松柏，等. GRACE卫星观测到的日本9.0级大地震重力前兆信息［J］. 大地测量与地球动力学，2011，31（2）：1-3.

［222］徐海军，张永志，段虎荣. 印度Ms6.8地震区域重力场变化特征研究［J］. 大地测量与地球动力学，2012，32（1）：10-13.

［223］邹正波，李辉，康开轩，等. 汶川地震与卫星重力变化［J］. 大地测量与地球动力学，2013，33（增刊）：5-7.

［224］邹正波，罗志才，李辉，等. GRACE探测强地震重力变化［J］. 大地测量与地球动力学，2010，30（2）：6-9.

［225］邹正波，罗志才，吴海波，等. 日本MW9.0地震前GRACE卫星重力变化［J］. 测

绘学报，2012，41（2）：171-176.

[226] 周江存，孙和平，徐建桥．EOF 方法检测 GRACE 卫星重力结果中的同震重力变化［J］．大地测量与地球动力学，2013，33（3）：25-29.

[227] 刘杰，方剑，李红蕾，等．青藏高原 GRACE 卫星重力长期变化［J］．地球物理学报，2015，58（10）：3496-3506.

[228] 瞿伟，安东东，薛康，等．GRACE 卫星观测到的尼泊尔 8.1 级地震前后的重力变化［J］．大地测量与地球动力学，2017，37（12）：1214-1218.

[229] 瞿伟，安东东，张勤，等．智利 MW8.8 地震重力变化的 GRACE 观测与构造活动分析［J］．大地测量与地球动力学，2018，38（6）：551-556.

[230] 尹鹏，张永志，焦佳爽，等．基于 GRACE 数据的尼泊尔 MS8.1 地震北向重力梯度变化［J］．地震学报，2018，40（1）：67-78.

[231] 尹鹏，张永志，焦佳爽，等．利用 GRACE 数据检测日本 Mw9.0 地震同震和震后重力变化［J］．测绘通报，2018（1）：38-43.

[232] 周新，万晓云，申旭辉．主喜马拉雅逆冲带的震间与同震重力场变化［J］．遥感学报，2018，22（增刊）：100-113.

[233] 梁明，王武星，张晶．联合 GNSS 和 GRACE 观测研究日本 Mw9.0 地震震后变形机制［J］．地球物理学报，2018，61（7）：2691-2704.

[234] 严畅达，徐亚．基于 GRACE RL05 数据研究智利地震长期震后重力变化特征［J］．地球物理学报，2019，62（6）：2115-2127.

[235] 高阳，张永志，尹文浩．利用 GRACE 数据反演日本 MW 9.0 地震区域黏滞性［J］．地球物理学进展，2019，34（5）：1750-1756.

[236] 郑增记，金双根，范丽红．利用 GRACE 重力和重力梯度变化估计 2012 年苏门答腊地震断层参数［J］．地球物理学报，2019，62（11）：4129-4141.

[237] 王陈燕，游为，范东明．利用独立成分分析检测 2004 年和 2012 年印度洋地震的重力变化［J］．地球物理学报，2019，62（11）：4142-4155.

[238] 段虎荣，康明哲，吴绍宇，等．利用 GRACE 时变重力场反演青藏高原的隆升速率［J］．地球物理学报，2020，63（12）：4345-4360.

[239] 段虎荣，张永志，刘锋，等．利用 GRACE 卫星数据研究汶川地震前后重力场的变化［J］．地震研究，2009，32（3）：295-298.

[240] STEFFEN H, GITLEIN O, DENKER H, et al. Present rate of uplift in Fennoscandia from GRACE and absolute gravimetry［J］. Tectonophysics, 2009, 474（1-2）：69-77.

[241] KANG Z, TAPLEY B, BETTADPUR S, et al. Precise orbit determination for GRACE using accelerometer data［J］. Advances in Space Research, 2006, 38（9）：2131-2136.

[242] 陈润静，彭碧波，范城城，等．顾及自身遮挡影响的卫星非保守力作用面积的算法研究［J］．大地测量与地球动力学，2012，32（6）：94-98.

[243] ROESSET P J. A simulation study of the use of accelerometer data in the GRACE mission [D]. Austin: The University of Texas, 2003.
[244] 杨龙，董绪荣．利用 GNSS 非差观测值的 GRACE 卫星精密定轨 [J]. 宇航学报，2006，27（3）：373-378.
[245] 宁津生，罗佳，汪海洪．GRACE 模式确定重力场的关键技术探讨 [J]. 武汉大学学报（信息科学版），2003，28（特刊）：13-17.
[246] 韩健，杨龙，董绪荣．星载加速度计数据在卫星定轨中的应用 [J]. 上海航天，2006，（4）：20-22.
[247] 匡翠林．星载加速度数据在动力学定轨中的应用 [J]. 大地测量与地球动力学，2009，29（4）：88-92.
[248] SEAN L B, JEFFREY M F. Large-scale traveling atmospheric disturbances (LSTADs) in the thermosphere inferred from CHAMP, GRACE, and SETA accelerometer data [J]. Journal of Atmospheric and Solar-Terrestrial Physics, 2010, 72: 1057-1066.
[249] 刘若思．暴时热层大气密度变化与太阳风-磁层耦合参数的关系及建模 [D]. 武汉：武汉大学，2011.
[250] 王力．中低纬电离层-热层中非迁移潮汐对太阳活动的依赖性 [D]. 武汉：武汉大学，2017.
[251] 郭冬杰，雷久侯．极点热层密度变化特征及其受太阳风扇形结构调制 [J]. 地球物理学报，2019，62（8）：2785-2792.
[252] 郭冬杰．极区热层大气对太阳风-磁层动量和能量输入的响应及其机制研究 [D]. 合肥：中国科学技术大学，2018.
[253] 李文文，李敏，施闯，等．基于 GRACE 星载加速度计数据的热层密度反演 [J]. 地球物理学报，2016，59（9）：3159-3174.
[254] MONTENBRUCK O, GILL E. Satellite orbits: models, methods and applications [M]. Heidelberg: Springer-Verlag, 2000.
[255] 周露荣，邹玉华．基于 GNSS 掩星观测的全球偶发 E 形态学研究 [J]. 桂林电子科技大学学报，2012，32（1）：52-56.
[256] 廖清，邹玉华．基于 GNSS 无线电掩星观测的偶发 E 分布特征研究 [J]. 桂林电子科技大学学报，2013，33（1）：29-44.
[257] 刘桢迪，方涵先，翁利斌，等．基于 CHAMP、GRACE 和 COSMIC 掩星数据的全球电离层 hmF2 建模研究 [J]. 地球物理学报，2016，59（10）：3555-3565.
[258] 钟嘉豪．基于低轨卫星 TEC 数据的顶部电离层变化特性研究 [D]. 合肥：中国科学技术大学，2017.
[259] 刘祎，孙睿迪，周晨，等．GNSS 掩星探测数据的 f0F2 和 hmF2 全球分布特征 [J]. 遥感学报，2018，22（增刊）：81-92.

[260] 周荣，侯威震，曾晨曦，等．不同 GNSS 掩星电离层剖面产品相关性分析［J］．测绘通报，2019，(11)：31-38.

[261] 熊超，马淑英，尹凡．利用卫星精密微波测距确定星间平均电子密度［J］．地球物理学报，2014，57（5）：1366-1376.

[262] 刘裔文，徐继生，徐良，等．顶部电离层和等离子体层电子密度分布-基于 GRACE 星载 GNSS 信标测量的 CT 反演［J］．地球物理学报，2013，56（9）：2885-2891.

[263] 刘裔文．电离层中纬槽研究-统计分析、建模与 CT 反演［D］．武汉：武汉大学，2014.

[264] 范冬阳．基于经验正交函数的天基电离层 CT 研究［D］．武汉：武汉大学，2018.

[265] CASE K，KRUIZINGA G，WU S. GRACE level 1B data product user handbook［R］. JPL Publication D-22027，2002.

[266] AUSTEN J R，FRANKE S J，LIU C H. Ionospheric imaging using computerized tomography［J］. Radio Sci.，1988，23（3）：299-307.

[267] KUNITSYN V E，PREOBRAZHENSKY N G，TERESHCHENKO E D. Reconstruction of ionospheric irregularities structure based on the radioprobing data［J］. Dokl. Akad. Nauk SSSR，1989，306：575-579.

[268] CENSOR Y. Finite series-expansion reconstruction methods［J］. Proc. IEEE，1983，71（3）：409-419.

[269] 朱广彬．利用 GRACE 位模型研究陆地水储量的时变特征［D］．北京：中国测绘科学研究院，2007.

[270] 陆洋．中国南海高分辨率大地水准面及海底地形特征［J］．自然科学进展，2002，12（7）：767-740.

[271] 周旭华，张子占，许厚泽，等．IGGGRACE01S 模型确定的海面地形和地转流［J］．大地测量与地球动力学，2006，26（1）：21-25.

[272] 常晓涛，章传银．卫星测高与卫星重力对洋流的研究［J］．测绘科学，2004，29（2）：46-49.

[273] 张子占，陆洋．GRACE 卫星资料确定的稳态海面地形及其谱特征［J］．中国科学：地球科学，2005，35（2）：176-183.

[274] ZHANG Z Z，LU Y. Spectral analysis of quasi-stationary sea surface topography from GRACE mission［J］. Science in China：Earth Sciences，2005，48（11）：2040-2048.

[275] 王正涛，党亚民，姜卫平，等．联合卫星重力和卫星测高数据确定稳态海洋动力地形［J］．测绘科学，2006，31（6）：40-42.

[276] JANJIĆ T，SCHRÖTER J，SAVCENKO R，et al. Impact of combining GRACE and GOCE gravity data on ocean circulation estimates［J］. Ocean Sciences Discussions，2011，8（1）：1535-1573.

[277] 柯宝贵，章传银，张利明．基于 GRACE 月重力场模型的稳态地球重力场模型分析［J］．海洋测绘，2012，32（2）：4-6.

[278] 彭利峰，张胜军，李大炜，等．中国近海及临海稳态海面地形研究［J］．大地测量与地球动力学，2013，33（4）：65-68.

[279] JIN T Y，LI J C，JIANG W P. The global mean sea surface model WHU2013［J］. Geodesy and Geodynamics，2016，7（3）：202-209.

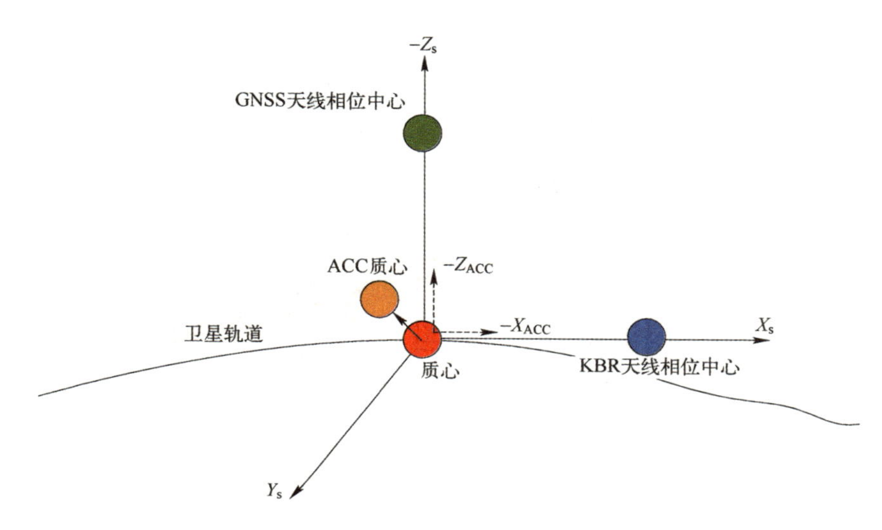

图 2.2　低低跟踪卫星重力测量系统的“四点”

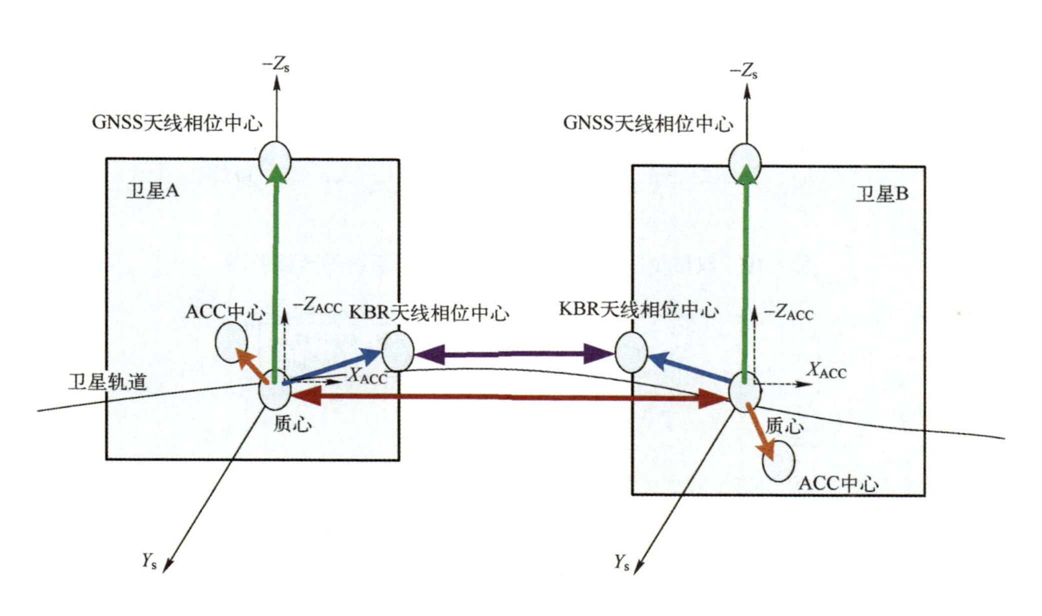

图 2.3　低低跟踪卫星重力测量系统的“三线”

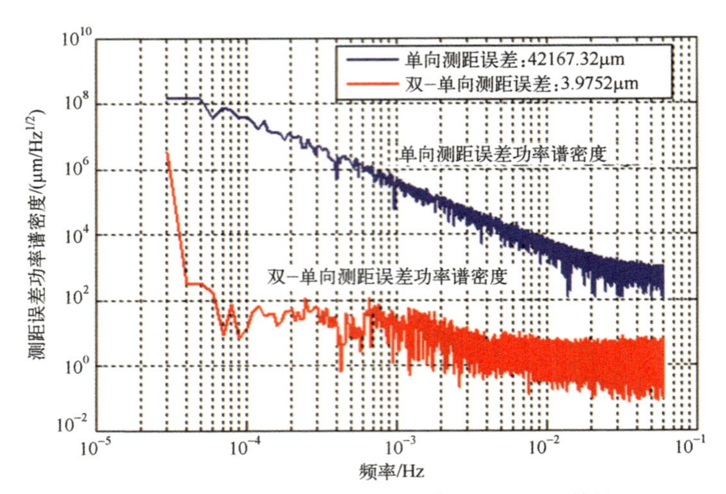

图 2.18　KBR 系统输出的双-单向测距误差特性

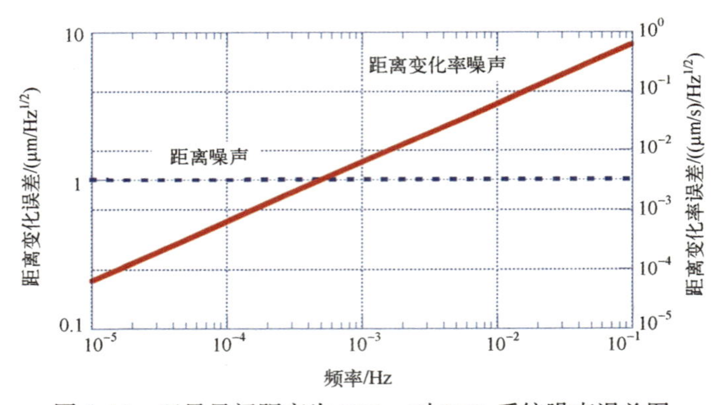

图 2.19　双星星间距离为 238km 时 KBR 系统噪声误差图

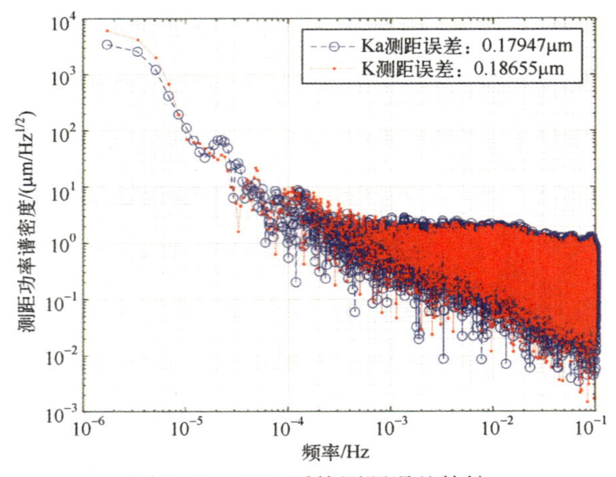

图 2.31　KBR 系统测距误差特性

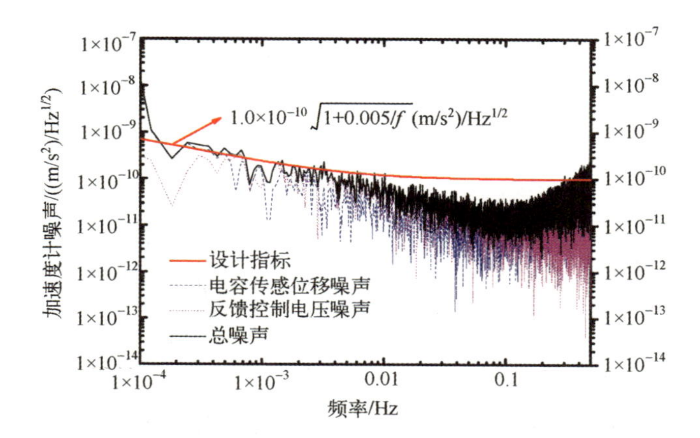

图 2.33　检测与控制电路贡献的总噪声曲线

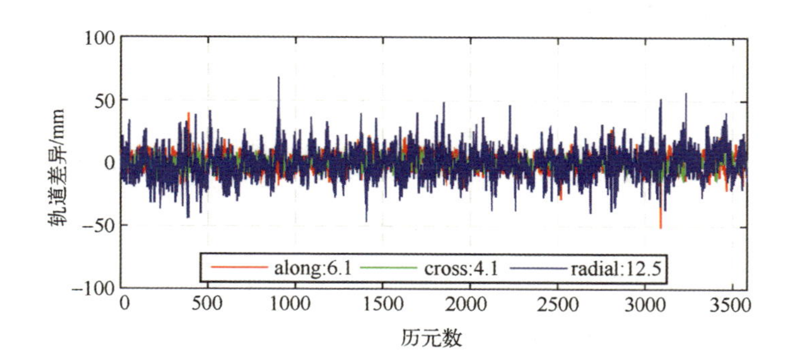

图 2.34　2022 年 1 月 5 日运动学轨道与动力学轨道差异

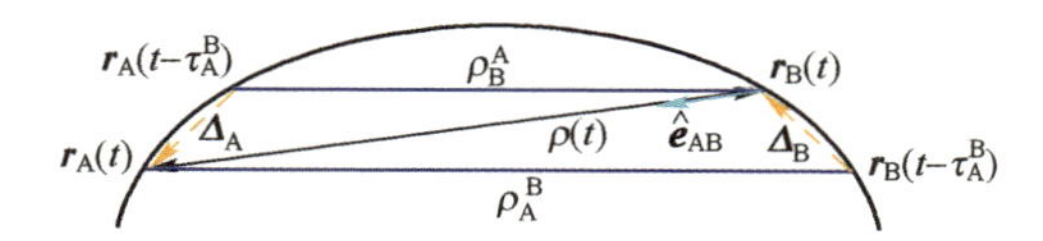

图 3.2　低低跟踪重力双星瞬时距离 $\rho(t)$ 与测相距离 $\rho_{\mathrm{B}}^{\mathrm{A}}$、$\rho_{\mathrm{A}}^{\mathrm{B}}$ 关系图

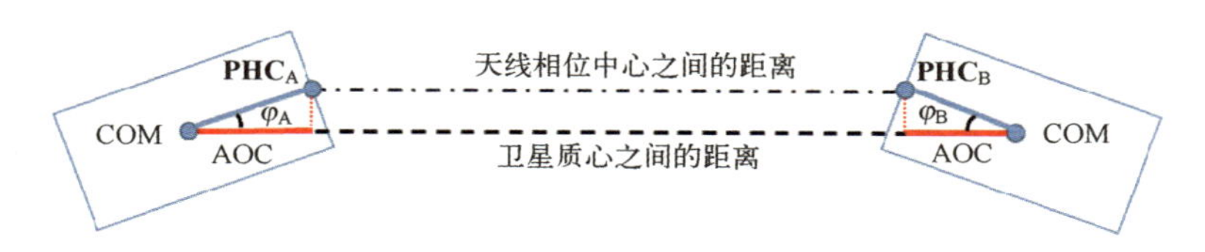

图 3.3　质心–相心转化原理图

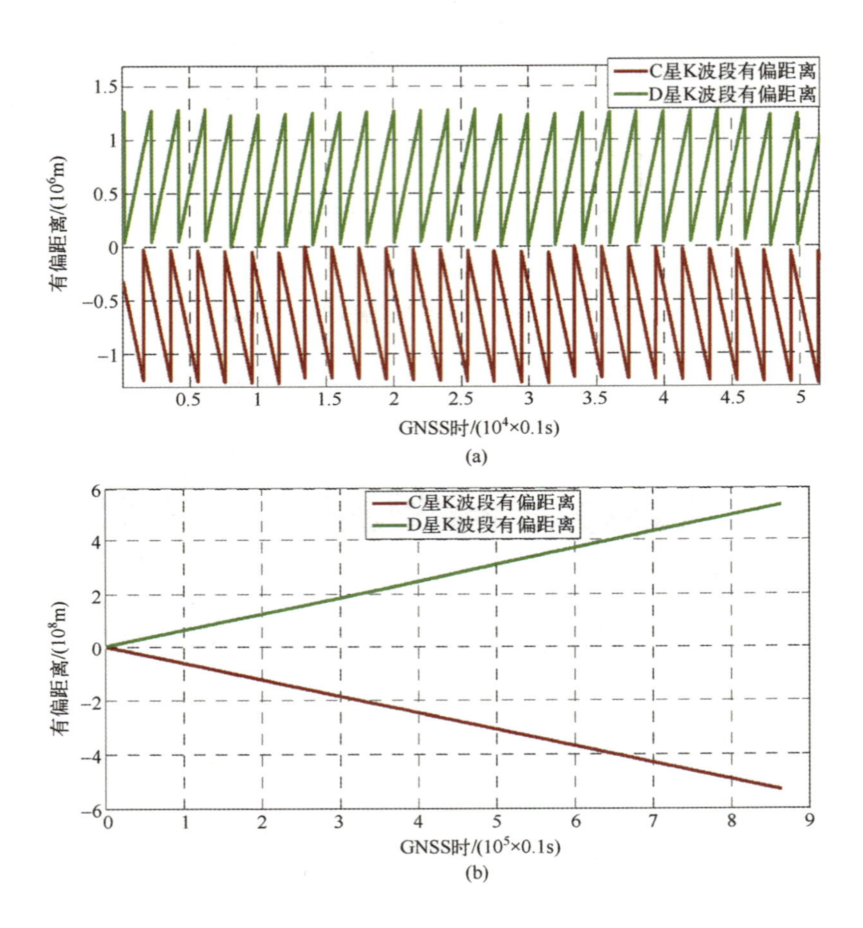

图 3.4　相位缠绕改正前后 K 频点原始相位观测量

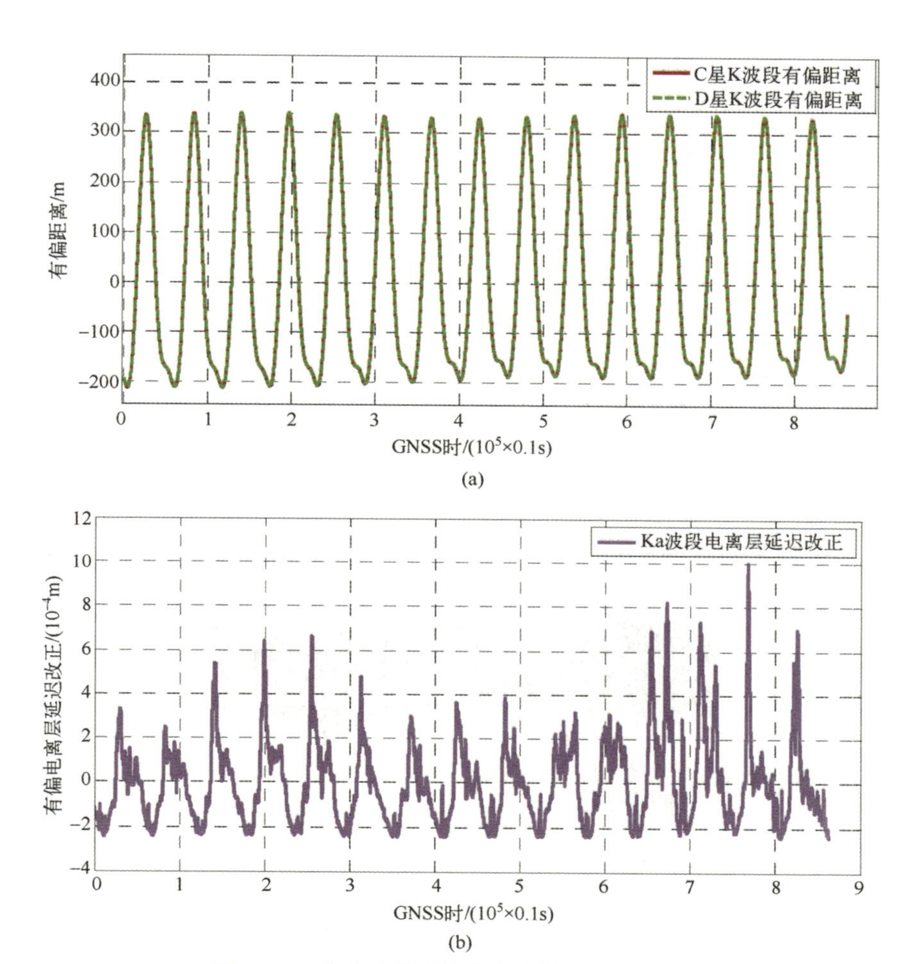

图 3.5　K 频点有偏距离和电离层延迟变化情况

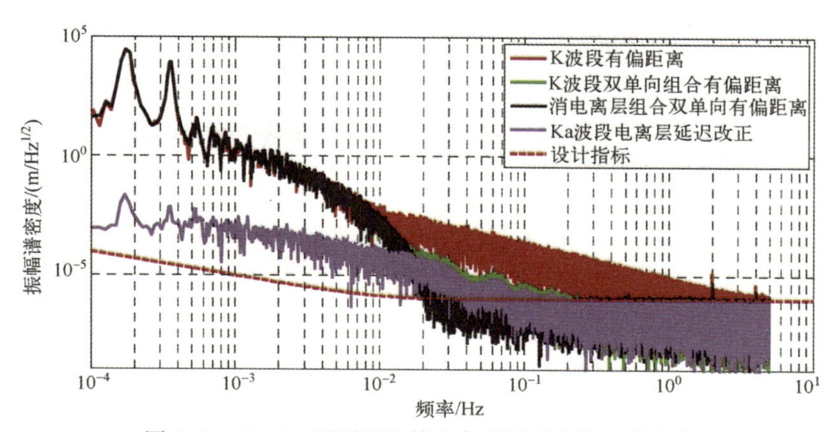

图 3.6　KBR1A 观测量及其组合观测量的振幅谱密度

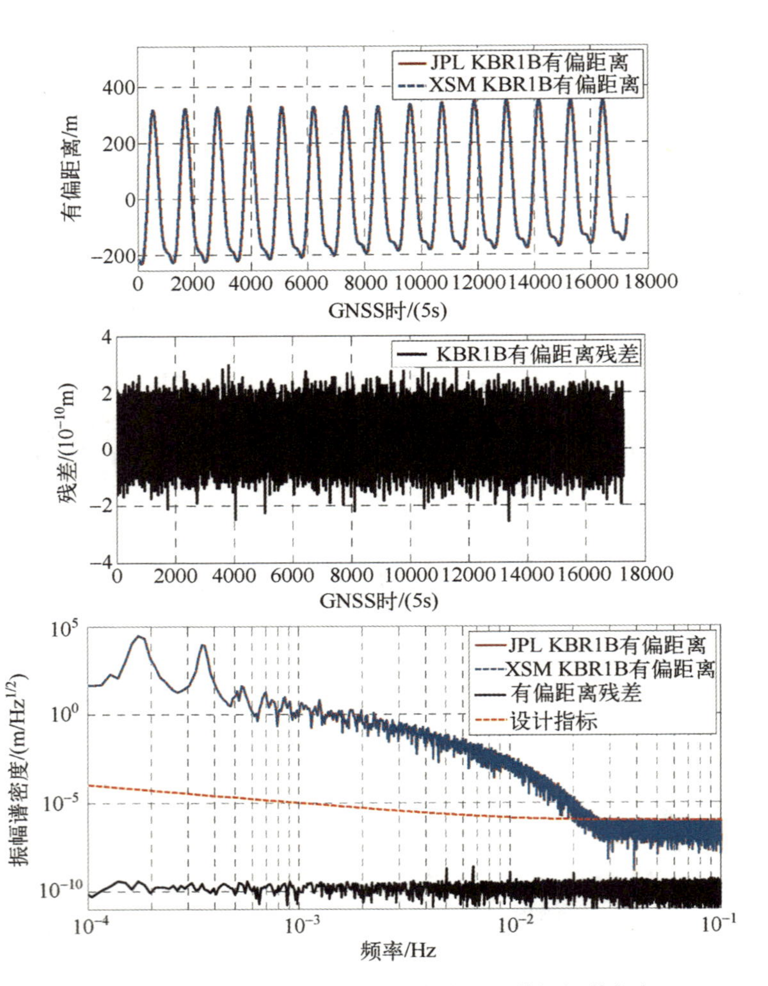

图 3.7　星间有偏距离和有偏距离残差及其振幅谱密度

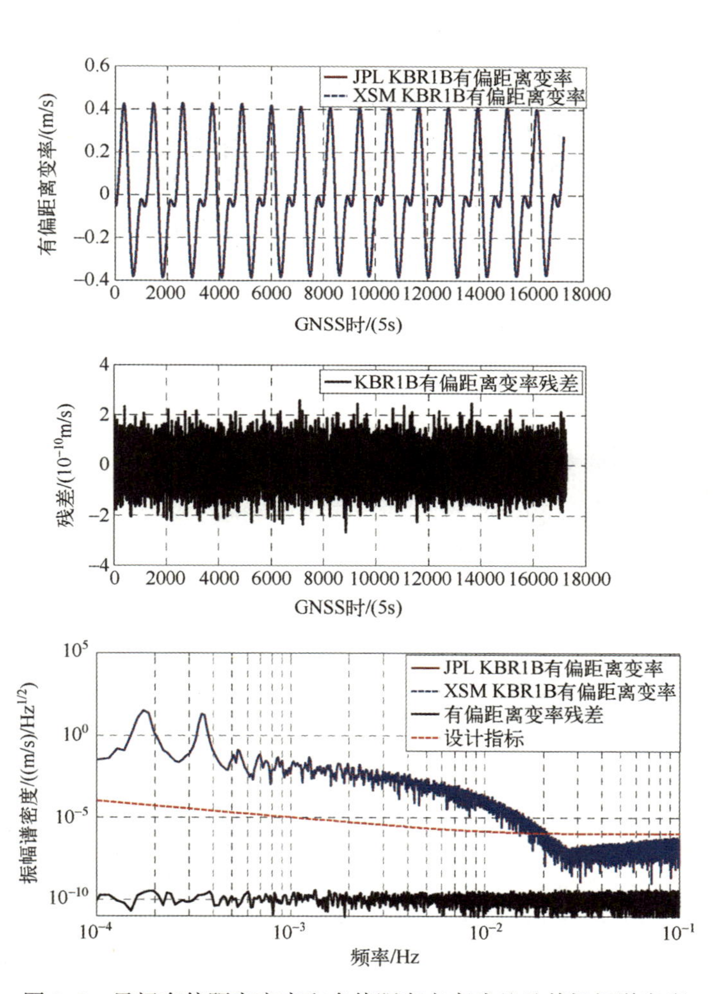

图 3.8　星间有偏距离变率和有偏距离变率残差及其振幅谱密度

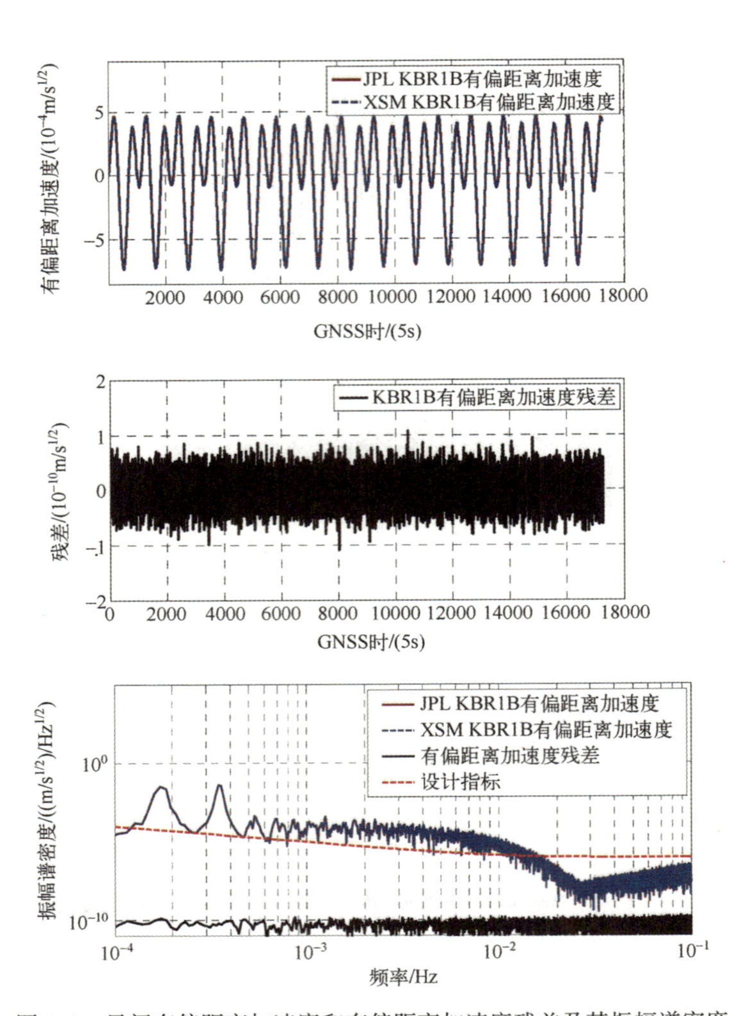

图 3.9　星间有偏距离加速度和有偏距离加速度残差及其振幅谱密度

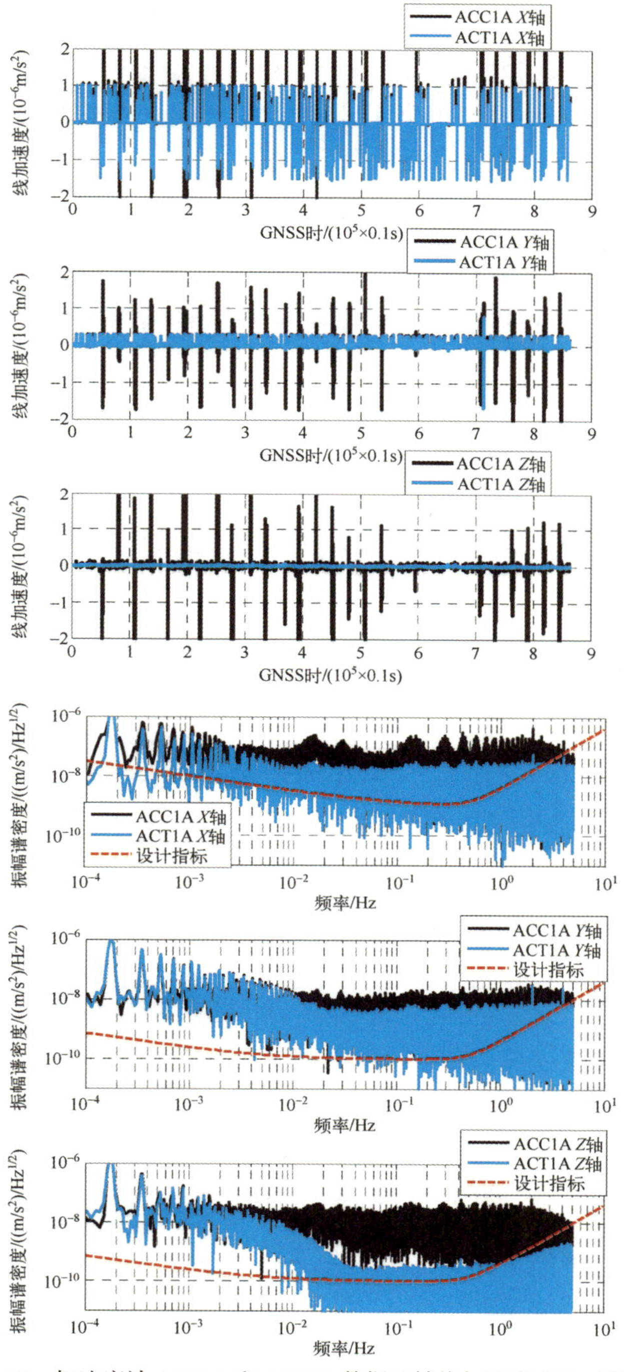

图 3.13　加速度计 ACC1A 和 ACT1A 数据三轴线加速度对比（频域）

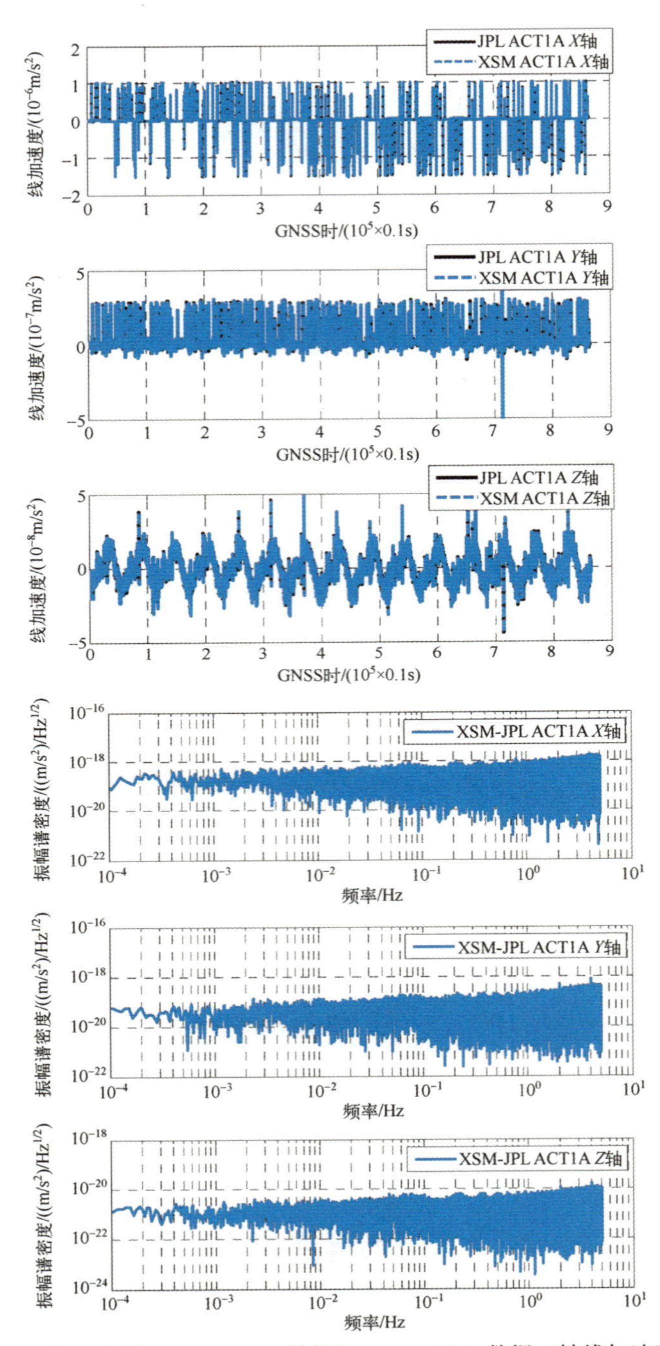

图 3.14 加速度计 XSM ACT1A 数据和 JPL ACT1A 数据三轴线加速度对比

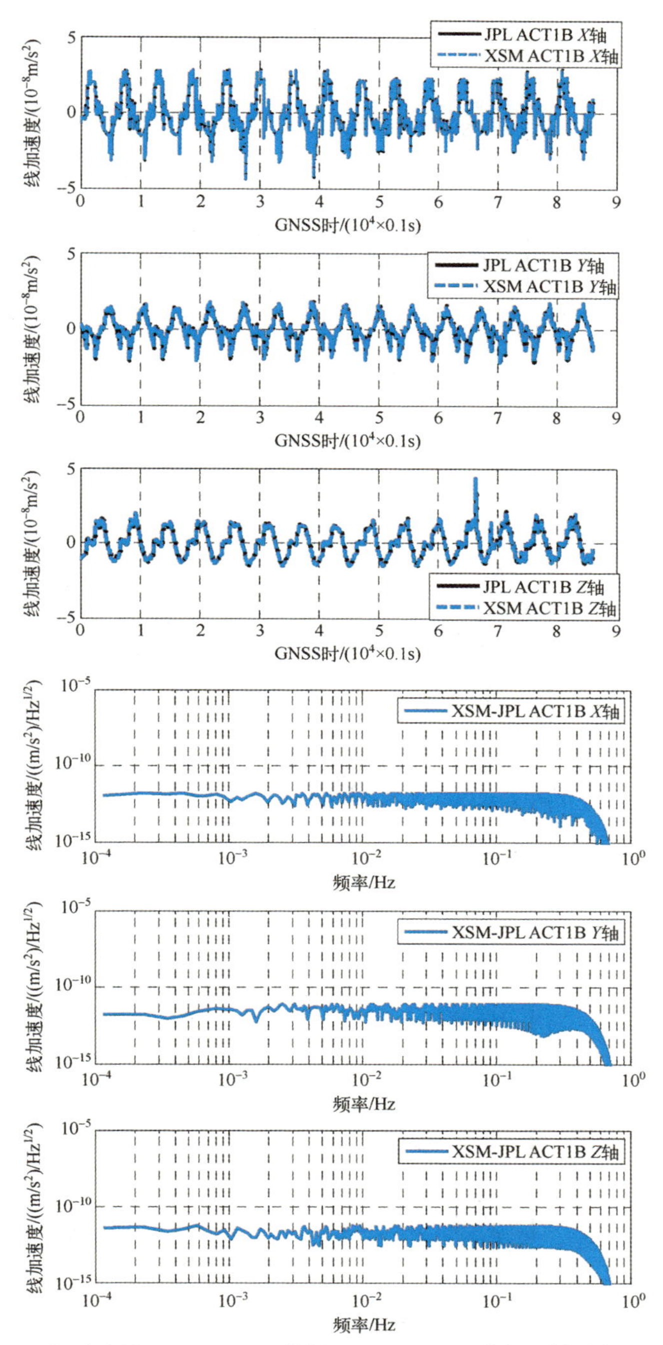

图 3.15　加速度计 XSM ACT1B 数据和 JPL ACT1B 数据三轴线加速度对比

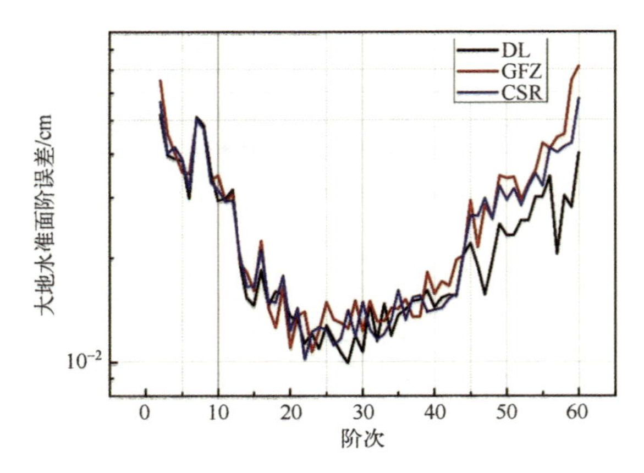

图 5.2　动力学法反演结果大地水准面阶误差（与 GOCO06S 比较）

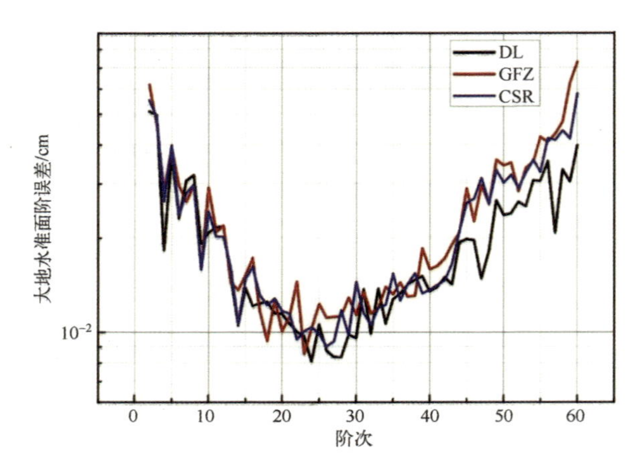

图 5.3　动力学法反演结果大地水准面阶误差（与 EIGEN6C4 比较）

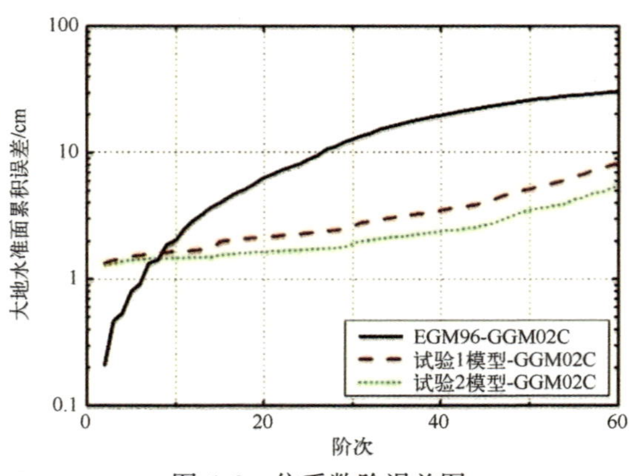

图 5.8　位系数阶误差图

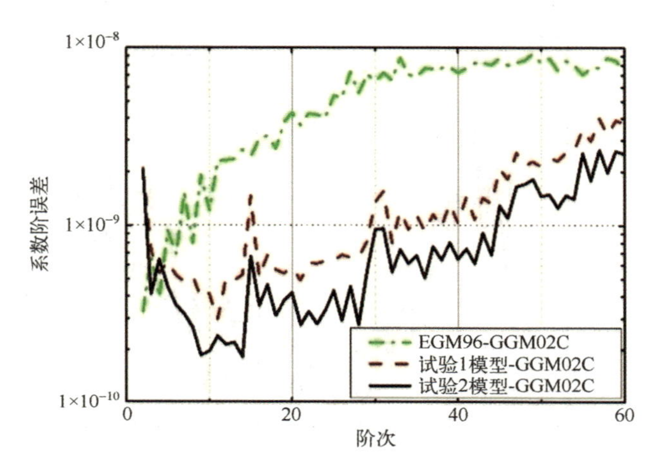

图 5.9　大地水准面高累积误差

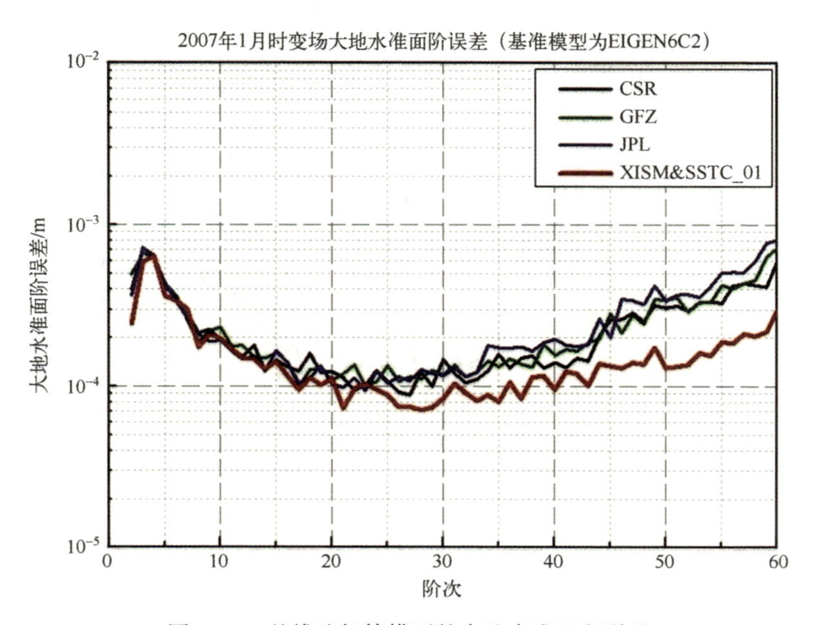

图 5.10　基线法解算模型的大地水准面积误差

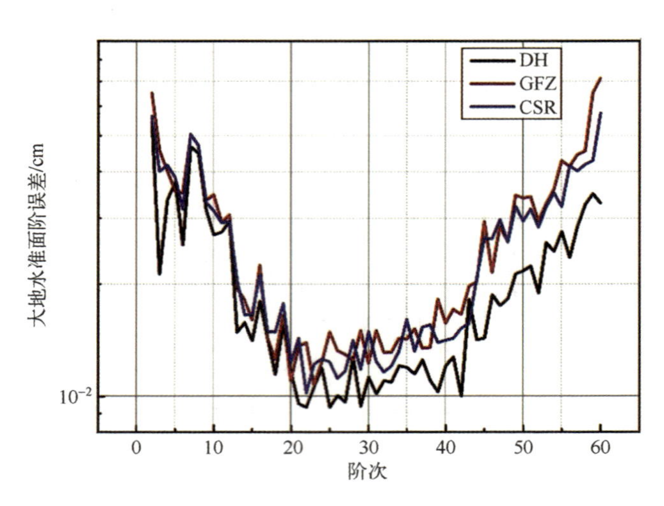

图 5.12 短弧边值法反演结果大地水准面阶误差（GOCO06S 为基准）

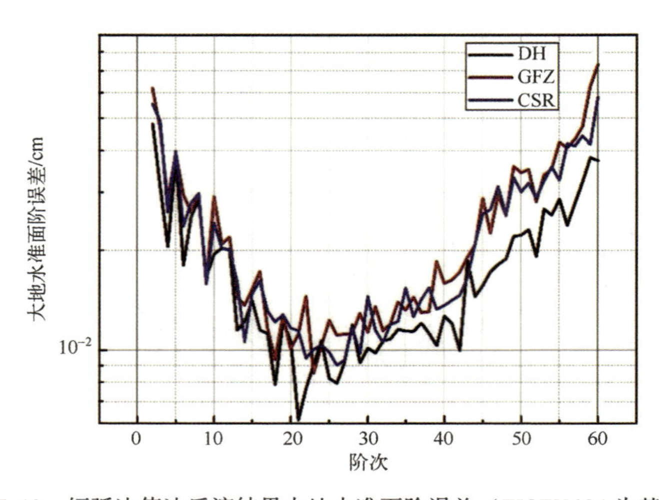

图 5.13 短弧边值法反演结果大地水准面阶误差（EIGEN6C4 为基准）

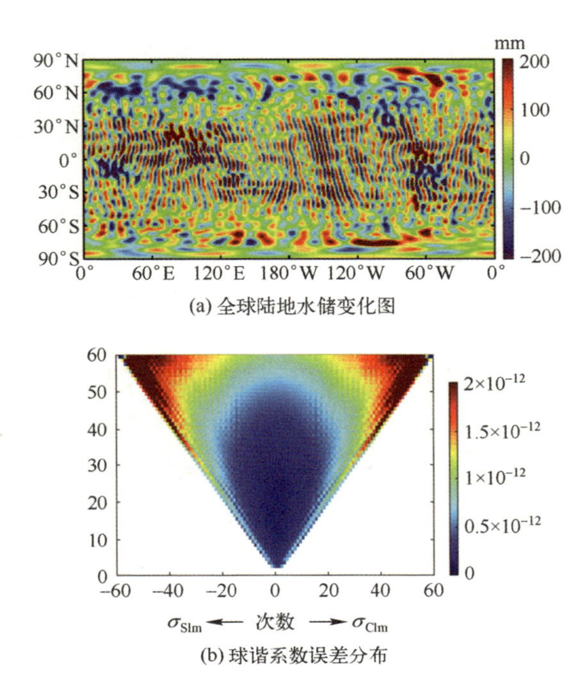

图 6.1 时变重力场反演结果与球谐系数误差分布图

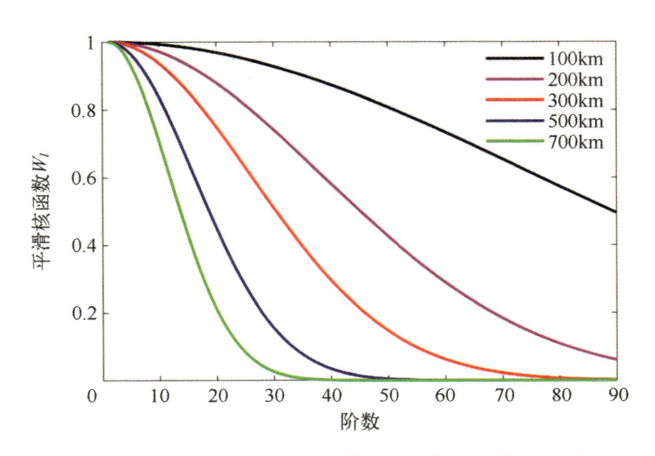

图 6.2 不同平滑半径下平滑核函数与阶数的关系

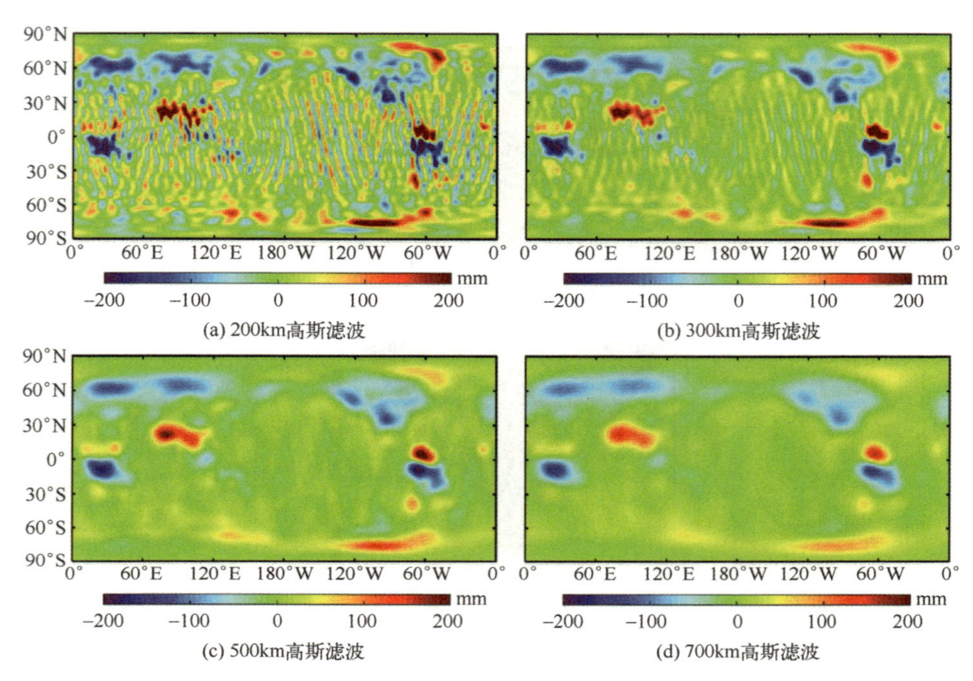

图 6.3　不同平滑半径高斯滤波处理后的全球陆地水储量变化

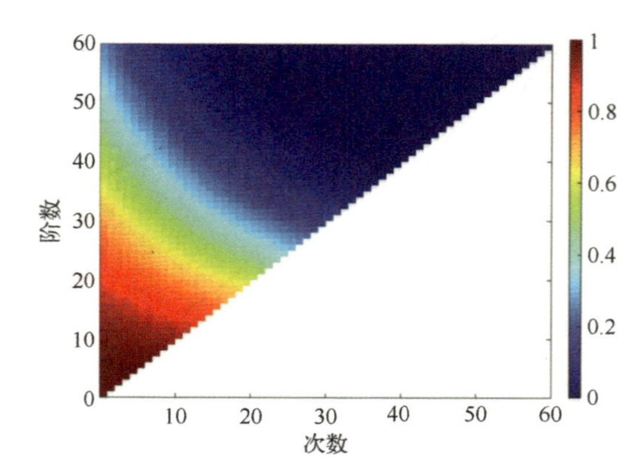

图 6.4　各向异性滤波平滑核函数分布

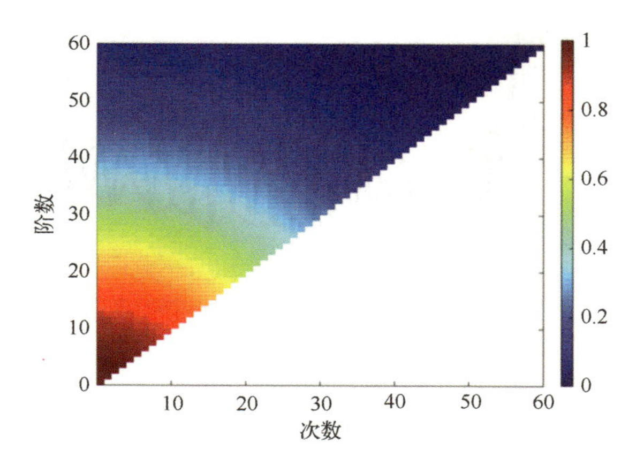

图 6.5　Fan 滤波平滑核函数分布

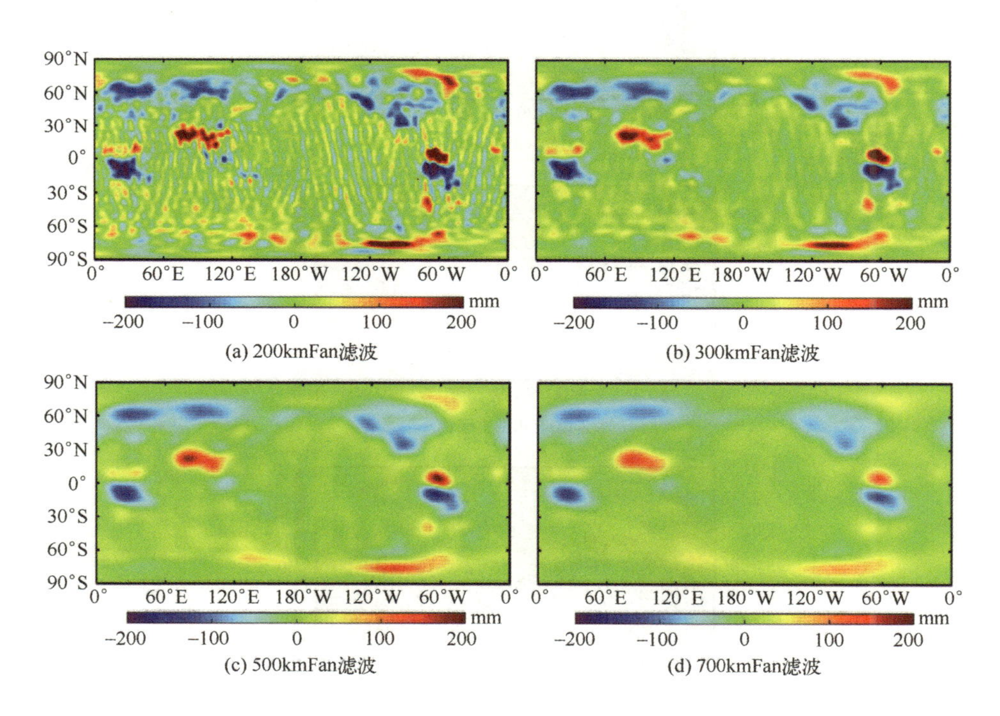

图 6.6　不同平滑半径 Fan 滤波处理后的全球水储量变化

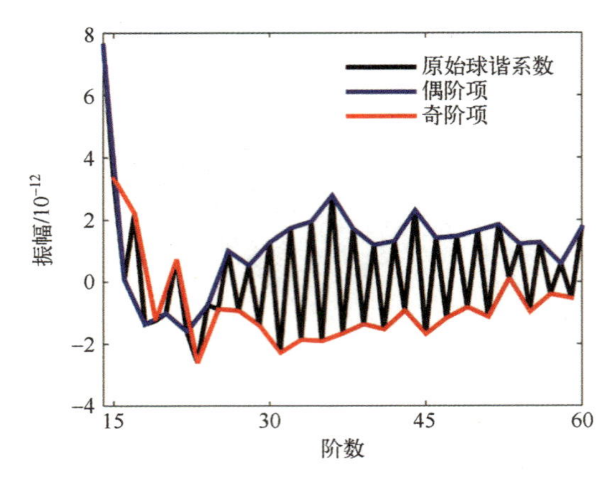

图 6.7　球谐系数中的相关性

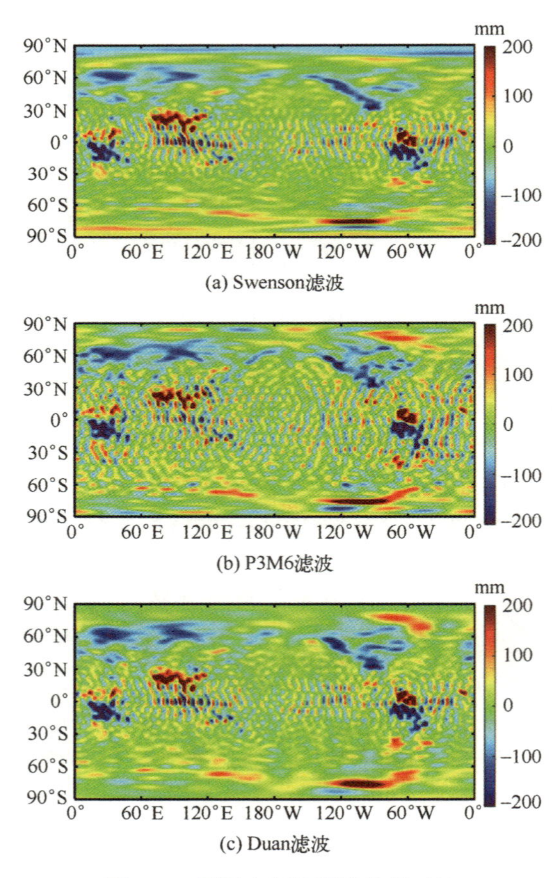

图 6.8　不同去相关滤波结果对比

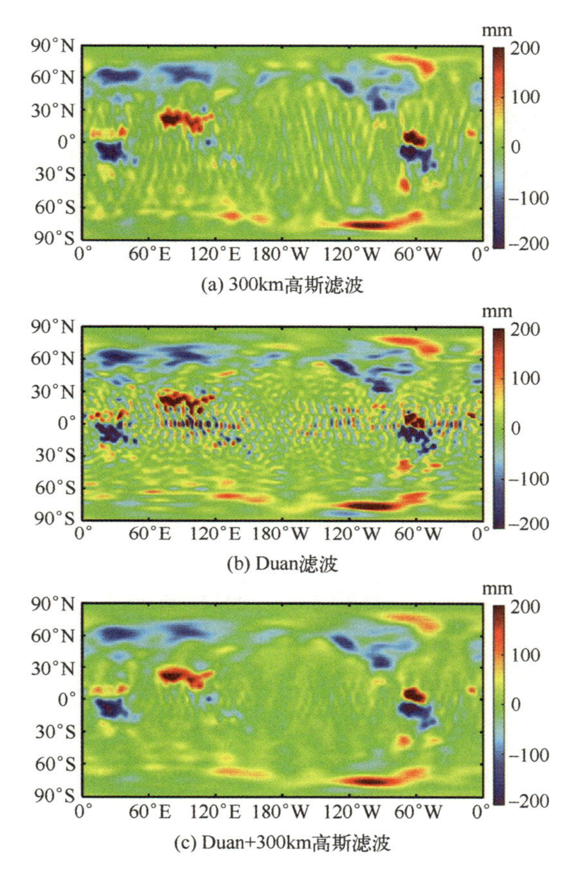

(a) 300km高斯滤波

(b) Duan滤波

(c) Duan+300km高斯滤波

图 6.9　不同滤波方法反演结果对比

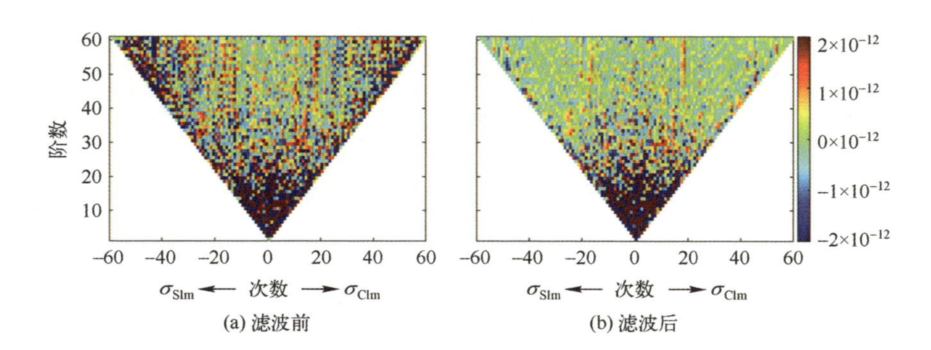

(a) 滤波前

(b) 滤波后

图 6.10　2007 年 10 月 EMD 滤波前后位系数的变化

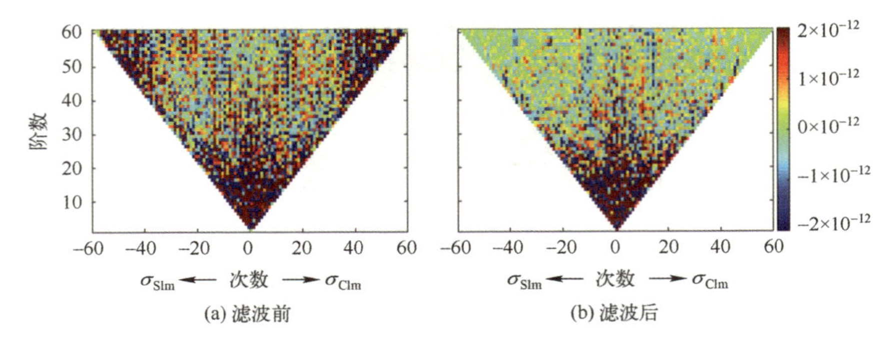

图 6.11　2010 年 3 月 EMD 滤波前后位系数的变化

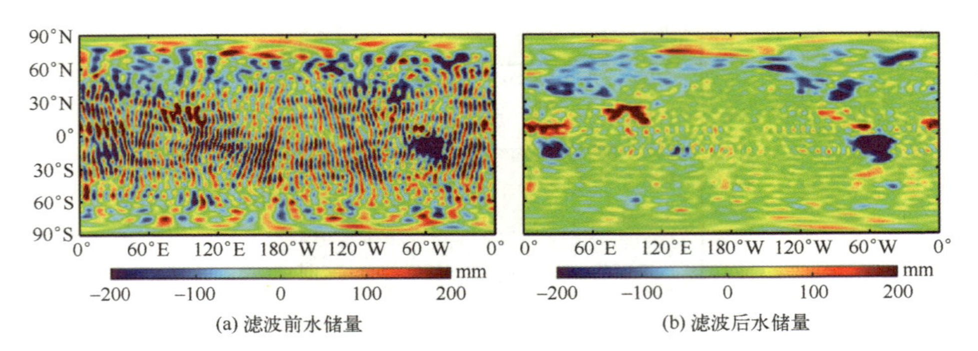

图 6.12　2007 年 10 月 EMD 滤波全球陆地水储量变化

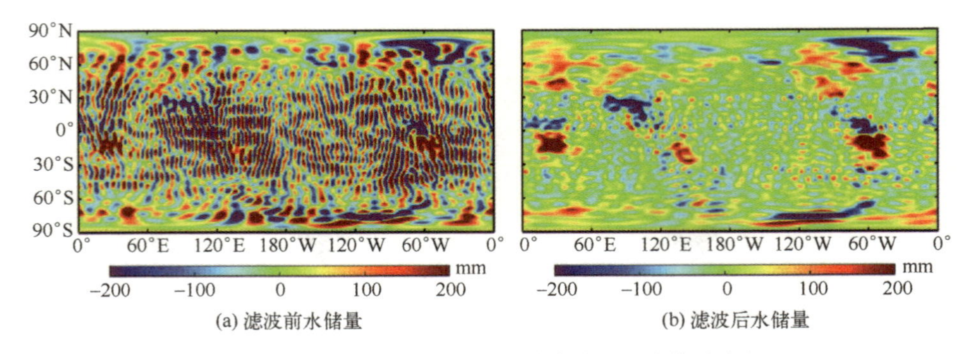

图 6.13　2010 年 3 月 EMD 滤波全球陆地水储量变化

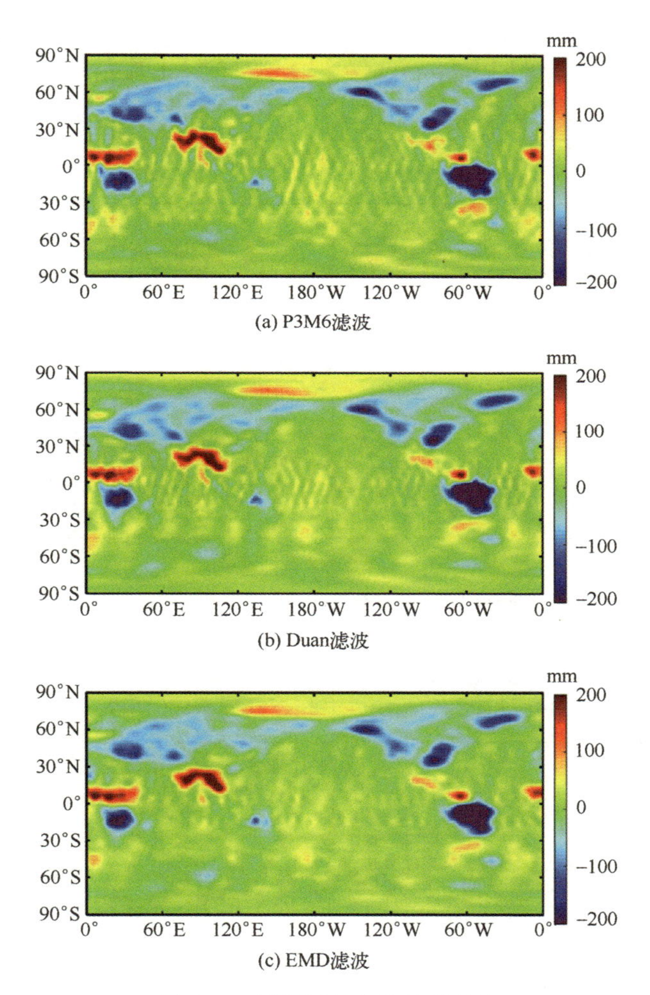

图 6. 14　不同滤波方法结果对比

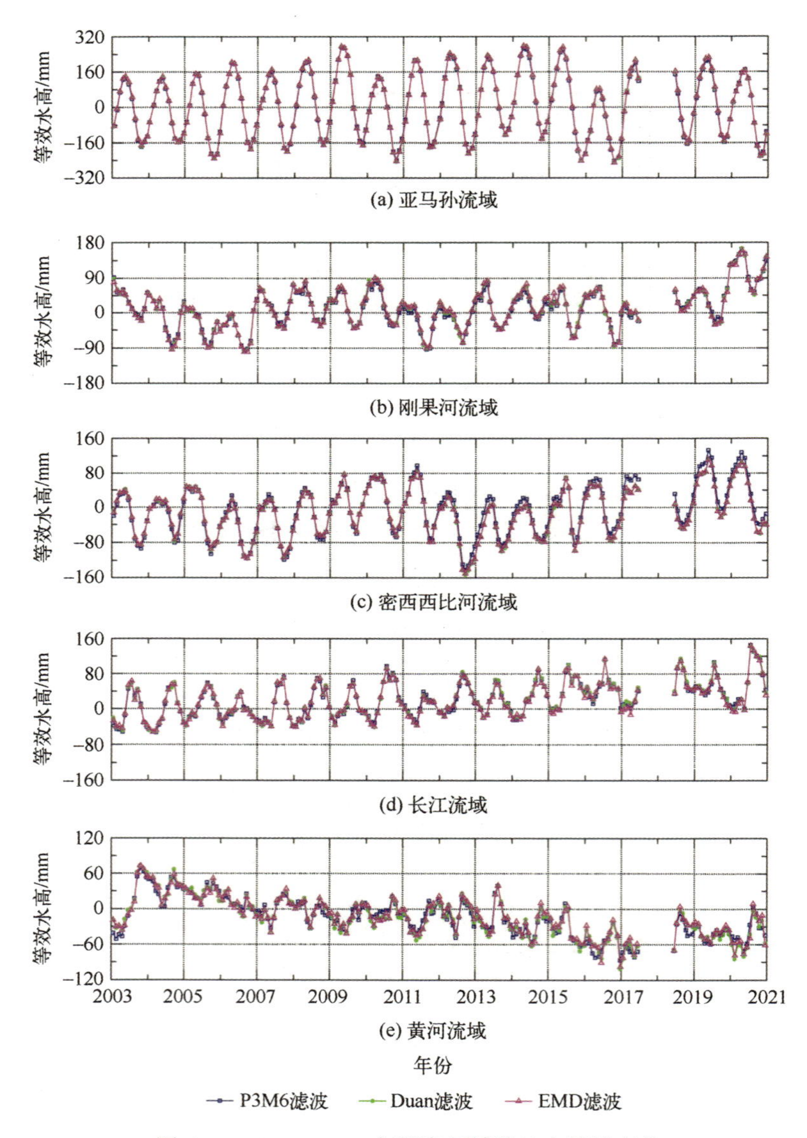

图 6.15　2003~2021 年研究区域陆地水储量变化